레고® 마인드스톰®
EV3 프로그래밍

THE ART OF LEGO® MINDSTORMS® EV3 PROGRAMMING
by Terry Griffin

레고® 마인드스톰 EV3® 프로그래밍:
로봇 제어로 배우는 프로그래밍의 기초와 응용

초판 1쇄 발행 2022년 1월 14일 **지은이** 테리 그리핀 **옮긴이** 공민식, 정재호 **펴낸이** 한기성 **펴낸곳** (주)도서출판인사이트 **편집** 백주옥 **제작·관리** 이유현, 박미경 **용지** 에이페이퍼 **출력·인쇄** 삼조인쇄 **등록번호** 제2002-000049호 **등록일자** 2002년 2월 19일 **주소** 서울특별시 마포구 연남로5길 19-5 **전화** 02-322-5143 **팩스** 02-3143-5579 **이메일** insight@insightbook.co.kr **ISBN** 978-89-6626-325-7 책값은 뒤표지에 있습니다. 잘못 만들어진 책은 바꾸어 드립니다. 이 책의 정오표는 http://blog.insightbook.co.kr에서 확인하실 수 있습니다.

레고® 마인드스톰® EV3 프로그래밍

로봇 제어로 배우는 프로그래밍의 기초와 응용

테리 그리핀 지음
공민식, 정재호 옮김

인사이트

no starch
press

차례

1장 레고 그리고 로봇: 굉장한 조합   1

2장 EV3 프로그래밍 환경   9

3장 트라이봇: 테스트용 로봇 21

4장 움직이기 47

5장   센서

16장　파일　239

17장　데이터 로깅　259

옮긴이의 글

레고는 놀라운 장난감입니다. 비록 작은 플라스틱 블록에 불과하지만 수많은 조합이 가능한 무궁무진한 가능성이 있는 이 완구는, 어린이들의 천진난만한 장난감에 그치지 않고 공학도와 엔지니어들에게 무한한 가능성을 열어 주는, 아이와 어른 모두의 장난감입니다.

많은 사람이 아직도 레고가 '어린이의 장난감'에 불과하다고 생각합니다. 동심의 세계에 빠져 성벽을 쌓고 병정놀이나 우주선 놀이, 영화 속 캐릭터와 무대를 세워 노는 것으로 만족하는 것이 레고의 모든 것이라고 생각합니다.

여기에 새로운 가능성, '마인드스톰'이 있습니다. 바로 그 무한한 조립 변수를 통한 다양한 창작 가능성이라는 무기를 적극적으로 활용한, 공학도의, 공학도에 의한, 공학도를 위한 장난감. 기계공학자들과 소프트웨어공학자, 제어공학자들이 머리를 맞대고 만들었고, 수많은 공학도 지망생이 공학교육과 시뮬레이션 및 프로그래밍 기초의 연습 플랫폼으로 활용하며, 다양한 기계적 구조물의 구현과 실증적 제어를 레고 블록을 통해 실현하고, 이를 통해 더욱 높은 레벨의 공학적 제어를 경험하기 위한 밑거름으로 쓰일 수 있는 장난감. 레고는 그런 장난감입니다.

그리고 이 책은, 여러분에게 마인드스톰으로 프로그래밍과 제어의 기본적인 개념을 알려 주기 위해 저자가 기본적인 내용부터 차근차근 접근하며 다양한 예시와 활용 사례를 통해 프로그래밍이 어렵고 딱딱하다는 선입견을 깨 주는 것을 목표로 만들어진 책입니다.

저자 테리 그리핀(Terry Griffin)은 20년 이상 연구해 온 소프트웨어 개발 경험을 이 책에 아낌없이 녹여냈습니다. 프로그래밍의 기본적인 개념에서 직관적으로 알고 이해해야 하는 부분들, 특정한 개발 환경에 국한되지 않은 범용적인 프로그래밍 언어에서의 논리적 흐름과 제어 시퀀스 및 주의사항, 변수와 이를 통한 함수 상호간 데이터 교환 등, MS 윈도우나 iOS 플랫폼, 안드로이드 등 다양한 현세대 개발 환경의 프로그래밍에서 기본이 될 만한 여러 가지 개념적인 부분들을 아주 쉽게 접근함으로써, 다른 고급 소프트웨어 개발 환경을 배울 때 충분히 도움이 될 만한 프로그래밍 기초 실습서로서, 개념에 충실한 내용으로 구성되어 있습니다.

비록 이 책에서 여러분이 실습하게 될 로봇은 손바닥 위에 올라갈 만한 작은 크기에, 어찌 보면 단순한 동작밖에 하지 못하는 것처럼 느껴질 수도 있습니다. 그러나 그 단순한 동작을 하기 위한 프로그램의 논리적 구조를 충분히 이해하고 활용할 수 있게 된다면, 여러분은 모바일 플랫폼의 게임을 개발하거나 데스크톱 컴퓨터의 응용프로그램 개발용 고급 프로그래밍 언어를 매우 능숙하게 다룰 수 있는 역량을 갖출 수 있을 것입니다.

끝으로, 좋은 책을 번역할 수 있는 기회를 주신 인사이트 출판사와 관계자 여러분께 감사를 드리며, 역자들은 여러분들이 이 책을 통해 프로그래밍에 대한 부담을 조금이나마 덜고 공학도의 길에 한 걸음 더 가까이 갈 수 있게 되기를 기원합니다.

2021년 12월
공민식, 정재호

지은이의 글

이 책은 레고 마인드스톰 EV3 로봇 프로그래밍 방법에 대해 다루고 있습니다. EV3 소프트웨어는 강력한 도구입니다. 이 책의 목표는 여러분이 EV3 소프트웨어를 통해 프로그래밍의 개념을 최대한 이해하고 스스로 프로그램을 만들어 볼 수 있도록 하는 것입니다.

대상 독자

이 책은 여러분이 퍼스트 레고 리그와 같은 로봇 대회의 코치나 로봇 교실의 지도교사 같은 전문가, 혹은 호기심이 많은 아이를 가르치는 부모이거나 단순히 로봇에 관심 있는 일반인, 누구라도 상관없이 자신의 EV3 로봇을 움직이는 방법을 배우고자 하는 분들을 위한 것입니다. 필자의 목표 중 하나는 초보자나 학생들뿐만 아니라, 그들을 지도하는 교사들 역시 EV3 프로그래밍을 어떻게, 그리고 왜 그렇게 하는지 이해하도록 돕는 것입니다.

전제 조건

이 책은 마인드스톰의 일반 세트와 교구 세트 모두에서 활용될 수 있으며, 여러분의 실습을 위해 하나의 기본 로봇을 활용합니다. 일반 세트와 교구 세트는 구성 부품과 예제에 약간의 차이가 있으나, 이 책은 특정 세트에 국한되지 않고 모든 세트에서 적절히 활용될 수 있습니다. 또한 특별히 프로그래밍 경험을 요구하지도 않습니다. EV3 소프트웨어는 강력하지만 사용하기 쉬워서, 프로그래밍 입문자에게도 훌륭한 도구가 될 것입니다.

이 책에서 얻을 수 있는 것

이 책은 로봇의 구조적인 부분, 기계적 조립 기법보다는 소프트웨어 설계에 중점을 두고 있습니다. 모든 예제는 하나의 기본 로봇에서 구동되도록 작성되었으며, 일부 예제는 EV3 인텔리전트 브릭만을 활용하기도 합니다. 여러분은 EV3 소프트웨어의 핵심적인 요소들, 이를테면 함수 블록과 데이터 와이어, 파일과 변수 등의 개념과 각각의 요소들의 상호작용에 대해 배우게 됩니다. 이 과정을 통해 다양한 프로그래밍의 개념과 기법을 습득할 수 있으며, 프로그래밍에서 피해야 할 좋지 않은 습관, 디버깅 전략 등을 알게 되고, 프로그래밍하는 데 재미를 느끼고 공포심은 낮아지게 될 것입니다.

이 책에서는 EV3 프로그램이 어떻게 동작되는지에 대한 이해를 위해 단계적인 설명과 함께 간단한 많은 예제부터 복잡한 동작을 수행하도록 설계된 고난도의 프로그램까지 볼 수 있습니다. 이 과정에서 여러분이 배운 개념을 연습할 수 있는 프로그래밍 과제도 제공됩니다.

이 책은 EV3 세트에 대한 소개와 여러분의 프로그램을 만드는 데 사용할 소프트웨어를 소개하는 것으로 시작합니다. 테스트를 위한 로봇을 제작하고, 그 다음 EV3 소프트웨어의 기본적인 부분을 다룰 것입니다. 기초적인 부분을 이해한 뒤 7장 이후로는 미로 해결 프로그램과 같은 고급 프로그래밍 기법을 다룹니다. 최종 단계에서는 PID 제어를 이용한 LineFollower 프로그램으로 마무리합니다.

다음은 각각의 장에서 다루는 개괄적인 내용입니다.

1장: 레고 그리고 로봇: 굉장한 조합

레고 마인드스톰 EV3 소프트웨어에 대해 간략히 소개합니다. 또한 일반 세트와 교구 세트 간의 중요한 차이점을 알려 줍니다.

2장: EV3 프로그래밍 환경

EV3 소프트웨어의 기능을 살펴보며, 간단한 프로그램을 통해 프로그램을 만들고 실행하는 방법, 그리고 블록 파라미터와 주석, 포트 값 확인하기 등의 기본적인 활용 방법을 알려 줍니다.

3장: 트라이봇: 테스트용 로봇

이 책에서 전반적인 실습에 사용될 테스트용 로봇인 '트라이봇' 및 관련 모듈을 조립합니다.

4장: 움직이기

EV3 모터 블록을 제어하는 방법을 실습합니다. 가장 빈번하게 사용되는 모터 제어 명령들과 이를 활용할 때의 주의사항을 경험할 수 있는 여러 프로그램을 만들어 봅니다.

5장: 센서

EV3 세트에 포함된 터치, 컬러, 초음파, 적외선, 자이로 및 회전 센서에 대해 알아보고, 각 센서의 값을 확인하기 위한 '포트 보기' 및 간단한 예제 프로그램을 만들어 봅니다.

6장: 프로그램의 흐름

프로그램의 논리적 흐름을 처리하기 위한 스위치 블록(프로그램이 의사결정을 하는 기능)과 루프 블록(프로그램이 특정 동작을 반복하는 기능)을 익혀봅니다. 이 기능을 활용하여 간단한 길 찾기 프로그램도 만들어 봅니다.

7장: WallFollower 프로그램: 미로 탐색

이제 EV3 프로그래밍의 가장 기본적인 기능을 익혔으므로, 좀 더 어려운 문제에 부딪쳐 볼 차례입니다. 로봇이 큰 미로를 따라갈 수 있도록, 이제까지보다 더 복잡해진 프로그램 디자인과 프로그래밍, 디버깅 방법을 경험하게 됩니다.

8장: 데이터 와이어

데이터 와이어는 EV3에서 가장 강력한 기능 중 하나입니다. 데이터 와이어가 무엇이고 왜 필요한지, 어떻게 효과적으로 사용할 수 있는지에 대해 예제를 통해 배울 수 있습니다. 데이터 와이어는 센서에서 얻은 값으로 프로그램이 동작하고 모터를 제어하는 등 다양한 곳에서 활용될 수 있습니다.

9장: 데이터 와이어와 스위치 블록

데이터 와이어를 사용해 스위치 블록의 고급 기능을 활용하는 방법을 살펴봅니다. 또한 스위치 블록 구간 안으로, 또는 바깥으로 와이어를 통해 데이터를 전달하는 방법도 배울 수 있습니다.

10장: 데이터 와이어와 루프 블록

데이터 와이어와 루프 블록을 접목시키는 방법을 알아보고, 이를 활용한 프로그램을 만들어 봅니다. 루프 카운터를 사용하고, 루프 종료 조건을 사용하는 새로운 프로그래밍 기법으로 로봇은 사각 나선형 길에서 문제를 해결할 수 있게 됩니다.

11장: 변수

프로그래밍에서 아주 유용한 기능인 변수 및 상수의 개념에 대해 다룹니다. 값을 저장하고 갱신하기 위한 변수를 추가하고 관리하는 방법도 배울 것입니다.

12장: 마이 블록

마이 블록은 몇 개의 프로그래밍 블록을 그룹화시켜 만든 새로운 블록입니다. 이번 장에서는 마이 블록을 만드는 방법을 익히고 여러분의 프로그램을 마이 블록으로 저장하는 방법과 다른 프로젝트에서 만들었던 마이 블록을 활용하는 방법을 배웁니다.

13장: 수학과 논리

이번 장에서는 수학 및 논리에 관련된 블록들을 사용하게 됩니다. 일반적인 사칙연산 외에도 논리 연산, 범위 및 반올림, 랜덤 블록 등의 기능을 경험할 수 있습니다. 일부 예제는 이전 장에서 만들었던 프로그램을 활용해 기능을 업그레이드하는 형태로 수학 함수를 적용하게 됩니다.

14장: EV3 브릭 상태 표시등, 브릭 버튼, 디스플레이

EV3 컨트롤러에 장착된 입출력기기인 브릭 버튼과 상태 표시등, 디스플레이 화면을 사용하는 방법을 배웁니다. 각각의 요소들을 프로그램에서 제어하는 방법과 원하는 값을 간단하게 화면에 표시하는 기법에 대해서도 익힐 수 있습니다.

15장: 배열

EV3가 배열을 다루는 방법에 대해 배웁니다. 로봇이 실행할 명령 목록을 배열로 저장하고 프로그램에서 접근 및 활용하는 응용 기법도 배웁니다.

16장: 파일

EV3 브릭이 파일을 만들고, 저장하고, 이를 활용하는 방법에 대해 배웁니다. 또한 EV3 브릭의 메모리 관리 방법, 컴퓨터와 파일을 전송하는 방법과 설정을 저장하고 복원하는 등의 다양한 파일 활용 기법도 다룹니다.

17장: 데이터 로깅

EV3를 데이터 수집기로 사용하는 방법과, 데이터 수집 및 분석의 기본 개념에 대해 배웁니다. 이 과정에서 조향모드 주행 블록을 활용하면서 이 블록의 작동 방식을 좀 더 심도 있게 다룹니다.

18장: 멀티태스킹(다중작업)

EV3의 프로세서는 병렬로 여러 블록의 프로그램을 동시에 실행하는 '멀티태스킹'이 가능합니다. 이를 활용해 자주 발생할 수 있는 몇 가지 일반적인 문제를 해결하는 방법 및 여러 개의 복잡한 시퀀스들을 효율적으로 관리하는 방법을 배웁니다.

19장: PID 제어를 이용한 LineFollower 프로그램

마지막 장에서는 EV3 프로그램의 여러 가지 고급 기능을 활용해서 좀 더 복잡한 길 따라가기 프로그램을 만들어 볼 것입니다. 이 과정에서 PID(비례, 적분, 미분) 제어기의 개념과 활용법, 그리고 이를 통한 보다 빠르고 정확하게 반응하는 로봇을 경험해 볼 수 있습니다.

부록 A: NXT와 EV3의 호환성

기존 레고 마인드스톰 제품군인 NXT를 EV3와 함께 사용하는 방법을 설명합니다.

부록 B: EV3 웹사이트

EV3 프로그래밍에 대한 정보를 제공하는 웹사이트 목록이 수록되어 있습니다.

부록 C: PID 제어에 대한 수학적 고찰

번역서에서 추가된 부분으로, 현직 수학 선생님이 설명하는 PID 제어에 대한 수학적인 분석 내용이 담겨 있습니다.

이 책을 활용하는 방법

이 책을 최대한 활용하기 위해서는 책을 읽는 것에서 멈추지 않고, 단계별로 제시된 예제를 실제로 열어보고 수정하고 작성한 뒤 테스트까지 진행해 보는 것이 좋습니다. 프로그래밍은 이론이 아닌 실제 경험입니다. 단지 내용을 읽기만 해서는 진정한 여러분의 지식이 될 수 없습니다. 직접 부딪쳐 보고 문제에 직면하며 프로그램을 수정하면서 문제해결 과정을 경험하는 것이 효과적입니다.

임의의 순서로 책을 읽을 수도 있지만, 필자는 여러분이 필자의 의도대로 각 장을 순서대로 읽으며 경험하는 것이 가장 의미있다고 생각합니다. 특히, 이 책의 예제 중 일부는 앞에서 선행 실습이 이루어지고, 그 내용을 뒷장에서 새롭게 배운 기능을 적용해 업그레이드하는 식으로 진행되기 때문입니다. 이 단계를 따라가다 보면 책이 끝날 즈음 여러분은 프로그래밍에 대한 전반적인 개념과 EV3에 대한 충분한 프로그래밍 실력을 갖추게 될 것입니다.

감사의 말

이 책을 집필하는 동안 참을성 있게 기다려 준 가족들에게 감사의 인사를 전합니다. 오랜 시간 동안 본문을 검토하고 또 식탁 주변을 돌아다니는 로봇을 참아 준 아내 Liz에게 특별히 감사하다고 말하고 싶습니다.

또한, 이 작업은 Bill Pollock을 포함한 노스타치프레스 직원들의 헌신적 도움이 없었다면 불가능했을 것입니다. Seph Kramer, Laurel Chun, 그리고 Jennifer Griffith-Delgado와 함께 해서 즐거웠습니다. 그들의 전문적인 지식은 이 책을 완성하는 데 매우 중요한 역할을 했습니다.

더불어 레고 마인드스톰 EV3와 로봇 공학에 대한 폭넓은 지식과 경험을 가진 Daniele Benedettelli와 Rob Torok에게도 감사의 인사를 전합니다. 그들 덕분에 이 책은 기술적인 부분에 대한 충분한 검증을 받을 수 있었습니다.

1

레고 그리고 로봇: 굉장한 조합

로봇의 세상에 오신 것을 환영합니다. 불과 얼마 전까지만 해도 로봇은 단지 공상과학 소설 속에서나 볼 수 있는 먼 기술이었습니다. 그러나 이제 로봇은 더 이상 먼 미래의 물건이 아닙니다. 자동차 조립 및 수술 같은 일상적인 부분부터 심해 화산탐사와 같은 위험한 일, 그리고 먼 우주의 행성 탐사에 이르기까지, 로봇은 다양한 분야에서 실제로 매우 중요하게 활용되고 있습니다. 그림 1-1은 NASA에서 제작한 화성탐사 로봇 큐리오시티의 모습입니다. 지금은 이보다 조금 더 간단한, 여러분이 자는 동안 방바닥을 청소하는 로봇을 손쉽게 상점에서 구할 수 있는 세상이 되었습니다!

레고 마인드스톰 EV3

레고 마인드스톰 EV3 세트(이하 EV3 세트)를 활용하면, 여러분도 자신만의 로봇을 만들 수 있습니다. 어떤 로봇을 만들 수 있냐고요? 너무나 많아 일일이 열거할 수 없을 정도입니다. 그림 1-2와 같은, 거실을 탐사하기 위한 간단한 바퀴 구동형 로봇부터 훨씬 복잡한 것까지 말이죠.

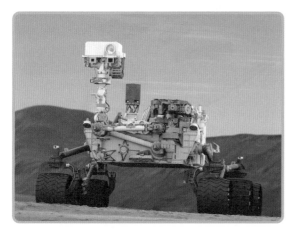

그림 1-1 화성 탐사 로봇 큐리오시티(NASA/제트추진연구소-캘리포니아 공대)

그림 1-2 거실 탐사 로봇

EV3 세트는 분명히, 혼자 또는 함께 가지고 놀 수 있는 재미있는 물건이지만, 단순한 장난감과는 차원이 다릅니다. 실제로 많은 중·고등학교와 대학교에서 EV3 세트를 활용해 과학과 공학 수업을 진행합니다. 레고 그룹은 교육 관련 종사자들을 지원하기 위한 별도의 교육 커리큘럼과 키트를 제공하고 관리하는 에듀케이션 부서를 운용하고 있습니다.[1]

교육 현장에서 이루어지는 EV3를 활용한 로봇 수업은 교실 내에서만 끝나는 것이 아니라, 로봇 대회를 통해 그동안 배운 이론과 실제를 주어진 상황에서 풀어나가는 형태로도 제공됩니다. 퍼스트 레고 리그(FLL), 월드 로봇 올림피아드(WRO), 로보컵 주니어 등 다양한 대회가 전 세계에서 개최되고 있으며, 학생들은 로봇을 만들어 주어진 과제를 해결하며 성장합니다.

EV3 세트는 크게 일반 세트와 교구 세트, 두 가지로 나눌 수 있습니다. 일반 세트는 제품번호 31313으로, 일반 매장에서 일반 소비자와 취미로 접근하는 계층을 대상으로 판매됩니다. 교구 세트는 제품번호 45544로, 일반 매장이 아닌 레고 교구 세트 유통업체를 통해 학교나 교육센터, 로봇대회 팀 등에 공급됩니다. 31313과 45544는 레고를 이용해 로봇을 만들 수 있는 키트라는 점에서는 유사하나, 세부 구성품목에 약간의 차이가 있습니다. 또한 교구 세트 45544의 소프트웨어에는 과학 실험용으로 활용하기 위한 몇 가지 기능이 추가되어 있습니다. 이 책은 두 가지 세트의 차이점을 감안하여 쓰여졌으며, 여러분이 31313이나 45544 중 어떤 세트를 가지고 있어도 책의 내용을 실습해 보는 데 문제는 없을 것입니다. 부품 구성의 차이로 인해 두 로봇은 타이어의 지름이나 디테일 등의 차이가 있을 수 있으나, 그것이 프로그램 실습에 큰 영향을 주지는 않을 것입니다.

참고로 EV3는 레고사에서 제작된 로봇 시리즈인 '마인드스톰'의 3세대 제품입니다. 다른 레고 제품에도 해당되는 내용이겠지만, 이전 세대의 제품인 NXT 역시 EV3와 함께 사용할 수 있습니다. 자세한 내용은 부록 A를 참고하기 바랍니다.[2]

레고 마인드스톰 EV3 세트

EV3 세트에는 EV3 브릭(스마트 브릭), 세 개의 모터, 몇 개의 센서, 그리고 소프트웨어 사용지침과 로봇을 만들기 위한 부품이 포함되어 있습니다. 앞서 설명한 것과 같이 센서와 부품 구성은 여러분이 사용 중인 세트의 종류(일반 또는 교구)에 따라 다릅니다.

조립용 부품은 흔히 '레고 테크닉'이라 불리는, 자동차나 중장비, 기계장치류를 만들어 볼 수 있는 제품군에 주로 쓰이는 기어, 축, 핀, 빔 등의 부품으로 구성되어 있습니다. 몇 가지 부품의 형태를 그림 1-3에서 볼 수 있습니다. 이 부품들은 가볍지만 간단한 기계 장치를 만들기에 적절한 강성과 구조를 갖고 있습니다. 로봇의 복잡한 연결 구조나 관절의 움직임 역시 이러한 부품들로 구현할 수 있습니다.

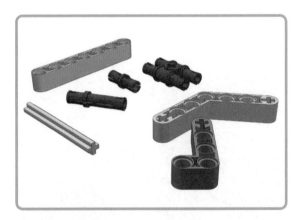

그림 1-3 테크닉 빔과 핀, 축

---

1 (옮긴이) 일반 완구로서의 레고와 달리 에듀케이션 제품은 유통망과 사후지원 등 많은 부분에서 교구의 성격을 띱니다.

2 (옮긴이) EV3는 1세대 제품인 RCX와는 호환성이 없으며, 2세대 제품인 NXT와는 하위 호환성이 있습니다. 자세한 내용은 부록 A를 참고하세요.

EV3 세트에서 제공되는 부품을 사용해 로봇을 만들 수 있지만, 필요하다면 다른 레고 세트, 이를테면 테크닉, 바이오니클 또는 다른 일반적인 레고 세트의 부품을 활용하는 것도 가능합니다.[3]

EV3 스마트 브릭(EV3 브릭 또는 인텔리전트 브릭이라고 부르기도 합니다)은 로봇의 두뇌입니다. EV3 프로그램은 그 자체가 작은 컴퓨터라고 볼 수 있으며, 로봇을 구동하는 명령을 내리고, 주변 상황을 파악할 수 있습니다. 스마트 브릭은 컴퓨터의 고해상도 모니터와 101키보드 대신 작은 액정 화면과 내장형 버튼을, 마우스나 프린터 같은 입출력장치 대신 센서와 모터를 연결할 수 있습니다. EV3 브릭에 내장된 '브릭 프로그램'을 이용해 로봇의 동작을 EV3의 화면을 보며 직접 작성할 수도 있습니다. 물론, 프로그래밍을 연습하기 위해서는 윈도우가 설치된 PC 또는 Mac OS X 환경에서 마인드스톰 소프트웨어를 사용하는 것이 더 편리할 것입니다. 마인드스톰 소프트웨어로 만든 로봇 프로그램은 EV3로 다운로드해 로봇을 움직이게 할 수 있습니다. 여러분이 프로그램을 실행하면, EV3 브릭은 센서로부터 주변 상황에 대한 정보를 수집하고, 작성된 프로그램을 이용해 상황을 판단한 후 만들어진 프로그램의 규칙에 따라 모터를 구동해 움직입니다.

EV3의 모터는 여러분이 만든 레고 모형을 움직일 수 있는 로봇으로 바꾸어 줄 수 있습니다. 세트에 포함된 두 개의 라지 모터와 바퀴 또는 무한궤도를 활용하면 손쉽게 자율주행형 로봇 차체를 제작할 수 있습니다. 또한, 세트에 포함된 미디엄 모터를 활용해 로봇팔, 크레인, 투석기 및 기타 장치들을 로봇에 추가할 수도 있습니다. 대부분 두 개의 라지 모터를 로봇의 구동에, 그리고 추가 기능을 미디엄 모터로 구현하곤 합니다. 물론 이것은 절대적인 규칙이 아니며, 세 가지 모터를 전혀 다른 동작에 활용하거나, 심지어는 제자리에서 움직이지 않고 동작하는 로봇도 만들 수 있습니다.[4]

EV3의 센서는 여러분의 로봇이 주변 환경을 인식할 수 있게 도와줍니다. EV3에서는 초음파, 적외선, 터치, 컬러, 자이로, 회전 센서를 사용할 수 있습니다.[5] 회전 센서는 모터 안에 내장되어 있으며, 나머지 센서들은 독립된 부품 형태로 제공됩니다.

- **초음파 센서:** 센서 전방의 장애물을 감지합니다. 장애물과의 거리를 인식할 수 있으며 다른 초음파 센서를 감지할 수도 있습니다.
- **적외선 센서:** 센서 전방의 장애물을 감지합니다. 거리를 인식할 수 있으나 초음파 센서보다는 거리 감지 성능이 떨어집니다. 또한, 마인드스톰 세트에 제공되는 적외선 리모컨의 방향과 리모컨의 버튼 명령의 종류를 감지하는 기능도 포함되어 있습니다.
- **터치 센서:** 센서 전방의 버튼 스위치가 눌리는 것을 감지합니다. 초음파/적외선 센서가 접촉하지 않고 장애물을 감지할 수 있는 것과 달리, 터치 센서는 장애물이 접촉되었을 때 감지할 수 있습니다.
- **컬러 센서:** 센서 전방의 밝기 또는 물체의 색상을 판별합니다. 센서 전방에 물체의 색상 판별을 위한 조명이 내장되며, 이를 통해 전방에 위치한 물체의 반사광을 인식할 수 있습니다. 또한 센서 주변의 전체적인 밝기를 측정하는 기능도 포함되어 있습니다.
- **자이로 센서:** 회전하는 움직임을 감지합니다. 특정한 축의 회전이 아닌 전체적인 로봇 몸체의 자세를 측정하는 용도로 쓸 수 있습니다.

---

3   (옮긴이) EV3 세트에 포함된 부품은 여러분이 흔히 알고 있는 레고 시티/프렌즈/스타워즈 등의 부품과는 많이 다르게 보일 것입니다. 하지만 모든 부품은 서로 정교하게 상호 호환됩니다.

4   (옮긴이) 컨베이어벨트를 활용한 공장 자동화나 로봇팔, 스마트 홈 같은 경우 바퀴가 달려서 구동되지 않지만 센서로 주변을 판단하고 프로그램에 의해 모터를 움직여 무언가를 수행한다는 면에서 로봇의 범주로 볼 수 있습니다. 마인드스톰 세트는 단순히 '자율주행 로봇'을 만들어 보는 것에 목적을 두지 않고, 전반적인 '프로그래밍과 제어'라는 개념을 이해하기 위한 도구이므로 걷거나 바퀴로 구동되는 로봇뿐만 아니라 이와 같은 스마트 제어시스템 역시 만드는 대상이 될 수 있습니다.

5   (옮긴이) 여러분의 세트가 일반인지 교구인지에 따라 구성품은 다를 수 있습니다.

• **회전 센서**: 모터의 회전각을 감지합니다. 각각의 EV3 모터는 내부에 회전 센서를 내장하고 있어 모터의 움직임을 정확하게 제어할 수 있습니다.

일반 세트에는 터치 센서, 컬러 센서, 적외선 센서, 리모컨 세트가 1개씩 포함되어 있으며, 교구 세트에는 컬러 센서, 자이로 센서, 초음파 센서 1개씩과 2개의 터치 센서가 포함되어 있습니다. 여러분이 어떤 세트를 가지고 있는지에 따라 센서 구성은 달라질 수 있으며, 이 책에서는 로봇과 물체의 거리를 측정하는 실습예제에서 초음파 센서와 적외선 센서를 상호 대체 사용할 수 있습니다.

앞서 열거한 센서 외에도 레고사에서 별도로 온도 센서를 구입할 수 있으며, 레고사의 협력업체들(HiTechnic, Vernier, Dexter Industries, Mindsensors 등)을 통해 컴퍼스, 가속도, 기압, 인체 감지 등 다양한 종류의 센서를 활용할 수도 있습니다.

레고 마인드스톰 EV3 소프트웨어

EV3 소프트웨어는 그래픽 기반 프로그래밍 환경으로, 여러분이 EV3 로봇 프로그램을 만드는 데 필요한 모든 도구가 통합되어 있습니다. 이와 같은 형태를 **통합 개발 환경**(integrated development environment, IDE)이라고 부릅니다.[6]

EV3 소프트웨어와 같은 형태의 개발 환경을 '그래픽 기반 프로그래밍 환경'이라고 합니다. 일반적으로 영어로 된 명령어를 키보드로 입력하는 프로그래밍 방식과 달리, 그래픽 기반 언어는 프로그램을 만들기 위한 '함수 블록'이라는 일종의 아이콘을 활용합니다. 함수 블록은 모터의 제어, 센서에서 값 얻기, 계산 등 여러 가지 작업을 수행할 수 있도록 준비되어 있으며, 여러분은 이 블록을 화면상에서 마우스로 움직여 배치하고 서로 연결해 연관성을 만들어 주며 설정을 조정해서 상호작용하도록 구성할 수 있습니다.

EV3 소프트웨어는 그래픽 기반의 직관적인 구조로 되어 있어 초보자라도 프로그래밍에 부담을 갖지 않고 접근할 수 있습니다. 간단한 프로그램을 만드는 것 역시 매우 쉽게 할 수 있습니다. 물론 숙련도에 따라 복잡한 프로그램도 충분히 작성할 수 있을 만큼 강력한 기능도 내장되어 있습니다. 일부 고급 기능은 처음 접하는 분들에게는 다소 어렵게 느껴질 수도 있을 것입니다. 하지만 직관적인 그래픽 구조로 되어 있어 약간의 연습만으로도 충분히 다양한 기능을 활용할 수 있을 것입니다.

소프트웨어, 펌웨어, 하드웨어

프로그램은 로봇을 움직이게 하기 위한 중요한 세 가지 구성 요소 중 하나입니다. 여러분이 만드는 프로그램을 소프트웨어라고 합니다. 소프트웨어는 컴퓨터가 수행할 수 있는 일련의 명령어 모음입니다. 이 책에서 컴퓨터는 EV3 브릭에 해당됩니다. '소프트웨어'라는 단어의 '소프트'는 부드럽다는 뜻으로 여기에서는 쉽게 바꿀 수 있다는 의미로 쓰였습니다. 이 말은, 여러분이 EV3 소프트웨어(프로그래밍 언어)의 유연함을 통해 로봇에 장착된 EV3 브릭과 3개의 모터 및 센서를 손쉽게 활용하고 다양한 형태로 프로그램의 기능을 바꾸는 것이 결코 어려운 일이 아니라는 뜻이기도 합니다.

함수 블록을 모니터 화면의 프로그래밍 캔버스 공간에 배치하는 일련의 과정은 사람이 직관적으로 프로그램의 실행 단계를 이해하기엔 적합할지 몰라도, 0과 1로 동작하는 컴퓨터에 적합한 형태는 아닙니다. 여러분이 만든 프로그램을 EV3 로봇이 이해하기 위해서는 약간의 추가적인 과정이 필요합니다. 사람이 이해하기 쉬운 형태의

---

6 (옮긴이) 일부 무료 오픈소스 개발 환경의 경우 편집기/디버깅 툴/모니터링 툴/컴파일러 등을 각각 설치하고 사용자가 모든 프로그램의 기능을 연결해 주는 작업이 필요한 경우도 있습니다. EV3 소프트웨어의 설치 과정이 게임 설치처럼 쉬운 것은 분명히 프로그램 입문자에게는 큰 장점이라 할 수 있습니다.

프로그램을 소스 코드라고 합니다.[7] 소스 코드는 EV3 로봇이 인식할 수 있는 형태의 실행 파일로 바꾸어야 합니다.[8] 컴퓨터에서 여러분이 만든 프로그램이 EV3 브릭이 이해할 수 있는 형태로 변환되면 이 실행 파일을 EV3에 전송(다운로드)하고, 실행 버튼을 눌러 로봇을 구동시킬 수 있게 됩니다.

여러분이 제작하는 프로그램과 조금 다른, 브릭 안에서 직접 실행되는 프로그램도 있습니다. 이 프로그램을 펌웨어라고 부릅니다. 펌웨어는 펌웨어가 탑재된 기기를 움직이기 위한 가장 기본적인 기능을 탑재하고 있습니다. 조금 이해하기 쉽게 비교하자면, EV3의 펌웨어는 컴퓨터의 윈도우나 OS X, 스마트폰의 iOS나 안드로이드, 가정용 게임기의 부팅 화면과 같은 기능이라고 생각할 수 있습니다. 이 펌웨어는 여러분이 EV3 브릭을 켤 때 기본 실행음과 화면의 메뉴를 출력하고, EV3의 버튼을 누를 때마다 메뉴가 바뀌는 반응을 수행합니다. 또한, 여러분이 EV3와 컴퓨터를 USB로 연결할 때 컴퓨터의 장치 관리자와 통신하고 EV3 소프트웨어가 만든 실행 파일을 전송받는 것 역시 EV3 펌웨어가 하는 일입니다.

NOTE 윈도우나 iOS가 업데이트를 하듯, EV3 펌웨어도 레고사에 의해 기능적인 업데이트가 추가될 수 있습니다. 물론 여러분이 윈도우 업데이트를 수행하지 않고도 게임을 실행할 수 있듯, EV3 로봇도 펌웨어를 업데이트하지 않고 기본 펌웨어 상태로 여러분이 만든 프로그램을 수행할 수도 있기는 합니다. 다만, 레고사에서 펌웨어를 업데이트한다는 것은 일반적으로는 기능의 개선이나 버그, 문제점을 해결했다는 의미로 볼 수 있으므로 설명을 읽어보고 특별한 이유가 없다면 펌웨어를 최신 상태로 유지하는 것이 좋습니다. EV3 소프트웨어는 자

---

7 (옮긴이) C나 자바 등의 대부분 개발 환경에서 소스 코드는 텍스트 형태로 저장된 일련의 명령어 코드를 의미합니다. 하지만 이 책에서는 좀 더 넓은 의미로, 사람이 쉽게 인식할 수 있는 형태의 프로그램을 의미합니다.

8 (옮긴이) 이 과정을 '컴파일'이라 하며, 일종의 번역 과정이라 할 수 있습니다. 컴파일러는 사람이 이해할 수 있는 문법과 명령을 대상 컴퓨터가 이해할 수 있는 문법과 명령으로 번역해 주는 역할을 합니다. PC/스마트폰/게임기 등에서 실행되는 앱이나 게임 역시 이와 같은 과정을 거쳐 해당 기기가 바로 이해할 수 있는 형태로 바뀐 프로그램입니다.

체적으로 레고사의 서버를 검색해 최신 펌웨어와 사용자의 EV3 펌웨어를 비교하고 사용자가 구 버전을 사용하고 있을 경우 업데이트를 권장하기도 합니다.

마지막 구성 요소인 하드웨어는 EV3 브릭과 일련의 레고 부품을 의미합니다. 일반적인 프로그래밍에서 하드웨어는 컴퓨터(또는 스마트폰, 게임기)를 의미합니다. 물론 우리는 레고를 이용한 로봇을 사용하므로 하드웨어의 범위에는 EV3 브릭과 함께 사용하는 모터, 센서 그리고 로봇의 몸체를 이루는 레고 부품들도 포함됩니다. 각각의 부품들은 여러분이 원하는 대로, 다양하게 활용할 수 있지만 그 기본적인 물리적 특성이나 기능은 변하지 않습니다.

예술 그리고 공학

필자에게 로봇을 만들면서 가장 매혹적인 순간은 로봇이 살아 움직이도록 프로그램을 만드는 순간입니다. 필자는 컴퓨터 프로그래밍이 예술과 공학이 결합된 분야라고 생각합니다. 우리는 일련의 논리적인 단계를 구상하고, 원칙에 따른 공학적인 접근을 통해 주어진 문제를 해결할 수 있습니다. 이 책을 읽으면서, 특히나 책의 뒷부분에서 점점 프로그램이 길어질수록 여러분은 다양한 문제를 해결하는 데 도움이 되는 공학적인 개념과 원리, 그리고 프로그래밍 기법들을 익힐 수 있게 될 것입니다. 종종 나쁜 프로그래밍 기법을 사용할 수도 있겠지만, 대체로 주어진 문제를 해결하기 위해 프로그램을 작성하는 과정은 공학적인 부분만큼이나 예술적인 부분도 크다고 생각합니다. 프로그램을 만드는 과정은 항상 순차적으로 진행되지 않으며, 창의력과 독창성을 요구하는 순간이 많습니다. 필자는 이러한 창의적인 사고의 과정이 프로그래밍을 재미있게 만드는 요소라고 생각합니다.

물론, 여러분은 프로그램에게 뒤통수를 맞을 수도 있습니다. 여러분이 원하는 대로 프로그램이 동작하지 않을 수도 있다는 뜻입니다. 만약 프로그램이 오작동하게 된다

면, 좌절하거나 포기하지 말고 왜 그런 문제가 발생했는지 파악하는 것 또한 무척 중요합니다. 이 책에서 필자는 여러분이 프로그램의 오작동 문제에 직면했을 때 문제를 해결하기 위한 방법도 다룰 것입니다. 무엇보다 필자가 중요하게 생각하는 것은, 여러분이 이 책을 이용해 프로그래밍을 공부하는 과정이 흥미롭고 재미있어야 한다는 것입니다.

좋은 프로그램이란?

여러분이 프로그램 개발에 익숙해진다면, 아마도 직접 만드는 프로그램의 많은 부분에서 여러분만의 프로그래밍 스타일이 묻어날 것입니다. 어느 것이 정답이라 말할 수는 없지만, 일반적으로 프로그램이 잘 만들어졌는지 판단하는 데 사용되는 규칙은 기억해 두는 것이 좋습니다.

1. 원하는 기능을 정확히 수행할 수 있어야 합니다.
2. 수정하기 간편해야 합니다.
3. 프로그램을 만드는 데 사용된 프로그래밍 언어를 알고 있는 사람이 이해할 수 있어야 합니다.

첫 번째 규칙은 반론의 여지가 없을 것입니다. 조금 더 깊게 생각해 보면, 여러분의 로봇이 원하는 기능을 정확하게 수행한다는 것은, 여러분이 만들어야 하는 프로그램의 요구사항을 정확하게 이해해야 한다는 의미이기도 합니다. 학교 프로젝트 또는 FLL 같은 로봇 대회에서 주어지는 과제를 만들기 위해 프로그램을 작성해야 한다면, 그 과제를 시작하기 전에 먼저 요구사항을 정확히 파악해야만 합니다. 물론 외부의 규칙에 따르지 않고 단순히 재미로 로봇을 만든다면 여러분이 로봇의 동작 목적을 임의로 바꿀 수도 있을 것입니다. 두 경우는 분명 다르지만, 중요한 것은 프로그램이 여러분이 의도한 대로 동작하기 위해서는 로봇이 어떠한 형태로 움직여야 하는지를 정확히 이해하고 정의해야 합니다.

두 번째 규칙은 프로그램을 만들기 시작한 후 요구사

항이 종종 바뀔 수도 있다는 것에 기인합니다. 여러분에게 주어진 요구사항을 해결하기 위해 구상한 첫 번째 방법이 항상 정답일 수는 없습니다. 판단 착오 또는 경험 부족으로 잘못된 방향으로 프로그램을 구상하거나, 혹은 제대로 구상했다 하더라도 다른 추가적인 기능을 구현하기 위해 요구사항이 더 복잡해질 수도 있기 때문입니다.

프로그램을 새로운 요구사항에 맞추어 쉽게 수정할 수 있도록 구조적으로 설계한다면, 여러분은 유사한 문제를 풀기 위해 이 프로그램을 재활용할 수도 있습니다. 기존 프로그램을 재활용한다는 의미는, 여러분이 경험해 본 문제를 해결하기 위해 프로그램을 처음부터 새로 작성하면서 소비되는 시간을 절약할 수 있다는 의미입니다.[9]

세 번째 규칙은 가능하다면 프로그램을 단순하게, 그리고 가독성이 높게 구성해야 한다는 것입니다. 체계를 갖추는 과정에서 어쩔 수 없이 발생하는 복잡함이 아닌, 불필요하게 복잡한 구조는 대체로 더 많은 오류를 발생시킬 수 있고, 문제가 생겼을 때 파악하기도 더 어려운 경우가 대부분입니다. 물론 두 번째 규칙의 '재활용' 역시 어려워질 수 있습니다. 일단은 불필요한 복잡함을 최대한 배제하고, 원하는 기능이 구현될 수 있는 최대한 단순한 형태를 지향하는 것이 좋습니다. 또한, 작성한 코드에 설명(주석)을 추가하는 것도 좋은 습관입니다. 많은 경우, 프로그램의 전체적인 흐름을 이해하더라도 특정 부분에 들어간 어떠한 명령이 '왜 들어갔으며 어떻게 동작하는지'까지는 파악하기 어려운 경우가 많습니다. 이것은 내 프로그램을 남에게 보여 줄 때뿐만 아니라 자기 자신의 프로

---

9 (옮긴이) 이러한 형태의 재활용을 '라이브러리'라고 합니다. 대표적으로 컴퓨터의 윈도우에서 동작하는 프로그램들이 거의 같은 메뉴와 파일 저장 기능을 포함하는 것을 들 수 있습니다. 이러한 기본 기능이 윈도우 라이브러리로 만들어져 제공되기 때문에 윈도우 프로그램 개발자는 파일 저장을 위해 새로운 코드를 작성할 필요 없이 이미 작성된 코드를 활용하며 작업시간을 줄일 수 있습니다. FLL 로봇의 전후좌우 구동 기능이 완벽하게 구현되었다면 그것은 WRO 로봇에도 쓸 수 있다는 의미입니다. 물론, 이를 위해 여러분은 코드를 쉽게 수정할 수 있도록 체계적으로 잘 구성해야 할 것입니다. 흔히 '스파게티 코드, 즉 면이 얽힌 것처럼 뒤죽박죽인 코드'로 작성된 프로그램이라면 이와 같은 재활용이 불가능할 수도 있습니다.

그램을 나중에 자신이 볼 때도 똑같이 발생하는 문제입니다. 무슨 의도로 이런 명령을 넣었고 어떤 값이 나오며 어떤 기능과 연계되는 것인지 설명을 써 두는 것은 나중에 프로그램의 기능을 추가/수정하고 재활용하는 데 큰 도움을 줄 수 있습니다.

이 책에서 배울 점

성공적인 프로그래머가 되기 위한 비법은 지식과 실습입니다. 필자는 이 책에서 여러분이 멋진 EV3 프로그래머가 될 수 있도록 세 가지 분야에 집중했습니다.

- **각 프로그램 블록의 내용**: 각각의 블록이 어떤 식으로 동작하는지를 이해하는 것은 EV3 프로그램을 만들기 위한 첫 번째 단계입니다. EV3 소프트웨어는 많은 프로그램 블록을 갖고 있지만, 대부분 비슷한 형태로 구성되어 있어 각각의 블록을 이해하는 것은 그다지 어렵지 않습니다. EV3 소프트웨어의 도움말 역시 각각의 블록 활용 기법을 이해하는 데 도움을 줄 것입니다. 그리고 이렇게 배운 프로그램 블록을 활용해 간단한 테스트 프로그램을 만들고 구동시키며 그 기능을 이해하는 과정은 분명 쉽고 재미있을 것입니다.
- **프로그램이 동작하기 위해 여러 블록을 결합하기**: 이 책은 프로그램의 전반적인 흐름과 데이터 와이어, 그리고 변수 등의 개념을 다루게 됩니다. 이것은 여러분이 만들어 볼 프로그램이 점점 복잡해질 수 있다는 뜻입니다. EV3 프로그램의 몇 가지 동작 방식을 이해하게 된다면 다양한 프로그램의 여러 가지 동작 형태에 대해 보다 쉽게 이해할 수 있게 될 것입니다.
- **일반적인 프로그래밍 기법**: 필자는 앞서 설명했던 세 가지 규칙과 같은, 여러분이 좀 더 복잡한 다른 프로그래밍 언어를 배울 때에도 적용되는 유용한 개념과 기법들을 몇 가지 더 소개할 것입니다.

프로그래밍은 실습을 통해 배우는 학습 활동입니다. 그리고 연습을 할수록 실력이 늘어나는 분야입니다. 이해해야 하는 개념들이 많지만, 이런 개념들을 실습에 활용할수록 여러분의 프로그래밍 실력도 향상될 것입니다.

레고 마인드스톰 온라인 커뮤니티

많은 커뮤니티에서 레고 로봇을 다루고 있습니다. 수백 개의 창의적인 모델을 공개하고 사용자들과의 소통이 활발하게 진행되는 웹 사이트도 많이 있습니다.[10]

커뮤니티에 가입한다면 다른 창작가들이 만든 멋진 로봇에서 영감을 얻을 수도 있고, 서로 아이디어를 주고받을 수도 있습니다. 때로는 여러분이 직면한 문제의 해결방법에 대한 조언을 얻을 수도 있습니다. 로봇 제작에 도움이 될 만한 사이트 목록을 부록 B에 추가해 놓았습니다.

다음 장에서 다룰 내용

다음 장에서는 EV3 프로그래밍 환경을 소개합니다. 기본적인 프로그래밍 환경을 갖추기 위한 메뉴 설명과 함께 몇 가지 간단한 프로그래밍 개념을 제시합니다. 실습을 통해 EV3 프로그래밍 환경에 익숙해지는 단계를 지나면 점차 다양하고 복잡해진 예제들을 통해 함수 블록과 프로그래밍 개념을 조금씩 배워나가게 될 것입니다. 프로그램을 익히려면 직접 함수 팔레트에서 함수 블록을 꺼내어 만들어 보는 것이 좋겠지만, 다음 링크를 통해 소스 코드를 다운로드할 수도 있습니다.

http://www.nostarch.com/artofev3programming/

---

10 (옮긴이) 현재 국내에서는 저자가 거주하는 미국만큼 다양한 레고 로봇 커뮤니티 활동은 없습니다. 레고 동호인 커뮤니티의 대부분은 기성품 블록 완구로서의 레고에 대한 동호인 커뮤니티이며 로봇을 전문적으로 다루더라도 대부분 활동가 외국 커뮤니티에는 한참 미치지 못하는 상황입니다. 각 지역마다 마인드스톰 교구를 활용하는 교육센터에서 학생들을 대상으로 하는 교육 프로그램이 운영되기는 하지만, 이 역시도 커뮤니티를 통한 일반 회원과의 교류보다는 내부 회원 간 소통 목적의 폐쇄적인 운영이 많아 아쉬움이 남습니다.

2

EV3 프로그래밍 환경

이번 장에서는 EV3 프로그래밍 환경과 간단한 프로그램 예제를 살펴볼 것입니다. 모터 또는 센서는 각각 4장과 5장에서 좀 더 깊이 다룰 예정이므로 이 장에서는 모터나 센서를 쓰지 않고 EV3 스마트브릭의 가장 기본적인 활용만 다룹니다.

마인드스톰 소프트웨어 살펴보기

마인드스톰 EV3 소프트웨어를 실행하면 로비[1]라 부르는 초기 화면이 나타납니다. 일반 세트의 소프트웨어와 교구 세트의 소프트웨어는 각각 만들 수 있는 부품 구성이 다르기 때문에 로비에 등장하는 로봇의 형태는 다르지만, 기본적인 구조와 프로그램의 활용 방법은 같습니다. 로비에서는 프로젝트를 만들거나 기존 프로젝트를 불러올 수 있으며, 간단한 안내와 좀 더 상세한 도움말이 제공됩니다. 로비에 등장하는 로봇은 소프트웨어상에서 조립 설명서를 보며 따라 만들 수 있습니다.[2] 일반 마인드스톰과 교구 마인드스톰의 로비 화면은 그림 2-1과 2-2에서 볼 수 있습니다.

그림 2-1 일반 EV3(31313) 소프트웨어의 로비 화면

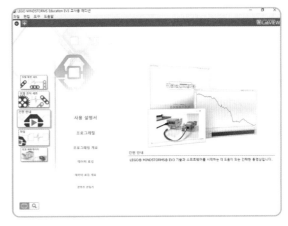

그림 2-2 교구 EV3(45544) 소프트웨어의 로비 화면

---

1 (옮긴이) 호텔이나 공연장의 방으로 들어가기 전의 넓은 공간을 의미하는 그 로비에서 갖고 온 말입니다.
2 (옮긴이) 일반적인 레고 제품은 대부분 특정 모델을 만들기 위한 종이 설명서를 제공합니다. 하지만 마인드스톰은 기본 제공 모델도 다양할 뿐더러, 보다 다양한 모델을 만들 가능성을 가지고 있기 때문에 종이 설명서가 아닌 프로그램상에서 볼 수 있는 전자 설명서를 제공합니다.

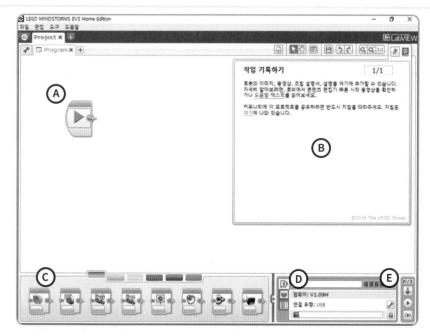

그림 2-3 마인드스톰 EV3 소프트웨어 개발 환경의 모습

로봇 프로그램을 만들기 위해서는 EV3 소프트웨어의 주 화면으로 가야 합니다. 위 메뉴의 파일 > 새 프로젝트를 선택합니다(교구 소프트웨어에서는 파일 > 새 프로젝트 > 프로그램). 주 화면의 모습은 그림 2-3과 같습니다.[3]

A: 프로그래밍 캔버스

화면의 대부분을 구성하는 영역을 프로그래밍 캔버스라고 합니다. 이곳이 바로 프로그램을 만드는 곳입니다. 캔버스에서는 여러 프로젝트를 동시에 작업할 수 있으며, 각각의 프로젝트는 윈도 위의 탭을 이용해 들어갈 수 있습니다. 그림 2-3은 'Project'라는 이름의 프로젝트가 하나 열린 모습을 보여 줍니다. 프로젝트 이름을 선택하기 위

한 위 왼쪽의 탭을 자세히 보면, 맨 왼쪽에 마인드스톰 로고(⚙)가 있는 것을 볼 수 있는데, 이 탭을 선택하면 프로그램 로비로 돌아갈 수 있습니다.

프로젝트는 하나의 프로그램으로 구성될 수도 있지만, 여러 개의 프로그램을 포함할 수도 있습니다. 프로젝트 이름 아래의 탭은 해당 프로젝트에 포함된 프로그램을 선택하는 용도입니다. 그림 2-3은 Project라는 이름의 프로젝트에 Program이라는 이름의 프로그램이 포함된 상태입니다. 프로그램 이름과 프로젝트 이름을 바꾸는 방법은 이 장의 뒤에서 좀 더 자세히 설명합니다. 프로그램 이름 탭 맨 왼쪽의 렌치 모양(🔧) 아이콘은 프로젝트 속성 보기로, 이 부분 역시 뒤에서 다시 다룰 것입니다.

B: 콘텐츠 편집기

콘텐츠 편집기를 사용해 여러분은 프로젝트에 프로그램 외에도 발표를 위한 텍스트 혹은 이미지로 된 로봇의 외형적 특징이나 프로그램의 특징에 대한 설명, 동작에 관한 비디오 등 다양한 멀티콘텐츠를 넣을 수 있습니다. 프로젝트에 파일을 포함시키면 이후에 이미지나 동영상 파

---

[3] (옮긴이) 레고사는 2017년 말 안드로이드 태블릿용, 그리고 2018년 초에는 아이패드용으로 각각 일반과 교구 마인드스톰에 대응되는 프로그래밍 앱을 출시했습니다. 이 앱들은 프로그래밍이라는 작업의 특성을 고려해 스마트폰이 아닌 태블릿 한정으로 제공되고 있으며 무료 다운로드가 가능합니다. 컴퓨터용에 비해 프로그래밍 언어로서의 기능은 단순화되었지만, 작업의 편의성은 크게 다르지 않습니다. 현재는 태블릿 버전의 프로그래밍 툴에서 마이 블록과 수학 기능 등 일부 고급 기능을 제외한 나머지 기본적인 센서/모터 프로그래밍을 동일하게 실습해 볼 수 있습니다.

일을 별도로 준비할 필요 없이 프로젝트 파일 하나로 모든 것을 관리할 수 있습니다.

콘텐츠 편집기 사용을 마쳤다면 프로그램의 위 오른쪽의 마인드스톰 로고(⊙)가 있는 작은 아이콘을 클릭하십시오. 콘텐츠 편집기가 최소화되면서 여러분은 좀 더 넓어진 프로그래밍 캔버스에서 작업할 수 있게 됩니다.

C: 프로그래밍 팔레트

프로그래밍 팔레트는 프로그래밍 캔버스의 맨 아래쪽에 있습니다. 여기에서는 프로그램을 구성하는 함수 블록을 꺼낼 수 있습니다. 작업의 편의성을 위해 팔레트는 용도에 따라 여섯 가지 색으로 구성되어 있습니다. 탭을 이용해 동작 블록(초록색), 흐름 제어 블록(주황색), 센서 블록(노란색), 데이터 연산 블록(빨간색), 고급 블록(파란색), 마이 블록(하늘색)으로 구분됩니다.

D: 하드웨어 페이지

하드웨어 페이지에는 여러분이 사용하고 있는 EV3 브릭에 대한 정보가 제공됩니다. 이 정보는 크게 세 가지로 구분됩니다. 왼쪽의 탭(그림 2-4 참조)을 이용해 각 기능을 선택할 수 있습니다. 맨 위는 현재 선택된 EV3 브릭의 펌웨어 버전과 배터리 용량, 메모리 사용량 등 기본 정보를 보여 줍니다. 가운데는 EV3 브릭에 연결된 모터와 센서의 포트 정보를 보여 줍니다. 맨 아래는 현재 여러분이 사용하는 개발 환경에서 USB, 블루투스 등으로 인식되는 EV3 브릭 전체의 목록을 보여 줍니다.

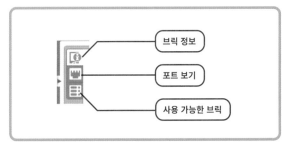

그림 2-4 하드웨어 페이지

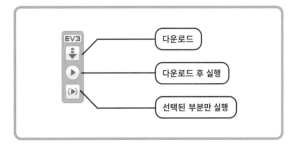

그림 2-5 다운로드와 실행하기 버튼

E: 다운로드와 실행하기 버튼

다운로드와 실행하기 버튼(그림 2-5 참조)은 컴퓨터에서 제작한 프로그램을 EV3 브릭으로 전송하고 실행하기 위한 버튼입니다. 여러분이 만든 프로그램을 EV3 브릭으로 보내는 과정을 '다운로드'라고 합니다. 맨 위에 있는 버튼은 EV3 브릭에 프로그램을 다운로드만 시키고 실행은 여러분이 직접 해야 하며, 가운데 버튼은 연결된 EV3 브릭에 다운로드가 끝나면 실행도 자동으로 됩니다. 여러분이 로봇과 컴퓨터를 USB 케이블로 연결했다면, 로봇을 구동시키기 위해 먼저 USB 케이블을 분리해야 할 것입니다. 즉, 다운로드가 완료되자마자 프로그램이 실행되면 안 되고, 케이블을 분리해서 출발 준비를 한 다음, EV3의 스위치를 조작해 프로그램을 실행시켜야 한다는 뜻입니다. 반대로, 블루투스와 같은 무선 통신으로 연결했다면 로봇이 바로 옆에 있지 않고 컴퓨터와 떨어진 테스트 필드 위에 있을 수도 있습니다. 이 경우 컴퓨터에서 프로그램을 다운로드하고 로봇 앞으로 가서 버튼을 눌러 로봇을 구동시킬 수도 있지만, 컴퓨터 앞에서 원격으로 프로그램을 전송하고 바로 구동하고 싶을 수도 있습니다. 이 두 버튼은 이런 상황에서 여러분이 적절하게 로봇에 프로그램을 다운로드하고 실행할 수 있게 도와줍니다.

마지막 버튼은 선택된 것만 실행하는 기능으로 여러분이 선택한 블록들만 실행합니다. 이 기능은 프로그램의 일부분에서 문제가 발생했을 때 문제를 좀 더 편리하게 찾기 위해 활용할 수 있습니다.

EV3 프로그램 만들기

이제 간단한 프로그램을 직접 만들어 보겠습니다. 새 프로젝트에는 아마도 그림 2-6과 같은 시작 블록이 캔버스에 꺼내져 있을 것입니다. EV3 소프트웨어에서 프로그램을 만든다는 것은 팔레트에서 함수 블록을 꺼내어 캔버스에 놓

그림 2-6 시작 블록

고 블록과 블록을 선으로 연결하는 것을 의미합니다. 연결에는 몇 가지 규칙이 있으며, 가장 중요한 것은 시작 블록부터 프로그램이 시작된다는 것입니다. 시작 블록에 연결된 각각의 블록은 서로 상이한 옵션과 형태를 가지며, 이 책에서는 이러한 블록들의 기본 활용법을 배울 것입니다. 프로그램이 실행되면 EV3 브릭은 시작 블록에 연결된 블록을 왼쪽에서 오른쪽의 순서로 순차적으로 실행하게 됩니다. 일반적으로 블록의 실행은 하나의 블록이 주어진 조건을 완수하는 것을 의미하며, 조건이 완수되어야 다음 블록이 실행될 수 있습니다. 물론 몇 가지 예외적인 상황을 통해 여러 개의 블록이 동시에 실행되는 상황도 만들 수 있습니다. 프로그램은 맨 마지막 블록의 작업이 끝날 때 종료됩니다.

블록의 일반적인 구조

프로그램을 만들기에 앞서, 함수 블록의 속성을 설정하는 방법을 살펴보겠습니다. 각 블록은 맨 아래쪽에 해당 블록의 동작과 관련되어 변경할 수 있는 속성들이 표시됩니다. 변경할 수 있는 속성과 값은 블록마다 각각 다르지만, 전반적인 형태는 EV3 소프트웨어의 초보자들을 배려하여 일관된 모습을 유지합니다.

일례로 사운드 블록의 속성을 살펴보겠습니다. 그림 2-7의 모습이 EV3 소프트웨어의 함수 블록이 가지는 전형적인 모습입니다. 이 구조를 이해한다면 여러분은 대부분의 함수 블록의 속성에 대해서도 손쉽게 이해할 수 있을 것입니다. 그림 2-7은 여러분이 팔레트에서 사운드 블록

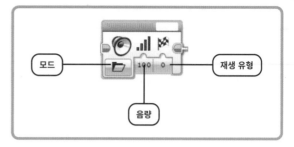

그림 2-7 사운드 블록의 속성

을 막 꺼낸 모습으로, 아무런 설정도 바꾸지 않은 가장 처음의 상태입니다.

첫 번째, 모드 선택 부분은 각 함수 블록의 주 기능이 어떻게 동작하게 될지 선택하는 용도로 쓰입니다. 사운드 블록에서는 네 가지 모드(정지, 사운드 파일 재생, 톤 재생, 단일 음 재생)로 소리에 관련된 동작을 수행할 수 있습니다. 네 가지 중 하나의 모드를 선택하면, 남은 옵션들은 해당 모드에 맞는 형태로 바뀌게 됩니다. 그림 2-7에서는 사운드 블록이 '사운드 파일 재생' 모드로 선택되었고, 여기에서는 볼륨과 세 가지 형태의 재생 유형(소리가 한 번 재생되고 끝날 때까지 블록이 대기한 후 다음 블록을 진행, 소리가 한 번 재생되며 소리 재생과 동시에 다음 블록을 진행, 소리는 다음 사운드 블록을 만날 때까지 연속 재생되며 재생과 동시에 다음 블록을 진행)을 선택할 수 있습니다.

다른 모드를 선택하면 그에 맞게 옵션은 바뀌게 됩니다. 그림 2-8은 '톤 재생' 모드가 선택된 모습이며 여기에서는 연주할 톤의 주파수와 지속 시간을 선택할 수 있습니다.

모드와 속성을 바꾸기 위해서는 해당 값을 클릭합니다. 값을 바꾸는 방법은 각각의 속성에 따라 조금씩 다릅니다. 숫자 형태의 값을 직접 입력하는 것도 있고, 주어진 목록 중 선택하거나 슬라이드를 조절하는 방법 등 다양한 방법이 제공됩니다. '단일 음 재생' 모드에서 음계 입력을 위해서는 그림 2-9와 같은 가상 피아노 건반이 사용되기도 합니다.

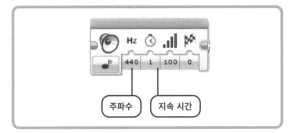

그림 2-8 사운드 블록의 '톤 재생' 모드

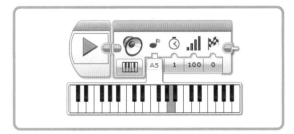

그림 2-9 사운드 블록의 '단일 음 재생' 모드

우리의 첫 프로그램

첫 번째 프로그램에서는 사운드 블록을 활용해 EV3가 "헬로우"라고 인사하도록 만들어 볼 것입니다. 프로그래밍을 시작하기 위해 EV3 소프트웨어에서 파일 > 새 프로젝트를 선택합니다. 우선 콘텐츠 편집기를 사용하지 않을 것이기 때문에, 좀 더 넓은 모니터 공간을 프로그래밍 캔버스로 사용하기 위해 콘텐츠 편집기를 닫습니다. 그리고 새 프로그램에 사운드 블록을 추가하려면 다음 단계를 따르세요.

1. 동작 팔레트에서 사운드 블록을 선택합니다.

2. 블록을 프로그래밍 캔버스로 꺼냅니다. 그 다음 사운드 블록을 시작 블록 오른쪽에 위치시킵니다. 다음과

같은 모습이어야 합니다.

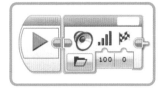

만약 실수로 잘못된 블록을 선택하거나 잘못된 곳에 놓았다면 편집 > 실행 취소를 선택하고 다시 시도합니다.

우선은 사운드 블록의 나머지 옵션 부분은 기본값으로 그대로 두고, 사운드 파일을 선택하는 옵션만 설정합니다. EV3 소프트웨어는 컴퓨터의 윈도우 탐색기와 비슷한 폴더 구조로 되어 있어 원하는 사운드 파일을 선택할 수 있습니다.

3. 사운드 블록의 오른쪽 위 흰색 상자 부분을 클릭하면 사운드 파일의 목록이 포함된 상자가 나타납니다.

4. 레고 사운드 파일 폴더를 클릭해서 열고 대화 폴더를 다시 열어 줍니다. 스크롤을 내려 보면 Hello라는 이름의 파일을 볼 수 있습니다. 파일을 선택하면 사운드 블록 오른쪽 위의 흰색 상자에는 선택된 파일 이름인 Hello가 출력될 것입니다.[4]

---

4 (옮긴이) EV3 컨트롤러에는 한글 폰트가 내장되어 있지 않습니다. 실제로 EV3에 저장되는 파일은 영문 대소문자와 숫자로만 구성되어야 하며, 파일 이름에는 한글을 쓸 수 없습니다.

작업을 저장하기

프로그램이 어느 정도 진행되었다면 여러분의 프로그램과 프로젝트를 저장해야 합니다. 이 책에서는 Chapter2, Chapter3 같이 각 장마다 프로젝트를 하나씩 만들 것입니다. 각각의 프로젝트는 해당되는 장에서 나오는 예제 파일을 모두 포함하게 됩니다. 맨 처음으로 만든 소리 재생 프로그램의 이름을 'Hello'로 바꾸고 프로젝트 이름은 'Chapter2'로 바꾸어 저장하십시오. 이름을 바꾸기 위해서는 프로젝트 이름/파일 이름이 쓰인 탭을 더블클릭하면 됩니다. 제대로 작업을 수행했다면 탭의 모습은 다음과 같습니다.

이제 파일 - 저장 메뉴를 이용해 작업한 내용을 저장합니다. 프로젝트를 처음 저장할 때는 프로젝트의 위치와 이름을 정할 수 있는 파일 저장 대화상자가 열립니다. 이름을 'Chapter2'로 입력하고 '저장' 버튼을 클릭하면 컴퓨터에 Chapter2.ev3 파일이 생성됩니다. 이 파일은 여러분의 프로그램에 대한 모든 정보와 설정, 여러분이 배치한 각 함수 블록의 배치 상태에 대한 정보를 담고 있습니다. ev3 확장자 형식은 마인드스톰 개발 환경에서만 쓰이는 포맷으로, 다른 프로그램에서 편집하는 것은 불가능합니다.

NOTE 저장을 자주 하세요. 저장을 조금 미루고 다른 곳에 신경을 쓰는 동안 여러분의 프로그램을 담은 EV3 소프트웨어 내지는 컴퓨터가 오류를 내며 종료될 수 있으며, 그러면 여러분은 몇 시간에 걸쳐 만든 프로그램을 다시 만드는 끔찍한 경험을 하게 될 것입니다.

백업 복사본 만들기

프로그램의 기능을 수정하고 저장하는 과정에서, 프로그램은 전보다 더 잘 동작할 수도 있지만, 반대로 전보다 더 끔찍하게 오동작할 수도 있습니다. 때로는 여러분이 저장하기 10분 전 또는 한 시간 전의 프로그램으로 되돌리고 싶어질 수도 있습니다. 하지만 충분히 고려하고 준비하지 않는다면 이전의 잘 돌아가던 프로그램으로 다시 돌아갈 수 없습니다. 심지어 여러분이 만들었다지만 다시 기억해서 원래 상태와 같게 만드는 것이 불가능할 수도 있습니다.

이런 문제는 전문적인 개발 환경에서도 똑같이 발생할 수 있기 때문에 전문 프로그래머용 개발 환경에서는 소위 소스 코드의 변경 내역을 관리하는 시스템이 구축되는 경우도 있습니다. 하지만 이런 시스템이 없다 해도, 파일을 저장할 때 조금만 신경을 쓰면 프로그램을 잘못 수정하고 저장하더라도 걱정할 필요가 없습니다.

파일에 중요하고 큰 변화를 주거나 기능을 대폭 수정하는 경우, 파일을 덮어쓰지 말고 새로운 이름으로 복사본을 만드는 것이 좋습니다. 예를 들어 네 가지 작업이 수행되는 프로그램을 만들기 위해 첫 번째 작업을 완성한 후 Task1이라는 이름을 지어 주고, 테스트 후 Task1이 정상 동작한다면 거기에 두 번째 작업을 추가한 다음 Task1_Task2와 같이 이름을 지어 줍니다. 이런 식으로 각 단계마다 여러분이 한 작업을 알아보기 쉽게 파일 이름으로 기록한다면, 필요할 경우 언제라도 이전의 프로그램으로 돌아갈 수 있습니다.

프로그램 실행하기

프로그램을 저장했다면 이제 테스트를 해 볼 차례입니다. 먼저 EV3를 켜고 컴퓨터와 연결되었는지 확인합니다. EV3는 USB 케이블 연결, 블루투스 무선 연결, 와이파이 무선 연결이 가능하지만, 보통 USB 연결이 가장 쉬운 방법입니다(특별한 설정 없이 컴퓨터와 EV3를 케이블로 연결하기만 하면 됩니다. 단, 케이블을 물리적으로 연결하기 때문에 EV3 브릭이 바로 가까이 있어야 하고, EV3 로봇이 케이블을 연결할 수 있는 구조여야 합니다.) 블루투스 또는 와이파이 무선 연결의 경우 스펙상의 거리 제약은 있겠지만 USB 연결보다는 한결 자유롭게 운용할 수 있습니다. 가깝게는 수 미터에서 멀게는 십여 미터 이상 떨어진 상태에서도 프로그램을 다운로드하고 실행할 수 있습니다. 단, USB 연결에 비해 설정이 조금 더 까다롭고 컴퓨터에 무선 통신장비가 설치되어 있어야 합니다. EV3 소프트웨어의 메뉴에서 **도움말 > EV3 도움말 표시**를 선택하면 컴퓨터와 EV3 브릭을 연결하기 위한 좀 더 자세한 지침을 확인할 수 있습니다.

EV3 소프트웨어의 다운로드와 실행하기 버튼(소프트웨어 오른쪽 아래, 그림 2-5 참조) 중 다운로드 후 실행 버튼을 클릭하면 여러분이 방금 완성한 프로그램이 EV3로 전송되고 실행됩니다. 그리고 로봇은 여러분에게 "헬로우"라고 인사할 것입니다.

프로젝트 속성

EV3 프로젝트는 여러 개의 프로그램을 포함할 수 있으며, 각각의 프로그램 또한 여러 개의 소리 파일과 그림 파일을 사용할 있습니다. 프로젝트 속성 페이지에서는 프로젝트의 전반적인 개요와 설명, 그리고 여러분이 사용하는 모든 파일 자료들을 관리합니다. 프로그램 이름 탭 옆에 위치한 작은 렌치 모양(🔧)의 아이콘을 클릭하면 그림 2-10과 같은 프로젝트 속성 창이 열릴 것입니다. 여기에 몇 가지 내용을 추가할 수 있습니다.

프로젝트 속성 페이지에서 프로젝트의 제목과 설명, 그리고 포함된 프로그램과 그림, 소리 파일들, 그리고 마이 블록을 모두 볼 수 있습니다. 마이 블록은 뒤에서 좀 더 자세히 다루어 볼 것입니다. 또한, 이 책의 뒷부분에서는 프로젝트에 가져오기 기능과 내보내기 기능을 활용해 프로그램과 마이 블록을 다른 프로젝트와 공유하는 방법도 알아볼 것입니다.

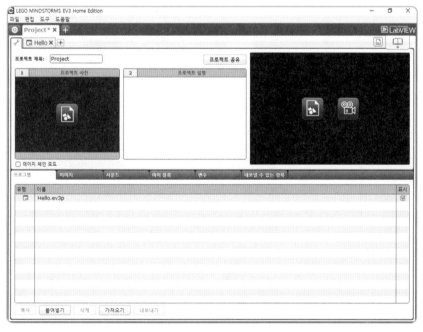

그림 2-10 프로젝트 속성 페이지

우리의 두 번째 프로그램

우리의 두 번째 프로그램인 HelloDisplay(인사 출력)는 앞서 만든 Hello 프로그램과 비슷합니다. 사운드 블록 대신 디스플레이 블록에 인사말을 보낸다는 점만 다를 뿐입니다. 아마도 여러분이 처음 이 프로그램을 만들고 실행하면, 예상했던 것과는 다르게 동작할 것입니다. 어째서 프로그램이 제대로 동작하지 않는지 살펴보고, 수정하는 방법도 단계적으로 살펴볼 것입니다. 다음 단계에 따라 프로그램을 만들어 보겠습니다.

1. **파일 > 프로그램 추가** 메뉴를 선택해 프로젝트에 새 프로그램을 추가합니다.
2. 프로그램 이름은 'HelloDisplay'로 바꾸어 줍니다. EV3 소프트웨어 왼쪽 위의 제목 탭에서 확인 가능합니다.

3. 동작 팔레트에서 아래와 같은 디스플레이 블록을 꺼내어 캔버스에 놓습니다.

4. 시작 블록 뒤에 디스플레이 블록을 놓습니다. 이제 다음과 같은 모습이 됩니다.

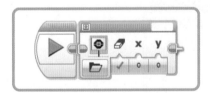

다음 단계는 디스플레이 블록을 설정해서 'Hello'라는 문구를 출력하는 것입니다. 디스플레이 블록은 몇 가지 옵션이 있으며, 이에 대해서는 14장에서 좀 더 자세히 살펴보겠습니다. 우선 디스플레이 블록의 기본 기능이 이미지 출력으로 설정되어 있으므로, 이것을 텍스트로 바꾸어 주는 방법을 알아보겠습니다.

5. 블록의 왼쪽 아래 폴더 그림을 클릭하고 **텍스트 > 눈금**을 선택합니다.

기본 출력 문구는 MINDSTORMS입니다. 이제 이 부분을 'Hello'로 바꾸어 봅니다.

6. 함수 블록의 오른쪽 위 흰색 박스에는 'MINDSTORMS'가 기본값으로 입력되어 있습니다. 여기를 클릭하고 'Hello'로 바꾸어 줍니다.

작업을 마치면 그림 2-11과 같은 모습이 됩니다.

그림 2-11 HelloDisplay 프로그램

이제 프로그램을 다운로드하고 실행해 보겠습니다. EV3는 프로그램이 다운로드되고 실행됨을 알리는 소리를 낼 테지만 화면에 Hello 메시지는 보이지 않을 것입니다. 무엇이 문제일까요?

간단히 말해서 이 프로그램은 버그가 있습니다. 버그는 프로그램에 오류가 발생했음을 의미합니다. 이러한 오류를 찾고 수정하는 과정을 '디버깅'이라고 합니다. 실제로 프로그램을 만드는 과정은 코드를 새로 만드는 코딩 과정보다 만들어진 코드에서 잘못 동작하는 부분을 찾아내는 디버깅 과정이 더 비중이 크다고 할 수 있습니다. 사실상, 프로그램을 만들면서 그것이 아무런 문제없이 완벽하게 동작하는 경우는 흔치 않습니다. 실제로 무엇이 잘못되었는지 파악하고 문제를 해결하는 과정은 지극히 정상적인 프로그래밍 과정이므로 걱정할 필요가 없습니다. 사실 잘 만든 것 같은 프로그램이 제대로 동작하지 않을 때 그것을 고치기 위한 과정은 매우 짜증나고 힘들 수도 있습니다. 하지만 생각하기에 따라 이 과정은 한 편의 커다란 퍼즐처럼, 한 부분씩 잘못된 부분이 수정되어 가며 완성에 가까워질수록 큰 보람을 줄 수 있다는 의미이기도 합니다. 무엇보다 중요한 건 여러분이 이 과정을 즐길 수 있어야 한다는 것이겠지요.

이 프로그램에서 가장 손쉽게 버그를 해결하기 위한 힌트는 디스플레이 블록 뒤에 대기 블록을 추가하는 것입니다. 사실 앞서 만든 프로그램은 정확하게 메시지를 화면에 출력했었습니다. 다만 너무나 잠깐, 여러분이 미처 읽지 못할 만큼 짧은 시간 동안 메시지를 출력하고 지워져 버려 여러분이 아무것도 보지 못했다고 느낀 것입니다. 이제 디스플레이 블록 뒤에 대기 블록을 추가해 프로그램의 흐름을 잠시 멈추도록 만들 것입니다. 5초 정도 멈추도록 한다면 여러분이 디스플레이를 눈으로 확인하기에 충분한 시간이 될 것입니다.

대기 블록은 흐름 제어 팔레트에서 볼 수 있습니다. 팔레트의 주황색 탭을 클릭해 봅시다. 그림 2-12의 원으로 표시된 부분이 흐름 제어 팔레트에 있는 대기 블록의 모습입니다.

그림 2-12 흐름 제어 팔레트의 대기 블록

다음 단계를 통해 프로그램의 문제를 수정합니다.

1. 대기 블록을 꺼내어 디스플레이 블록 오른쪽에 연결합니다. 프로그램의 모습은 그림 2-13과 같을 것입니다.

그림 2-13 대기 블록이 추가된 모습

2. 대기 블록의 기본 설정값은 1초 동안 대기하는 것입니다. 작은 바늘시계 모양 아이콘(⏱) 아래의 숫자를 클릭해서 1을 '5'로 바꾸어 줍니다. 이제 프로그램은 화면에 메시지를 출력한 후 5초 동안 기다리고 종료됩니다. 그림 2-14가 최종적으로 마무리된 프로그램의 모습입니다.

그림 2-14 대기 블록을 5초 동안 대기하도록 설정

이제 프로그램을 다운로드하고 실행해 봅시다. 화면은 Hello 메시지를 출력할 것이며, 프로그램은 5초 동안 메시지를 보여 준 다음 화면을 지우고 종료될 것입니다. 결국 우리는 대기 블록을 추가해 버그를 성공적으로 해결할 수 있었습니다.

NOTE 왜 첫 번째 프로그램에서는 이런 문제가 발생하지 않았을까요? 그것은 디스플레이 블록과 사운드 블록의 동작 방식의 차이 때문입니다. 사운드 블록은 완료 대기라 불리는 옵션이 기본값으로 설정되어 있습니다(그림 2-15 참조). 이 기능은 소리의 출력이 끝날 때까지 프로그램의 흐름이 종료되지 않고 대기하도록 합니다. 바꾸어 말하면, 여러분이 사운드 블록의 옵션을 1회로 바꾸고 대기 블록을 쓰지

않을 경우 디스플레이 프로그램을 처음 만들 때와 같은 문제가 발생한다는 것을 의미합니다.[5]

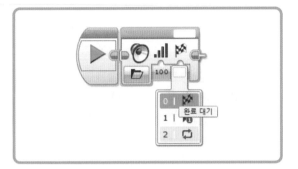

그림 2-15 사운드 블록의 완료 대기 옵션

주석

프로그래머는 논리적인 코드를 이용해 프로그램을 작성하고, 주석을 활용해 프로그램 안에 이 코드의 기능을 설명해 놓을 수 있습니다. 주석이 없어도 컴퓨터는 프로그램을 이해할 수 있지만, 사람이라면 자신이 만든 프로그램이라도 왜 이런 기능이 추가되었는지, 어떤 식으로 다음 기능과 연계되는지 잊을 수도 있기 때문에 주석을 만들라는 것입니다. 예를 들어, 여러분은 앞서 만든 디스플레이 프로그램에 대기 블록을 추가한 이유를 주석으로 입력해 둘 수 있습니다.

이전 장에서 필자는 좋은 프로그램의 조건으로 다른 프로그래머가 이해하기 쉽고 수정하기도 쉬워야 한다고 했습니다. 친절한 주석은 좋은 프로그램의 아주 중요한 조건 중 하나입니다. 사실 프로그램에서 각 함수의 설정을 보는 것만으로 프로그램의 전체적인 동작 방식을 이해하기란 결코 쉬운 일이 아닙니다. 이럴 때 한글로 된 간단한 설명이 추가된다면 프로그램의 구조를 파악하기가 한결 더 쉬워지겠지요. 여러분이 만든 프로그램을 친구에게 설명한다고 가정해 봅시다. 단순히 어떤 함수 블록을 사용했는지를 말하는 것으로 설명이 될까요? 아마 여러분은 프로그램이 전체적으로 어떤 형태로 동작하는지에 대해 말로 서술해 표현할 것입니다. 때로는 좀 더 복잡한 관계나 동작에 대해서 깊이 있는 설명이 필요할 수도 있습니다. 또한, 주석은 프로그램을 만든 이유를 기억하는 데에도 도움을 줍니다. 그리고 다른 프로그램에서 기존에 만든 프로그램의 기능을 재활용하는 데도 큰 도움이 됩니다.[6]

주석은 전적으로 사람을 위한 것으로, 프로그램을 실행하는 EV3에는 영향을 주지 않습니다. EV3는 함수 블록 및 각 블록이 가지는 관계와 여러분이 설정한 값만을 파악할 뿐, 주석은 완전히 무시합니다(여러분이 화면 가득 주석을 채워도 상관없다는 뜻입니다).

주석 추가하기

앞서 만든 HelloDisplay 프로그램에 대기 블록을 추가한 이유를 주석으로 만들어 봅시다. 문장을 정리하면, '사용자가 눈으로 읽기 위한 시간이 필요하기 때문에 디스플레이 후 프로그램이 끝나기 전까지 몇 초의 대기시간을 추가했다'는 내용이 들어가면 될 것 같습니다. 주석을 추가하기 위해서는 위 툴바의 네 번째 아이콘(🔲)을 클릭합니다.

주석을 추가하기 위한 과정은 다음과 같습니다.

1. 툴바에서 '주석' 아이콘을 클릭합니다. 그러면 작은 주석 입력 상자가 여러분의 프로그래밍 캔버스에 추가될 것입니다. 그림 2-16을 참고하세요.

그림 2-16 추가된 주석 입력 상자

---

5 (옮긴이) 자세히 들어보면 스피커를 살짝 건드리는 듯한 '틱' 소리만 작게 들리고 프로그램은 종료될 것입니다.

6 (옮긴이) 나중에 화면에서 글자가 보이지 않았던 문제는 기억하지 못할 수도 있지만, '디스플레이 뒤에 화면을 읽을 수 있는 시간이 주어져야 사람이 볼 수 있다'는 주석을 보면서 왜 대기 블록을 추가했는지 기억이 되살아날 수 있겠지요.

2. 주석 입력 상자의 가운데를 클릭하면 주석을 입력할 수 있습니다.

3. 키보드로 주석을 입력합니다. '사용자가 눈으로 읽기 위한 시간이 필요하기 때문에 디스플레이 후 프로그램이 끝나기 전까지 몇 초의 대기 시간을 추가했다'는 내용을 여러분의 생각대로 입력해 봅시다. 엔터키를 누르면 줄 바꿈도 자유롭게 가능하며, 정해진 영역보다 텍스트의 양이 많을 경우 안쪽을 더블클릭해서 화살표로 텍스트를 내려가며 읽거나 주석 입력 상자의 크기를 확장할 수도 있습니다.[7]

그림 2-17은 주석이 추가된 모습입니다. 이제 이 프로그램은 누가 보더라도 왜 대기 블록을 사용했는지 이해할 수 있을 것입니다.

그림 2-17 대기 블록이 추가된 이유를 주석에 입력한 모습

주석을 작성할 때의 팁

EV3 소프트웨어에서 주석을 작성할 때는 다음을 기억해 두는 것이 좋습니다.

- 줄 바꿈을 위해서는 엔터키를 사용합니다. 이를 이용해 주석에 문단을 구성할 수도 있습니다.
- 주석도 다른 함수 블록처럼 클릭해서 선택할 수 있습니다.
- 주석 상자가 선택되었을 때 텍스트를 클릭하면 입력한

주석 내용을 수정할 수 있습니다.

- 수정 단계에서 삭제키를 눌러 글자를 삭제할 수도 있고, 주석 상자 자체를 클릭해서 상자를 삭제할 수도 있습니다.
- 주석 상자의 테두리를 이용해 상자의 크기를 바꿀 수 있습니다. 일반적인 윈도 크기 변경 방법과 동일합니다. 마우스를 주석 상자 위에 대면 크기 조절 핸들이 희미하게 표시되고, 이때 핸들을 클릭한 채 잡아끌면 됩니다.
- 주석 상자 자체를 클릭한 채 잡아끌어서 원하는 위치로 주석 상자를 옮길 수도 있습니다.

컨텍스트 도움말

많은 함수 블록이 각기 다양한 옵션을 가지고 있기 때문에, 여러분이 능숙해진다면 EV3는 막강한 로봇 개발 환경이 될 수 있습니다. 하지만 이 많은 함수 블록 각각의 기능을 모두 다 머릿속에 기억해 두기란 쉽지 않습니다. 다행히도 EV3 소프트웨어는 컨텍스트 도움말이라는 막강한 기능을 보유하고 있습니다. 이 기능은 풀다운 메뉴의 도움말 > 컨텍스트 도움말 표시를 통해 볼 수 있습니다. 활성화되면 여러분의 개발 환경에 작은 윈도가 추가되며, 여러분이 프로그래밍 캔버스에 꺼낸 함수 블록을 클릭하면 간단하지만 유용한 정보들이 출력됩니다. 각 함수의 기능과 설정 값에 대한 설명 외에도 필요한 경우 좀 더 자세한 이미지가 포함된 추가 도움말로 연결해 주는 링크도 볼 수 있습니다(추가 도움말은 html 형태로 웹브라우저에서 볼 수 있습니다). 이 작은 창은 크기에 비해 여러분에게 매우 유용하게 쓰일 것이라 생각합니다. 그림 2-18은 컨텍스트 도움말을 통해 사운드 블록의 '단일 음 재생' 모드에 대한 설명을 나타낸 것입니다.

---

7 (옮긴이) 프로그램 코드도 그렇겠지만, 주석도 역시 의미가 전달될 수 있는 수준에서 최대한 간결한 것이 좋습니다.

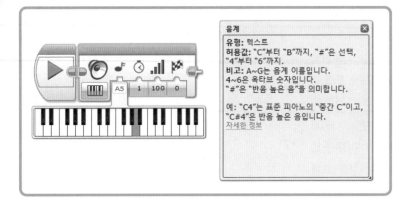

그림 2-18 단일 음 선택에 대한 컨텍스트 도움말

마무리

이것으로 마인드스톰 소프트웨어 개발 환경의 전반적인
소개를 마쳤습니다. 다음 장에서는 트라이봇이라는 간단
한 로봇을 만들고 예제 프로그램을 실습해 볼 것입니다.
또한 트라이봇의 동작을 위해 좀 더 다양한 함수 블록과
블록 조합 기법을 다루어 볼 것입니다.

3

트라이봇: 테스트용 로봇

이번 장에서는 드디어 테스트용으로 간단한 3륜 로봇을 만들어 볼 것입니다. 이 로봇의 이름은 트라이봇(TriBot)으로 EV3의 센서를 모두 사용하며 이 책의 이후 모든 예제에서, 그리고 아마도 여러분이 직접 만드는 예제 프로그램에서도 이 로봇을 활용할 수 있을 것입니다. 외형은 그림 3-1과 같은 형태이고, 로봇과 함께 미디엄 모터를 활용하기 위한 간단한 리프트 팔도 만들어 볼 것입니다.

트라이봇의 구성 부품

트라이봇은 여러분이 일반 혹은 교구 중 어느 EV3 세트를 가지고 있더라도 충분히 만들 수 있습니다. 이 책에 등장하는 대부분의 이미지는 일반 세트로 만든 로봇의 이미지입니다. 교구 세트로 만들 경우 몇 가지 부분이 다를 수 있으나 실습에 큰 영향을 주지는 않습니다. 일례로 교구 세트에 포함된 바퀴는 일반 세트의 바퀴보다 큽니다(그림 3-2 참조).

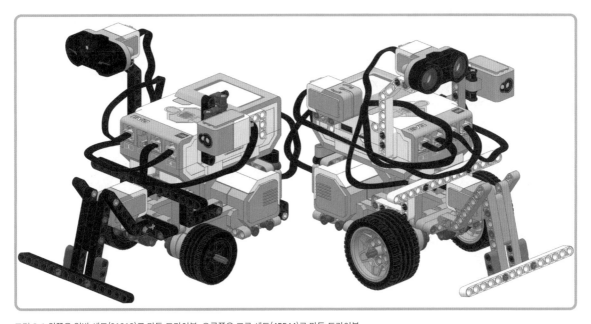

그림 3-1 왼쪽은 일반 세트(31313)로 만든 트라이봇, 오른쪽은 교구 세트(45544)로 만든 트라이봇

그림 3-2 교구 세트에 포함된 바퀴(좌)와 일반 세트에 포함된 바퀴(우)

일반 세트에는 적외선 센서와 적외선 센서에 특정한 명령을 전달해 줄 수 있는 전용 리모컨이 포함되며, 교구 세트에는 초음파 센서와 자이로 센서가 포함됩니다. 일반 세트를 가지고 실습하고 있다면 자이로 센서를 사용하는 부분의 실습은 건너뛰어도 무방합니다. EV3의 초음파 센서와 적외선 센서는 특성이 비슷하므로 교구 세트를 가진

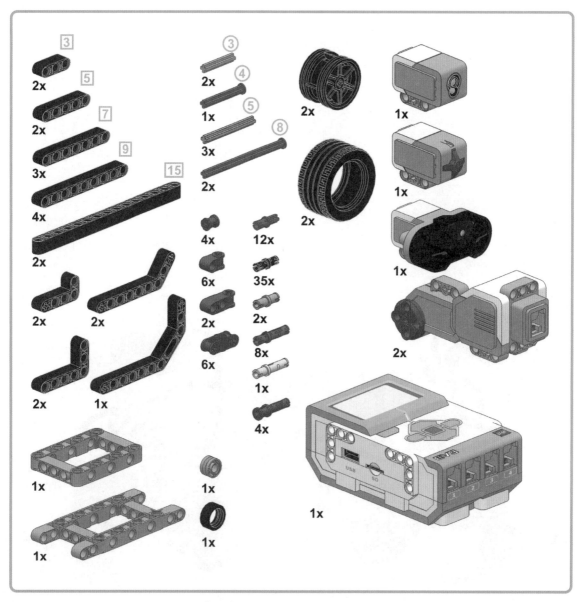

그림 3-3 EV3 일반 세트(31313)로 트라이봇을 만드는 데 필요한 부품

분이라면 실습 시 적외선 센서 부분을 초음파 센서로 바꾸어 실습할 수 있습니다.

일부 부품의 경우 일반과 교구 세트에서 색이 다를 수 있습니다. 예를 들어 일부 빔 부품은 일반 세트에서는 검은색, 교구 세트에서는 회색입니다. 대부분의 부품에서 부품색은 그다지 중요하지 않습니다(일부 색상이 중요한 상황이 나올 경우 책에서 별도로 언급할 것입니다). 여러분이 확인할 것은 오로지 부품의 크기와 모양입니다. 그림 3-3과 3-4는 각각 일반과 교구 EV3 세트를 사용할 때 필요한 부품의 목록입니다.

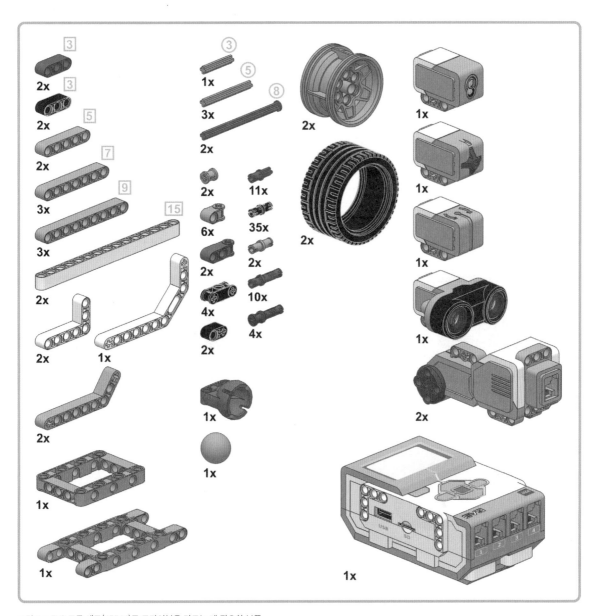

그림 3-4 EV3 교구 세트(45544)로 트라이봇을 만드는 데 필요한 부품

모터와 바퀴 구동부 조립하기

먼저 모터와 바퀴가 조합된 기본 구동부를 만들어 봅시다.

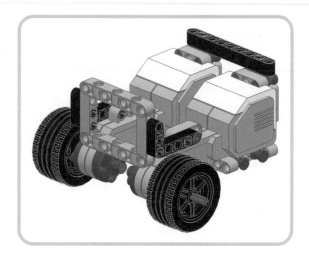

1

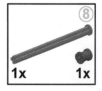

2

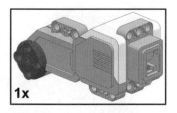

3

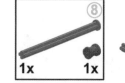

4

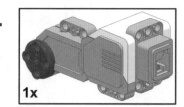

5

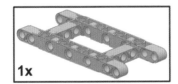

1x

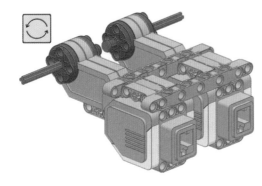

두 개의 모터를 뒤집어 서로 붙여
놓은 후 H 프레임을 모터 아래 결합
부위에 올려놓습니다.

6

4x

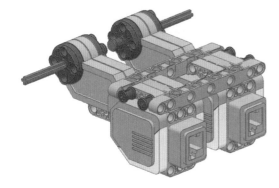

4개의 빨간색 연결핀을 측면에서
밀어 넣어 모터와 H 프레임을
결합합니다.

7

1x
1x

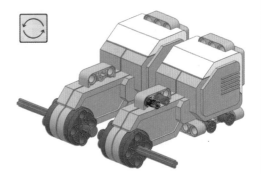

8

1x

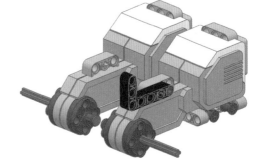

9

 2x

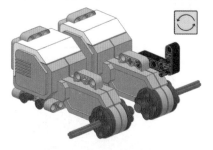

조립 단계 8에서 추가한 검은색 ㄴ자 빔에
검은색 연결핀 두 개를 끼워 줍니다.

10

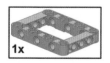 1x

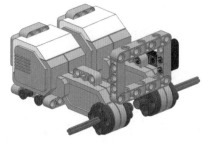

11

 1x
3x

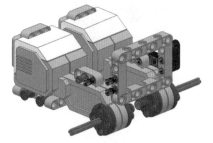

12

 1x

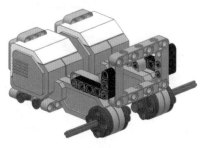

13

 2x 4x

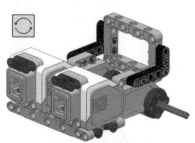

14

 2x

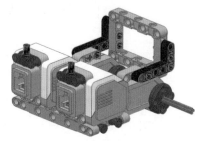

15

1x

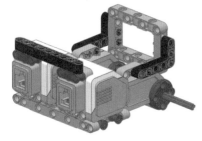

16

2x

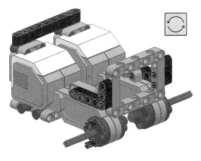

이제 빨간색 모터구동부에 작은 빔을 끼워
보강해 주고 바퀴를 장착합니다.

17

1x

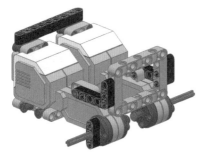

18

1x

1x

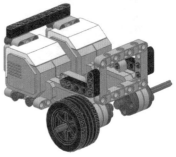

바퀴가 모터에 장착된 작은 검은색 빔에
밀착되었는지 확인합니다. 여기에서 검은색 빔은
타이어의 고무 부분이 모터의 다른 부분과
불필요하게 마찰하는 상황을 예방하기 위한
용도로 사용됩니다.

19

2x

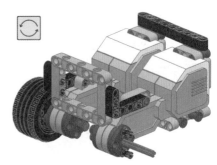

20

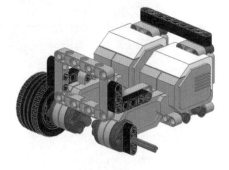

21

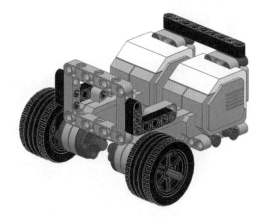

캐스터 바퀴 조립하기

이번에는 캐스터 바퀴를 조립해 보겠습니다. 캐스터 바퀴는 자체 구동되지 않고 끌려 다니며 차체를 지지하는 일종의 보조바퀴입니다.[1] 일반 세트와 교구 세트에서 각기 다른 형태로 활용하기 위한 조립도가 제공됩니다. 여러분이 가진 세트를 참고해 조립을 진행합니다.

일반 세트의 캐스터 바퀴 조립도

1

2

3

4

5

1 (옮긴이) 마트용 카트의 방향이 전환되는 바퀴를 생각하면 됩니다.

6

 1x

여기에서 사용되는 연결핀은 파란색이 아닌
모래색이어야 합니다. 이 핀은 언뜻 파란색
핀과 같은 모습으로 보이지만, 마찰을 일으키는
돌기의 유무로 인해 서로 다른 특성을 가진,
'모양이 다른 부품'입니다. 캐스터 바퀴는 바퀴
축에서 자유로운 회전이 가능해야 하기 때문에
마찰력이 거의 없는 모래색 연결핀을 사용합니다.

7

 1x 1x

8

 1x

9

2x
2x

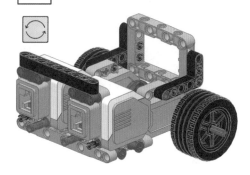

10

9
1x

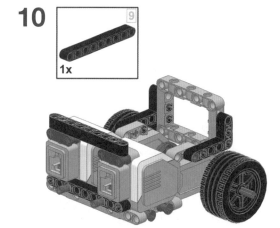

11

5
1x

12

교구 세트의 캐스터 바퀴 조립도

교구 세트에는 좀 더 적은 부품으로도 효율적으로 보조
바퀴의 기능을 구현할 수 있는 '볼' 부품이 추가되어 있습
니다.

1

2x

2

5
1x

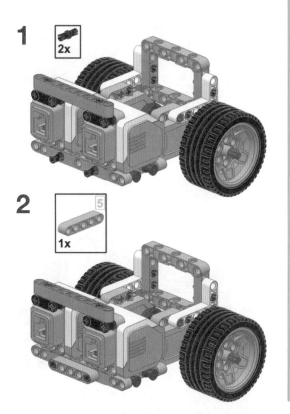

3

2x

4

3
1x

5

1x   **1x**

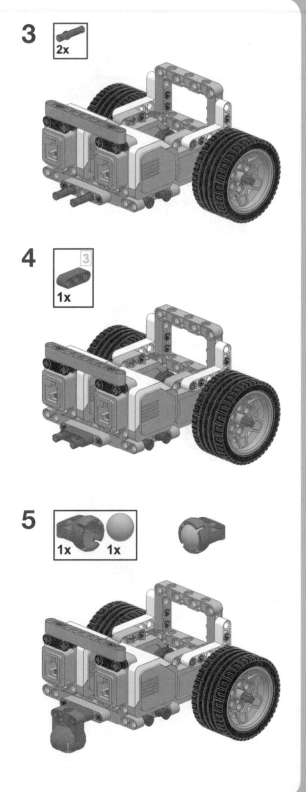

EV3 브릭 장착하기

이제 모터 구동부가 완성되었습니다. 여기에 검은색 핀
네 개를 끼우고 EV3 브릭을 장착합니다.

2

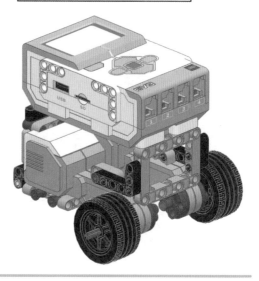

1x

1 4x

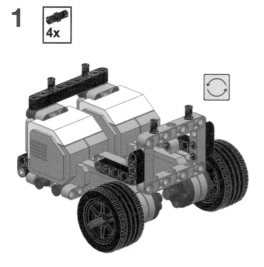

적외선 또는 초음파 센서 장착하기

이제 적외선 센서를 장착해 보겠습니다.

1 2x

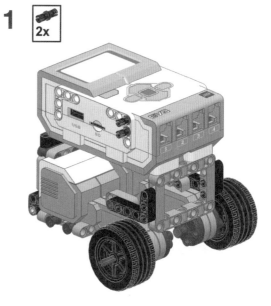

이 조립도의 로봇은 일반 세트의
적외선 센서를 장착하고 있습니다.
교구 세트를 가지고 있다면 초음파
센서를 사용하면 됩니다.

2

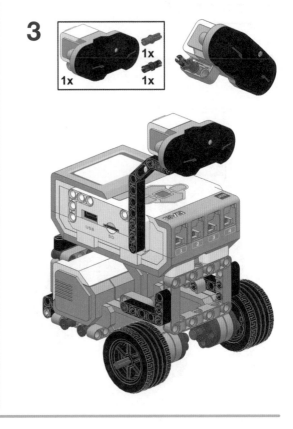

3

컬러 센서 장착하기

이제 컬러 센서를 장착합니다. 먼저 센서를 부착하기 위한 브래킷을 만들어 줍니다.

1

2

3

4

5

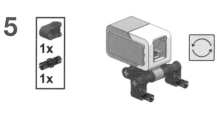

1x

1x

6

2x

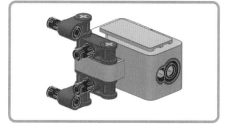

로봇의 몸체 측면에 빔을 장착하고
여기에 센서 모듈을 결합합니다.

7

2x

8

1x

9

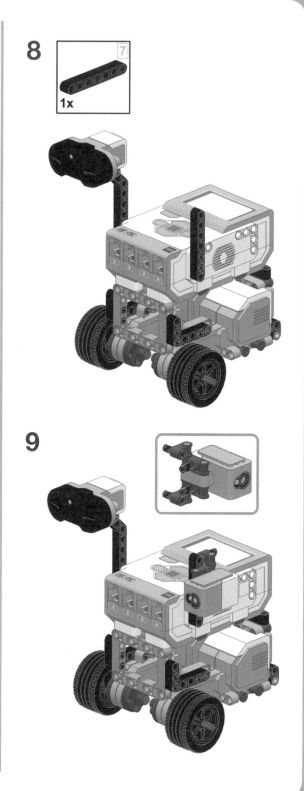

자이로 센서 장착하기(교구 세트만 해당)

만약 여러분이 교구 세트를 가지고 있다면, 자이로 센서를 초음파 센서가 장착된 방향 뒤쪽에 장착해 줍니다. 일반 세트를 가지고 있다면 이 부분을 건너뛰고 진행합니다.

터치 센서 범퍼 만들기

이제 터치 센서의 눌리는 범위를 크게 하기 위한 범퍼를 만들 차례입니다. 이 범퍼는 센서의 작은 스위치가 좀 더 잘 눌려 전방에 접촉한 장애물을 인식하기 쉽도록 도와줄 것입니다.

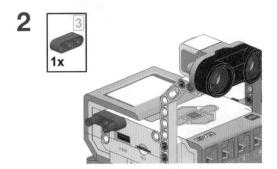

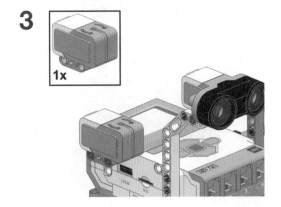

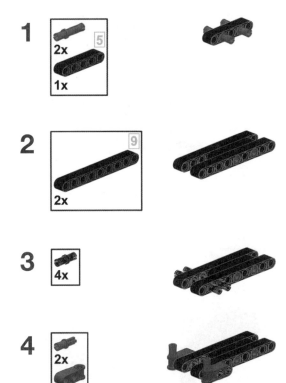

5

1x | 15

6

2x

여기에서 사용되는 연결핀은 검은색이 아닌 회색이어야 합니다. 이 핀은 언뜻 검은색 핀과 같은 모습으로 보이지만, 마찰을 일으키는 돌기의 유무로 인해 서로 다른 특성을 가진, '모양이 다른 부품'입니다. 회색을 사용해야 범퍼 모듈이 부드럽게 움직일 수 있습니다.

범퍼의 나머지 부분을 조립합니다.

7

2x
1x | ⑤
2x

8

1x

9

1x 2x

10

1x

11

12

1x

범퍼 모듈이 완성되면 로봇의 전면에
모듈 장착을 위한 빔을 추가해 줍니다.

13

2x

2x

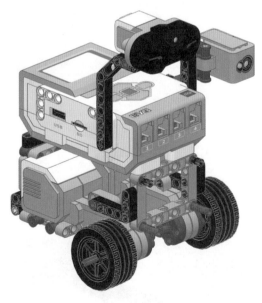

14

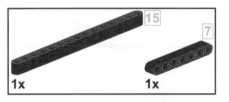

1x   1x

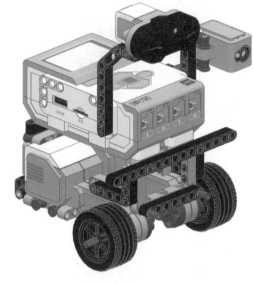

15

1x

이제 케이블을 연결하고
범퍼를 장착할 차례입니다.

케이블 연결하기

범퍼를 장착하기 전에 케이블을 미리 준비할 것입니다. 표 3-1에 우리가 실습할 로봇의 각 센서 모듈과 모터에 쓰기 적합한 케이블의 길이가 나와 있습니다.

모터/센서	포트	케이블 길이
터치 센서	1	25cm
자이로 센서	2	35cm
컬러 센서	3	25cm
적외선 센서(초음파 센서)	4	35cm
왼쪽(적외선, 초음파 센서 쪽) 모터	C	25cm
오른쪽(컬러 센서 쪽) 모터	B	25cm

표 3-1 케이블 사양

모터가 연결되는 B와 C 포트는 조향모드 주행과 탱크모드 주행을 위한 기본 설정값입니다. 마찬가지로 센서를 사용하는 블록들 역시 표 3-1에 제시된 포트가 기본 설정 포트입니다. 이 책에서는 여러분이 프로그램을 짜면서 덜 번거롭도록 EV3 소프트웨어의 각 센서별 기본 설정 포트를 그대로 사용했습니다(책에서는 1번 포트에 터치 센서를 연결했지만, 여러분이 프로그램을 제대로 수정한다면 터치 센서를 4번에 연결해도 무방하다는 뜻입니다).

다음 단계는 케이블 연결 작업입니다.[2] EV3의 순정품 케이블은 모두 검은색이지만 알아보기 쉽도록 현재 작업해야 하는 케이블을 초록색으로 표시했습니다.

터치 센서 연결하기

터치 센서는 가장 짧은 케이블(25cm)을 사용합니다. 케이블의 한쪽을 센서 모듈에 연결하고 로봇 앞면으로부터 몸체를 관통해 측면으로 케이블을 관통시킵니다.

범퍼 모듈을 로봇의 정면에 장착하고 케이블의 반대쪽 끝은 EV3의 1번 포트에 연결합니다.

적외선/초음파 센서 연결하기

중간 길이의 케이블(35cm)을 사용해 적외선 또는 초음파 센서를 EV3의 4번 포트에 연결합니다.

2 (옮긴이) EV3의 케이블은 굵고 뻣뻣한 편이라서 조립 가이드에 제시된 형태로 몸체의 부품을 경유하도록 배치하지 않을 경우 센서 앞으로 튀어나와 구동을 방해하거나 바퀴에 걸릴 수도 있습니다.

컬러 센서 연결하기

컬러 센서 연결에는 가장 짧은 케이블(25cm)을 사용하며, EV3의 3번 포트와 연결합니다.

자이로 센서 연결하기(교구 세트만 해당)

만약 교구 세트를 가지고 있다면 자이로 센서를 35cm 케이블을 이용해 EV3의 2번 포트에 연결합니다.

모터 연결하기

두 개의 짧은 케이블(25cm)을 이용해 좌우의 모터를 포트 B와 C에 연결합니다. 책에 나온 프로그램이 정상 작동하기 위해서는 케이블이 서로 X자로 교차되어야 합니다. 뒤쪽에서 보면 오른쪽 모터가 C 포트에, 왼쪽 모터가 B 포트에 연결된 것을 확인할 수 있습니다.

컬러 센서의 응용 배치

이 책의 일부 실습예제에서는 트라이봇의 전면에 터치 센서 범퍼 대신 컬러 센서를 사용합니다. 이 경우 그림과 같이 컬러 센서 모듈을 전면으로 향하게 장착합니다.

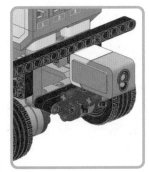

   또한 일부 실습예제에서 바닥의 선을 인식하기 위해 컬러 센서를 아래로 향하게 쓸 수도 있습니다. 일반 세트는 작은 바퀴를 쓰기 때문에 별다른 개조 없이 전면과 바닥을 감지할 수 있으나, 교구 세트는 바퀴의 지름이 크기 때문에 센서의 높이가 조

금 높아져 인식률이 떨어질 수 있습니다. 이 경우 제시된 것과 같이 약간 개조해서 센서 모듈을 장착해 주어야 합니다.

일반 세트에서는 바닥을 감지하기 위해 그림과 같이 센서 모듈을 장착합니다.

교구 세트에서는 바닥을 감지하기 위해 그림과 같이 센서 모듈을 개조해서 장착합니다.

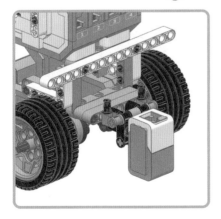

적외선 센서/초음파 센서의 응용 배치

이 책의 일부 실습예제에서는 트라이봇의 측면을 감지해야 합니다. 이때 적외선/초음파 센서를 측면으로 장착하기 위해 로봇 전면에 장착한 긴 빔의 끝에 핀을 추가하고 센서를 결합합니다.

리프트 암 조립하기

이제 미디엄 모터를 활용한 리프트 암을 만들어 보겠습
니다.

리프트 암을 조립하는 데 필요한 부품의 목록입니다.

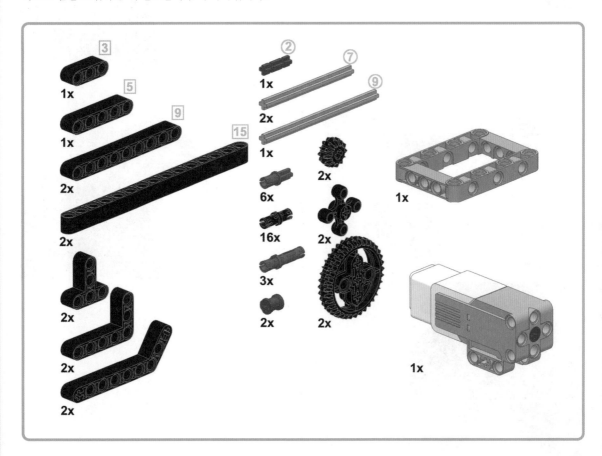

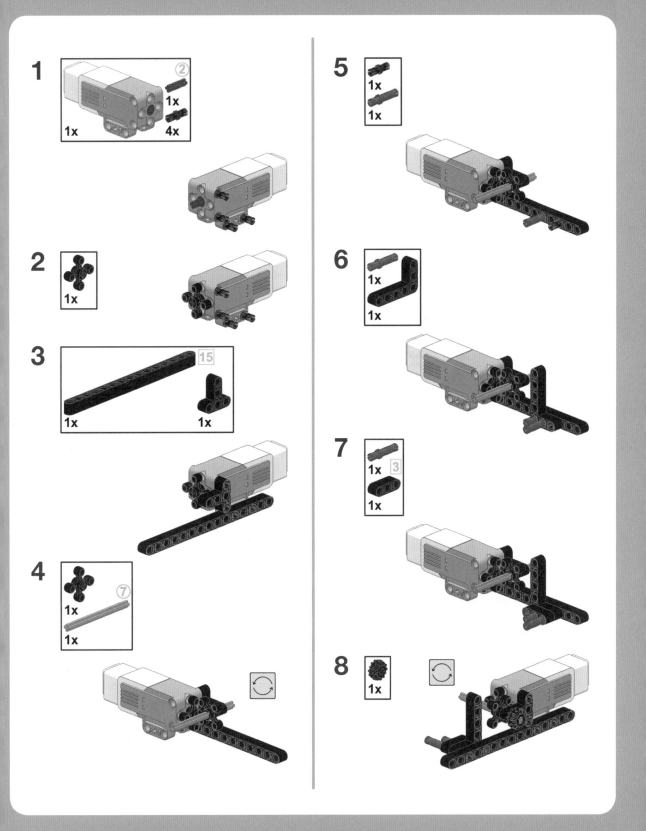

9

1x
1x ⑦

10

1x

이번 단계에서 기어를
장착할 때, 36톱니 대형
기어의 방향을 그림에
표시된 것과 같이, 축을
끼우는 + 구멍 세 개가
수평으로 정렬되도록
방향을 맞추어
끼워 주세요.

11

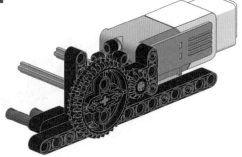

12

5

1x

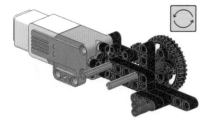

13

1x

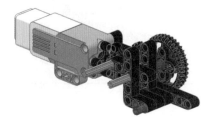

14

3x

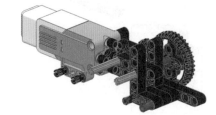

15

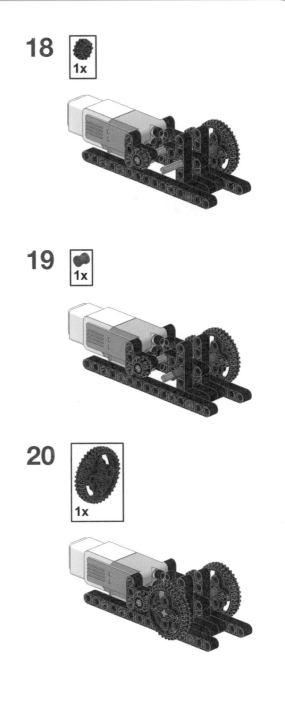

16

17

18

19

20

끝으로 두 개의 대형 기어에 팔을 끼워 줍니다.

21

2x

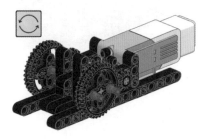

22

1x

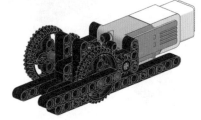

23

1x
1x

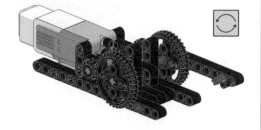

24

1x

25

2x

26

1x

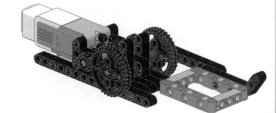

27

2x

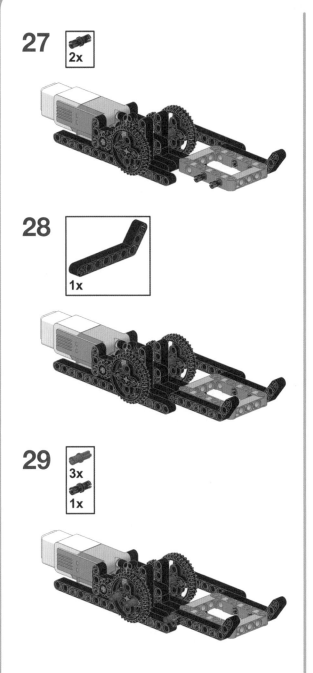

28

1x

29

3x

1x

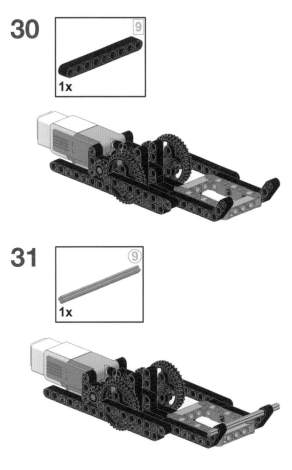

30

1x ⑨

31

1x ⑨

마무리

이제 우리는 이 책의 전반에 걸쳐 실습을 함께 할 다용도 트라이봇과 리프트 암의 조립을 마쳤습니다. 트라이봇은 실습 예제를 통해 여러 가지 형태로 움직이고 주변을 감지하며 미디엄 모터를 이용한 팔로 적당한 동작을 취할 것입니다. 첫 번째 프로그램은 터치 센서를 전면에 장착한 트라이봇 그대로 사용합니다. 센서 배치를 다르게 해야 할 경우에는 따로 알려드리겠습니다.

4
움직이기

자신이 만든 로봇이 움직이는 모습을 본다는 것은 무척 흥분되고 즐거운 경험일 것입니다. EV3 세트를 사용하면, 자동차, 로봇팔, 오래된 증기엔진, 그 외에도 수많은 흥미진진한 기계장치들을 만들어 볼 수 있습니다. 만약 기성품 레고 제품들과 EV3 세트를 결합한다면, 만들 수 있는 대상은 거의 무한하다고도 할 수 있습니다.

EV3의 모터는 이 모든 재미있는 움직임을 만들어 냅니다. 이번 장에서는 모터와 모터를 제어하는 프로그래밍 블록을 살펴보겠습니다. 아주 간단한 프로그램부터 조금 더 복잡한 것까지 실습하면서 모터에 대해 살펴보겠습니다.

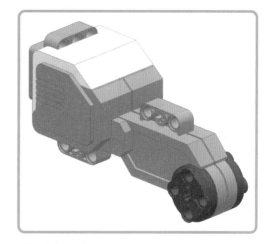

그림 4-1 라지 모터

EV3 모터

라지 모터(그림 4-1)는 로봇을 구동하는 데 없어서는 안 되는 중요한 부품입니다. 특이하게 생긴 이 모터는 내부에 원통형의 모터 장치 외에도 복잡한 기어 감속구조가 내장되어 있습니다. 내장된 기어 덕분에 이 모터는 속도와 토크가 적당히 조정되어 끝단의 빨간색 회전부에 바퀴를 바로 연결해도 로봇이 동작할 만큼 힘이 강합니다.

미디엄 모터(그림 4-2)는 라지 모터보다 작고 좀 더 무난한 외형으로 되어 있습니다. 이 모터는 작은 부피로 인해 기어 감속장치가 많이 들어가지 않았고, 그래서 라지 모터보다 빠르지만 힘이 약합니다. 로봇의 바퀴와 같은

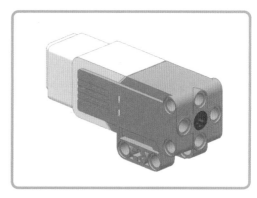

그림 4-2 미디엄 모터

큰 힘을 요구하는 곳에는 적합하지 않을 수 있지만, 간단한 로봇팔을 움직이거나 손으로 무언가를 잡는 등의 동작에 적합한 모터입니다.

각각의 EV3 모터들은 내부에 회전량을 측정하기 위한 회전 센서가 내장되어 있습니다. 이 센서는 모터의 일부로 작동하기 때문에 별도의 센서 포트 연결이 필요 없습니다.[1] 모터를 제어하는 블록은 회전 센서값을 활용해, 상당히 정밀한 움직임을 제어할 수 있습니다(5장에서 회전 센서를 활용하는 기법을 실습하게 됩니다).

조향모드 주행 블록

조향모드 주행 블록(그림 4-3)은 두 개의 라지 모터를 사용합니다. 이 블록을 활용하면 좌우로 두 개의 바퀴를 각각 제어하는 로봇의 구동을 손쉽게 구현할 수 있습니다. 다양한 옵션이 블록에 제공되어 여러 가지 형태의 움직임을 선택할 수 있습니다.

그림 4-3 조향모드 주행 블록

조향모드 주행 블록은 두 개의 모터를 같이 동기화시켜 동작합니다. 함께 작동하는 두 개의 모터는 함수 블록에 의해 속도가 측정되고 프로그램에서 설정한 방향에 따라 두 모터의 속도가 각각 자동 제어됩니다. 사용자는 단지 프로그램에서 회전 방향이나 방법에 대한 설정을 입력하는 것만으로 로봇을 전·후진시키거나 제자리 회전 등의 동작을 간단히 테스트해 볼 수 있습니다.

그림 4-4의 프로그램은 조향모드 주행 블록을 활용해 트라이봇을 조금 전진시킵니다.

1. 새 프로젝트를 만들고 프로젝트 이름을 'Chapter4'로 입력합니다.

---

1 (옮긴이) 마인드스톰 1세대 RCX와 현존하는 저가형 산업용 모터의 경우 출력 포트는 오로지 모터의 전원만 공급하고, 센서는 별개의 포트에 연결해서 사용하곤 합니다. 하지만 마인드스톰은 2세대부터 서보모터를 채용해서 출력 포트로 회전 센서값을 측정하고 모터 속도를 제어할 수 있도록 설계되어 조금 더 편리하게 모터를 제어할 수 있습니다.

2. 프로그램 이름은 'SimpleMove'로 입력합니다.

3. 동작 팔레트에서 프로그래밍 캔버스로 조향모드 주행 블록을 꺼냅니다. 우선 블록의 모든 설정값을 기본값 그대로 둡니다. 완성된 프로그램은 아래와 같습니다.

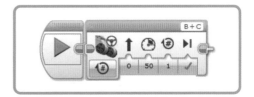

그림 4-4 간단한 로봇 구동 프로그램

4. 프로젝트를 저장합니다.

5. 프로그램을 트라이봇에 다운로드하고 실행합니다. 로봇은 조금 전진할 것입니다.

조향모드 주행 블록은 기본 설정값 그대로도 로봇을 구동시킬 수 있습니다. 하지만, 이 막강한 함수 블록은 다양한 옵션을 사용자가 조절할 수 있도록 설계되어 여러분이 원하는 대로 설정을 바꾸어 동작을 구현할 수 있습니다.

NOTE 이 책에서는 이후에 프로젝트 및 프로그램의 저장에 대해서는 별도로 언급하지 않습니다. 물론, 저장의 중요성은 몇 번을 언급해도 지나치지 않습니다. 프로그램의 중요한 부분을 변경하거나 실험적인 시도를 하게 된다면, 꼭 프로그램을 단계별로 저장해 두고 테스트하는 습관을 가지는 것이 좋습니다.

모드

모드 선택을 통해 여러분이 원하는 동작 형태를 조향모드 주행 블록에 알려 줘야 합니다. 그림 4-5는 조향모드 주행 블록의 동작 모드입니다. 기본적인 켜짐과 꺼짐 외에, 시간(초)으로 동작, 각도로 동작, 회전수로 동작이라는 세 가지 모드가 추가되어 있습니다. 켜짐 모드에서는 모터를 켜고 프로그램은 즉시 다음 블록을 실행합니다. 다음 블록에서 모터를 제어하는 새로운 명령이 전달되지 않는다

면, 로봇은 계속 마지막 구동 상태를 유지합니다. 꺼짐 모드는 모터를 강제로 정지시키거나 끕니다.[2]

블록의 모드를 선택하면 블록은 해당 모드와 관련된 옵션을 보여 줍니다. 뒷부분에서 조향모드 주행

그림 4-5 조향모드 주행 블록의 모드 선택

블록에 사용할 수 있는 각각의 모드를 실습할 간단한 프로그램들을 만들어 볼 것입니다. 이번 실습은 함수의 모드와 옵션만 바꾸는 정도이므로 하나의 프로그램으로 저장해도 무방합니다.

1. 새 프로그램 이름은 'Tester'로 지정합니다.
2. 조향모드 주행 블록을 추가합니다.

옵션을 조절하지 않은 이 시점에서 Tester 프로그램은 그림 4-4와 같은 모양이 됩니다.

조향

조향 옵션은 로봇이 움직일 방향을 제어합니다. 숫자 입력창을 클릭하여 바로 값을 입력할 수도 있고, 슬라이더를 움직일 수도 있습니다. 입력값은 −100에서 100이며, 0이 전진, −100과 100이 각각 최대한 왼쪽/오른쪽이 됩니다. 값 입력에 따라 블록의 화살표 그림 모양이 설정한 값

---

2 (옮긴이) 정지한다와 끈다가 항상 동일한 것은 아닙니다. 엄밀히 말하면 정지라는 개념은 구동 중인 것에 브레이크를 넣어 인위적으로 멈추게 하는 것을 뜻하고, 끈다는 개념은 구동/정지 제어를 포기한다는 뜻에 가깝습니다. 관성이 붙어 움직이는 상태라면 정지는 억지로 멈출 것이고, 끄기는 관성이 소모되면서 자연스럽게 멈출 것입니다. 만약 로봇이 경사면 같은 곳에 놓일 경우 정지는 브레이크가 걸린 상태로 멈추어 있는 상태이기 때문에 미끄러지지 않고 경사면에 멈추어 있지만, 끈 상태는 모터에 아무런 힘도 가해지지 않고 있기 때문에 자연스럽게 미끄러져 내려갈 수도 있다는 의미입니다. 참고로 EV3 소프트웨어에서 모터는 모터 블록이 사용되기 전까지는 끈 상태를 유지하고, 모터 블록이 사용되고 나면 멈추어 있더라도 정지-브레이크 상태를 유지합니다.

이 향하는 구동 방향을 보여 줍니다.

슬라이더를 가운데로 이동 또는 0을 입력하면 로봇은 전진을 하게 됩니다. 그것은 EV3가 실제로 로봇이 최대

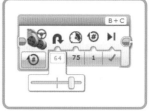

그림 4-6 조향 옵션

한 좌우가 같이 움직여 전진할 수 있도록 좌우의 모터를 구동시키면서 미세하게 반복적으로 제어한다는 의미입니다. 실제로 모터의 구동에는 많은 요소가 영향을 미치게 되지만, 프로그램에서 제어할 수 있는 것은 단지 각각의 모터의 속도뿐입니다. 만약 만든 로봇의 몸체가 심각한 비대칭으로 균형이 맞지 않는다면, 즉 한쪽이 더 무겁다면 로봇은 전진 명령을 받아도 한쪽으로 약간 치우치는 움직임을 보일 수도 있습니다.

NOTE 로봇이 구동할 때 바닥의 상태는 매우 중요합니다. 푹신하지 않고 기울어지지 않은 일반적인 방바닥이라면, 만든 로봇은 보조 바퀴(캐스터 바퀴)를 장착하기만 해도 자세가 크게 흐트러지지 않고 직진할 수 있습니다.

슬라이더를 한쪽 끝으로, 또는 −100이나 100을 입력하게 되면 두 모터는 같은 최고 속도에 방향을 정반대로 설정하고 구동됩니다. 이 경우 로봇은 제자리에서 선회하게 됩니다. 로봇의 회전 정도는 모터의 구동 시간 같은 소프트웨어적인 부분 외에도, 두 바퀴 사이의 거리와 같은 물리적인 부분에도 영향을 받게 됩니다.

슬라이더를 중간과 끝 사이의 어중간한 부분에 두면 로봇은 제자리 선회가 아닌 완만한 곡선 주행을 하게 됩니다. 값이 −100이나 100에 가까워질수록 회전은 좀 더 급격해집니다. 부드러운 곡선 주행을 위해서 EV3는 한쪽 모터를 감속시키거나 정지시킵니다. 좀 더 날카로운 방향 전환을 위해서는 한쪽 모터를 전진, 다른 쪽을 후진시킵니다. 시간(초)으로 동작 또는 각도로 동작 모드를 설정하면 주행방향 곡선의 바깥쪽에 위치하는 모터에 설정한 지

속 시간 값이 적용되고, 안쪽의 모터는 그에 맞추어 적절하게 바뀐 값이 자동으로 적용됩니다.

조향 관련 변수들에 작은 값을 넣을 경우 로봇의 동작 차이를 알아보기 어려울 수도 있습니다. 좀 더 명확하게 로봇의 구동방향 변화를 식별하기 위해 로봇의 이동거리를 늘려 보겠습니다.

1. 회전값을 5로 설정합니다.
2. 조향값을 100으로 설정합니다. 바뀐 블록의 설정은 다음 그림과 같습니다.

프로그램을 다운로드하고 실행합니다. 트라이봇은 원을 그리며 회전할 것입니다. 이제 각각의 설정값을 여러 가지로 바꾸어 보며 로봇의 동작에 어떤 영향을 미치는지 관찰해 봅시다.

파워

파워값(그림 4-7)은 모터가 얼마나 빠르게 회전할지를 제어합니다. 슬라이더를 움직이거나 −100에서 100 사이의 값을 입력해 모터에 인가되는 전원을 설정합니다. 입력값이 양수일 경우 모터는 시계방향, 음수일 경우 반시계방향으로 회전합니다. 0은 정지, 100(−100)은 파워값을 최대로 올리라는 의미입니다.

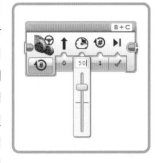

그림 4-7 파워 설정

다음 설정은 트라이봇이 전속력으로 전진하도록 합니다.

1. 조향값을 0으로 설정합니다.
2. 파워값을 100으로 설정합니다.

프로그램을 다운로드하고 실행하며 로봇의 속도를 확인합니다. 조향값은 0으로 유지하고, 파워값을 여러 가지로 바꾸며 로봇의 동작에 어떤 영향을 미치는지 관찰해 봅시다. 테스트를 충분히 해 보았다면 이제는 조향값도 바꾸어 봅니다. 참고로 로봇의 속도가 빨라질수록 방향 전환은 불안정해질 수 있으며, 방향 전환이 급격할수록 자세는 더 크게 불안정할 수 있습니다.[3]

지속 시간

모터를 구동한다는 것은 모터가 회전하는 조건이 함께 설정되어 있다는 의미입니다. 이 조건은 시간이 될 수도 있고, 각도가 될 수도 있습니다. 그림 4-8은 시간(초)으로 동작 모드가 선택되고, 지속 시간 값은 1로 설정된 모습을 보여 줍니다. 다른 블록과 마찬가지로, 특정 옵션은 이 옵션이 실제로 사용되는 모드가 선택되었을 때만 활성화됩니다.

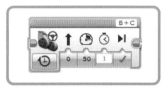

그림 4-8 시간(초)으로 동작 모드의 지속 시간 설정

회전과 각도의 관계는 간단합니다. 360도 회전이 모터 축의 1회전입니다. 일반적으로는 긴 거리를 이동시킬 경우 각도보다는 회전량을 측정하는 것이 조금 더 편할 수 있습니다. 또한, 각도나 회전수 모드를 사용할 경우 음수를 사용해서 모터를 후진시킬 수도 있습니다. (참고로 시간

---

3 (옮긴이) 자세가 불안정하다는 것은 여러분이 계산하고 로봇이 원래 의도한 방향을, 실제로 주행하면서는 벗어날 수 있다는 의미입니다. 급격한 방향 전환으로 덜컥거리며 로봇은 9시 방향에서 구동을 시작해서 프로그램상으로는 12시 방향을 향하고 있다고 판단하지만 실제로는 1시 방향을 향하고 있을 수도 있다는 의미입니다.

(초)으로 동작 모드를 사용할 경우에는 시간 값으로 음수를 사용할 수 없습니다.)[4]

정지 방식

정지 방식은 구동이 완료된 상태에서 모터를 어떻게 할 것인지를 설정합니다. 그림 4-9에서 두 가지 정지 방식을 볼 수 있습니다. 첫 번째 옵션(✓ 표시된 것)은 모터를 빠르게 정지시키고 그 상태를 유지하는 것으로 강제로 브레이크를 걸어 주는 개념입니다. 두 번째 옵션(✕ 표시된

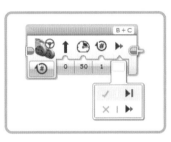

그림 4-9 정지 방식 설정

것)은 모터에 인위적인 힘을 가하지 않고 관성이 소진되어 자연스럽게 멈추도록 방치하는 개념입니다. 이 옵션은 다른 말로 coast 상태라고도 합니다.

지금까지 만든 프로그램만으로는 정지 방식 설정 차이에 따른 실제의 움직임의 차이를 느끼기는 어려울 수 있습니다. 모터 정지 방식 자체는 다르지만 모터 블록이 종료되는 시점에서 프로그램이 종료되고, 프로그램이 종료되면 EV3는 모든 모터 제어를 풀어버리기 때문입니다. 좀 더 명확하게 차이점을 느껴보기 위해 모터 블록 뒤에 흐름 제어 팔레트의 대기 블록을 추가하고 대기시간을 2초로 설정해 줍니다. 이제 모터 블록의 정지 방식을 바꾸어 가며 테스트를 해 보면 차이점을 느낄 수 있을 것입니다.[5]

* 로봇을 정확히 정지시키려면 시간(초)으로 동작 또는 각도로 동작 모드를 사용하고 정지 방식은 강제 정지를 설정하는 것이 좋습니다. 부드러운 정지의 경우 목표 각도에 도달하더라도 강제로 바퀴를 멈추어 주지 않기 때문에 운동하던 관성이 남아 있을 경우 조금 더 각도를 지나칠 수 있습니다.

* 모터의 구동이 끝나면 일부러 브레이크를 걸어 주어야 하는 상황이 종종 있습니다. 이를테면 모터를 이용한 로봇팔의 경우, 물체를 잡은 다음 브레이크를 사용하면 잡은 상태를 유지할 수 있습니다. 부드러운 정지로 멈춘다면 모터에 힘이 빠져 들고 있는 물체를 놓칠 수도 있습니다.

* 모터를 강제로 정지시킨다는 것은 모터에 인위적으로 전원을 공급해 구동을 강제로 멈춘다는 의미이기 때문에, 바꾸어 말하자면 주 전원(배터리)의 손실이 발생한다는 의미이기도 합니다. 이 때문에 브레이크를 걸어 주어야 하는 경우가 아니라면 일부러 강제 정지를 하지 않는 것이 배터리를 조금 더 절약할 수 있는 방법입니다.

포트

포트 값(그림 4-10)을 설정해 EV3에 여러분이 제어할 모터 포트를 알려 줍니다. 왼쪽 또는 오른쪽 알파벳으로 설정된 모터 포트를 클릭(그림 4-10에서는 B+C의 각 알파벳)하면 A부터 D까지, 포트

그림 4-10 포트 설정

를 선택할 수 있는 메뉴가 나타납니다. 알파벳 맨 위의 작은 검은색 블록 모양은 8장에서 다루게 될 데이터 와이어 기능을 활용하는 것으로, 아직은 사용하지 않습니다.

기본적으로 조향모드 주행 블록은 왼쪽은 모터 포트

---

4 (옮긴이) 회전/각도 모드에서는 역회전을 시키기 위해 −100 파워로 +10도 회전과 +100 파워로 −10도 회전을 다 쓸 수 있으며 −100 × 10 과 100 × (−10)이므로 결과적으로는 −1000으로 같습니다. 반면, 시간 모드에서는 시간 값에 음수를 넣을 수 없기 때문에 역회전을 위해서는 파워값만을 음수로 입력해야 한다는 의미입니다.

5 (옮긴이) 강제 정지로 설정할 경우 로봇의 바퀴를 인위적으로 돌려보려 해도 모터는 반발합니다. 반면, 부드러운 정지로 설정하면 정지 후 바퀴를 인위적으로 돌릴 수 있습니다.

B, 오른쪽은 C를 선택합니다.[6] 포트 설정에서 정확하게 포트를 선택하지 않으면 조향값에 따라 로봇은 반대 방향으로 구동될 수도 있습니다.[7]

EV3 컨트롤러와 소프트웨어는 Auto-ID라는 기능이 있어 소프트웨어에서 컨트롤러의 어느 포트에 어떤 모터와 센서가 연결되어 있는지 알 수 있습니다. 또한 여기에서 특정 포트에 센서를 설정해 주면 해당 센서를 사용하는 블록에서 포트 설정도 자동으로 이루어집니다. 이 기능은 EV3 컨트롤러가 컴퓨터와 연결되어 있는 동안 유지됩니다.

포트 보기

조향모드 주행 블록의 각도/회전수 모드의 경우, 목적하는 구동량을 측정하기 위해 포트 보기 기능을 활용할 수 있습니다. 그림 4-11은 포트 보기 기능으로 실시간으로 모터의 이동량(또는 센서의 측정값)을 보여 주기 때문에 프로그램을 작성할 때 유용하게 활용할 수 있습니다. 하드웨어 페이지의 중간에 있는 EV3 입력 포트를 형상화한 아이콘(ﾞ)이 있는 탭을 클릭해 포트 보기를 활성화합니다. (포트 보기 기능을 사용하기 위해서는 EV3와 컴퓨터가 USB/블루투스 등을 통해 연결되어 있어야 합니다.)

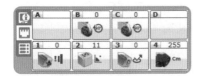

그림 4-11 포트 보기

포트 보기에서는 모터 및 센서가 연결된 포트와 각 연결된 모터/센서의 종류가 표시됩니다. 모터 위의 값은 모터의 내장된 회전 센서의 측정값입니다. 이를테면, 모터 위의 값이 0일 때 시계 방향으로 360도 회전하고 다시 반시계 방향으로 360도 회전하면 값은 0이 됩니다. 모터의 경우 기본값은 각도 단위이며, 모터 그림을 클릭해 다른 형태의 값을 볼 수도 있습니다. (이 부분은 5장에서 좀 더 자세히 살펴볼 것입니다.)

포트 보기 기능은 EV3가 프로그램을 실행 중이지 않을 때에도 동작합니다. 여러분이 모터를 손으로 움직여도 소프트웨어에서 모터의 각도를 보여 주기 때문에 로봇팔을 어느 정도 들어 올릴지, A 위치에서 B 위치까지 이동하려면 몇 도를 회전해야 할지를 결정하는 데 포트 보기 기능을 활용할 수 있습니다. 모터의 회전 센서값을 0으로 초기화하기 위해서는 포트 보기에서 포트 문자(A~D)를 클릭하면 됩니다.

프로그램을 실행하면 회전 센서값은 즉시 0으로 초기화되고 프로그램이 실행되는 동안 측정된 값으로 실시간 업데이트됩니다. 프로그램의 특정 단계에서의 센서값을 확인하기 위해서는 인위적으로 대기 블록을 추가해 프로그램을 잠시 멈출 수 있습니다.

EV3 인텔리전트 브릭의 보기 메뉴

포트 보기에는 두 가지 단점이 있습니다. 첫 번째는 EV3를 컴퓨터에 연결한 상태를 유지해야 한다는 것이고, 두 번째는 컴퓨터 앞에 앉아 있어야 한다는 것입니다.[8] 여러분이 로봇을 컴퓨터에 USB 케이블로 연결하지 않고, 지금 컴퓨터를 사용하지 않는 상태에서 센서값을 확인해야 한다면 EV3의 내장 메뉴에서도 포트 보기 기능을 확인할 수 있습니다. EV3 컨트롤러 내장 메뉴의 세 번째 탭(EV3 화

---

6 (옮긴이) EV3 컨트롤러를 중앙을 기준으로 보았을 때 B는 C와 대칭 위치이고, A는 D와 대칭 위치이기 때문입니다.

7 (옮긴이) EV3가 식별할 수 있는 정보는 포트에 연결된 모터나 센서 부품일 뿐, 해당 모터나 센서가 어느 위치에 연결되었는지는 알 수 없습니다. 즉, 여러분이 B와 C에 좌우 모터를 연결한다 해도 만약 좌우를 교차시켜 연결한다면 EV3는 모터가 정상으로 연결된 것으로 판단하고 구동 명령이 실행될 때는 반대로 움직이는 (좌회전을 명령하면 우회전을 하는) 상황이 발생할 수도 있습니다. 또한, 모터를 180도 반대 방향으로 끼운다면 전진 명령을 받았을 때 후진할 수도 있음을 유의해야 합니다. 이런 이유로 각 포트에 연결되는 부품의 위치와 목적은 여러분 스스로 정확하게 판단하고 있어야 하며, 구동 특징도 꼭 확인해야 합니다.

8 (옮긴이) 첫 번째 단점은 블루투스 무선통신 기능이 장착된 컴퓨터/노트북이 있다면 해결될 수 있는 부분이며, 두 번째 단점 역시 휴대용 태블릿 PC 등을 사용한다면 크게 문제되지 않을 수도 있습니다.

면 위 네 개의 탭 중 세 번째)을 선택한 다음 Port View를 선택하십시오. 이제 로봇이 구동되고 모터가 동작하면 해당 센서값이 EV3 화면에 출력될 것입니다.

ThereAndBack(갔다 오기) 프로그램

몇 개의 프로그램을 통해 조향모드 주행 블록을 활용해 보겠습니다. 갔다 오기라고 설명할 수 있는 이 프로그램은 ThereAndBack이라는 이름으로 트라이봇을 앞으로 1m 가량 전진시키고 방향을 바꾸어 시작 지점으로 돌아가도록 할 것입니다. 정확한 거리를 확인하기 위해 자를 사용할 수 있습니다. 이 프로그램은 3개의 조향모드 주행 블록을 사용할 것입니다. 첫 번째는 로봇을 전진시키고, 두 번째는 로봇의 방향을 바꾸어 출발점을 향하도록 하고, 그리고 마지막 블록은 출발점으로 돌아오는 동작을 수행할 것입니다.

앞으로 전진하기

첫 번째 블록은 로봇을 1m 앞으로 이동해야 합니다. 중요한 것은 1m라는 조건이 모터 블록에서 쓸 수 있는 조건이 아니라는 것입니다. 그러면 로봇의 모터 회전과 1m라는 길이는 어떻게 연관 지을 수 있을까요? 복잡한 계산에 앞서, 우선은 간단하게 모터를 회전시키는 것만 생각해 봅시다.

한 가지 방법은 로봇을 무작정(이를테면 10회전) 움직

이는 프로그램을 일단 만들어 테스트하는 것입니다. 프로그램을 시작하기 전, 바닥에 로봇의 시작 위치를 표시(바퀴가 닿은 바닥 부분에 테이프를 붙임)하고 프로그램을 실행한 후 10회전을 하고 멈춘 위치를 측정합니다. 이제 10회전을 할 때의 이동 거리를 알 수 있으며, 이를 통해 1회전 할 때의 거리도 알 수 있게 됩니다. 이를테면 10회전을 시킬 경우 130cm를 움직였다고 가정할 때, 1회전을 하면 13cm를 움직인다고 예상할 수 있으며, 100cm를 움직여야 하기 때문에 100을 13으로 나누면 100cm를 이동하기 위한 회전량을 계산할 수 있을 것입니다. 계산된 값으로 프로그램을 수정하고 다시 테스트해 보면서 원하는 조건인 100cm가 될 때까지 수정할 수 있습니다.[9]

이론적인 조건과 다르게, 실제로는 로봇이 움직이는 바닥의 유형(매끄러운 바닥인지 마찰력이 높은 바닥인지)과 바퀴의 종류 그리고 모터의 파워값 설정(내지는 배터리의 종류)에 따라 실제의 결과가 조금씩 다를 수 있습니다. 참고로 필자의 경우 파워값을 50으로 설정하고 회전량을 6.8로 설정했을 때 원하는 결과를 얻었습니다.

> NOTE 교구 세트의 바퀴는 일반 세트의 바퀴보다 큽니다. 이는 원의 둘레가 더 크다는 의미이기 때문에 같은 360도를 회전하더라도 이동 거리가 더 길 수 있다는 의미이기도 합니다. 필자의 경우 교구 세트의 바퀴를 사용했을 때는 회전량을 5.4로 설정했을 때 원하는 결과를 얻을 수 있었습니다.

회전량을 알아냈다면 이제 프로그램에 적용할 차례입니다. 먼저 새 프로그램을 만들어 저장합니다.

1. ThereAndBack이라는 새 프로그램을 만듭니다.
2. 시작 블록 옆에 조향모드 주행 블록을 추가합니다. 모드는 회전수로 동작하기로 설정합니다.

---

9 (옮긴이) 이 방법이 바로 $a:b = c:d$일 때 a, b, c, d 중 세 개의 값을 알면 마지막 하나의 값을 계산해 낼 수 있는 비례식의 활용입니다.

3. 회전값을 계산된 결괏값으로 설정합니다. 그림 4-12는 지금까지 작업된 프로그램의 모습을 보여 줍니다.

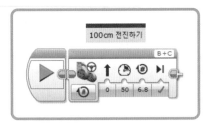

그림 4-12 ThereAndBack 프로그램의 1단계

측정된 값이 정확한지 확인하기 위해 여러 번 테스트하길 권장합니다. 여러분의 로봇은 매번 거의 같은 곳에 멈추어야 합니다.[10] 만약 로봇의 동작이 불안정하고 정지 위치가 일정하지 않다면 파워값을 낮추십시오. 한편, 항상 일정한 위치에서 멈추지만 원하는 거리보다 가깝거나 먼 곳이라면 회전값을 조정하십시오.

방향 바꾸기

두 번째 조향모드 주행 블록은 로봇이 출발점으로 돌아오기 위해 방향을 전환하는 목적으로 사용할 것입니다. 조향 슬라이더를 한쪽으로 움직여 트라이봇이 방향을 바꾸도록 합니다. (여기에서 회전 방향은 중요하지 않습니다. 왼쪽이나 오른쪽, 어디로 돌아도 무방합니다.)

이 블록에서도 회전량을 측정하는 것은 중요한 부분입니다. 필자의 경우 몇 가지 테스트를 통해 425도의 각도를 입력하면 180도 회전한다는 것을 확인했습니다. (교구 세트의 경우 파워값을 40으로 낮추고 325도로 설정했을 때 출발점을 향할 수 있었습니다.)

다음은 프로그램에 추가될 부분입니다.

4. 기존 조향모드 주행 블록 뒤에 같은 블록을 추가합니다.

10 (옮긴이) 이런 테스트를 신뢰성 테스트라고 합니다. 어쩌다 우연히 결과를 맞추는 것이 아닌, 언제나 같은 결과가 나올 수 있다는 확신을 얻으려면 반복 테스트가 필요합니다.

5. 모드는 **각도로 동작하기**로 설정합니다.

6. 조향 슬라이더를 한쪽 끝으로 이동합니다.

7. 각도 425도, 파워 40으로 설정합니다. (이것은 필자의 설정으로 여러분은 상황에 따라 적절하게 값을 수정해야 할 수도 있습니다.)

그림 4-13에서 프로그램의 두 번째 단계까지 완성된 모습을 볼 수 있습니다.

그림 4-13 ThereAndBack 프로그램의 두 번째 단계인 출발점을 향하기까지 완성된 모습

단일 블록 테스트하기

방향 전환의 파워와 각도를 테스트하기 위해서는 앞서 테스트가 완료된 1미터 전진하기 기능을 건너뛰고 방향 전환 부분만 테스트하는 것이 더 편리할 것입니다. 다운로드하기를 클릭하면 로봇은 전진 후 방향 전환의 형태로 움직이지만, 그림 4-14의 동그라미로 표시된 '실행 선택(⊙)' 버튼을 클릭하

그림 4-14 실행 선택 버튼

면 하나의 블록 또는 선택된 블록들만을 실행시킬 수 있습니다. 두 번째 블록인 방향 전환용 블록을 선택하고 '실행 선택' 버튼을 클릭하면 로봇은 방향 전환만 실행할 것입니다(전진은 생략). 로봇이 정확히 180도 반대 방향으로 회전하는지 실행 선택 기능을 사용해 두 번째 블록을 테스트해 봅시다.

출발점으로 되돌아가기

이제 트라이봇을 출발 위치로 돌려보낼 차례입니다. 첫 번째 조향모드 주행 블록과 같은 설정으로 블록을 추가하

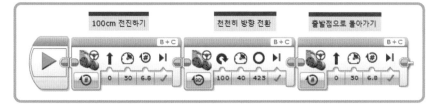

그림 4-15 ThereAndBack 프로그램의 완성된 모습

면 로봇은 출발했던 곳으로 돌아갈 것입니다.

8. 프로그램의 마지막 부분에 조향모드 주행 블록을 놓습니다.

9. 첫 번째 블록의 설정과 같은 파워/각도로 세 번째 블록을 설정합니다.

그림 4-15는 최종 프로그램의 모습입니다.

이제 완성된 프로그램을 테스트해 봅시다. 트라이봇이 1m 전진 후 방향을 전환하는 과정에서 약간의 오차가 발생할 수 있기 때문에, 연계 동작을 보면서 두 번째 블록의 파워와 각도를 적절하게 조절해야 할 수도 있습니다. 안정적으로 출발해서 다시 출발점으로 돌아오는 것을 확인했다면 속도를 조금씩 높여보는 것도 좋습니다. 단, 로봇이 너무 빠른 속도로 구동된다면 바퀴가 더 잘 미끄러질 수 있고, 결과적으로는 목표 지점을 지나치거나 방향을 잘못 잡아 출발점으로 돌아가기 어려울 수도 있습니다.

AroundTheBlock(사각형으로 움직이기) 프로그램

이번 프로그램은 트라이봇이 사각형의 경로를 돌아서 출발점으로 돌아오는 것을 목표로 하겠습니다. AroundTheBlock이라는 이름의 이 프로그램은 로봇이 바퀴를 3회전한 거리만큼의 길이로 된 정사각형 코스로 움직이게 합니다. 이를 위해 3회전만큼 전진하고 90도 방향으로 완만하게 방향 전환을 시킬 것입니다. 최종적으로 정사각형의 코스가 완성되도록 이 동작을 네 번 반복해야 합니다.

첫 번째 전진과 모서리에서 방향 전환

프로그램의 첫 번째 부분은 두 개의 조향모드 주행 블록을 활용해 트라이봇을 전진 후 90도 방향 전환을 시키는 것입니다. 전진 거리는 간단하게 3회전으로 설정하겠습니다. 모서리에서 방향 전환을 부드럽게 하기 위해 조향값은 25로 설정합니다.

그 다음 정확한 90도 회전을 위한 적절한 값을 측정합니다. 필자는 2.4회전 정도가 적당하다고 판단했습니다. 조향값 및 여러 주변 환경에 따라 값은 다를 수 있습니다.[11] 프로그램의 기본 구조는 다음과 같습니다.

1. AroundTheBlock이라는 새 프로그램을 만듭니다.

2. 시작 블록 옆에 조향모드 주행 블록을 추가합니다.

3. 회전값은 3으로 설정합니다.

4. 두 번째 조향모드 주행 블록을 추가합니다.

5. 회전값은 2.4로 설정합니다.

6. 조향값은 25로 설정합니다.

그림 4-16은 지금까지 진행된 프로그램의 모습입니다.

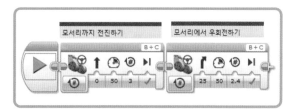

그림 4-16 AroundTheBlock 프로그램의 전진하고 모서리에서 방향 바꾸기

---

11 (옮긴이) 여러분의 로봇으로 직접 측정해 보는 것을 권장합니다.

남은 세 변과 모서리 주행하기

사각형의 한 변을 주행하는 프로그램이 완성되었습니다. 이제 이 동작을 활용해 남은 세 변을 주행하도록 만들어 볼 차례입니다. 가장 쉬운 방법은 6개의 조향모드 주행 블록을 더 추가하고 여섯 번 설정을 바꾸어 주는 것입니다. 이 정도면 조금 지루하지만 할 만하다고 생각할지도 모르겠군요. 만약 사각형이 아니라 10각형으로 로봇이 돌아야 한다면 어떤 일이 벌어질까요? 똑같은 설정값을 20번 입력해야 하겠지요. 끔찍한 일입니다. 프로그램을 만들 때 이와 같은 반복 조건이 발생한다면, 루프 블록을 활용해서 간단하게 문제를 해결할 수 있습니다.

루프 블록(그림 4-17)을 사용하면 특정한 블록 그룹을 원하는 횟수만큼 반복 실행할 수 있습니다. 루프 블록은 흐름 제어 팔레트의 대기 블록 옆에 있습니다. 루프 블록 안에 조향모드 주행 블록 두 개를 집어

그림 4-17 루프 블록

넣고, 루프를 네 번(사각형의 각 변마다 한 번씩) 실행하도록 하면 간단하게 사각형의 경로를 주행하도록 만들 수 있습니다(6장에서 루프 블록에 대해 좀 더 자세히 다루어 볼 것입니다).

7. 루프 블록을 팔레트에서 꺼내어 프로그램에 추가합니다. 금방 꺼낸 루프 블록이 프로그램에 붙은 모습은 다음과 같습니다.

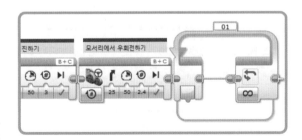

8. 조향모드 주행 블록 두 개를 루프 블록의 한가운데로 끌어 옮깁니다. 루프 블록은 크기가 작아 보이지

만 고무줄처럼 자유롭게 늘어날 수 있습니다. 두 개의 블록을 넣고 나면 확장된 루프 블록은 다음과 같은 모습일 것입니다.

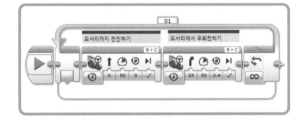

NOTE 두 개의 조향모드 주행 블록 위에 주석을 추가한 경우, 주석도 함께 이동시켜 주는 것이 좋습니다. EV3 소프트웨어는 여러분이 작성한 주석이 어느 블록과 관계가 있는지 알지 못합니다. 여러분이 프로그램에서 블록을 움직여 다른 곳에 연결했다면 해당되는 주석도 함께 옮겨 두는 습관을 갖는 것이 나중에 프로그램을 보고 이해하는 데 도움이 될 것입니다.

루프 블록은 각각의 센서에 해당하는 여러 가지 조건을 포함하는 다양한 모드를 갖고 있으며, 기본값은 횟수를 지정하는 반복으로 설정되어 있습니다. 루프 블록은 그림 4-18과 같이 무한대 기호가 기본값으로 설정되어 있으며, 이는 여러분이 프로그램을 강제 종료시키거나 배터리가 0%가 되어 꺼질

그림 4-18 루프 블록의 모드 선택

때까지 루프가 무한 반복됨을 의미합니다. 지금 우리는 사각형을 그리기 위해 네 번이라는 횟수만큼의 반복이 필요하기 때문에 모드를 횟수로 설정해야 합니다.

네 번 반복하기 위해 다음 단계를 수행합니다.

9. 모드 선택기를 클릭하여 횟수를 선택합니다. 루프가 반복될 횟수를 입력하는 상자가 모드 선택기 오른쪽에 나타납니다.

10. 횟수 파라미터에 4를 입력합니다.

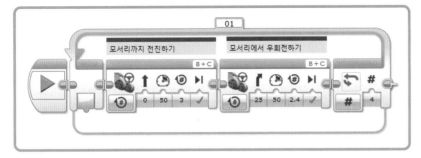

그림 4-19 AroundTheBlock 프로그램의 완성된 모습

그림 4-19는 완성된 프로그램의 모습입니다.

프로그램 테스트하기

프로그램이 제대로 만들어졌다면 로봇의 이동 경로는 정사각형이 되어야 합니다. 출발점으로 정확히 돌아오지 못할 경우, 방향 전환을 위한 두 번째 조향모드 주행 블록의 값을 조절하십시오.[12] 앞서 만든 프로그램과 다르게 고려해야 할 점은, 이 프로그램의 '전진 후 방향 전환' 동작이 네 번 연속으로 실행되면서 작은 오차라도 누적되면 결과적으로 큰 오차가 생길 수 있다는 것입니다.[13]

탱크모드 주행 블록

탱크모드 주행 블록(그림 4-20)은 전체적인 형태는 조향모드 주행 블록과 유사하지만, 조향 설정이 빠지고 각 모터마다 독립된 파워 설정이 추가됩니다.

그림 4-20 탱크모드 주행 블록

로봇의 이동 방향은 두 개의 파워값 설정에 따라 다릅니다. 두 값이 같다면 로봇은 직진하게 되고 값이 다르면 로봇은 방향을 바꾸게 되며 각 입력값의 차이에 따라 회전하는 형태도 달라집니다. 두 모터의 값이 각각 양수와 음수일 경우 로봇은 제자리 회전을 할 수도 있습니다.

앞서 사용해 본 조향모드 주행 블록으로도 동작 자체가 크게 다르지는 않지만, 탱크모드 주행 블록은 각각의 모터에 명시적으로 개별적인 파워값을 설정함으로써 구동에 좀 더 다양한 변화를 줄 수 있습니다. 예를 들어, 방향 전환을 위해 조향모드 주행 블록을 사용하고 파워값을 50으로 설정하면 소프트웨어에 의해 파워가 자동으로 설정되어 외부는 파워 50, 내부는 그보다 느린 속도로 자동 제어됩니다. 하지만 탱크모드 주행은 커브 바깥쪽의 모터 파워만 높이거나 한쪽 모터의 파워만 감속 또는 정지시키는 등의 다양한 응용 제어가 가능합니다.

NOTE 조향모드 주행 블록은 개념적으로 실제 승용차의 구동 방식을 흉내 낸 것입니다. 여기에서는 자동차의 가속을 담당하는 엑셀러레이터를 파워값이 담당하고, 자동차의 방향 전환을 담당하는 핸들은 조향값이 담당하며, 두 값을 EV3의 소프트웨어가 계산해서 적절히 좌우의 모터에 파워를 분배함으로써 설정한 움직임을 재현합니다. 반면 탱크모드 주행은 중장비나 전차 같은 무한궤도 차량의 구동방식을 흉내 낸 것으로 좌우가 독립적으로 제어되어 좀 더 자유롭게 움직이게 됩니다.

라지 모터 블록과 미디엄 모터 블록

차체의 구동이 아닌, 독립된 모터를 구동하기 위해서는

---

12 (옮긴이) 첫 번째 블록의 값을 조절하면 단지 사각형의 크기만 바뀌므로 사각형을 그리지 못한다는 것은 두 번째 방향 전환이 작거나 크게 되었다는 의미입니다.

13 (옮긴이) ThereAndBack에서는 180도 회전을 178도나 182도로 하더라도 크게 티가 나지 않지만, AroundTheBlock에서는 90도 회전을 88도로 하면 네 번 반복하는 과정에서 최종적인 로봇의 방향은 2 × 4 = 8도만큼 크게 뒤틀어진다는 의미입니다.

라지 모터 블록 또는 미디엄 모터 블록(그림 4-21, 4-22)을 사용합니다. 이 두 블록의 차이점은 제어하는 모터의 형태입니다. 라지 모터 블록은 포트 D, 미디엄 모터 블록은 포트 A가 기본으로 설정되어 있으며, 한 개의 모터를 제어하기 때문에 조향모드 주행 블록에서 구현된 조향 설정 기능은 없습니다.

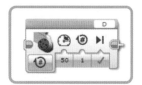

그림 4-21 라지 모터 블록

그림 4-22 미디엄 모터 블록

리프트 암

리프트 암(그림 4-23)을 활용해 미디엄 모터 블록을 테스트해 보겠습니다. 이 리프트 암은 로봇이 빔 또는 블록을 들어 올리거나 공을 잡는 등의 동작에 사용할 수 있습니다. 심지어 모듈을 약간 개조하면 투석기처럼 활용할 수도 있습니다.

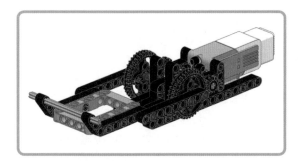

그림 4-23 리프트 암

그림 4-23과 같이 팔을 수평으로 향하게 놓고 시작합니다. 이 모듈은 기어 감속 구조가 적용되어 있어 팔 부분(리프트 암의 끝부분)을 직접 움직이려고 하면 모터의 저항으로 인해 부품이 분리되거나 기어가 틸 수 있습니다. 안전하게 팔의 방향을 수평으로 만들기 위해 모터에 연결된 기어를 손으로 돌리는 것이 좋습니다.

이제 미디엄 모터 블록의 기본 설정을 살펴보겠습니다.

1. LiftArm이라는 이름의 새 프로그램을 만듭니다.
2. 미디엄 모터를 50cm 케이블을 이용해 EV3의 A 포트에 연결합니다.
3. 미디엄 모터 블록을 프로그램에 추가합니다. 프로그램의 형태는 다음과 같습니다.

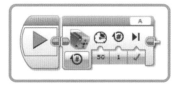

프로그램을 실행하면 대형 기어에 연결된 팔 끝부분이 아래로 움직이며 자기 스스로를 팔굽혀펴기 하듯 들어 올릴 것입니다. 여기에서 파워값이 양수일 경우 팔이 아래로 움직인다는 것을 확인할 수 있습니다. 이제 다시 손으로 모터를 돌려 팔을 수평으로 만든 다음 파워값을 음수로 넣고 다시 프로그램을 실행해 변화를 관찰합니다.

4. 미디엄 모터의 파워값을 −50으로 설정합니다.

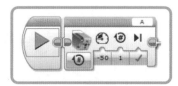

이제 프로그램을 실행하면 리프트 암은 위를 향해 움직이고 수직 방향을 조금 지나 멈출 것입니다. 각도로는 대략 120도 정도가 될 것입니다.

여기에서 짚어 볼 것이 있습니다. 미디엄 모터 블록의 회전량을 1회전(360도)하도록 설정했는데, 왜 팔이 들어 올려지는 각도는 120도 정도에서 끝난 것일까요? 그것은 물리적으로 레고 기어에 의해 감속이 발생했기 때문입니다. 모터의 구동축은 두 개의 4톱니 노브 휠을 통해 12톱니 기어에 연결되고, 여기에 맞물린 36톱니 기어에 리프트 암의 끝부분이 연결되어 있습니다. 톱니는 1:1로 맞물리기 때문에 모터의 구동축이 1회전 할 경우 작은 기어는 1회전, 그리고 여기에 맞물린 큰 기어는 1/3회전을 하기 때문입니다. 이러한 감속 구조[14] 때문에 미디엄 모터의 파워값을 낮출 경우 팔은 매우 부드럽고 천천히 움직일 수도 있습니다.

다시 암을 수평 위치로 옮기고 파워값을 더 낮게 설정해 움직임을 테스트해 봅시다.

5. 파워값을 −10으로, 회전값을 0.75로 설정하고 테스트해 봅시다.

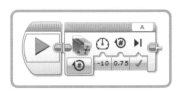

프로그램을 실행하면 암이 수평 위치에서 수직 위치로 좀 더 부드럽게 움직이는 것을 볼 수 있습니다.

모터 반전 블록

리프트 암은 복잡한 기어 구조 때문에 파워값을 양수로 입력할 경우 올라가지 않고 내려갑니다. 이 상태로 쓴다고 문제가 되는 것은 아니지만, 양수일 때 올라가고 음수일 때 내려가도록 만든다면 조금 더 직관적으로 이해하기 쉬울 것입니다. 물리적으로 이 문제를 해결하기 위해 모터축의 4톱니 노브 휠과 맞물리는 노브 휠의 위치를 반대 방향으로 이동시킬 수 있습니다. 하지만 이렇게 물리적인 방법을 사용하지 않고도 해결할 수 있다면 어떨까요? 고급 팔레트의 모터 반전 블록(그림 4-24)은 이럴 때 활용할 수 있습니다.

모터 반전 블록은 선택된 모터 포트로 전달되는 파워값을 반전시키는 기능을 가지고 있습니다.[15]

그림 4-24 모터 반전 블록

6. 시작 블록과 미디엄 모터 블록 사이에 모터 반전 블록을 추가합니다.

7. 파워값을 10으로 설정합니다. 최종 프로그램은 다음과 같습니다.

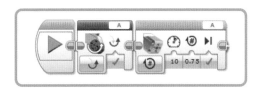

프로그램을 실행합니다. 이제 파워값이 양수로 바뀌었지만 아까와 다르게 팔이 내려가지 않고 위로 올라가는 것을 볼 수 있습니다.

CoastTest(미끄러짐 테스트)

모든 모터 제어 블록에는 정지 기능에 강제 정지와 부드러운 정지라는 두 가지 옵션이 있습니다. 정지 옵션을 부드러운 정지로 설정할 경우 각도나 회전량과 같은 회전 센서에 의존하는 제어를 할 때 블록은 생각과 다르게 모터가 조금 더 회전하게 됩니다.

모터 동작 블록을 실행할 때, EV3의 펌웨어는 모터가 실제로 얼마나 회전했는지 측정합니다(펌웨어는 EV3 안에서 실행되는 운영체제로, EV3의 하드웨어를 제어하고 만든 프로그램을 구동하는 역할을 합니다). 모터가 부드러운 정지를 할 경우 설정한 값보다 조금 더 회전할 수 있으므로 그 다음으로 실행되는 블록에서 오차를 감안해 값을 조정해야 할 수도 있습니다.

다음 프로그램인 CoastTest를 통해 이 문제를 좀 더 자

---

14 (옮긴이) 작은 기어로 큰 기어를 구동시키는 구조를 감속 구조라 하며 속도가 느려지는 대신 힘이 증가합니다. 반대의 조합은 가속 구조라 하며 속도가 빨라지지만 힘은 약해집니다. 이러한 기어 조합에 대한 자세한 내용은 《레고 테크닉 창작 가이드》(인사이트, 2014)에서 좀 더 깊게 다루고 있습니다.

15 (옮긴이) 파워값에 −1을 곱한다고 생각하면 됩니다.

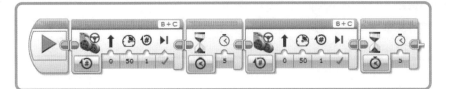

그림 4-25 CoastTest 1단계

세히 살펴보겠습니다. 두 개의 조향모드 주행 블록을 사용해 모터를 움직여 보겠습니다. 포트 보기 기능을 써서 모터가 얼마나 회전하는지 관찰해 보겠습니다. 마지막으로 부드러운 정지로 인해 문제가 발생할 경우 해결하는 방법도 살펴볼 것입니다.

1. CoastTest라는 이름으로 새 프로그램을 만듭니다.
2. 조향모드 주행 블록을 추가하고 설정을 기본값 그대로 둡니다.
3. 대기 블록을 추가하고 시간을 5초로 설정합니다.
4. 두 번째 조향모드 주행 블록을 추가합니다.
5. 두 번째 대기 블록을 추가하고 역시 시간을 5초로 설정합니다.

최종적으로 만들어진 프로그램은 그림 4-25와 같습니다.

이 시점에서 두 조향모드 주행 블록은 구동이 끝날 때 브레이크를 걸어 모터를 강제 정지합니다. 포트 보기를 이용해 모터의 각도를 관찰해 봅시다. 그림 4-26은 첫 번째 주행 블록까지 실행되었을 때의 포트 값이고, 그림

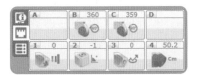

그림 4-26 첫 번째 조향모드 주행 블록이 실행된 시점(1바퀴 회전)

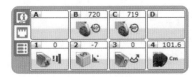

그림 4-27 두 번째 조향모드 주행 블록이 실행된 시점(2바퀴 회전)

4-27은 두 번째 블록이 실행된 이후의 값입니다. 두 블록 모두 우리가 설정한 한 바퀴(360도)를 거의 근사치로 맞추어 회전한 것을 볼 수 있습니다.

NOTE EV3가 컴퓨터와 연결된 상태로 프로그램이 실행 중일 때 현재 실행 중인 블록 위의 컬러 막대(모터 블록의 연두색 부분과 대기 블록의 주황색 부분)에 흰색 대각선의 띠가 움직이는 애니메이션 효과를 볼 수 있습니다.

이제 첫 번째 블록의 정지를 강제 정지에서 부드러운 정지로 바꾸어 봅시다.

6. 첫 번째 조향모드 주행 블록의 정지 모드를 부드러운 정지로 변경합니다. 이제 블록의 형태는 다음과 같습니다.

프로그램을 실행하고 포트 보기를 관찰합니다. 그림 4-28과 4-29는 바뀐 조건에서의 첫 번째와 두 번째 조향모드 주행 블록이 실행된 시점에서의 포트 값을 보여 줍니다.

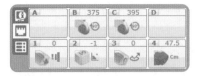

그림 4-28 첫 번째 조향모드 주행 블록이 실행된 시점
(1바퀴 회전, 360보다 큰 각도에 주목)

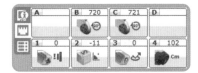

그림 4-29 두 번째 조향모드 주행 블록이 실행된 시점
(2바퀴 회전, 실제 회전량은 360도를 채우지 않았다는 사실에 주목)

첫 번째 조향모드 주행 블록은 모터를 360도 회전한 다음 방치했습니다. 결과적으로 모터는 360도를 초과해서 회전했습니다(그림 4-28을 통해 15도에서 35도 정도 더 회전한 것을 볼 수 있습니다). 두 번째 실행된 조향모드 주행 블록은 회전량을 한 바퀴로 설정했으나 375 + 360 = 735가 아닌, 345도 정도를 회전시켜 원래의 목표인 720도에 맞는 각도로 모터를 제어했습니다. 이것이 정답인지 아닌지는 여러분의 판단에 달려 있습니다. 목표가 2회전 720도라면 이 프로그램은 정상 작동한 것입니다. 그러나 만약 여러분이 첫 번째 블록의 회전량과 관계없이 두 번째 블록에서 360도를 정확히 회전하기를 원한다면 어떻게 해야 할까요?

문제는 EV3의 펌웨어가 첫 번째 블록에서 모터의 구동이 부드러운 정지로 멈춘 뒤에도 모터의 회전각을 지속적으로 누적해서 기록하고, 이 정보를 두 번째 모터 블록의 제어에 활용한다는 것입니다. 이러한 관계를 끊으려면 조향모드 주행 블록의 옵션을 '꺼짐'으로 설정하고 정지 방

식을 참-강제 정지로 설정하십시오.

정지 기능으로 쓰기 위한 조향모드 주행 블록을 두 번째 조향모드 주행 블록의 앞에 배치합니다. 이 프로그램을 실행하면 첫 번째 조향모드 주행 블록이 부드러운 정지를 하면서 유지한 각도 값을 새로 추가한 정지 블록이 초기화시켜 두 번째 조향모드 주행 블록이 375도에서 720도로 회전이 아닌, 0도에서 360도로 회전하도록 도와줍니다.

7. 첫 번째 대기 블록과 두 번째 조향모드 주행 블록 사이에 조향모드 주행 블록을 추가합니다.

8. 추가된 블록의 모드를 꺼짐으로 설정합니다.

이제 완성된 프로그램은 그림 4-30과 같은 형태가 됩니다. 프로그램을 실행하고 포트 보기로 센서값을 관찰해봅시다.

그림 4-31과 4-32는 각각 첫 번째와 세 번째 조향모드 주행 블록이 실행된 후의 회전 센서값을 보여 줍니다. 이번에도 역시 설정값은 1회전이고 부드러운 정지를 하면서 379도와 403도라는 결과가 나왔습니다. 그리고 세 번째 조향모드 주행 블록이 실행되면서 현재 값을 기준으로 360도 회전을 하면서 최종 결괏값은 720도가 아닌 739도와 763도라는 각도에 도달하게 되었습니다.

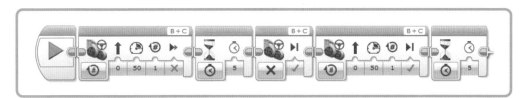

그림 4-30 CoastTest 프로그램의 최종 형태

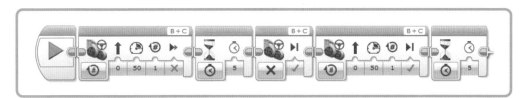

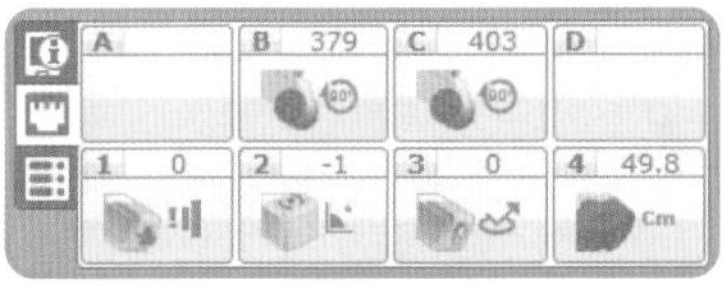

그림 4-31 첫 번째 조향모드 주행 블록이 실행된 시점
(1바퀴 회전, 360보다 큰 각도에 주목)

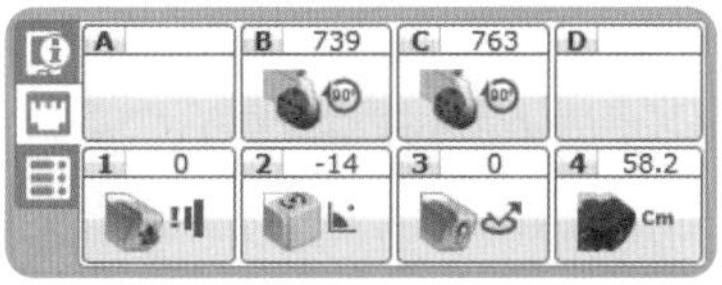

그림 4-32 두 번째 조향모드 주행 블록이 실행된 시점
(720도가 아닌 그림 4-31의 값에 360을 더한 값에 주목)

추가적인 탐구

4장에서 살펴본 블록들을 좀 더 익숙하게 활용하기 위해 다음과 같은 과제를 권장합니다.

1. ThereAndBack 프로그램에 부드러운 정지 옵션을 사용해 봅시다. 움직임에 어떤 변화가 생겼는지 살펴보고 이유를 고찰해 봅시다. 이러한 변화가 트라이봇이 출발점으로 얼마나 가깝게 도달하는지에 어떤 영향을 미칠까요?

2. AroundTheBlock 프로그램의 조향모드 주행 블록을 탱크모드 주행 블록으로 대체해 봅시다. 기본 회전값을 체크하고 탱크모드 주행 블록의 파워값에 다양하게 값을 적용해 여러 가지 회전 방법을 실험해 봅시다.

3. AroundTheBlock 프로그램을 응용해 사각형이 아닌 삼각형을 그리도록 수정해 봅시다.

4. 간단한 장애물 코스를 만들고 트라이봇이 일련의 조향모드 주행 또는 탱크모드 주행 블록을 써서 통과하도록 만들어 봅시다. 조금씩 난이도를 높이며 도전해 보는 것도 좋습니다.

마무리

EV3 세트에는 다양한 로봇을 손쉽게 조립할 수 있도록 세 개의 모터가 제공됩니다. 또한 소프트웨어에서는 모터를 제어하기 위한 몇 가지 편리한 블록이 제공되며, 그 외에도 다양한 모터 블록을 응용해 로봇의 움직임에 변화를 줄 수 있는 자유도가 제공됩니다. 조향모드 주행 블록은 비교적 직관적으로 손쉽게 좌우 구동형 로봇을 제어할 수 있으며, 탱크모드 주행 블록 역시 다양한 옵션으로 여러분들이 원하는 구동을 보여 줄 것입니다. 독립된 모터 제어가 필요할 경우 미디엄 모터 블록과 라지 모터 블록을 활용할 수 있습니다.

앞서 만들어 본 예제 파일들에서는 트라이봇을 움직이는 가장 기본적인 기법들을 보여 주었습니다. 다음 장에서는 좀 더 다양한 블록을 활용해 코스를 따라가는 등의 복잡한 프로그램을 만들어 볼 것입니다.

5

센서

이번 장에서는 EV3 센서를 사용해 로봇이 주변 상황에 반응하는 방법을 살펴보겠습니다. 인간은 오감(눈-시각, 코-후각, 입-미각, 귀-청각, 피부-촉각)을 사용해 주변 환경을 받아들입니다. 인간의 기관을 참고한 로봇의 센서 역시 동작 방식은 다를지 몰라도 개념이나 식별 대상은 비슷합니다. EV3 센서는 전방의 장애물을 인식하고 바다의 선색을 감지해 따라갈 수 있으며 빛에 반응하고 색상에 따라 물체를 구분할 수도 있으며 그 이상의 것도 가능합니다.[1]

대부분의 경우 프로그램은 센서가 수집한 데이터를 사용해서 로봇이 그다음 수행할 동작을 결정하지만, 일부 특수한 경우 센서로 데이터를 수집하는 자체가 목적이 되기도 합니다.[2] 이번 장에서는 EV3 센서를 활용하는 기본적인 방법과 센서로 획득한 값을 통해 로봇의 다음 동작을 결정하는 기법을 살펴볼 것입니다.

> **NOTE** EV3 교구 소프트웨어의 경우 '프로그램'과 '실험'이라는 두 가지 형태의 프로젝트를 지원합니다. 실험 프로젝트는 데이터를 수집하고 측정하는 것에 특화되어 있습니다. 학교에서 과학 수업에 활용하기에 좋은 매우 많은 기능을 포함하고 있지만, 범위가 넓고 다루어야 할 부분이 많아 이 책에서는 다루지 않습니다.

---

1 (옮긴이) 마인드스톰 센서 중에서는 소리나 기울기, 온도, 압력 등을 감지하는 센서도 있습니다.
2 (옮긴이) 온도 센서로 지속적인 온도 변화를 측정하고, 거리 감지 센서로 침입자 감지 기능을 구현하는 등.

센서의 활용

흐름 제어 팔레트의 대기, 루프 그리고 스위치 블록을 활용해 로봇의 프로그램이 어떤 일이 일어날 때까지 기다리거나, 동작을 반복하거나, 조건에 따라 A 또는 B 동작을 선택적으로 수행하도록 만들 수 있습니다. 이 세 가지 블록은 센서값을 동작 조건에 활용할 수 있는 기능이 내장되어 있습니다. 이번 장에서는 이 세 가지 블록을 다루어 보겠습니다.

그림 5-1은 대기 블록의 모드 선택입니다. 여기에서는 모든 EV3 센서의 동작 모드를 선택할 수 있습니다. 이 중 일부 센서는 여러 가지 형태로 동작할 수 있습니다. 예를 들어, 컬러 센서는 빛의 양을 감지하거나 근접한 물체의 색상을

그림 5-1 대기 블록의 모드 선택

판별할 수 있습니다. 이번 장의 첫 번째 프로그램(BumperBot)에서 대기 블록의 터치 센서 기능을 사용해 보면서 센서 모드 선택의 개념을 알아보겠습니다.

NOTE 일반 EV3 세트에서 사용되는 소프트웨어에는 자이로 센서와 초음파 센서 옵션이 포함되어 있지 않습니다. 여러분이 개별적으로 자이로 또는 초음파 센서를 구매했다면 https://education.lego.com/ko-kr/downloads/mindstorms-ev3에서 교구 소프트웨어를 다운로드할 수 있습니다.[3]

그림 5-3 대기 블록의 터치 센서 모드

터치 센서

그림 5-2 터치 센서

터치 센서(그림 5-2)는 전면에 빨간색의 작은 버튼이 있습니다. 대기, 루프, 스위치 블록은 이 센서의 입력 상태(눌리지 않음, 눌림, 접촉 후 떨어짐)를 확인하고 프로그램의 흐름을 제어합니다. 예를 들어, 로봇의 프로그램을 실행시키자마자 바로 로봇이 출발하지 않고, 터치 센서를 누를 때까지 대기하다가 출발하도록 만들 수 있습니다.[4]

터치 센서는 두 가지 방법, 즉 비교 모드와 변경 모드로 대기 블록과 함께 쓸 수 있습니다. 비교 모드에서 상태(눌리지 않음, 눌림, 접촉 후 떨어짐)를 설정하면 대기 블록은 터치 센서가 해당 상태가 될 때까지 프로그램의 진행을 멈추고 대기합니다. 변경 모드에서는 대기 블록이 시작된 순간의 센서 상태를 확인하고, 눌림에서 눌리지 않음으로 또는 눌리지 않음에서 눌림으로 변화가 발생할 때까지 대기합니다. 그림 5-3은 대기 블록에 대한 모드 선택기 메뉴의 두 가지 선택 사항을 보여 줍니다.

그림 5-4는 대기 블록을 터치 센서의 비교 모드로 설정한 모습이며, 오른쪽 윗부분은 센서가 연결된 포트 설정

을 보여 줍니다.

각 센서는 기본 포트가 있습니다. EV3 브릭이 컴퓨터와 연결되어 있는 경우, 그림 5-5와 같이 Auto-ID 기능을 통해 잘못된 포트로 설정된 것을 감지하고 경고 표시를 줄 수 있습니다. 가능한 경우 설정된 기본 포트를 사용하는 것이 좋습니다.[5]

그림 5-4 센서 포트 선택

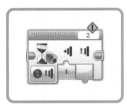

그림 5-5 Auto-ID 기능을 통해 잘못된 포트를 경고해 주는 모습

포트 설정이 완료되면 그림 5-6과 같이 상태 선택을 통해 센서의 조건(눌리지 않음, 눌림, 접촉 후 떨어짐)을 설정합니다.

상태 표시 리스트는 그림으로 식별 가능한 아이콘 외에도 0, 1, 2와 같은 숫자를 함께 보여 주는데, 이 숫자는 데이터 와이어를 사용할 때 유용하게 쓸 수 있습니다.

그림 5-6 상태 선택

BumperBot(범퍼봇) 프로그램

이제 트라이봇의 앞에 터치 센서를 활용한 범퍼가 장착된, 범퍼봇을 활용해 로봇이 방을 돌아다니도록 만들어

---

3 (옮긴이) url 주소는 2021년 12월 기준으로 작성되었고, 레고사의 방침에 따라 주소가 바뀔 수 있습니다. 위 주소가 비활성화된 경우 검색엔진에서 lego education ev3로 검색하기 바랍니다.

4 (옮긴이) EV3 메뉴 버튼을 이용해 프로그램을 실행시킬 경우 손가락으로 버튼을 누르는 과정에서 버튼의 특성 때문에 로봇의 움직임에 영향을 줄 확률이 높기 때문에 좀 더 부드럽게 출발할 수 있도록 터치 센서 범퍼를 클릭해서 출발하는 형태를 종종 사용하기도 합니다.

5 (옮긴이) 물론 센서 포트를 바꾸어도 하드웨어적으로 연결된 것과 프로그램의 설정을 맞추기만 하면 문제는 없습니다.

볼 것입니다. 로봇은 벽을 만나면 터치 센서로 인식할 수 있으며, 이때 방향을 바꾸고 다시 전진하는 식으로 방을 돌아다닐 것입니다. 이 프로그램은 여러분이 로봇을 들어 올려 프로그램을 종료할 때까지 반복하도록 만들어 보겠습니다.

전진하기

프로그램의 첫 번째 부분은 로봇이 무언가에 부딪힐 때까지 전진하는 것입니다. 조향모드 주행 블록을 다른 제약조건 없이 적당한 파워로 전진하는 명령만 주도록 만들고, 대기 블록은 터치 센서를 사용해서 로봇이 무언가에 부딪힐 때까지 전진 상태를 유지하게 합니다. 터치 센서가 눌리면 프로그램은 로봇의 전진을 멈추고 로봇이 장애물을 피할 수 있도록 조금 후진한 뒤 방향을 바꾸고 다시 장애물을 만날 때까지 전진하기를 실행합니다. 루프 블록은 일련의 동작을 반복하도록 함수 블록들을 감싸는 형태로 배치되며 프로그램을 종료시킬 때까지 트라이봇은 장애물을 만나면 피한 뒤 다시 전진하는 동작을 반복할 것입니다. 다음 단계에 따라 프로그램을 만들어 보도록 하겠습니다.

1. Chapter5라는 이름으로 새 프로젝트를 만듭니다.
2. BumperBot이라는 새 프로그램을 만들고 저장합니다.
3. 프로그램의 흐름 제어 팔레트에서 루프 블록을 꺼냅니다. 이 블록을 써서 프로그램을 강제 종료시킬 때까지 로봇이 벽 회피 동작을 반복하도록 할 것입니다. 참고로 루프 블록은 기본 설정값이 무한 반복이기 때문에, 이번 프로그램에서는 특별히 모드를 설정할 필요가 없습니다.
4. 조향모드 주행 블록을 루프 블록 안에 배치합니다. 루프 블록의 크기가 자동으로 커질 것입니다.
5. 조향모드 주행 블록의 모드를 켜짐으로 설정하고 파워는 25로 설정합니다.

파워는 무난하게 움직일 수 있도록 낮게 설정한 것으로 나중에 좀 더 빠르게 바꾸어도 무방합니다.

그림 5-7은 조향모드 주행 블록이 루프 안에 들어간 모습입니다.

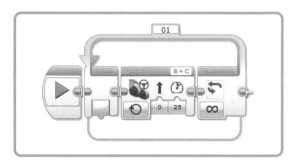

그림 5-7 조향모드 주행 블록이 루프 블록에 추가된 BumperBot 프로그램

장애물 감지하기

다음 단계는 트라이봇이 전방의 장애물을 감지하기 위해 터치 센서의 입력을 활용하는 것입니다(그림 5-8 참조).

6. 대기 블록을 루프 블록 안의 조향모드 주행 블록 다음에 연결합니다.
7. 대기 블록의 모드 선택기를 클릭해 터치 센서 - 비교 모드를 선택합니다. 기본적인 상태는 눌림으로 되어 있으며, 지금은 이 상태를 바꿀 필요가 없습니다.
8. 새 조향모드 주행 블록을 대기 블록 뒤에 연결하고, 모드는 꺼짐으로 선택합니다.

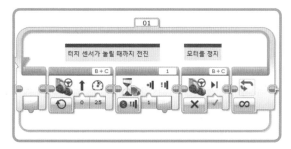

그림 5-8 터치 센서가 눌릴 때까지 대기한 후 멈추기

후진 후 방향 전환

트라이봇의 범퍼가 벽에 부딪혀 장애물을 인식한 상황이 므로, 현재는 벽에 맞닿아 방향 전환이 어렵습니다. 그림 5-9와 같이 로봇을 약간 후진시킨 다음, 방향을 전환해 줍 니다.

9. 새 조향모드 주행 블록을 꺼내어 추가합니다. 모드는 각도로 동작으로 설정합니다.

10. 파워값을 25로 설정합니다.

11. 각도 값을 −300으로 설정해 로봇을 후진시킵니다.

12. 새 조향모드 주행 블록을 추가합니다. 이번에는 조향 기능을 최대로 설정해 로봇이 방향을 전환하도록 합 니다.

13. 모드는 각도로 동작으로, 파워값은 25로 설정합니다.

14. 각도 값은 250으로 설정합니다. 각도 값이 미치는 영 향을 확인하는 가장 간편한 방법은 직접 값을 바꾸어 입력하고 실행해 보는 것입니다. 트라이봇이 벽에서 적절하게 떨어지도록 하기 위해서는 적어도 바퀴를 1/4 회전(90도) 이상 돌리는 것이 좋습니다.

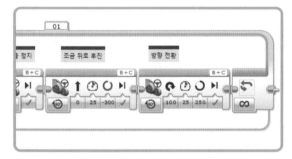

그림 5-9 후진 후 방향 전환하기

도전과제 5-1

프로그램이 잘 작동하는 것을 확인하면 조향모드 주행 블록 의 파워값을 높여보도록 합니다. 테스트하는 곳의 바닥 환경 (매끄러운 정도 및 재질)에 따라 구동 결과가 달라질 수도 있습 니다.

도전과제 5-2

트라이봇이 공을 쳐내는 동작을 할 수 있도록 BumperBot 프 로그램을 수정해 봅시다. 작고 부드러운 공을 범퍼 앞에서 굴 려 줍니다. 프로그램은 범퍼가 눌릴 때까지 기다리다가 범퍼가 눌리면 조금 앞으로 전진하며 공을 쳐냅니다. 트라이봇은 다시 조금 후진해서 다음 공을 기다려야 합니다. 터치 센서에 반응 을 줄 수 있으면서 로봇을 망가뜨리지 않을 정도의 적당한 공 이 필요합니다(탁구공은 너무 가볍고 작아서, 야구공은 너무 딱딱해서, 축구공이나 농구공은 너무 커서 적절하지 않습니다. 이 도전과제는 테니스공으로 하는 것이 적절합니다).

프로그램 테스트하기

프로그램이 완성되면 로봇에 프로그램을 다운로드하고 테스트해 봅시다. 프로그램이 실행되면 로봇은 무언가 에 부딪힐 때까지 전진하고, 부딪히면 후진한 다음 방향 을 바꾸어 다시 전진하는 동작을 반복하게 됩니다. 로봇 은 프로그램을 종료시킬 때까지 이 동작을 반복하게 되 며, 마지막 두 개의 조향모드 주행 블록의 설정값을 바꾸 어 로봇의 동작 패턴을 바꿀 수 있습니다.

컬러 센서

컬러 센서(그림 5-10)는 센서 전면의 작은 창을 통해 빛의 밝기 또는 색상을 측정합니다. 이 센서는 세 가지 모드, 즉 색상, 반사광 강도, 주변광 강도 모드가 있습니다. 각 모 드의 작동 방식을 이해한 다음 색상 감지 프로그램과 줄 감지 프로그램을 작성하면서 센서 의 활용법을 익혀 봅시다.

그림 5-10 컬러 센서

색상 모드

색상 모드에서는 센서가 근접한 물체의 색상을 감지할 수 있습니다. 감지할 수 있는 색은 검정, 파랑, 초록, 노랑, 빨강, 흰색, 갈색이며, 가까운 거리가 아닐 경우 제대로 측정하지 못할 수도 있습니다. 예를 들어 주황색 물체의 경우 거리나 방향에 따라 빨강이나 노랑 또는 색상 없음으로 인식할 수 있습니다. 측정을 정확하게 하려면 다른 광원에 의한 간섭을 줄이기 위해 센서를 최대한 물체에 근접시키길 추천합니다.

그림 5-11과 같이 대기 블록에서 비교 모드와 변경 모드를 통해 컬러 센서를 사용할 수 있습니다. 변경 모드에서는 대기 블록이 실행될 때의 색상을 측정한 후 색상이 바뀔 때까지 대기하게 됩니다.

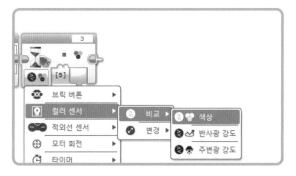

그림 5-11 대기 블록의 컬러 센서 모드 선택

비교 모드에서 블록은 그림 5-12와 같이 센서가 목록에서 선택한 색상을 감지할 때까지 대기합니다. 0번으로 설정된 빨간색 사선이 그려진 상자는 색상 없음(판별 불가)을 나타냅니다. 그림 5-13의 대기 블록은 센서가 초록, 파랑 또는 빨강을 감지할 때까지 기다리

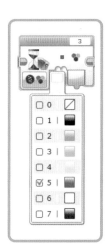

그림 5-12 대기할 색상 선택

그림 5-13 초록 또는 파랑 또는 빨강을 감지할 때까지 대기

라는 의미입니다(셋 모두가 아닌 셋 중 하나입니다). 이 장의 뒷부분에서 IsItBlue(파란색 판별) 프로그램을 만들 때 이 모드를 실습할 것입니다.

반사광 강도 모드

반사광 강도 모드에서 센서는 빨간색 LED를 켜고 대상에서 반사되는 빛의 광량을 측정합니다. 값의 범위는 0부터 100이며 0에 가까울수록 어둡고 100에 가까울수록 밝다는 의미입니다. 이 모드는 길 따라가기와 같은, 반사율이 크게 다른 두 가지 색을 비교해야 하는 경우 유용하게 쓸 수 있습니다. 컬러 모드에서와 마찬가지로, 센서와 대상 사이가 멀어지면 외부의 빛에 의한 간섭으로 오차가 커지므로 대상과 최대한 가깝게(길 따라가기의 경우 바닥과의 거리가 1cm 정도) 두는 것이 좋습니다. 이 모드에서는 블

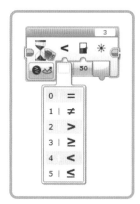

록이 센서값과 비교할 기준값 및 비교 유형을 선택할 수 있습니다. 비교 유형은 여섯 가지 유형, 즉 현재 측정된 값이 입력된 기준값과 같다, 같지 않다, 크다, 크거나 같다, 작다, 작거나 같다가 있으며, 그림 5-14에서는 센서 대기 조건이 측정한 센서값이 50보다 작을 때까지 대기하라는 의미입니다.

그림 5-14 비교 유형 선택

변경 - 반사광 강도 모드에서는 대기해야 할 광량 변화량과 조건(증가, 감소, 모두)을 설정합니다. 그림 5-15는 시작되는 시점에서 측정한 광량에 비해 10 이상 값이 어두워지거나 밝아질 때까지 대기하라는 의미입니다. 예

그림 5-15 변경 유형 선택

를 들어, 이 대기 블록이 시작될 때 센서가 55를 측정했다면, 대기 블록은 센서값이 45보다 작은 어두운 상황이 되거나 65보다 큰 밝은 상황이 될 때까지 프로그램을 대기시킵니다.

NOTE 각 센서마다 여러 가지 설정 때문에 복잡해 보일 수 있지만, 사실상 많은 종류의 센서들에서 모드(특히 숫자를 측정하는)들의 기본적인 동작 방식은 동일합니다.

주변광 강도 모드

컬러 센서의 세 번째 동작 모드는 주변 환경의 광량을 측정하는 것입니다. 그림 5-16은 컬러 센서 - 비교 - 주변광 강도 모드의 대기 블록을 보여 줍니다. 대상이 근접한 물체가 아닌 주변 조명으로 바뀌었을 뿐, 이전에 보았던 구성 옵션과 동일한 비교 및 변경 모드가 제공됩니다.

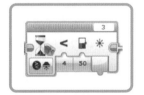

그림 5-16 컬러 센서 - 비교 - 주변광 강도 모드[6]

NOTE 컬러 센서는 동작할 때 전면 LED를 통해서도 현재 동작 모드를 확인할 수 있습니다. 색상 모드에서는 색상 인식을 위해 빨간색, 초록색, 파란색과 흰색의 조명이 함께 점등되며, 반사광 강도 모드에서는 밝은 빨간색 등이 점등됩니다. 주변광 강도 모드에서는 희미한 푸른색을 볼 수 있습니다. 센서에 켜진 불빛을 확인하면 여러분이 프로그램을 만들면서 생각한 조건과 다르게 잘못된 모드를 사용한 것을 손쉽게 확인할 수 있습니다.

포트 보기

포트 보기에서도 역시 각각의 센서가 지원하는 모든 모드를 사용해 센서값을 확인할 수 있습니다. 포트 보기 창에서 센서를 클릭하면 모드를 선택할 수 있습니다. 예를 들어 그림 5-17은 컬러 센서를 클릭했을 때 나타나는 메뉴입니다.

그림 5-17 포트 보기에서 컬러 센서의 모드 선택

센서의 값은 항상 숫자로 표시됩니다. 이것은 반사광 강도 모드와 같이 값의 크기 자체가 일정하게 변화하는 조건에서는 손쉽게 상황 판단을 할 수 있지만(밝다/어둡다를 크다/작다로 판단) 색상 모드와 같은 경우에는 직관적으로 식별하기 어려울 수 있습니다. 그림 5-18은 색상 모드가 선택된 포트 보기의 모습입니다. 컬러 센서값으로 표시된 것은 '흰색'이 아닌 숫자 6입니다.[7] 어느 숫자가 어느 색상에 해당하는지는 대기 블록의 색상 선택 목록(그림 5-12 참조)에서 찾아볼 수 있습니다.

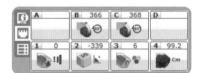

그림 5-18 색상 모드가 선택된 포트 보기

IsItBlue(파란색 판별) 프로그램

이번에는 색상을 판별하는 프로그램을 만들어 보겠습니다. IsItBlue라는 이름으로 저장할 이 프로그램은 컬러 센서로 파란색 물체를 식별합니다. 프로그램을 실행하면 센서 앞의 물체 색상을 판별하고 로봇은 '예스' 또는 '노'라는 대답을 합니다.

---

6 (옮긴이) EV3의 센서 블록은 대부분 직관적인 아이콘을 채용하고 있습니다. 컬러 모드에서는 RGB 색상표를 형상화한 세 개의 원이 겹쳐진 모습, 반사광 강도 모드에서는 동그란 원판에 빛이 반사되는 모습, 그리고 주변광 강도 모드에서는 천장의 전등에서 빛이 비추는 모습을 형상화한 아이콘을 쓰고 있습니다.

7 (옮긴이) 이 6번은 레고사에서 EV3 소프트웨어에 한해서 임의로 흰색에 대해 할당한 숫자입니다.

스위치 블록

컬러 센서가 인식한 값에 따라 프로그램이 다른 행동을 할 수 있도록, 프로그램의 흐름을 결정하기 위해 스위치 블록을 사용할 것입니다. 이 블록에는 조건을 비교해 두 가지 경우에 따라 다른 동작을 넣을 수 있으며, 센서가 파란색을 인식할 경우 실행할 동작과 파란색 이외의 색상을 인식할 경우 실행할 동작을 각기 다르게 입력해 줄 것입니다.

프로그램을 다음과 같이 만들어 줍니다.

1. 새 프로그램의 이름을 IsItBlue로 만들고 저장합니다.
2. 흐름 제어 팔레트에서 스위치 블록을 꺼냅니다.
3. 스위치 블록의 모드를 컬러 센서 - 측정 - 색상 모드로 선택합니다.

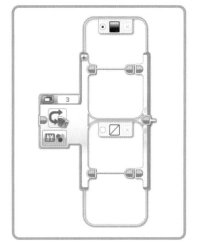

그림 5-19 스위치 블록의 컬러 센서 - 측정 - 색상 모드

> ☺ **도전과제 5-3**
>
> 포트 보기를 활용해 여러 가지 컬러 센서의 모드를 테스트해 보기 바랍니다. 같은 물체의 색상 판별에 주변 광량이 미치는 영향과, 같은 색이라도 재질이 다른(예를 들면 광택이 있는 검은색 판과 검은색 색종이, 그리고 검은색 천 재질의 옷) 경우 각기 측정값이 어떻게 달라지는지 관찰하십시오. 또한 색상 모드를 사용해 센서가 잘 식별하는 색과 식별하기 어려운 색을 확인해 보기 바랍니다.

이 시점에서 프로그램의 스위치 블록은 그림 5-19와 같은 형태여야 합니다. 블록 맨 위의 검정 상자 부분은 센서가 검은색을 인식했을 때 중간을 기준으로 위쪽에 위치한 블록을 실행할 것을 나타냅니다. 블록 중간의 빨간색 사선이 있는 상자 부분은 센서가 색상을 판단하지 못했을 경우 중간을 기준으로 아래쪽에 위치한 블록을 실행한다는 것을 의미합니다. 검정 상자 옆의 작은 검은색 동그라미는 두 가지 조건 이외의 값이 입력되는(이를테면 **빨강**이나 **초록**) 경우 동그라미가 표시된 조건으로 인식하겠다는, 즉 일종의 기본값으로 설정한다는 의미입니다.

4. 그림 5-20과 같이 아래의 색 상자를 클릭하면 선택할 수 있는 색 목록이 나타납니다. 여기에서 **파랑**을 선택합니다.

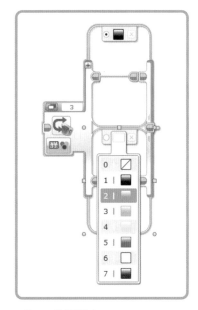

그림 5-20 색 선택하기

5. 동작 팔레트에서 사운드 블록을 꺼내어 스위치 블록의 위 영역에 배치합니다.
6. 사운드 블록 오른쪽 위의 파일 이름 상자를 클릭해서

No라는 사운드 파일을 선택합니다.

7. 다시 사운드 블록을 꺼내어 이번에는 스위치 블록의 아래 영역에 배치합니다.

8. 이번에는 파일 이름이 Yes인 사운드 파일을 선택합니다. 이제 프로그램은 5-21과 같은 모양을 갖게 됩니다.

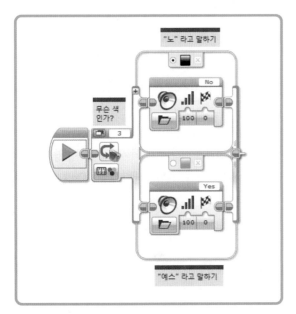

그림 5-21 IsItBlue 프로그램

프로그램을 실행하기 전에 테스트할 물체를 컬러 센서 앞에 놓습니다. 프로그램이 실행되면 센서는 물체의 색상을 판별하고 파란색일 경우 "예스"를, 아닐 경우 "노"라고 말할 것입니다. 이 프로그램은 반복하지 않고 한 번 측정 후 종료되므로 다른 물체를 판별하려면 물체를 바꾸고 프로그램을 재실행해야 합니다.

프로그램의 개선

IsItBlue 프로그램은 색을 판단하고 결과를 알려 주는 동작 자체에는 문제가 없을 것입니다. 하지만 지금은 물체를 놓고 EV3의 메뉴를 선택하거나 컴퓨터를 통해서 프로그램을 실행시켜야 색을 판별하기 때문에 조금 불편할 수

있습니다. 프로그램을 실행한 후 식별해야 할 물체가 준비되었다고 로봇에게 알려 줄 수 있거나, 프로그램을 중지할 때까지 측정 동작을 반복하게 바꾸면 조금 더 편리할 것입니다.

터치 센서의 사용

먼저 터치 센서 블록을 추가해서 컬러 센서가 물체를 측정할 준비가 되었다는 것을 프로그램에 알려 주는 기능을 추가해 봅시다.

1. 스위치 블록의 왼쪽에 대기 블록을 추가해 줍니다.
2. 대기 블록의 모드를 터치 센서 - 비교 - 상태로 설정합니다.
3. 그림 5-22와 같이 상태 값을 접촉 후 떨어짐으로 설정합니다.

그림 5-22 대기 상태 설정

이제 프로그램은 그림 5-23과 같은 모습이 될 것입니다. 프로그램이 실행되면 바로 색을 인식하는 것이 아니라,

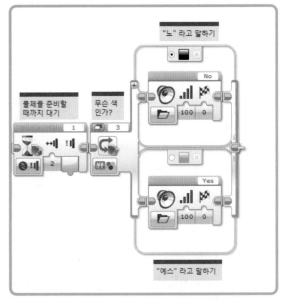

그림 5-23 물체가 준비될 때까지 기다리기

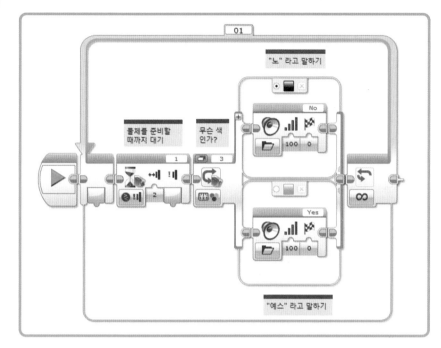

그림 5-24 최종 개선된, 반복해서 터치 센서를 누를 때마다 색상을 판별하는 IsItBlue 프로그램

터치 센서를 클릭할 때까지 기다리게 됩니다. 아직은 이 프로그램은 한 번의 색상 판별 후 종료되는 간단한 구조 입니다.

반복 구조 추가하기

프로그램이 반복해서 색상을 식별하도록 하려면 루프 블록을 추가하고 기존 프로그램 전체를 루프 블록 안으로 이동시킵니다.

4. 루프 블록을 프로그램에 추가합니다.
5. 터치 센서 대기, 컬러 센서 스위치 블록을 모두 루프 안으로 옮겨 줍니다.

그림 5-24는 최종적으로 보완이 완료된 프로그램의 모습 입니다. 이 프로그램은 터치 센서를 누르면 색상을 판별 하는 동작을 여러분이 EV3의 종료 버튼을 눌러 프로그램 을 멈출 때까지 반복할 것입니다.

LineFinder(선 찾기) 프로그램

이번에 만들어 볼 프로그램은 컬러 센서의 반사광 강도 모드를 활용한 선 찾기 프로그램입니다. 트라이봇은 바닥 에 선이 나타날 때까지 전진할 것입니다. LineFinder 프로 그램은 로봇이 어두운 선을 감지하면 멈추도록 할 것입니 다. 이 프로그램을 실행하기 위해 로봇의 전면에 장착된 터치 센서 모듈을 그림 5-25와 같이 컬러 센서 모듈로 교 체해 주어야 합니다.

그림 5-25 LineFinder 프로그램을 위해 컬러 센서 모듈을 장착한 모습

NOTE 이 프로그램을 테스트하기 위해서는 밝은 바닥과 어두운 선이 필요합니다. 흰색 테이블 또는 우드락 등으로 만든 테스트 판에 유성 매직 또는 검은색 전기테이프를 이용해 선을 만들 수 있습니다.

이 프로그램의 기본 개념은 BumperBot 프로그램의 시작 부분과 비슷합니다. 조향모드 주행 블록을 켜짐 모드로 동작시켜 로봇을 출발시키고 선을 감지하면 주행 블록의 꺼짐 모드를 사용해 멈추게 됩니다. 두 조향모드 주행 블록 사이에 컬러 센서 반사광 모드의 대기 블록을 추가합니다. BumperBot 프로그램을 만들 때와 다른 점은, 터치 센서는 눌림과 떨어짐으로 상태가 단순하지만 컬러 센서는 0부터 100까지의 값으로 결과가 출력되기 때문에, 컬러 센서가 선을 인식하기 위한 적절한 기준 값을 찾아 주어야 한다는 것입니다.

포트 보기를 사용해서 기준 값 찾기

포트 보기(그림 5-26)를 사용해서 로봇이 정지하기 위한 적절한 기준 값을 찾아야 합니다. 로봇이 컴퓨터와 연결되어 있고, 포트 보기가 컬러 센서의 반사광 강도 모드인지 확인하기 바랍니다. 그림 5-26에서 컬러 센서는 3번 포트에 연결되어 있다는 것을 알 수 있습니다. 먼저 로봇을 흰색 영역에 놓고 센서값을 확인합니다. 그 다음 센서가 검은색 선을 인식하도록 로봇을 재배치하고 센서값을 확인합니다. 필자의 경우 흰색 바닥은 74, 검은색 선은 6의 값을 얻을 수 있었습니다.[8]

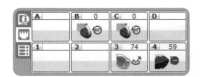

그림 5-26 밝은 표면을 인식했을 때의 컬러 센서값

만약 센서가 검은색 선과 흰색 바닥의 가운데에 걸쳐 있다면 센서값은 두 값(이 책에서는 6과 74)의 사이가 됩니

다. 그렇다면 로봇이 동작에 변화를 주기 위한, 즉 전진을 멈추기 위한 조건이 되는 기준 값은 어떻게 구해야 할까요? 검은색이 6이라고 해서 기준 값을 6으로 설정하면 센서가 검은색을 7이나 8로 인식했을 때는 로봇이 멈추지 못합니다.[9]

기준 값을 얻는 가장 쉽고 확실한 방법은 측정하고자 하는 두 값의 중간값, 즉 평균을 구하는 것입니다. 이렇게 하면 로봇은 좀 더 확실하게 변화된 조건을 인식할 수 있습니다. 센서가 완전히 검은색 선을 올라탈 때까지 기다릴 필요 없이, 조금이라도 검은색이 인식되면 멈추도록 하기 위해 여기에서는 흰색과 검은색의 값을 더한 후 2로 나눈 값을 기준 값으로 설정했습니다. 즉, 필자의 조건에서는 $(74 + 6) / 2 = 40$이 기준 값이 됩니다.[10] 절대 이 값을 그대로 입력하지 마십시오. 여러분이 로봇을 테스트하는 환경에 따라 이 값은 달라질 수 있으니 여러분이 직접 흰색과 검은색을 측정하고 계산한 값을 입력해야 합니다. 이제 완성된 프로그램의 모습은 그림 5-27과 같습니다.

1. LineFinder라는 새 프로그램을 만듭니다.
2. 조향모드 주행 블록을 추가하고 모드를 켜짐으로 선택합니다.
3. 파워값은 25로 설정합니다.
4. 대기 블록을 추가하고 모드를 컬러 센서 - 비교 - 반사광 강도로 선택합니다.
5. 비교 유형은 4번, 보다 작음으로 설정하고 경곗값에 여러분이 계산한 기준 값을 입력합니다.
6. 대기 블록 다음에 조향모드 주행 블록을 추가하고 모드를 꺼짐으로 선택합니다.

8 (옮긴이) 이 값은 테스트 환경에 따라 달라질 수 있습니다. 중요한 점은 밝은 바닥이 어두운 선보다 값이 크게 측정된다는 것입니다.

9 (옮긴이) 센서값을 측정할 때는 여러 번, 같은 색이라도 조건을 바꾸어 로봇을 조금씩 움직여 가며 측정하는 것이 좋습니다. 실제로 같은 색에 같은 거리라 할지라도 경우에 따라 ±5 이상의 차이가 발생할 수 있습니다.

10 (옮긴이) 단, 이 조건은 로봇이 혼란을 일으킬 수 있는 다른 색이 없어야 한다는 전제조건이 붙습니다. 흰색과 검은색을 구별하기 위해 가상의 기준 색상을 회색으로 정하고, 물체의 밝기를 회색과 비교하여 더 밝은지 어두운지 구분하라고 알려 주는 것이기 때문에 로봇의 센서가 실제로 회색을 인식하게 된다면 프로그램은 적절한 판단을 내리지 못하고 계획과 다르게 움직일 수 있습니다.

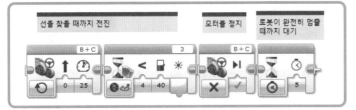

| 선을 찾을 때까지 전진 | 모터를 정지 | 로봇이 완전히 멈출 때까지 대기 |

그림 5-27 LineFinder 프로그램

7. 마지막으로 대기 블록을 추가하고 대기 시간을 5초로 설정합니다.

두 번째 조향모드 주행 블록과 대기 블록은 프로그램이 종료되기 전에 로봇이 완전히 정지하도록 해 주기 위한 것으로서, 로봇이 관성으로 선을 넘어가는 일이 발생하지 않도록 브레이크를 밟고 멈추는 역할을 합니다. 필요한 경우 첫 번째 대기 블록의 기준 값을 바꾸어 주며 테스트 해 볼 수 있습니다. 테스트에 성공한다면 첫 번째 주행 블록의 파워를 높여가며 테스트해 보는 것도 좋습니다.

도전과제 5-4

4장의 AroundTheBlock 프로그램은 로봇이 정사각형으로 움직이도록 하기 위해 전진과 회전 동작을 네 번 반복합니다. 여러분이 이 반복 횟수를 40번 정도까지 늘려 준다면 방향을 바꿀 때마다 발생하는 미세한 오차는 점점 누적될 것이고 결과적으로 로봇의 자세는 점점 더 크게 틀어질 것입니다. 이 문제를 해결하는 한 가지 방법은 AroundTheBlock 프로그램에 LineFinder 프로그램의 기능을 추가해 주는 것입니다.[11]

로봇을 선이 발견될 때까지 전진하고 방향을 전환하도록 프로그램을 수정해 봅시다. 흰색 바닥에 검은색 정사각형 구간을 설치하고 그 안에서 로봇의 프로그램을 실행시킵니다. 프로그램은 첫 번째 선이 보일 때까지 로봇을 전진시킨 다음, 방향을 전환시킵니다. 이제는 매번 '검은색 선을 볼 때까지'라는 좀 더 명확한 조건이 추가되었기 때문에 거리에만 의존하던 처음 방식보다 조금 더 정확한 움직임을 보일 것입니다.

도전과제 5-5

AroundTheBlock, LineFinder, IsItBlue 프로그램을 결합해 일련의 색상 띠를 인식하고 한 줄에서 다른 줄로 이동하는 방법을 알려 주는 간단한 경로 추적 프로그램을 만들어 봅시다. LineFinder 프로그램을 활용해 로봇이 선을 발견할 때까지 움직이게 하고, 스위치 블록을 써서 선의 색에 따라 로봇을 좌회전 또는 우회전 시킵니다. 로봇의 방향 전환은 조향모드 주행 블록의 조향값을 바꾸어 설정해 줍니다.

적외선 센서와 리모컨

그림 5-28은 적외선 센서와 적외선 리모컨의 모습입니다. 적외선 센서는 전방에 위치한 물체의 거리를 측정하는 기능과 함께, 리모컨의 거리와 방향을 측정하는 기능이 있습니다(적외선 센서와 리모컨은 일반 세트에만 포함되며 교구 세트를 쓸 경우 별도로 구매할 수 있습니다). 여러분이 교구 세트를 가지고 있더라도 거리 측정 기능은 초음파 센서를 활용해 충분히 대체할 수 있습니다.

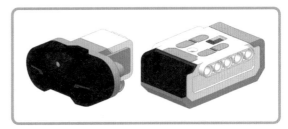

그림 5-28 적외선 센서와 적외선 리모컨

11 (옮긴이) 이러한 기법을 '센서를 활용한 보정'이라고 합니다.

근접감지 모드

근접감지(Proximity) 모드는 센서 전방에 위치한 물체를 감지하기 위해 사용합니다. 이 모드에서 적외선 센서는 전방으로 적외선을 발사하고 물체에 부딪혀 반사된 적외선의 강도를 측정해서 가장 가까운 물체까지의 거리를 대략적으로 측정합니다. 센서값은 0(근거리)에서 100(원거리 또는 물체 없음)까지로 측정되며 물체의 색상과 경도, 재질, 외형 등 여러 가지 요소에 의해 적외선 센서의 거리값은 다르게 측정될 수도 있습니다. 이를테면 테니스공과 같이 부드럽고 구형인 물체는 같은 거리의 단단하고 평평한 물체, 이를테면 책과 같은 물체보다 더 멀리 있는 것으로 오인식할 수 있습니다.[12]

그림 5-29 적외선 센서 - 비교 - 근접감지 모드로 설정된 대기 블록

그림 5-29는 적외선 센서 - 비교 - 근접감지 모드로 설정된 대기 블록입니다. 이 모드를 써서 특정 거리에 물체가 감지될 때까지 프로그램의 흐름을 대기시킬 수 있습니다. 변경 - 근접감지 모드의 경우 가장 근접한 물체의 거리가 정해진 조건만큼 바뀔 때(예를 들어 5cm 멀어지거나 5cm 가까워질 때)까지 흐름을 대기시킵니다.

비콘 방향 모드와 비콘 신호강도 모드

비콘 방향(Beacon Heading) 모드와 비콘 신호강도(Beacon Proximity) 모드에서 적외선 센서는 리모컨(비콘)의 방향 또는 거리를 알려 줍니다. 이 모드를 사용하기 위해서는 리모컨의 위 버튼(비콘 버튼)을 클릭해 리모컨이 비콘 모드로 동작하도록 합니다(그림 5-30 참조).

또한, 이 책에서 리모컨이 비콘 모드로 동작[13]할 때는 리모컨이라고 부르지 않고 비콘이라고 부르겠습니다.

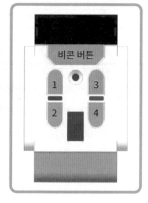

그림 5-30 EV3 적외선 리모컨(비콘), 위의 버튼이 리모컨 신호 지속 출력을 위한 비콘 버튼

그림 5-31은 적외선 센서 - 비교 - 비콘 방향 모드로 설정된 대기 블록입니다. EV3의 적외선 리모컨은 센서와 통신하기 위해 일반 적외선 리모컨과 조금 다른 신호를 사용하지만, 혹시나 가정에서 사용 중인 다른 적외선 리모컨 장치들(또는

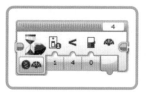

그림 5-31 적외선 센서 - 비교 - 비콘 방향 모드로 설정된 대기 블록

다른 EV3 리모컨)과 혼선이 발생할 경우 대응할 수 있도록 네 개의 채널이 제공됩니다. 로봇이 EV3의 리모컨 신호를 제대로 받지 못하거나, 혹은 다른 가정용 가전기기들이 오작동하는 경우 EV3 리모컨의 빨간색 슬라이드 스위치를 조절해 채널을 바꾸어 보기 바랍니다(중간의 빨간색 원형 구멍을 자세히 보면 빨간색 스위치의 위치에 따라 1번부터 4번까지 바뀌는 채널 번호를 볼 수 있습니다).

비콘 방향 모드에서 적외선 센서는 −25부터 25까지의 값이 인식됩니다. 값 0은 비콘이 센서의 정면에 위치함을 뜻합니다. 양수 값은 비콘이 로봇 오른쪽에, 음수 값은 왼쪽에 있음을 나타냅니다. (앞서 설명한 여러 가지 이유로 인해 적외선 센서는 정확한 값을 측정하지 못할 수도 있습니다.)

---

12 (옮긴이) 반사광을 측정하는 원리 덕분에 적외선 센서는 물체의 재질이 무엇이냐에도 영향을 받습니다. 반사도가 높은 검은색 판과 반사도가 낮은 검은색 털실로 짜인 카펫천은 같은 거리에서도 다른 값이 나올 수 있습니다. 검은색 판은 부딪힌 대부분의 적외선을 반사할 수 있지만, 카펫천은 많은 빛을 흡수하고 소량이 반사되기 때문입니다. 적외선 센서는 센서로 들어오는 적외선의 양을 측정해서 많은 빛이 들어온 것은 가까이에서 물체에 의해 반사가 이루어진 것이고, 적은 빛이 들어온 것은 먼 곳에서 그만큼 적외선이 산란되면서 조금만 센서로 돌아온 것으로 판단하기 때문입니다.

13 (옮긴이) 비콘 모드에서는 사용자가 버튼을 추가적으로 조작하지 않더라도 리모컨(비콘)이 신호를 지속적으로 출력합니다.

비콘 신호강도 모드에서는 센서와 비콘의 거리를 0(근거리)에서 100(원거리 또는 물체 없음)까지로 측정합니다. 반사되는 물체로부터의 측정이 아닌 비콘으로부터의 광량을 측정하는 방식이기는 하지만 이 역시도 방향이나 주변 환경에 영향을 받을 수 있음을 참고하기 바랍니다.

NOTE 적외선 센서와 적외선 리모컨(비콘) 사이에 사용되는 신호는 적외선, 즉 직진성을 갖고 투과성이 없는 빛입니다. 원활한 측정을 위해서는 적외선 센서와 리모컨(비콘) 사이의 직선 구간에 장애물이 없어야 합니다.[14]

🤖 도전과제 5-6

비콘 모드가 어떻게 동작하는지 알아보기 위하여 포트 보기를 사용해서 한 번에 하나씩 비콘의 방향과 신호 강도를 측정해 볼 수 있습니다. 센서 주변에서 센서 쪽으로, 그리고 반대쪽으로 비콘을 이동하며 값을 측정해 보기 바랍니다. 센서값은 비콘과 센서의 거리가 가까울수록 안정적이며(오차 범위가 작으며) 멀어질수록 불안정합니다.

원격 모드

원격 모드는 리모컨의 버튼을 사용해서 특정한 명령을 로봇에게 전달하고, 이를 통해 프로그램을 제어할 수 있는 기능입니다. 그림 5-32와 같은 버튼의 조합을 프로그램에서 인식할 수 있습니다.

EV3 리모컨의 버튼은 한 개씩 누르는 것과 두 개의 버튼을 동시에 누르는 것을 모두 처리할 수 있습니다. 맨 위의 비콘 버튼을 제외한, 나머지 네 개의 버튼은 각각 또는 다른 버튼과 2개의 조합으로 누를 수 있으며, 사용 가능한 조합은 그림 5-32에서 확인할 수 있습니다. 대기 블록에서 두 가지 이상의 조합을 체크하면, 블록은 해당되는 조합의 신호가 입력될 때까지 프로그램을 대기시킵니다(다

음 절에서 이 블록을 활용해 BumperBot을 제어해 볼 것입니다).

BumperBotWith Buttons 프로그램

이제 적외선 센서와 리모컨의 통신 기능을 BumperBot 프로그램에 추가함으로써 적외선 리모컨의 신호를 받아서 로봇이 동작하도록 만들어 보겠습니다(만약 교구 세트를 가지고 있는 경우, 적외선 리모컨이 없으므로 이번 실습을 건너뛰도록 합니다).

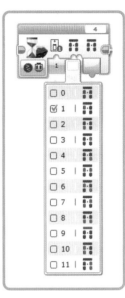

그림 5-32 적외선 센서 - 비교 - 원격 모드와 수신 가능한 신호의 조합 (빨간색이 리모컨의 눌린 버튼)

1. BumperBot 프로그램을 불러옵니다.
2. 시작 블록과 루프 블록 사이에 대기 블록을 추가합니다.
3. 대기 블록의 모드는 적외선 센서 - 비교 - 원격으로 합니다.

프로그램이 실행되면 트라이봇은 리모컨의 1번 버튼(왼쪽 위)이 눌릴 때까지 대기해야 합니다(그림 5-33 참조). 또한 로봇의 적외선 센서와 리모컨 사이에는 아무것도 없어야 합니다.

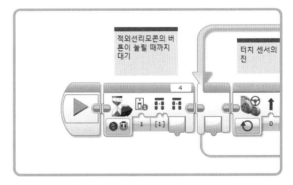

그림 5-33 리모컨의 버튼이 눌릴 때까지 대기

---

14 (옮긴이) 또한 태양광 아래 또는 강한 조명과 같은, 적외선이 많이 방사되는 환경에서는 센서가 오동작할 확률이 높습니다.

초음파 센서

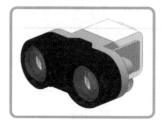

그림 5-34 초음파 센서

초음파 센서(그림 5-34)는 주파수가 높은 소리의 일종인 초음파를 활용한 센서로 기본적인 동작 형태는 적외선 센서와 비슷하게, 전방으로 초음파를 발사하고 물체에 부딪혀 돌아온 시간을 측정합니다. 초음파 센서는 교구 세트에만 포함되며 일반 세트를 가지고 있다면 이 실습 내용은 적외선 센서로 대체해서 실습할 수 있습니다.[15]

초음파 센서 역시 물체의 모양과 재질에 영향을 받을 수 있습니다. 표면이 매끈한 물체는 음파를 더 잘 반사하기 때문에 더 쉽게 감지되며, 곡선이 있거나 부드러운 물체는 음파를 다른 곳으로 반사하거나 흡수할 수 있어 제대로 인식하지 못하는 경우도 있기 때문에 프로그래밍하기 전에 미리 테스트하는 게 좋습니다.

거리(cm) 모드와 거리(in) 모드

초음파 센서는 측정한 값을 센티미터 또는 인치로 확인할 수 있습니다.[16] 두 모드는 거리 값에 대한 단위만 다르고 모든 면에서 동일합니다.

그림 5-35 초음파 센서 - 비교 - 거리 (cm) 모드로 설정된 대기 블록

그림 5-35는 초음파 센서 - 비교 - 거리(cm) 모드로 설정된 대기 블록입니다.

함수 블록의 각 구성 항목은 컬러 센서나 적외선 센서와 개념적으로 동일합니다. 이제 초음파 센서를 활용해 DoorChime 프로그램을 만들어 봅시다.

존재 유무 감지/듣기 감지

초음파 센서는 존재 유무 감지/듣기 감지 모드를 사용해 다른 초음파 센서를 감지할 수 있습니다. 이는 여러 로봇이 동시에 동작하는 상황에서 유용하게 쓸 수 있습니다. 이 모드로 설정할 경우 대기 블록은 다른 옵션을 설정할 필요가 없으며, 블록은 다른 초음파 센서를 감지할 때까지 대기합니다(그림 5-36 참조).

그림 5-36 대기 블록을 초음파 센서 - 비교 - 존재 유무 감지/듣기 감지 모드로 설정한 모습

DoorChime(초인종) 프로그램

이제 우리는 간단한 자동 초인종 로봇을 만들어 볼 것입니다. 트라이봇에 초음파 또는 적외선 거리 감지 센서를 장착하고, 로봇의 센서가 출입문의 한쪽 면에서 다른 쪽 벽을 향하도록 배치합니다(그림 5-37 참조). 누군가가 문을 지나갈 때 센서값이 변화하며 로봇은 소리를 냅니다. DoorChime 프로그램의 주요 부분을 루프로 묶어 여러 사람이 지나가는 것을 지속적으로 감지하도록 해 봅시다.[17]

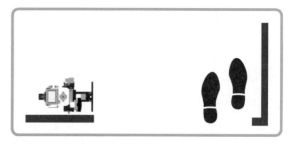

그림 5-37 트라이봇을 출입문에 배치

---

15 (옮긴이) 초음파 센서가 적외선 센서와 다른 점은 적외선 센서보다 정밀하고 거리가 cm 단위로 측정된다는 점입니다. 이 센서는 개념적으로 수중 음파탐지기나 레이더 장치 또는 동물 중 박쥐와 약간 비슷하다고 말할 수 있습니다.

16 (옮긴이) 센티미터는 우리가 사용하는 미터법 단위이며, 인치는 미국 단위계에서 쓰이는 야드파운드법의 길이 단위로, 1cm는 대략 0.39인치이고, 1인치는 대략 2.54cm입니다.

17 (옮긴이) 지하철 역사 등에 설치된 자동 동작 에스컬레이터의 경우, DoorChime 예제와 같이 기둥에 센서가 설치되고 사람이 기둥 사이를 지나갈 때 감지하여 에스컬레이터가 동작합니다.

사람 감지하기

이 프로그램은 초음파 또는 적외선 센서를 사용해서 로봇이 길목을 지키며 지나가는 사람을 감지하는 것이 목적입니다. 두 센서 모두 거리를 감지할 수 있기 때문입니다. 프로그램을 시작하기 위해, 먼저 사람이 없는 상태에서의 출입문 너비를 측정해야 합니다. 또한 기준 값을 설정하기 위해서는 사람이 센서를 통과할 경우, 로봇과 사람 사이의 거리 역시 센서로 측정해야 합니다. 먼저 포트 보기 기능을 활용해 센서값을 측정하고 기록하세요. 기록이 완료되면 다음 과정에 따라 프로그램을 만들어 봅시다. (필자의 경우 문의 너비는 80cm 정도, 적외선 센서의 거리 감지는 약 60 정도였으며) 사람들이 문을 통과할 때 로봇 반대쪽의 벽보다 가까운 사람의 몸이 인식되어 적외선 센서값 55 이하, 초음파 센서값 75cm 이하의 값으로 사람을 감지할 수 있었습니다.

1. 새 프로그램을 만들어 DoorChime이라는 이름으로 저장합니다.
2. 프로그램에 루프 블록을 추가합니다. 종료할 때까지 반복해야 하기 때문에 루프 블록의 설정은 따로 바꾸지 않고 '켜짐'으로 둡니다.
3. 루프 블록 안에 대기 블록을 추가합니다.
4. 대기 블록의 모드는 사용하는 센서(초음파 또는 적외선)에 따라 **초음파 - 비교 - 거리(cm)** 또는 **적외선 - 비교 - 근접감지** 모드로 설정합니다.
5. 기준 값을 여러분의 문에 적절한 값으로 설정합니다.

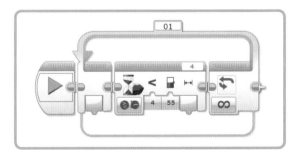

그림 5-38 적외선 센서를 활용한 출입문 감시 프로그램

그림 5-38은 적외선 센서를 사용하는 예제의 모습입니다.

초인종 소리 내기

사람이 지나가는 것을 감지하고 간단한 멜로디를 내기 위해, 두 개의 사운드 블록을 사용해 간단한 연주를 할 것입니다. 사운드 블록의 모드를 단일 음 재생으로 설정하고 음계와 시간 등을 적절하게 설정합니다. 멜로디를 적절히 바꾸어 입력하는 것도 좋습니다(딩동 또는 딩동댕 등).

6. 사운드 블록을 루프 안에 추가합니다.
7. 사운드 블록의 모드를 단일 음 재생으로 설정합니다.
8. 음계 아래(그림 5-39의 A4라고 적힌 부분)를 클릭해 건반을 보며 적절한 음을 선택하고 길이와 음량 등의 설정을 조절해 줍니다.
9. 두 번째 사운드 블록을 루프 안에 추가합니다.
10. 8번의 작업을 반복하며 음계만 바꾸어 줍니다.

그림 5-39는 프로그램에 추가된 두 개의 사운드 블록을 보여 줍니다. 프로그램을 다운로드해서 테스트해 보고 여러 가지 상황에서 문을 통과하는 사람을 가장 잘 인식할 수 있는 값을 찾아봅시다. 또한 사운드 블록도 다양한 음으로 바꾸어 개성 있는 초인종 소리를 설정해 보기 바랍니다.

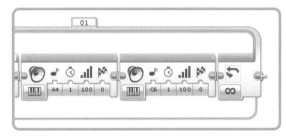

그림 5-39 초인종 벨소리 연주

소리 멈추기

지금까지 만들어진 프로그램은 사람이 출입구를 통과할 때 초인종 소리를 냅니다. 그러나 이 프로그램은 한 가지 문제점이 있습니다. 사람이 출입구에서 사라질 때까지 계

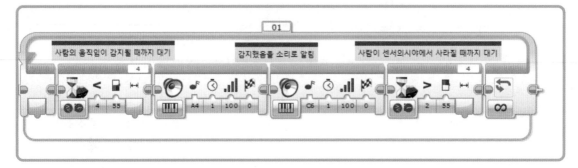

그림 5-40 적외선 센서를 사용해서 완성된 DoorChime 프로그램

속 소리가 울린다는 것입니다. 만약 누군가 문 사이에 가만히 서 있다면, 이 프로그램은 모두의 귀를 아프게 하고 짜증나게 만들 것입니다. 사람이 들어올 때 초인종이 울리지만, 한 번 울리고 나서 사람이 사라질 때까지 울리지 않도록 개선할 수 있는 방법은 없을까요?

이 문제를 해결하기 위한 방법은 의외로 간단합니다. 두 개의 사운드 블록 뒤에 새로운 대기 블록을 추가하는 것입니다. 추가된 대기 블록은 사람이 출입구를 벗어날 때까지 프로그램의 흐름을 일시적으로 대기시킵니다. 초음파 또는 적외선 센서가 사람이 사라졌다고 인식할 때까지(센서가 사람이 있다고 판단하는 기준이 되는 경곗값보다 더 큰 값을 인식할 때까지) 대기하도록 하는 기능을 추가해 봅시다.

11. 루프 블록 안의 사운드 블록 옆으로 대기 블록을 추가합니다.

12. 여러분이 사용 중인 센서에 따라 대기 블록의 모드를 설정합니다. 모드는 비교를 사용합니다.

13. 기준 값은 첫 번째 대기 블록에 사용한 값보다 큰 값을 넣어 줍니다.

14. 비교 유형은 2번, 보다 큼으로 설정합니다.

그림 5-40은 적외선 센서를 사용한 프로그램의 모습입니다. 출입구를 사람이 통과할 때 여러분이 예상한 대로 움직이는지 확인하고, 여러 사람이 출입구를 통과할 때에도 문제가 없는지 다양한 실험을 해 보기 바랍니다.

자이로 센서

그림 5-41 자이로 센서

그림 5-41은 자이로 센서의 모습입니다. 이 센서는 교구 세트에만 포함되어 있으며, 회전하는 동작(기울기 등)을 측정합니다.[18] 센서 몸체에 표시된 빨간색 화살표가 나타내는 방향으로의 움직임을 감지할 수 있습니다. 센서는 초당 각도(얼마나 빠르게 회전하고 있는지)를 측정할 수 있기 때문에, 프로그램을 사용해서 각도상으로 얼마나 많이 움직였는지를 예측할 수도 있습니다.

자이로 센서는 한 개 면(평면)에서의 동작을 측정하기 때문에 적절하게 설치해야, 즉 엉뚱한 방향이 아닌 측정할 움직임에 맞는 방향으로 설치되어야 합니다. 예를 들어 그림 5-42와 같이 설치된 경우, 트라이봇의 몸체가 좌우로 회전하는 것은 측정할 수 있지만 기울어지거나 넘어지는 상태는 측정할 수 없습니다.[19]

각속도 모드[20]

각속도 모드에서 자이로 센서는 초당 각도 단위로 회전속도를 측정합니다. 이 기능을 활용하면 로봇이 정해진 속

18 (옮긴이) 사람의 기관과 비교하자면, 어지러움을 느끼고 자세를 감지하는 전정기관과 유사합니다.
19 (옮긴이) 서드파티 업체에서는 마인드스톰용으로 3축의 기울기를 측정하는 가속도 센서도 별도로 판매하고 있습니다.
20 (옮긴이) EV3 소프트웨어에서는 '샘플링 속도 모드'라고 표시됩니다. 영어로는 Rate mode입니다.

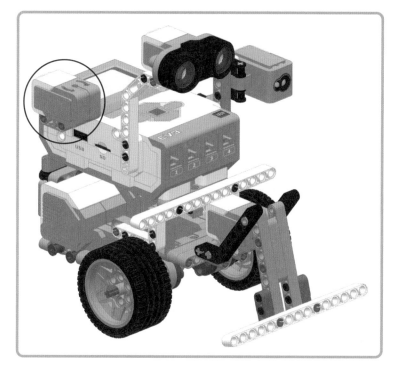

그림 5-42 자이로 센서가 장착된 트라이봇

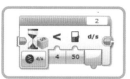

그림 5-43 자이로 센서 - 비교 - 각속도 모드로 설정된 대기 블록

도로 방향 전환을 하도록 만들 수 있습니다. 그림 5-43은 자이로 센서 - 비교 - 각속도 모드로 설정된 대기 블록입니다. 자이로 센서는 시계 방향의 회전에 대해서는 양수 값, 반시계 방향에 대해서는 음수 값이 출력됩니다.

센서를 사용해서 측정한 각도 변화를 통해 로봇의 자세(넘어지거나 비탈길에 진입하는 등)를 감지할 수 있습니다. 로봇이 장애물 코스나 미로를 통과하는 동안 로봇의 경로 변화를 기록할 수도 있습니다. 측정된 결과를 분석하면 로봇이 실제로 움직인 경로를 분석할 수도 있습니다.

각도 모드

그림 5-44는 자이로 센서 - 비교 - 각도 모드입니다. 이 모

드에서는 센서가 마지막으로 초기화된 상태를 기준으로 움직인 축의 회전각을 읽습니다. 역시 시계 방향의 회전에 대해 양수, 반시계 방향에 음수의 값이 출력됩니다.

변경 모드를 사용할 경우 시작점과 관계없이 로봇이 90도 회전을 하는 등의 각도에 의존하는 작업을 수행할 수 있습니다. 특히 미로의 모서리를 통과하는 등의 경우에 유용하게 활용될 수 있습니다.

그림 5-44 자이로 센서 - 비교 - 각도 모드로 설정된 대기 블록

NOTE 자이로 센서는 각속도를 측정하고, 각속도와 소요된 시간을 통해 각도를 측정합니다. 센서가 너무 빨리 움직일 경우 측정 과정에 오차가 발생할 수 있으며, 이동 시간 역시 각도 측정에 영향을 줄 수 있습니다.[21] 값을 측정하기 전에 센서를 보정하기 위한 약간의 시간(수

21 (옮긴이) 같은 각도로 회전해도 빨리 회전할 때와 천천히 회전할 때 결과가 다를 수 있습니다.

초)이 필요할 수 있습니다(로봇이 멈춘 상태에서 센서를 뺐다가 몇 초간 기다린 후 끼우는 것이 좋습니다).

자이로 센서 초기화

프로그램이 시작되면 자이로 센서의 각도 값은 자동으로 0으로 초기화됩니다. 중간에 임의로 초기화하기 위해서는 그림 5-45와 같이 센서 팔레트에서 자이로 센서 블록을 꺼내어 초기화 모드로 설정해 줍니다.

그림 5-45 자이로 센서의 초기화

GyroTurn(자이로 회전) 프로그램

자이로 센서는 트라이봇이 정확한 방향으로 회전하도록 자세를 제어하는 데 유용합니다.

GyroTurn 프로그램의 목표는 자이로 센서를 사용해서 로봇이 90도를 회전하고 멈출 수 있도록 모터를 제어하는 것입니다. 프로그램은 다음과 같습니다.

1. 새 프로그램을 만들어 GyroTurn이라는 이름으로 저장합니다.
2. 조향모드 주행 블록을 추가합니다.
3. 모드는 켜짐, 파워는 30으로 설정합니다.
4. 조향을 25로 설정해 줍니다.
5. 대기 블록을 추가합니다. 모드를 자이로 센서 - 변경 - 각도로 설정합니다.
6. 자이로 센서의 경곗값은 90으로 설정합니다.

7. 조향모드 주행 블록을 추가하고 모드는 꺼짐으로 설정합니다.
8. 프로그램에 대기 블록을 추가하고 시간을 5초로 설정합니다.

그림 5-46은 전체 프로그램의 모습입니다. 첫 번째 대기 블록은 자이로 센서의 각도 측정값이 90도가 될 때까지 대기합니다. 두 번째 대기 블록은 로봇의 동작이 멈추고 프로그램이 끝나기 전 약간의 지연 시간을 주는 목적입니다. 일반적으로 5초 정도면 움직이다 정지한 로봇의 관성에 의한 움직임도 완전히 멈추게 되는 데 충분한 시간입니다(1초 정도로 짧게 지정할 경우 정지 후 관성에 의해 조금 더 움직일 수 있어 필자는 충분히 멈출 수 있도록 시간을 길게 잡았습니다).

프로그램을 실행하고 포트 보기를 통해 최종적으로 로봇이 방향을 바꾼 각도가 90도에 근접했는지 확인합니다. 조향모드 주행 블록의 파워가 30 정도면 이 프로그램은 상당히 신뢰할 만한 움직임을 보일 것입니다. 필자의 테스트 조건에서는 1도 정도의 오차 범위 이내로 회전했습니다. 이제 파워값을 50, 70, 90과 같이 조금씩 증가시켜 실험해 봅시다. 로봇이 빨리 움직일수록 정확도가 떨어지고 자세도 많이 흐트러질 것입니다. 이 문제는 프로그램이 측정한 센서값과 설정된 경곗값을 비교하고 모터를 멈추도록 할 때까지의 관성(모터 속도)에 영향을 받기 때문입니다. 여러 가지 해결 방법이 있겠지만 한번에 90도를 측정하지 않고 여러 단계에 걸쳐 조금씩 각도를 측정하는 방법으로 문제를 해결할 수도 있습니다. 이 기법에 대해

그림 5-46 GyroTurn 프로그램

서는 EV3 프로그래밍에 대해 조금 더 익숙해진 후, 13장에서 심도 있게 다루어 볼 것입니다.

모터 회전 센서

각각의 EV3 모터들은 모터의 회전각을 측정하기 위한 모터 회전 센서가 내장되어 있습니다. 이 센서를 이용하면 로봇이 움직이는 거리와 입력된 파워를 알 수 있습니다.

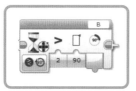

그림 5-47 모터 회전 - 비교 - 각도 모드로 설정된 대기 블록

이 값을 활용해 조향모드 및 탱크모드 주행 블록을 테스트하거나 모터의 회전축이 외부로부터 받는 힘(풍차나 물레방아 같은 구조물)을 측정할 수 있습니다. 그림 5-47은 대기 블록을 모터 회전 - 비교 - 각도 모드로 설정한 모습입니다.

물리적인 한계를 가진 다른 센서들(거리 제한이나 정해진 색상)과 달리 모터는 무한하게 한 방향으로 회전하며 값이 증가하거나 감소할 수 있기 때문에 모터 회전 블록은 초기화 모드를 사용해서 값을 언제라도 초기화시킬 수 있습니다. 그림 5-48은 모터 회전 블록을 초기화 모드로 설정한 모습입니다(모터 회전 블록

그림 5-48 회전 센서의 각도를 0으로 초기화

은 흔히, 값을 읽기 위해서 또는 초기화하기 위해서 사용하게 됩니다).

😊 도전과제 5-7

AroundTheBlock 프로그램에 GyroTurn 프로그램을 적용해 봅시다. 사각형의 경로를 주행하는 AroundTheBlock의 꼭짓점 부분의 프로그램을 시간이 아닌 자이로 센서값을 측정해 구동되도록 합니다. 로봇의 구동 속도와 구동하는 바닥의 재질을 바꾸어 가며 테스트해 보기 바랍니다. 자이로 센서를 쓸 경우

> 시간으로 제어할 때에 비해 주변 환경이 바뀌더라도 자세의 안정성이 향상됨을 확인할 수 있습니다.

BumperBot2 프로그램

앞서 만들어 본 BumperBot 프로그램에서는 조향모드 주행 블록의 목표 각도를 −300도로 설정해서 장애물을 인식하면 후진하고 방향을 전환하도록 했습니다. 이 로봇은 전방에 장애물을 인식하면 뒤에 무엇이 있든 배려심 없이 후진할 것입니다. 로봇이 조금 더 친절하게, 이를테면 실제 차량이 후진할 때 사람들에게 경고음을 내듯, 로봇에 경고음을 알려 주는 기능을 추가해 보면 어떨까요?

이미 초인종 테스트를 통해 로봇이 사운드 블록으로 경고음을 낼 수 있다는 것을 알 것입니다. 문제는 로봇이 후진하는 동안 경고음이 출력되어야 하고, 경고음의 출력 자체가 후진 거리에 영향을 주어서도 안 된다는 것입니다.[22] 이 문제를 해결하기 위해서 로봇에 후진 명령을 전달한 다음 루프 기능으로 회전 센서의 회전 각도가 300도가 될 때까지 지속적으로 검사를 수행하도록 할 수 있습니다. 경고음을 내기 위한 사운드 블록은 루프 블록 안에 넣어 줍니다. BumperBot 프로그램을 BumperBot2라는 이름으로 새로 저장하고 기능을 추가해 봅시다. 다음 설명에서 단순한 후진 기능(그림 5-49, 동그라미 부분 참조)을 회전 센서를 활용하는 기능으로 대체해서, 회전 센서를 초기화하고 후진하면서 회전각이 −300도보다 작을 동안 경고음을 출력하도록 만들 것입니다.

1. 그림 5-49의 프로그램에서 동그라미 표시된 조향모드 주행 블록 앞에 모터 회전 블록을 추가합니다.
2. 모터 회전 블록의 포트는 B로, 모드는 초기화로 설정합니다.

22 (옮긴이) 사운드 출력은 그 자체로 시간 지연 효과를 가질 수 있습니다. 소리의 출력이 끝나고 다음 블록이 실행되도록 설정하면 이 블록은 소리의 길이만큼 대기하는, 시간 대기 블록과 동일하다고 볼 수 있습니다.

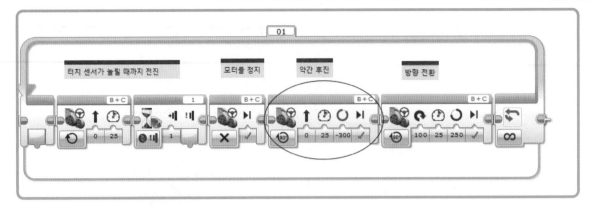

그림 5-49 약간의 후진에 사용된 조향모드 주행 블록

3. 그림 5-49의 동그라미 표시된 주행 블록의 모드를 켜짐으로 바꾸고 파워값은 −15로 설정합니다. 로봇은 천천히 후진을 할 것입니다.

기존의 조향모드 주행 블록은 25의 파워로 −300도만큼의 명령을 주었기 때문에 결과적으로 회전량이 음수 값이었으나 단순히 **켜짐** 모드로 설정할 경우 목표 각도가 음수가 아니기 때문에 파워값을 음수로 설정해 주어야 결과가 동일하게 음수(후진)로 적용됩니다. 이렇게 수정된 부분은 그림 5-50과 같습니다.

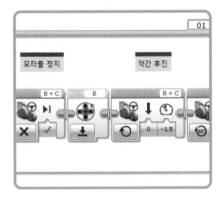

그림 5-50 회전 센서의 초기화와 더욱 속도를 낮춘 후진

4. **켜짐**으로 설정된 조향모드 주행 블록의 오른쪽에 루프 블록을 추가합니다.

5. 루프 블록의 모드를 모터 회전 - 비교 - 도로 설정합니다.

6. 비교 유형은 보다 작음, 경곗값은 −300으로 설정합니다.

7. 사운드 블록을 루프 블록 안에 넣고 모드는 톤 재생으로 설정합니다.

8. 사운드 블록의 수행 시간을 0.5로 설정합니다.

9. 루프 블록 안의 사운드 블록 오른쪽에 대기 블록을 추가합니다. 0.25초의 대기는 경고음과 경고음이 연속되지 않고 잠깐씩 끊기도록(삐이이이~가 아닌 삐삐삐) 합니다.

완성된 루프 부분은 그림 5-51과 같은 형태가 됩니다. 프로그램을 실행해 보면 트라이봇이 장애물을 인식하고 후진하는 동안 경고음이 울릴 것입니다. 이 프로그램은 소리를 내고 0.25초를 기다린 후 회전 센서를 검사하기 때문에 루프에 정해진 조건인 −300도를 넘겨서 멈출 것입니다. 물론 우리의 테스트 조건에서는 로봇이 뒤로 후진하는 거리가 −300도보다 더 길다고 해서 문제가 되지는 않습니다(후진을 하는 동안 무언가에 부딪히지 않도록 경고음을 내며 적당히 후진하는 것이 목표입니다). 원한다면 사운드 블록의 설정을 조절해 경고음을 마음에 들도록 바꾸어도 무방합니다.

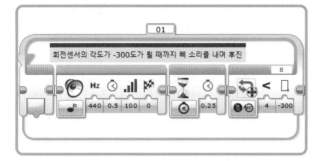

그림 5-51 후진하는 동안 경고음 내기

추가적인 탐구

다음은 센서를 응용하기에 적절한 몇 가지 추가 과제입니다.

1. 포트 보기를 사용해서 센서의 각 모드에서 측정되는 센서값을 확인하십시오.
   a. 컬러 센서와 잘 맞는 색상과 재질을 찾아봅시다.
   b. 물체의 재질이 초음파 센서와 적외선 센서에 미치는 영향을 조금 더 다양하게 테스트해 봅시다. 테니스공과 야구공은 어떨까요? 또한 거리가 센서값의 신뢰성에 어떤 영향을 미칠까요?
   c. 매우 빨리 회전하는 조건에서는 자이로 센서가 어떻게 반응할까요? 자이로 센서가 측정하는 회전축과는 다른 축방향으로 트라이봇이 기울어지는 상태에서는 어떨까요?
   d. 물체의 색상은 컬러 센서의 반사광 강도 모드에 어떤 영향을 미칠까요? 물체로부터의 거리는 어떤 영향을 주는지, 어느 정도 거리까지가 반사광 강도를 측정하기에 적절한 범위인지 테스트해 봅시다. 이 결과를 토대로 길 따라가기 프로그램을 만들 경우 적절한 바닥과 선의 색 및 센서를 배치하기에 적절한 높이와 위치에 대해서도 생각해 봅시다.
2. 적외선 리모컨의 버튼을 사용해서 리프트 암을 움직여 봅시다. 버튼이 눌릴 때까지 대기하고, 버튼이 눌리면 팔을 움직인 뒤 멈추는 프로그램을 만들어 봅시다. 팔이 움직이는 것을 여러분이 눈으로 확인하고 리모컨으로 멈출 수 있도록, 팔의 동작 속도를 충분히 낮추고 누르는 버튼에 따라 팔을 위 또는 아래로 움직일 수 있도록 스위치 블록을 활용해 봅시다.
3. 적외선 또는 초음파 센서를 활용해서 동작 감지기를 만들어 봅시다. 대기 블록을 변경 모드로 설정해서 무언가가 센서를 향하거나 사라질 때를 감지할 수 있습니다. 물론 침입자를 감지했을 때 무엇을 할지 또한 여러분이 정해야 합니다(경고음 출력이나 모터를 이용한 공격).

마무리

EV3의 센서는 여러분이 만든 레고 로봇이 주변 세계와 상호작용을 할 수 있도록 도와줍니다. 서로 다른 센서(컬러, 터치, 초음파, 적외선, 자이로 그리고 모터 회전 센서)를 활용하면 로봇이 다양한 조건을 인식할 수 있으며, 이를 통해 로봇이 여러 가지 재미있는 반응을 하도록 만들어 볼 수 있습니다. 이번 장에서는 간단한 초인종부터 좀 더 복잡한 범퍼봇 응용 프로그램을 통해 대기, 루프, 그리고 스위치 블록을 활용하고 센서의 다양한 모드를 사용하는 방법을 배워 보았습니다.

6

프로그램의 흐름

프로그램의 흐름이란 프로그램의 각 구성 요소인 함수들이 실행되는 순서를 제어하는 것을 뜻합니다. 일반적으로 프로그래밍 블록은 왼쪽에서 오른쪽으로 순차적으로 실행되지만, 흐름 제어 블록을 사용하면 프로그램의 흐름을 인위적으로 제어할 수 있습니다. EV3 소프트웨어에서는 대기, 루프, 스위치라는 세 가지 흐름 제어 블록이 제공됩니다.

　여러분은 앞 장을 통해서 대기 블록이 어떠한 방식으로 동작하는지 살펴보았습니다. 이번 장에서는 스위치와 루프 블록에 대해 좀 더 자세히 살펴볼 것입니다. 또한 루프 블록을 제어하기 위해 쓸 수 있는 루프 인터럽트 블록도 활용해 보겠습니다.

NOTE 스위치와 루프 블록에는 데이터 와이어 기능과 함께 사용되는 몇 가지 고급 기능이 탑재되어 있습니다(9장과 10장에서 다루게 됩니다).

스위치 블록

스위치 블록(그림 6-1)은 프로그램이 실행할 블록을 결정하도록 합니다. 이 유형은 프로그램의 흐름을 특정한 조건의 만족 여부에 따라 선택적으로 바꿀 수 있습니다. 스위치 블록은 기본적으로 주어진 조건에 따라 두 가지 이상의 케이스로 구분되는 구조입니다. 조건을 검사하기

위해 로봇은 센서값을 확인하고 프로그래머가 입력한 값과 비교한 뒤 적절한 케이스를 선택하는 과정을 통해 센서에 반응합니다. 예를 들어 92쪽의 RedOrBlue(색상 감지) 프로그램은 컬러 센서가 읽은 색상 값을 통해 실행할 사운드 블록을 결정합니다.

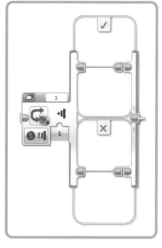

그림 6-1 스위치 블록

조건 설정

스위치 블록에서 조건을 설정하려면 먼저 모드 선택에서 원하는 조건(센서, 또는 기타 조건)을 선택합니다. 그 다음 경곗값과 센서 포트 등의 추가 설정값을 입력합니다.

　모드는 간단히 설명하자면 일종의 객관식 문제입니다. 그림 6-1의 스위치 블록은 '터치 센서가 눌렸습니까?'라는 질문을 로봇에게 합니다. 연속된 시간 중 어느 한 순간, 즉 스위치 블록이 실행된 시점에서의 터치 센서 상태는 오로지 두 개의 답, 즉 '눌렸다'와 '눌리지 않았다'만 있습니다. '눌렸다'일 경우 스위치 블록의 위쪽(참, ✓), '눌리

지 않았다'일 경우 아래쪽(거짓, ✖)을 실행하게 됩니다.

질문에 대한 보기는 두 가지로 고정되는 것은 아닙니다. 경우에 따라 여러 개의 보기 중 하나를 고를 수도 있습니다(OX, 4지선다, 5지선다를 생각하십시오. 단 프로그램의 흐름에서 답은 하나입니다). 예를 들어, '컬러 센서가 감지한 색상은 무엇입니까?'라는 질문에는 8가지의 보기가 들어갈 수 있습니다. 컬러 센서가 8가지 상황(감지할 수 있는 7가지의 색상과 판단 불가 조건)을 감지할 수 있기 때문입니다. 따라서 이 경우에는 컬러 센서의 스위치 블록이 8개의 케이스를 가질 수 있습니다.

블록 크기 자동 조정

스위치 블록이나 루프 블록과 같은, 다른 블록을 포함해야 하는 블록의 경우 여러분이 선택한 블록을 삽입할 때 자동으로 크기가 조정됩니다. 물론 여러분이 주석 삽입 등의 이유로 공간이 더 필요하다면 루프 블록이나 스위치 블록의 케이스 테두리를 클릭해서 그림 6-2와 같이 윈도 크기 조절 표시가 나온 상태에서 8방향으로 마우스 커서를 클릭 후 잡아끌어서 크기를 조절할 수 있습니다.

또한 스위치 블록의 경우 탭 뷰로 전환 기능을 통해(빨간색 원 표시) 늘어놓은 케이스들을 겹쳐서 한 개만 보이도록 수정할 수도 있습니다.

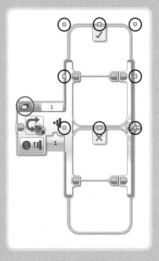

그림 6-2 케이스의 크기 조절과 탭 뷰

LineFollower(길 따라가기) 프로그램

LineFollower 프로그램은 스위치 기능을 활용해 로봇이 흑백의 길을 따라가도록 합니다. 트라이봇에 장착한 컬러 센서를 사용해서 인식한 바닥의 반사광 값에 따라 조향값을 조정해서 선의 경계를 따라갈 수 있습니다.

이 프로그램의 경우, 트라이봇의 전면에 터치 센서 범퍼 대신 바닥을 향하도록 컬러 센서를 장착해야 합니다(그림 6-3 참조).

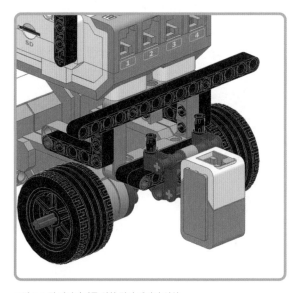

그림 6-3 길 따라가기를 위한 컬러 센서의 설치

또한 이 프로그램을 테스트하기 위해서는 검은색 선이 그려진 흰색 바닥이 필요합니다. 흰색 바닥과 검은색 전기 테이프 또는 흰색 종이나 우드락 같은 판과 검은색 유성펜 등을 활용할 수 있습니다. 지금 단계에서는 길의 모양은 적절하게 닫힌 폐곡선으로 충분합니다(그림 6-4 참조). 단, 로봇이 선을 충분히 인식할 수 있도록 선의 두께는 최소한 3cm, 그리고 선의 색은 바닥의 색과 확연하게 명암이 구분되는 색이어야 합니다(흰색 바닥에 연회색 선과 같은 조합은 적절하지 않습니다).

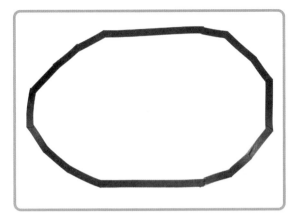

그림 6-4 흰색 판에 전기테이프로 만든 전형적인 길 따라가기 테스트 트랙

NOTE 이 프로그램은 부드러운 방향 전환 기능과 함께 사용하는 것이 좋습니다. 그리고 기초 단계의 프로그램에서는 코너를 너무 예리하지 않게, 완만하게 구성하는 것이 좋습니다(여러분의 로봇은 아직 F1 레이싱 선수가 아닙니다). 19장에서 실습할 최종 버전의 프로그램은 좀 더 능숙하게 예리한 코너를 주행할 수 있게 되겠지만, 아직은 초보 선수라 생각하고 트랙을 간단하게 구성하는 것을 권장합니다.

기본 프로그램

이 프로그램은 컬러 센서의 위치를 선과 바닥의 경계에 유지하는 것이 핵심입니다(그림 6-5 참조, 센서의 측정점인 빨간 원 부분이 선의 중앙이 아닌 선의 왼쪽 경계를 보고 있음). 반사광 강도 모드를 선택하면 센서는 전면에서 얼마나 많은 빛이 반사되는지를 인식합니다. 센서가 흰색 바닥에 위치할 경우 흰색의 특성인 빛을 반사하는 속성 때문에 센서는 큰 반사광 값을 인식합니다. 반대로 검은색 선에 위치할 경우 검은색의 특성인 빛을 흡수하는 속성 때문에 센서는 작은 반사광 값을 인식합니다. 따라서 센서가 선의 경계에 위치할 경우 센서가 선을 많이 보고 있는지, 혹은 바닥을 많이 보고 있는지에 따라 센서값은 연속적으로 감소 또는 증가하게 됩니다. 로봇이 움직이기 시작하면서 센서값을 측정하고 값이 증가하면 선으로부터 멀어지는(흰색만 보이는) 상황이라고 판단하고 오른쪽으로 조향해서 선을 향하고, 값이 감소하면 선 위를 지나고 있다고 판단하고 선의 경계 위치를 유지하기 위해 왼쪽(선 바깥쪽)을 향하도록 합니다.

이 프로그램은 스위치 블록을 사용해서 두 개의 케이스 중 하나를 선택하고, 각 케이스는 조향모드 주행 블록을 써서 로봇을 좌회전 또는 우회전하도록 합니다. 그림 6-6은 완성된 프로그램의 모습입니다. 전체 프로그램은 루프 블록으로 감싸져 있으며 여러분이 프로그램을 종료시킬 때까지 센서를 읽고 좌회전 또는 우회전하는 동작을 반복합니다. 스위치 블록이 컬러 센서를 읽고 경곗값

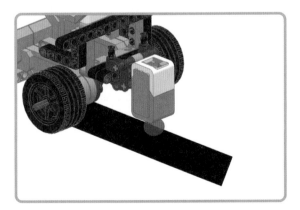

그림 6-5 컬러 센서가 선의 경계를 읽는 모습

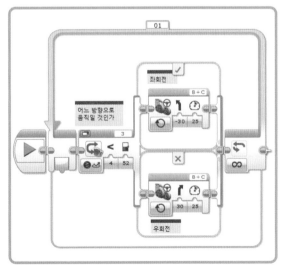

그림 6-6 LineFollower 프로그램

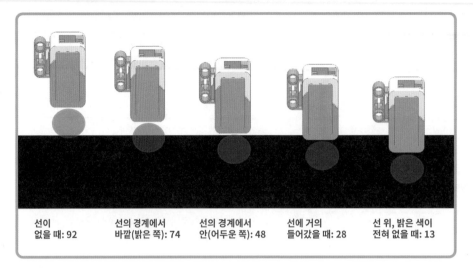

선이 없을 때: 92	선의 경계에서 바깥(밝은 쪽): 74	선의 경계에서 안(어두운 쪽): 48	선에 거의 들어갔을 때: 28	선 위, 밝은 색이 전혀 없을 때: 13

그림 6-7 컬러 센서의 서로 다른 위치에 따른 센서값

과 현재 값을 비교한 후 프로그램은 위쪽 케이스(경곗값 52보다 작다-검은색 선 위쪽-좌회전), 또는 아래쪽 케이스 (52보다 작지 않다-흰색 바닥-우회전)를 수행합니다.

이제 프로그램을 만들어 봅시다.

1. 새 프로젝트를 만들어 Chapter6으로 저장합니다.
2. 새 프로그램을 만들어 LineFollower라는 이름으로 저 장합니다.
3. 루프 블록을 추가합니다.
4. 스위치 블록을 루프 블록 안에 놓습니다(루프 블록의 크기가 자동 변경됩니다).
5. 스위치 블록의 각 케이스에 조향모드 주행 블록을 추 가합니다.
6. 스위치 블록의 모드를 컬러 센서 - 비교 - 반사광 모드로 설정합니다.

이제 각 블록의 세부 설정값을 적절하게 입력해 줍니다.[1]

컬러 센서의 경곗값 선택

스위치 블록에 사용할 경곗값을 설정해 봅시다. 트라이 봇이 선의 가장자리를 따라가도록 만들기 위해서는 컬 러 센서가 선의 가장자리를 인식할 때의 값을 알아야 합 니다. 그림 6-7은 트라이봇의 센서 위치가 바뀔 때마다 인 식하는 값을 가정한 모습입니다. 5개의 위치는 선 밖에 서부터 선 위까지로, 각각에 따라 순차적으로 바뀌는 센 서값을 볼 수 있습니다. 가장 무난하게, 그리고 믿을 만 한 센서의 경곗값을 얻기 위한 방법은 최댓값(선을 완전 히 벗어남)과 최솟값(선 한가운데를 향함)의 평균을 구 하는 것입니다. 그림 6-6의 경곗값 52는 그림 6-7의 최댓 값 92와 최솟값 13의 평균, 즉 (92 + 13) / 2의 결괏값을 내 림한 값입니다. 이 값은 선의 가장자리 위로 센서가 위 치했을 때(그림 6-7의 두 번째와 세 번째) 값과 유사합 니다. 참고로, 이 값은 실습 조건에 따라 달라질 수 있습 니다.[2]

---

[1] (옮긴이) 컬러 센서의 경곗값은 앞 장에서 측정한 것과 같이, 실습하기 전에 직접 길과 바닥을 측정하고 계산해서 입력합니다.

[2] (옮긴이) 측정값의 신뢰도를 조금 더 높이기 위해서는 한 지점에 대해 서도 여러 번 측정하고 평균을 내는 것이 좋습니다. 예를 들어 선 밖의 센서값을 한 번 측정하면 92일 수 있지만, 약간씩 위치를 바꾸며 시간 차를 두고 측정할 경우 89, 92, 95와 같이 조금씩 다른 값이 인식될 수도 있습니다. 한 지점을 여러 번 측정해서 표본을 많이 얻는 것은 결과의 신뢰도를 높이는 방법 중 하나입니다.

7. 스위치 블록의 경곗값을 입력합니다. 이제 블록은 다음과 같습니다.

주행 블록의 설정

두 개의 조향모드 주행 블록은 서로 반대 방향으로 방향 전환을 한다는 점을 제외하면 거의 비슷한 형태로 설정됩니다. 모터의 속도와 조향값은 트라이봇이 선을 얼마나 잘 따라가는지에 영향을 미칩니다. 조향값이 너무 작으면 트라이봇은 길의 곡선 구간을 따라갈 만큼 빠르게 회전하지 못합니다. 반대로 조향값이 너무 크면 트라이봇은 무척 불안정하고 험한 주행 내지는 선 이탈을 보여 줄 것입니다. 움직임이 빨라질수록 로봇은 길의 방향 변화에 반응하기가 어려워지게 됩니다. 우선은 안정성을 위해 조향값은 30(−30), 파워는 25 정도로 설정합니다.

8. 조향모드 주행 블록을 꺼내어 스위치의 위쪽 케이스에 넣어 줍니다.

9. 모드는 **켜짐**으로 설정합니다.

10. 파워값은 **25**, 조향값은 **−30**으로 설정합니다. 블록의 모양은 다음과 같습니다.

11. 스위치의 아래쪽 케이스 역시 조향모드 주행 블록을 추가해 줍니다.

12. 파워값은 **25**, 조향값은 **30**으로 설정합니다. 블록의 모양은 다음과 같습니다.

프로그램 테스트하기

작동 상태를 보기 위해 테스트를 진행합니다. 트라이봇이 얼마나 잘 움직이는지 보고 동작이 너무 빨라 불안정하다면 값을 조정해 줍니다. 조향모드 주행 블록은 두 가지 케이스(선 안쪽과 선 바깥쪽) 모두 동일하게(조향값 30을 25로 바꾸었다면 −30도 −25로) 맞추어 줍니다. 잘 동작한다면 조금씩 속도를 높여가며 로봇이 안정적으로 주행하는지 확인하십시오.

두 가지 이상의 동작 분기

처음으로 만들어 본 LineFollower 프로그램은 트라이봇이 계속 조향값을 바꾸기 때문에 로봇의 동작이 지그재그로 많이 움직입니다. 만약 곧바른 직선 코스라면 이러한 동작은 불필요할 수도 있습니다. 조향모드 주행 블록을 세 개 사용해서, 좌회전과 우회전 외에도 직진 주행을 추가한다면 어떨까요?

스위치 블록을 컬러 센서 - 비교 - 반사광 강도 모드로 설정한 상태에서 우리는 두 가지 케이스에 각각 좌회전과 우회전을 명령했습니다. 만약 스위치 블록을 하나 더 추가한다면, 두 개의 케이스를 세 개로 만들 수 있습니다. 스위치 블록을 추가한다면, 첫 번째 스위치는 로봇이 좌회전을 해야 하는지를 결정하고, 두 번째 스위치는 로봇이 직선으로 갈지 우회전을 할지 결정하도록 만들 수 있습니다. 이와 같은 의사결정구조는 좀 더 구체적이고 정확한 판단을 내리기 위해 프로그래밍에서 흔히 사용되는 구조입니다.

먼저 LineFollower 프로그램을 다음과 같이 수정합니다.

13. 스위치 블록을 기존 스위치 블록의 아래쪽 케이스에 추가합니다.

14. 추가한 스위치 블록의 모드를 컬러 센서 - 비교 - 반사광 강도 모드로 설정합니다.

15. 기존의 조향모드 주행 블록 중 우회전을 맡았던 아래쪽의 블록을 새로 추가한 스위치 블록의 아래쪽 케이스에 넣어 줍니다.

16. 새로운 스위치 블록의 위쪽 케이스에 새 조향모드 주행 블록을 추가합니다.

17. 추가된 조향모드 주행 블록은 모드를 켜기, 조향값은 0, 파워는 25로 설정합니다.

이제 프로그램의 모습은 그림 6-8과 같은 형태일 것입니다.

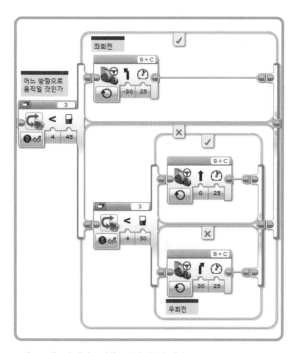

그림 6-8 새로 추가된 스위치 블록의 경곗값 설정

두 개의 스위치 블록은 각기 다른 경곗값을 이용해 트라이봇이 선의 경계에 있을 때는 직진 주행하도록 하고, 선의 안쪽이나 바깥쪽으로 크게 치우쳤을 때에만 방향을 바꾸도록 합니다.

처음의 프로그램에서는 최솟값(어두운 값) 13과 최댓값(밝은 값) 92의 중간인 52만을 경곗값으로 사용했습니다. 두 번째 프로그램과 같이 두 개 이상의 경곗값을 써야 할 경우, 이미 얻은 경곗값과 최솟값의 평균 또는 경곗값과 최댓값의 평균을 다시 구하는 식으로 경곗값을 얻을 수 있습니다. 이 경우에는 13과 52의 평균값으로 32, 92와 52의 평균값으로 72를 쓸 수 있다는 의미입니다. 센서가 읽은 값이 32와 72 사이일 때는 로봇이 직진하도록 설정하고, 범위를 벗어나는 경우에만 로봇이 방향을 전환하도록 수정할 수 있습니다. 표 6-1은 센서가 읽은 값에 따라 프로그램이 취해야 할 행동을 정리해 본 것입니다. 물론 여러분이 만든 로봇을 테스트하는 주변 환경에 따라 다른 값을 인식할 수 있기 때문에, 이 실습은 책에서 제시된 값이 아닌 직접 측정하고 계산한 값을 입력하고 다운로드해야 합니다.

컬러 센서값	프로그램이 취할 동작
0~31	좌회전
32~72	직진
73~100	우회전

표 6-1 컬러 센서의 값 범위와 프로그램이 취해야 할 동작

프로그램을 마무리하기 위해 다음 단계를 수행합니다.

18. 바깥쪽 스위치 블록의 경곗값은 로봇이 직진 주행을 하기 위한 가장 작은 값으로 설정합니다(필자의 경우 32입니다).

19. 안쪽 스위치 블록의 경곗값은 로봇이 우회전을 하기 위한 가장 작은 값으로 설정합니다(필자의 경우 73입니다).

이제 프로그램의 모습은 그림 6-9와 같은 형태일 것입니다.

NOTE 이 프로그램에서 각각의 스위치 블록은 각자 센서값을 읽고 동작을 결정합니다. 즉, 센서는 두 번 읽히고, 첫 번째 값을 읽고 두 번째 값을 읽는 짧은 시간 동안에도 로봇은 움직이고 있으므로 두 스위치 블록이 읽은 센서값은 정확히 같지 않을 수도 있습니다. 그러나 두 스

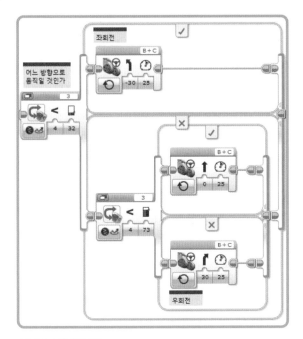

그림 6-9 수정된 경곗값

위치 블록이 거의 연속에 가깝게 실행되고, 센서가 읽는 값의 범위 역시 아주 큰 변화가 발생하지는 않기 때문에 이 프로그램은 큰 문제없이 동작할 수 있습니다.[3]

프로그램 테스트하기

이제 프로그램을 구동해 봅시다. 아마도 로봇은 경계 구간에서는 직진을 할 수 있기 때문에 전보다 조금 더 부드러운 움직임을 보일 것입니다. 이제 경곗값과 파워 및 조향값을 다양하게 적용해 보면서 로봇이 선을 벗어나지 않고 빠르게 주행할 수 있도록 테스트해 봅시다.

탭 뷰로 전환하기

LineFollower 프로그램은 스위치 블록 두 개를 겹쳐서 사용합니다. 즉, 한 스위치 블록이 다른 스위치 블록의 안에 들어간다는 의미입니다. 스위치 블록은 하나만으로도 화면의 넓은 공간을 차지하는데, 이와 같이 중첩시킬 경우 화면의 매우 많은 면적을 스위치 블록이 차지해서 프로그램의 전반적인 부분을 이해하기 어려울 수도 있습니다. 윈도 크기 조절 기능으로 스위치 블록의 크기를 줄일 수도 있지만, 이 기능만으로는 크기를 줄이는 데 한계가 있습니다. 스위치 블록의 왼쪽 위에는 탭 뷰로 전환이라는 기능이 있는데, 이 기능을 사용하면 그림 6-10과 같이 상하로 구분되던 탭을 앞뒤로 포개어, 화면상의 공간을 절약해 줍니다.

NOTE 탭 뷰로 전환 기능을 쓸 경우, 가장 바깥쪽 스위치 블록 위에 모든 주석을 모아두는 것이 좋습니다. 탭 뷰에서는 스위치 블록의 맨 처음 케이스만 보이므로 나머지 케이스에 들어간 주석이 모두 숨겨지기 때문입니다. 그림 6-10은 이와 같은 문제를 감안하고 주석을 배치한 LineFollower 프로그램의 모습입니다.

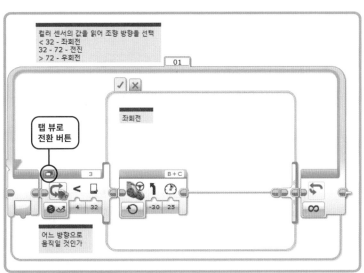

그림 6-10 스위치 블록을 탭 뷰로 전환하기

---

3 (옮긴이) 고급 기능인 데이터 와이어 기능을 사용한다면, 매번 스위치 블록이 실행될 때마다 센서값을 읽지 않고, 한 번 읽은 값으로 모든 스위치 블록이 케이스를 결정하도록 만드는 것도 가능합니다.

RedOrBlue(색상 감지) 프로그램

이번 절에서는 RedOrBlue라는 색상을 감지하는 프로그램을 만들어 보겠습니다. 이름에서 보이듯, 빨간색과 파란색의 물체를 구분하는 프로그램입니다. 우리는 이미 5장에서 IsItBlue 프로그램을 통해 파란색을 인식하는 방법을 실습해 보았습니다. 이 프로그램을 토대로 작업을 진행해 봅시다(그림 6-11 참조). 먼저, 빨간색을 인식하는 기능을 추가하고, 물체가 빨간색과 파란색 어디에도 해당되지 않을 경우 취할 행동을 추가해 주면 됩니다.

IsItBlue 프로그램은 Chapter5 프로젝트에서 만든 프로그램이므로 우리가 맨 처음 할 일은 이 프로그램을 Chapter6 프로젝트에 복사해 넣어 새 이름으로 저장하는 것입니다.

1. Chapter6 프로젝트를 아직 열지 않았다면 열어 줍니다.

2. Chapter5 프로젝트도 열어 줍니다.

3. Chapter5 프로젝트의 관리를 위해 프로그램명 탭 옆의 렌치 모양의 아이콘(프로젝트 속성)을 클릭합니다.

4. 아래의 프로그램 목록에서 IsItBlue 프로그램을 선택합니다.

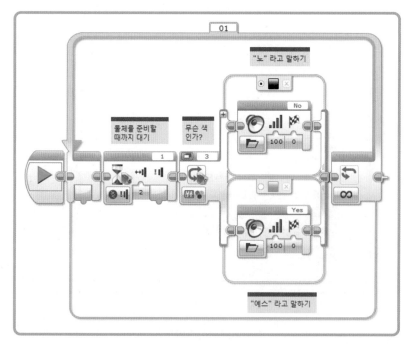

그림 6-11 RedOrBlue 프로그램을 시작하기 위한 준비

5. 맨 밑의 '복사' 버튼을 클릭합니다.

6. 프로젝트 탭에서 Chapter6을 선택합니다.

7. 다시 프로젝트 속성 버튼을 클릭해서 Chapter6의 프로젝트 관리 메뉴로 들어갑니다.

8. 맨 밑의 '붙여넣기' 버튼을 클릭합니다. 이제 Chapter6 프로젝트에 IsItBlue 프로그램이 추가되었습니다.

9. IsItBlue 프로그램을 열고 이름을 RedOrBlue로 바꾸어 줍니다.

10. Chapter5 프로젝트를 저장하지 않고 닫습니다.

빨간색 물체 식별하기

스위치 블록의 아래쪽 케이스는 이미 파란색 물체를 식별하기 위한 프로그램이 작성되어 있습니다. 우리가 수정해야 할 부분은 빨간색 물체를 식별하기 위한 위쪽 케이스입니다.

1. 그림 6-12와 같이 스위치 블록 위의 색 상자를 클릭해 빨강을 선택합니다.

'예/아니요'와 같은 단순 구성은 IsItBlue 프로그램에서는 적절할지 몰라도, 더 많은 종류의 색상을 판단하기에는 적절하지 않습니다. 프로그램이 인식한 두 가지 색을 정확히 알려 줄 수 있도록, 빨간색의 경우 "레드", 파란색의 경우 "블루"라고 소리 낼 수 있도록 사운드 블록의 사운드 파일을 수정합니다.

2. 위쪽 케이스의 사운드 블록의 파일을 '레고 사운드 파일 - 색상 - Red'로 수정합니다.

3. 아래쪽 케이스의 사운드 블록의 파일을 '레고 사운드 파일 - 색상 - Blue'로 수정합니다.

만들어진 프로그램은 그림 6-13과 같습니다. 이제 프로그램을 실행하면 컬러 센서에 근접한 물체가 빨간색일 경우 "레드", 파란색일 경우 "블루"라고 소리 낼 수 있어야 합니다.

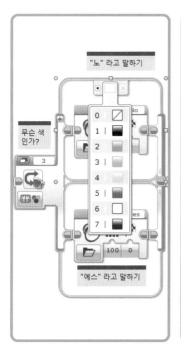

그림 6-12 위쪽 케이스를 빨강 조건으로 바꾸기

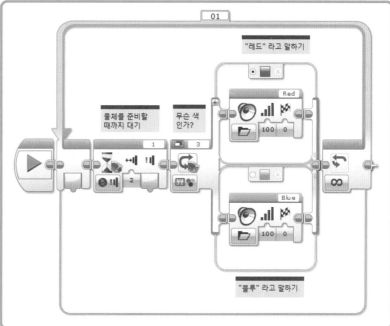

그림 6-13 빨간색과 파란색 물체의 식별

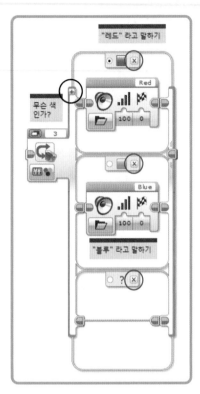

그림 6-14 케이스의 추가

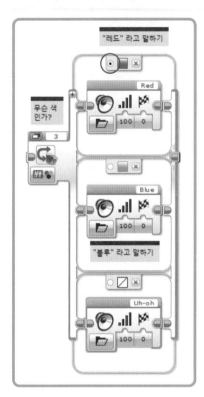

그림 6-15 색상 없음 케이스

그 밖의 경우 추가

여러분이 테스트해 보았다면, 이 프로그램이 파란색은 양호하게 인식하는 것을 확인했을 것입니다. 그러나 파란색이 아니고 빨간색도 아닌 색상에 대해서는 제대로 인식하지 못했을 것입니다. 그 이유는 이 프로그램이 파란색이 아닌 것은 빨간색이라고 판단하도록 만들어졌기 때문입니다 (이것을 '기본 케이스'라고 합니다). 이번 절에서는 프로그램이 정확히 빨간색을 인식할 수 있도록 하고, 파란색도 빨간색도 아닌 색의 경우 "어-오"라는 당황하는 소리를 출력하도록 만들 것입니다. 스위치 블록은 현재 두 개의 케이스를 갖고 있습니다. 위가 빨간색, 아래가 파란색입니다. 그림 6-14에 검은색 동그라미로 표시된 버튼(⊞)을 클릭하면 스위치 블록에 케이스를 추가할 수 있습니다. 추가된 케이스를 제거하기 위해서는 빨간색 동그라미로 표시된, 케이스 위 탭의 오른쪽, 작은 표시 버튼(☒)을 클릭하십시오.

NOTE 케이스 추가 버튼은 세 가지 이상의 상태가 발생할 수 있는 스위치 블록에서만 활성화됩니다(예를 들어 '눌림'과 '떨어짐' 두 가지 상태뿐인 터치 센서의 스위치 블록에서는 케이스 추가 버튼이 나오지 않습니다).

이제 프로그램으로 돌아가 봅시다.

4. 케이스 추가 버튼을 클릭합니다. 스위치 블록의 형태는 그림 6-14와 같은 모습이 됩니다.

5. 추가된 케이스의 탭에서 빨간색 물음표를 클릭해서 색상 없음을 선택합니다.

6. 색상 없음 케이스에 사운드 블록을 추가합니다.

7. 사운드 블록을 추가하고 사운드 파일은 레고 사운드 파일 - 표현 - Uh-oh를 선택합니다. 이제 프로그램은 그림 6-15와 같은 형태가 됩니다.

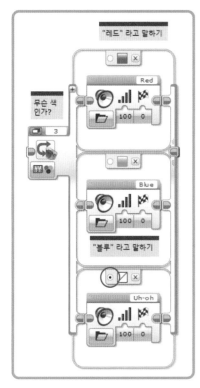

그림 6-16 색상 없음 케이스를 기본 케이스로 설정

기본 케이스

현재는 빨간색 케이스가 기본 케이스로 설정되어 있습니다. 즉, 빨간색을 인식하면 빨간색 케이스, 파란색을 인식하면 파란색 케이스, 색상을 인식하지 못하면 '색상 없음' 케이스지만, 노란색이나 초록색을 인식할 경우에는 색상 없음이 아니므로 기본값인 빨간색으로 판단한다는 뜻입니다. 이 문제를 해결하기 위해서 우리는 기본 케이스를 빨간색이 아닌 색상 없음으로 바꾸어야 합니다(초록색은 인식할 수 있는 색이지만 우리가 원하는 빨간색이나 파란색이 아니므로 색상 없음으로 취급한다는 의미입니다). 이렇게 하면 프로그램에서 빨간색이나 파란색을 인식하지 못했을 경우는 무조건 "어-오"라는 당황하는 소리를 출력하게 됩니다.

8. 색상 없음 케이스에 기본 케이스 버튼을 클릭합니다.

그림 6-16은 이렇게 모든 예외 색상을 색상 없음으로 인식하도록 처리한 프로그램의 모습입니다.

> 😃 **도전과제 6-2**
>
> RedOrBlue 프로그램의 기능을 확장해서 컬러 센서가 감지할 수 있는 모든 색을 각각 말할 수 있도록 바꾸어 봅시다.

루프 블록

루프 블록을 쓰면 일련의 블록들을 반복할 수 있습니다. 루프 안 블록들이 반복되는 조건을 설정하고, 프로그램이 루프 뒤에 이어지는 블록을 수행, 즉 루프를 종료할 조건을 설정할 수 있습니다. 그림 6-17에서는 루프 블록의 모드를 보여 주는데, 스위치 블록과 동일한 센서 모드들과 함께, 새로운 네 가지 추가 모드들을 마지막에서 볼 수 있습니다.

- **켜짐**: 루프는 프로그램이 종료되거나, 루프 인터럽트 블록이 실행되어 루프가 내부에서 강제 종료될 때까지 반복됩니다(자세한 내용은 뒤에 설명합니다).
- **횟수**: 루프는 지정된 횟수만큼 반복됩니다.
- **논리**: 데이터 와이어를 사용해서 루프에 전달된 값을 기반으로 루프의 동작 여부를 결정합니다(10장에서 데이터 와이어의 활용과 함께 다룹니다).
- **시간**: 루프는 지정된 시간 (초) 동안 동작합니다.

그림 6-17 **루프 블록의 모드**

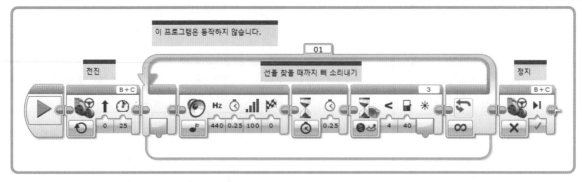

그림 6-18 잘못된 LineFinder 프로그램

루프 블록이 센서 모드일 경우, 프로그램은 루프 안 블록이 전부 실행된 후 센서를 측정합니다. 즉, 루프 안 블록은 적어도 무조건 한 번은 수행된다는 의미입니다. 내부의 블록이 전부 실행된 뒤 루프 블록은 센서를 측정해서 루프를 반복할지 혹은 종료할지 결정합니다. 이 과정은 오직 루프의 끝에 도달한 시점에서 읽은 센서값에만 영향을 받으며, 루프 안 블록이 실행 중일 때 변화하는 센서값은 루프의 실행에 영향을 주지 못합니다. 따라서 여러분이 충분히 신중하게 프로그램을 설계하지 못할 경우, 프로그램은 여러분의 의도와 다르게 오동작할 수 있습니다. 컬러 센서는 오직 루프가 끝나는 시점에서만 센서값을 확인해서 반복 여부를 결정하기 때문에, 프로그램 내부에서 사운드 블록이나 대기 블록과 같이, 시간을 길게 소비하는 블록이 추가될 경우 로봇은 미처 주변 상황을 감지하지 못할 수도 있습니다. 예를 들어, 그림 6-18은 시간 대기 블록을 추가해 길 찾기에 실패하도록 만든 LineFinder의 실패작이라 할 수 있습니다.[4]

루프 인터럽트 블록

루프 인터럽트 블록(그림 6-19)은 루프를 종료하는 또 다른 방법입니다. 이 블록은 설정할 수 있는 값이 '중단할 루프 이름' 한 가지입니다. 각각의 루프 블록은 그림 6-20과 같이 루프 위에 이름을 입력할 수 있는 탭이 있습니다. 루프 인

그림 6-19 루프 인터럽트 블록

터럽트 블록은 이 이름을 지정해 원하는 루프를 종료할 수 있습니다. 루프는 상단의 텍스트 입력창을 클릭해 사용자가 임의의 이름을 줄 수 있습니다. 특별한 값을 입력하지 않을 경우, EV3 프로그램은 01부터 시작되는 숫자로 루프 번호를 자동 생성합니다.[5]

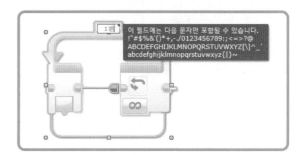

그림 6-20 루프 블록의 이름 입력창(한글 입력 시 에러 표시)

---

4 (옮긴이) 일부러 프로그램을 오작동하게 만들려는 경우는 없겠지만, 프로그래밍에서 종종 프로그래머가 예측하지 못한 상태에서 타이밍이 어긋나서 문제가 발생하곤 합니다. 프로그램은 항상 정해진 조건대로 계산하고 판단한다는 것을 잊지 마십시오. 로봇이 그냥 길을 지나치는 것은 보고도 못본 척 하거나 여러분을 놀리기 위한 것이 아닌, 여러분이 적절한 상황을 고려하지 못하거나 미처 예상하지 못한 상황이 발생해 생긴 문제가 대부분입니다.

5 (옮긴이) 이름은 영문과 숫자만 가능하며, 한글은 지원되지 않습니다. 이것은 한글뿐만 아니라 알파벳이 아닌 다른 문자들, 예를 들어 중국어나 일본어 역시 마찬가지입니다.

루프 인터럽트 블록은 중지할 루프 블록의 이름을 오른쪽 위에 표시합니다. 문제는 이름을 보여 주는 창의 크기가 아주 작아서, 루프 이름의 앞 세 글자 정도만 보인다는 것입니다. 따라서 루프명을 숫자나 짧은 약어로 정하면 루프 인터럽트 블록이 포함된 프로그램을 한번에 이해하기 편해집니다.[6]

BumperBot3 프로그램

이제 BumperBot2 프로그램을 조금 더 수정하면서 루프 인터럽트 블록을 활용해 보겠습니다. 이 프로그램을 실습하기 위해 트라이봇에 그림 6-21과 같이 터치 센서 범퍼를 전면에 설치하고, 컬러 센서는 측면으로 옮겨 줍니다.

그림 6-21 BumperBot3 프로그램을 위한 트라이봇의 모습

우리가 수정할 부분은 여러분이 방의 불을 끌 때 루프를 빠져나가고 프로그램이 멈추도록 하는 것입니다. 그림 6-22는 프로그램에서 수정되어야 할 부분을 보여 줍니다. 지금까지의 프로그램은 로봇이 전진하다 터치 센서가 눌릴 경

---

6 (옮긴이) 예를 들어 loop1과 loop2는 모두 lo...으로 표시됩니다. 여러분이 마우스를 루프 인터럽트 블록에 이동하면 '중단할 루프 이름: loop2'와 같이 표시되지만, k2, m3와 같이 이름을 짓는다면 마우스를 움직이지 않고도 바로 루프 인터럽트 블록의 대상 루프를 알아볼 수 있습니다.

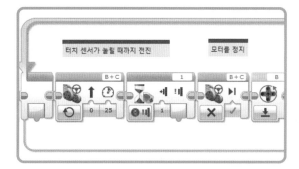

그림 6-22 BumperBot2 프로그램

우 로봇이 후진하고 프로그램이 처음으로 돌아갑니다.

이제 로봇이 컬러 센서를 확인하는 기능을 추가합니다. 컬러 센서가 주변광 강도를 측정하고 방의 불이 꺼졌다고 판단하면 루프 인터럽트 블록을 실행해서 루프의 반복을 멈추고, 프로그램은 더 이상의 반복 없이 종료됩니다.

대기 블록을 사용해서 범퍼가 눌렸을 때를 감지한 BumperBot2와 달리, 이번에는 그림 6-23과 같이 루프 블록을 센서 모드로 설정해서 터치 센서 범퍼가 눌릴 때까지 반복하도록 합니다. 루프 안에는 스위치 블록을 추가하고 컬러 센서 - 비교 - 주변광 모드로 설정해서 방의 조명 상태를 확인합니다. 컬러 센서가 충분한 빛을 감지하지 못할 경우, 방의 불이 꺼졌다고 판단하고 모터를 멈춘 뒤 "굿바이"라는 소리를 출력한 뒤 루프를 종료시킵니다.

그림 6-23과 같은 형태로 BumperBot3 프로그램을 수정하기 위해 다음 단계를 따릅니다.

1. BumperBot2 프로그램을 Chapter5 프로젝트에서 Chapter6 프로젝트로 복사합니다.
2. 프로그램 이름을 BumperBot3로 바꿔 줍니다.
3. 메인 루프 블록의 이름을 02로 바꿔 줍니다.
4. 대기 블록을 삭제합니다.
5. 대기 블록이 있던 자리에 루프 블록을 추가합니다.
6. 루프 블록의 모드를 **터치 센서 - 비교 - 상태**로 바꿔 줍니다.

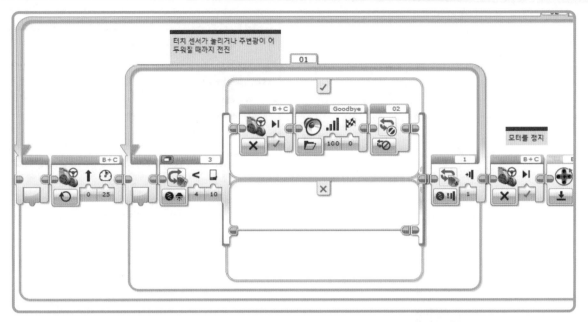

그림 6-23 BumperBot3 프로그램

이제 프로그램은 그림 6-24와 같은 형태가 됩니다.

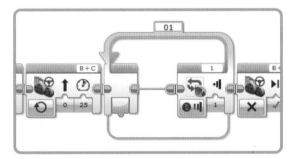

그림 6-24 대기 블록을 루프 블록으로 교체

이 시점에서 빈 루프 블록은 삭제된 대기 블록과 같은, 즉 터치 센서가 눌릴 때까지 기다리는 역할을 수행합니다. 그러나 대기 블록과 루프 블록이 다른 점은 루프 블록 안에 프로그램이 대기하는 동안 할 다른 작업을 추가할 수 있다는 점입니다.

다음 단계는 루프 블록 안에 컬러 센서를 확인하는 스위치 블록을 추가하는 것입니다.

7. 루프 블록 안에 스위치 블록을 추가합니다.

8. 스위치 블록의 모드를 컬러 센서 - 비교 - 주변광 강도로 설정합니다.

9. 경곗값을 10으로 설정합니다. 너무 높거나 낮으면 테스트 후 값을 수정해 줍니다. 루프 블록의 내부는 그림 6-25와 같은 형태가 됩니다.

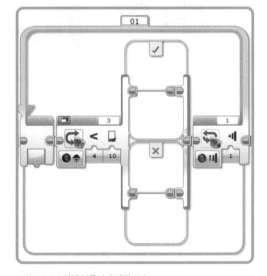

그림 6-25 스위치 블록이 추가된 모습

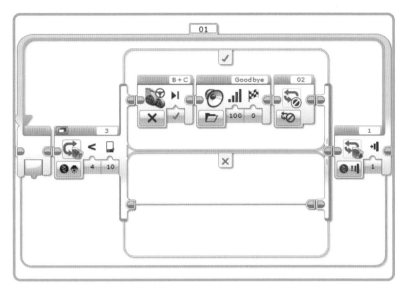

그림 6-26 모터를 정지하고 '굿바이' 인사를 건네는 프로그램

스위치 블록이 실행되면 컬러 센서를 확인하고 방의 조명이 10보다 낮으면 위쪽 케이스가 실행됩니다. 이제 다음 블록을 추가합니다.

10. 조향모드 주행 블록을 위쪽 케이스에 추가합니다. 모드는 꺼짐으로 선택합니다.

11. 주행 블록 옆에 사운드 블록을 추가합니다. 사운드 파일은 '굿바이'로 설정합니다(레고 사운드 파일 - 대화 - Goodbye).

12. 사운드 블록 뒤에 루프 인터럽트 블록을 추가하고 중단할 루프 이름을 '02'로 설정합니다.

그림 6-26은 이러한 변경이 적용된 프로그램의 일부 모습입니다. 방의 불을 끄면 "굿바이"라고 말하고 프로그램은 종료됩니다. 프로그램의 테스트를 위해 로봇을 바닥에 놓고 구동시킨 후 직접 방의 불을 끄는 방법 외에도, 로봇을 손에 들고 다른 손으로 컬러 센서를 가리는 것으로도 동작 여부를 확인할 수 있습니다. 여러분이 컬러 센서를 가려 깜깜하게 만들면 로봇은 아마 "굿바이"라고 말할 것입니다.

추가적인 탐구

이제 우리는 스위치 블록과 루프 블록의 전반적인 부분을 살펴보았습니다. 아래의 탐구 과제를 통해 조금 더 함수 블록에 익숙해져 봅시다.

1. 로봇이 여러분을 따라갈 수 있도록 프로그램을 만들어 봅시다. 너무 가깝지 않고 적당한 거리, 이를테면 5~60cm 정도를 유지하는 것이 좋습니다. 이 문제는 적외선 센서나 초음파 센서를 활용하고 스위치 블록을 써서 너무 멀거나 가까워질 경우 로봇을 전·후진시킬 수 있어야 합니다. 로봇은 여러분과의 거리가 적당하다고 판단하면 멈추고 대기해야 합니다.

2. 적외선 리모컨을 사용해 BumperBot3 프로그램에 일시 중지 및 재시작 기능을 추가해 봅시다. 리모컨의 버튼이 눌렸는지 감지하기 위한 새로운 스위치 블록이 필요합니다. 버튼이 눌리면 모터를 멈추고 다른 버튼이 눌릴 때까지 기다립니다. 첫 번째 버튼은 일시 중지, 두 번째 버튼은 재시작 기능으로 프로그램을 만들어 봅시다.

마무리

이번 장에서는 스위치 블록을 사용해서 프로그램 안에서 의사결정을 하고, 두 개 이상의 블록 그룹 중 하나를 선택하는 방법을 배웠습니다. 또한 스위치 블록 자체를 추가하거나 케이스를 추가하는 형태로 선택할 동작을 여러 가지로 늘릴 수도 있습니다.

또 다른 중요한 부분은 특정 조건이 만족할 동안 프로그램을 반복하는 루프 기능입니다. EV3 프로그램은 블록을 다양하게 구성할 수 있는 유연성 때문에 활용하기에 따라 막강한 성능을 보여 줄 수 있습니다. 블록들이 동작하기 위한 일반적인 조건은 센서가 설정된 경곗값에 도달했는지에 대한 비교를 통해 이루어지지만, 루프 블록의 경우 센서뿐만 아니라 논리적으로 계산된 특정한 조건 값이나 횟수 내지는 시간과 같은 다양한 조건에 의해 반복 조건을 결정할 수 있습니다. 루프 인터럽트 블록은 이렇게 다양하게 설정된 루프 블록을 여러분이 원하는 순간 종료시킬 수 있어 프로그램을 한층 더 유연하게 구성할 수 있습니다.

이번 장에서는 EV3의 모터와 센서에 대한 기본적인 개념과 함께 정교한 고급 프로그램을 이해하기 위한 기본적인 흐름 제어 블록들을 배워 보았습니다. 다음 장에서는 트라이봇이 미로를 찾는 프로그램을 통해 지금까지 배운 내용을 좀 더 깊이 있게 이해해 볼 것입니다.

7

WallFollower 프로그램: 미로 탐색

이번 장에서는 트라이봇이 간단한 미로를 탈출할 수 있도록 WallFollower(벽 따라가기) 프로그램을 만들 것입니다. 이 프로그램을 만드는 과정을 통해 우리는 프로그램의 초기 설계 개념부터 최종 테스트까지, 하나의 프로그램을 계획하고 만드는 모든 과정을 경험해 볼 것입니다. 또한 이 과정에서 프로그램을 실행할 때 처음부터 제대로 동작하는 경우는 흔치 않기 때문에, 오동작하는 블록의 초기 설정을 확인하고 필요에 따라 해당 설정을 조절하는 방법도 살펴볼 것입니다. 이 과정은 먼저 '의사코드'를 만드는 것부터 시작됩니다.

의사코드

프로그래밍 언어는 인간이 사용하는 자연어와 다르기 때문에 프로그램이 복잡해질수록 일반적인 자연어로 그 내용을 간결하고 명확하게 설명하기 어려워집니다. 그런 이유로, 일반적으로 프로그램의 논리적 구조를 설명하기 위해서 의사코드를 사용하곤 합니다.

의사코드(pseudocode)는 프로그램이 작동하는 방식, 그리고 프로그램의 논리적인 부분에 대한 중요한 사항들을 정의하고 설명하는 데 활용할 수 있습니다. 이렇게 하면 여러분은 자신의 머릿속에서 구상한 프로그램의 전체적인 골격을 다른 사람들과 공유할 수 있고, 타인이 만들고자 하는 프로그램의 일부 작업을 도와주는 것도 한결 쉬워집니다. 일반적인 의사코드는 프로그래밍 언어 중 텍스트 기반 언어인 C 또는 자바의 형식과 유사한 형태를 띨 수 있습니다. 물론 컴퓨터가 해석해야 하는 소스 코드와 달리 훨씬 더 유연하게 해석이 가능한, 사람들을 위한 코드이기 때문에 상대적으로 프로그래밍 문법이 엄격하게 적용되지 않고 좀 더 자유롭게 자연어를 섞어 표현할 수 있습니다.

예를 들어 그림 7-1은 6장의 RedOrBlue 프로그램의 모습입니다. 프로그램은 터치 센서가 눌릴 때까지 기다렸다가 컬러 센서를 사용해서 테스트할 물체가 파란색인지 흰색인지 알려 줍니다. 그리고 목록 7-1은 RedOrBlue 프로그램의 의사코드입니다.[1]

---

1 이 문단과 같은 형태가 바로 일반적인 자연어로 서술한 프로그램 설명이라 할 수 있습니다.

루프 시작
　터치 센서 눌릴 때까지 대기
　만약 컬러 센서가 빨간색을 감지하면
　　사운드 블록 '레드' 소리 출력
　그렇지 않고 컬러 센서가 파란색을 감지하면
　　사운드 블록 '블루' 소리 출력
　그렇지 않으면
　　사운드 블록 '어-오' 소리 출력
　만약 조건 끝
루프 무한반복

목록 7-1 RedOrBlue 프로그램의 의사코드

이 의사코드는 프로그램에 대한 간결하고 이해하기 쉬운 설명을 제공합니다. 조금만 연습하면 여러분도 의사코드를 읽고 실제 프로그램으로 바꾸는 과정을 빠르게 익힐 수 있습니다.[2]

목록 7-1과 같은 의사코드를 만들 때는 다음과 같은 부분을 기억해 둡시다.

- 대부분의 경우, 의사코드에서는 각 행동의 블록마다 새로운 줄에서 시작합니다.
- 하나의 블록 안에 다른 블록이 들어가는 경우 (우리가 사용해 본 루프 블록과 스위치 블록)를 표시하기 위해 줄을 들여쓰기 합니다. 하나의 블록 안에 나열될 블록들은 모두 같은 너비의 들여쓰기를 적용하고, 이를 통해 루프나 스위치와 같은 논리적 구조를 구성하는 블록 내부에서 진행될 일들을 좀 더 쉽게 파악할 수 있습니다(여기에서는 루프로 묶

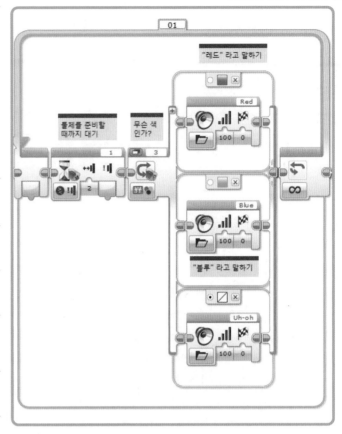

그림 7-1 RedOrBlue 프로그램

인 터치 센서...부터 만약 조건 끝까지가 한 번 들여쓰기가 적용되고, 그 안에서도 만약 ... 하면에만 해당되는 사운드 블록... 부분이 한 번 더 들여쓰기 된 것을 볼 수 있습니다).

- 우리는 일상생활에서도 만약, 그러면, 그렇지 않으면(if, then, else) 같은 표현을 통해 행동을 설명하곤 합니다. 이러한 의사 결정 과정을 많은 프로그래밍 언어의 문법에서 if-then-else 문법으로 처리하곤 합니다.
- 목록 7-1의 루프 시작 다음 줄, 즉 첫 번째 들여쓰기가 적용된 부분부터 들여쓰기가 끝나는 만약 조건 끝 부분까지가 하나의 프로그램 덩어리입니다. 스위치 블록의 경우 만약으로 맨 위의 케이스를 묘사했고, 중간과 아래의 케이스는 각각 그렇지 않고, 그렇지 않으면으로 묘사

2 　(옮긴이) 프로그래머 세계에서는 대부분의 개발 도구가 영문 함수를 사용하기 때문에 의사코드 역시 영문을 쓰는 경우가 많습니다. 영문으로 의사코드를 작성할 경우 if, for, loop 같은 일반적인 키워드 또는 함수명이 의사코드에도 단어 그대로 반영되기 때문에 영미문화권에서는 의사코드가 프로그램의 의미를 좀 더 직관적으로 설명하기도 합니다. 그러나 역자는 이 책의 독자가 프로그래밍의 초보자 또는 다른 텍스트 개발 환경을 접하지 않은 사람일 수도 있다고 가정하고, 좀 더 쉽게 접근할 수 있게 하기 위해서는 의사코드 역시 한글화가 필요하다고 판단했습니다. 여러분이 간단한 의사 표현에 영문을 섞어 쓰는 것에 거부감이 없다면, 의사코드에 영문과 한글을 섞거나 영문만 사용할 것을 권장합니다. 그러나 한국어 사용자와 좀 더 편한 의사교환을 위해 의사코드를 한글만으로 작성해도 문제는 없습니다. 의사코드는 '사람이 코드를 쉽게 이해하는 것'에 목적을 두고 있기 때문입니다.

했습니다. 이 만약 조건에서 나열한 가정이 성립되지 않을 경우, 기본적으로 해야 할 행동은 맨 마지막에 설명합니다. 바꾸어 말하면, '첫 번째 조건이 참이면(여기에서는 만약) 일련의 조치를 취한다. 첫 번째가 거짓이고 두 번째 조건이 참이면(여기에서는 그렇지 않고) 두 번째 조치를 취한다. 첫 번째와 두 번째 모두 거짓이라면(여기에서는 그렇지 않으면) 마지막 조치를 취한다'가 됩니다.

- 스위치 블록(만약, if)이 끝나는 위치까지 수행되면 프로그램은 다음 줄의 코드를 진행합니다.

목록 7-1의 예제에서 의사코드는 모든 세부사항이 다 설정 완료된 프로그램을 설명하기 위한 목적으로 쓰였습니다. 그러나 의사코드는 일반적으로 프로그램을 계획하고 만드는 초기 단계에서 더 많이 사용되며, 이런 경우에는 코드의 세부사항은 채워지지 않고 큰 골격만 만들어질 수도 있습니다.

이제 WallFollower(벽 따라가기) 프로그램을 계획해 보겠습니다. 우리가 만든 프로그램이 수행해야 할 정확한 내용을 먼저 파악하는 것이 전체 프로그램의 골격을 구성하는 의사코드를 만들기 위한 선행 조건입니다.

미로를 풀고 나가는 방법

미로는 여러 가지 패턴이 있으며, 각각의 패턴에 따라서도 여러 가지 해석 방법이 있습니다. 이 책에서는 비교적 단순한 개념의 미로와, 여기에 적합하게 적용할 수 있는 '우수법'(오른손 탐색법) 알고리즘[3]을 사용할 것입니다. 알고리즘이란 문제를 해결하기 위한 일련의 지침으로, 미로 탐색에서의 우수법은 벽의 한쪽 면을 오른손으로 짚고 갈림길에서는 오른쪽을 먼저 탐색하는 것입니다.

---

3 (옮긴이) 우수법이 모든 미로에 적용되는 법칙은 아니며 최선의 알고리즘도 아닙니다. 하지만 이 책은 미로 탐색 알고리즘의 분석이 아닌, 프로그램 설계 개념을 배우는 것에 목적을 두고 있기 때문에 제한적인 간단한 미로와 여기에 적용하기에 적합한 우수법 알고리즘만을 다루고 있습니다.

우수법 알고리즘은 적용할 수 있는 미로가 제한되어 있습니다(이 말은 여러분이 미로를 새로 만들 때 우수법 적용이 가능하도록 설계해야 한다는 의미이기도 합니다). 이 알고리즘은 미로의 벽이 모두 이어져 있어야 하며, 시작과 끝은 미로의 바깥 가장자리여야 합니다(출구가 중앙에 있거나, 외벽과 연결되지 않은 내벽이 있는 아일랜드형 미로의 경우 우수법만으로는 해결할 수 없습니다). 만들어진 미로가 위의 조건에 부합한다면 미로의 크기와 복잡도에 따라 시간은 달라지겠지만 이론적으로 로봇은 정확하게 출구를 찾을 수 있습니다.

그림 7-2는 우수법 규칙에 적합한 형태로 만들어진 미로와 이 미로를 우수법으로 탐색하는 경로를 보여 줍니다. 알고리즘을 이해하기 위해서는 여러분이 미로를 걷는다고 상상해 보면 됩니다. 여러분은 항상 오른손을 뻗어 오른쪽 벽을 짚고 걸어갑니다. 갈림길에서는 주저하지 않고 오른쪽 벽을 따라 진행하면 됩니다. 그렇게 따라간다면 여러분이 이동한 경로는 초록색 점선과 같을 것이고,

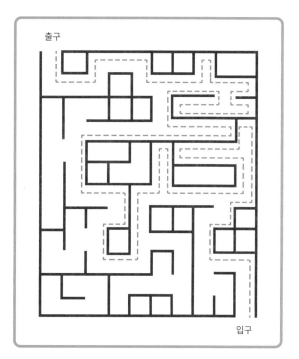

그림 7-2 우수법 규칙으로 풀어본 간단한 미로

여러분은 출구에 도달할 수 있습니다. 분명한 것은 이 경로가 미로를 찾기 위한 최단경로는 아니지만 확실히 나갈 수 있는 경로라는 것입니다.

프로그램 요구사항

프로그램을 만들기 위한 첫 번째 과정은 프로그램이 수행해야 할 작업을 정확하게 설명할 수 있도록 정리하는 것입니다. 우리의 프로그램은 다음과 같은 경우를 만날 수 있으며, 이때 제시된 것과 같은 동작을 수행해야 합니다.

요구사항 목록을 정리하기 위해서는 로봇이 직면하게 될 다양한 상황을 가정해 보고, 각각의 경우에 프로그램이 어떻게 반응해야 할지를 결정해야 합니다.[4] 예를 들어 그림 7-3과 같이 로봇의 오른쪽에 직선으로 된 벽이 있다면 로봇은 계속 전진해야 합니다. 로봇은 앞으로 전진하는 과정에서 벽과 지나치게 멀어지거나 가까워지지 않도록 일정한 거리를 유지해야 합니다.

그림 7-4는 앞이 막히고 왼쪽이 뚫린 상황입니다. 더 이상 전진할 수 없고 오른쪽도 막혀 있기 때문에 로봇은 왼쪽으로 방향을 바꾸어 전진해야 합니다.

그림 7-5처럼 앞이 막히고 오른쪽이 뚫린 상황에서는 당연히 우회전 후 전진합니다. 그림 7-6이나 7-7에서처럼 직진 또는 좌회전 할 수 있는 상황에서도, 우수법 알고리즘에서는 오른쪽이 우선이기 때문에 우회전 할 수 있으면 우회전 후 전진을 해야 합니다.

우수법 미로에서 로봇이 접할 수 있는 상황을 정리해 보았습니다. 이제 이를 통해 프로그램의 요구사항을 세 가지로 정리해 보겠습니다.

- 트라이봇은 오른쪽 벽과 가까운 거리를 유지하며 벽을 따라 전진할 수 있어야 합니다.
- 트라이봇이 오른쪽 벽과 함께 정면에서도 벽을 감지한

---

4 (옮긴이) 이 과정에서 프로그래머가 간과하거나 누락한 상황이 발생했을 때가 주로 프로그램이 오류를 일으키는, 속칭 '버그'를 발생시키는 상황입니다.

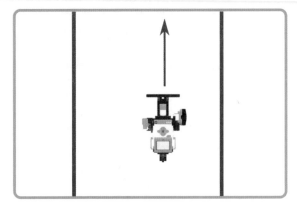

그림 7-3 오른쪽 벽에 평행하게 전진

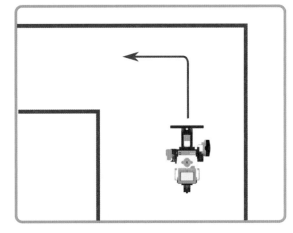

그림 7-4 ㄱ자 코너에서 좌회전 후 전진

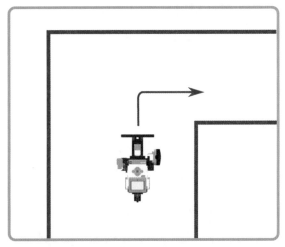

그림 7-5 오른쪽 코너에서는 당연히 우회전 후 전진

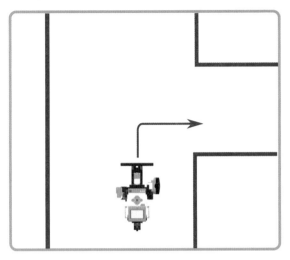

그림 7-6 ┤형 갈림길에서 오른쪽 우선 탐색을 위해 우회전 후 전진

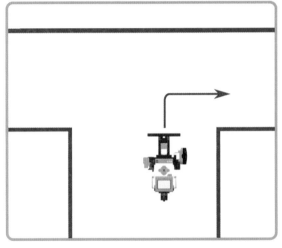

그림 7-7 ┬형 갈림길에서 오른쪽 우선 탐색을 위해 우회전 후 전진

다면 90도 좌회전으로 방향을 바꾼 후 새로운 벽(정면이었다가 오른쪽이 된 벽)을 따라 전진해야 합니다.

- 트라이봇이 오른쪽 벽이 뚫린 것을 감지하면 다른 방향의 벽 여부에 관계없이(정면이나 왼쪽이 뚫려 있더라도) 90도 우회전으로 방향을 바꾼 후 오른쪽으로 뚫린 통로로 진입해야 합니다.

가정

요구사항을 정리하는 과정에서 프로그램에 대한 가정이나 제한 사항을 정리해 보는 것도 좋은 방법입니다. 이렇게 하면 테스트해야 할 조건과 무시해도 되는 조건을 결정하기가 쉬워집니다. 이 프로그램에서는 네 가지 가정을 할 수 있습니다.

- 미로의 벽은 무조건 직선입니다.
- 모든 미로의 길은 트라이봇이 충분히 움직일 수 있을 만큼의 넓이를 갖추어야 합니다.
- 모든 벽은 90도 직각으로 만납니다(삼각형이나 오각형으로 만나지 않습니다). 이는 코너에서의 방향 전환을 좀 더 간단하게 구성할 수 있습니다.
- 프로그램이 시작될 때, 로봇을 오른쪽 벽에 가깝게 놓고 시작합니다.

이 목록의 마지막 조건은 프로그램이 시작되는 시점에서 로봇이 놓여야 할 조건을 설명하는 것으로, 이런 것을 '초기 조건'이라고 합니다(게임이나 일반 프로그램에서는 보통 기동 단계에서 초기화라는 이름으로 이런 과정을 거치며 기본 준비를 마칩니다). 미로의 주변에서 입구부터 탐색하며 헤매도록 만드는 것보다는 로봇을 시작 위치에 놓고 프로그램을 시작하는 것이 훨씬 나을 것입니다.

모든 프로그래밍에서 이러한 가정을 미리 정리해 두는 것은 해결해야 할 문제와 무시해도 되는 문제를 판단하고 작업해야 할 목록을 정리하는 데 큰 도움이 됩니다. 이 과정에서 여러분이 프로그램에 구현해야 할 기능과 구현하지 않아도 되는 기능을 판단할 수 있습니다.

골격이 설계되고 프로그램이 만들어지는 과정에서 더 기능적으로 진화할 수도 있습니다! 이를테면, 우리의 첫 가정에서 직선이었던 벽이 곡선으로 바뀌는 것도 생각해 볼 수 있습니다.

초기 디자인

다음은 로봇이 각각의 주어진 과제를 수행하기 위해 무엇이 필요한지 생각해야 합니다. 첫 번째로 트라이봇이 벽과 일정한 거리를 유지한 상태로 이동할 수 있도록, 측면에 센서가 필요합니다. 적외선 또는 초음파 센서를 써서 벽과 로봇의 거리를 판단하고 조향모드 주행 블록을 써서 트라이봇이 벽과 일정한 거리를 유지할 수 있도록 만들어 줍니다.

우수법 알고리즘에서 로봇은 오른쪽 벽을 항상 인식해야 하기 때문에, 적외선(초음파) 센서는 바닥이나 중앙 전면이 아닌 측면을 향해야 합니다. 그림 7-8과 같이, (39쪽의 적외선 센서/초음파 센서의 응용 배치를 참고해서) 센서가 오른쪽을 향하도록 부착합니다.

그림 7-8 적외선 센서가 오른쪽을 향한 트라이봇

다음으로 7-4에서 볼 수 있듯이, 로봇이 오른쪽 벽을 따라 주행하다 앞에 벽이 있을 경우를 인식하기 위한 터치 센서 범퍼도 필요합니다. 트라이봇이 앞쪽 벽에 닿으면 터치 센서로 인식하고 방향 전환을 위해 약간 후진 후 왼쪽으로 90도 회전한 다음 다시 벽을 따라 주행해야 합니다(여러분은 이미 BumperBot 프로그램을 통해 이와 같은 전방 장애물 회피 기법을 충분히 이해하고 있을 것입니다).

마지막으로 오른쪽 벽으로 난 길을 감지하고 반응하는 기능을 위해 적외선(초음파) 센서를 활용하는 프로그램이 필요합니다. 적외선 센서는 계속 오른쪽 벽과의 거리를 감지하며 로봇이 전진하는 동안 일정 거리를 유지하도록 하다가 갑자기 먼 거리를 감지하면 오른쪽에 벽 대신 길이 있음을 인식할 수 있습니다.

이상의 일련의 프로그램은 여러분이 수동으로 강제 종료할 때까지 반복 수행되도록 루프 블록에 들어가야 합니다.[5]

이제 전반적인 프로그램의 골격에 대해 충분히 생각해 보았으므로, 의사코드를 작성해 보겠습니다(목록 7-2 참조). 이 목록은 앞의 몇 단락과 그림을 통해 묘사된 전반적인 동작에 대한 간단한 요약이라 할 수 있습니다. 지금은 프로그램을 만들기 위한 초기 단계이기 때문에, 이 목록에는 중요한 요점만 간략하게 서술됩니다. 다음 절에서 실제 프로그래밍 과정에서 필요한 세부 정보를 살펴볼 것입니다.

루프 시작
   만약 벽이 너무 가까울 경우(적외선)
      벽 반대 방향으로 완만하게 전진
   그렇지 않다면
      벽 방향으로 완만하게 전진
   만약 조건 끝
   만약 터치 범퍼가 눌릴 경우
      약간 뒤로 후진
      왼쪽으로 90도 방향 전환
   만약 조건 끝
   만약 오른쪽으로 길이 뚫린(적외선) 경우
      오른쪽으로 90도 방향 전환
   만약 조건 끝
루프 무한반복

목록 7-2 WallFollower 프로그램의 기본적인 의사코드

5 (옮긴이) 이 알고리즘은 '출구를 인식'하는 기능이 없습니다. 즉, 로봇이 미로의 출구를 빠져나가더라도 로봇은 '아직도 미로'라고 생각하고 계속 동작할 것입니다. 출구를 인식하기 위해서는 로봇이 배열 등을 활용해 미로의 지도를 그리는 과정이 동반되어야 하며 이 부분은 이 책에서 다루지 않습니다.

직선 벽 따라가기

맨 처음으로 만들어 볼 부분은 트라이봇이 직선으로 된 벽을 따라가는 것입니다. 스위치 블록을 사용해서 두 개의 조향모드 주행 블록 중 하나를 선택합니다. 하나는 벽 쪽으로 조금씩 가깝게 전진, 다른 하나는 벽 반대쪽으로 조금씩 멀어지게 전진입니다. 이 두 블록을 써서 트라이봇이 벽과 일정한 거리를 유지하도록 만들어 줍니다. 이 기법은 6장의 LineFollower 프로그램의 첫 번째 버전과 비슷한 형태로, 센서를 사용해서 구동 모터를 제어할 때 흔히 사용되는 패턴입니다.

코드 만들기

의사코드가 아닌 실제 프로그램을 구현하기 위해서는, 트라이봇과 벽 사이의 거리 역시 실제 값으로 구해야 합니다. 트라이봇은 가능하면 벽에 가깝게 인접한 상태로 전진하는 것이 좋지만, 반대로 벽에 너무 붙어 있을 경우 방향 전환에도 문제가 생길 수 있고 벽에 마찰이 생길 수도 있기 때문에 가깝지만 너무 달라붙지는 않는 적절한 거리가 필요합니다. 포트 보기를 사용하면서 아래의 절차를 따라 적절한 값을 측정합니다.

1. 적외선 센서가 벽을 향하도록 트라이봇을 배치합니다. 이때 바닥에 놓인 트라이봇의 바퀴 좌우를 손으로 반대로 돌려, 로봇이 제자리에서 방향을 전환할 때 공간이 충분한지 미리 확인해 봅시다(그림 7-9 참조).
2. 적외선 센서값을 소프트웨어의 '포트 보기' 또는 EV3 브릭의 Port View 메뉴를 써서 확인하고 기록합니다.

필자가 측정한 센서가 벽을 인식한 값은 7이기 때문에, 이 책의 예제에서는 적외선 센서의 경곗값을 7로 사용했습니다. 그러나 적외선 센서는 주변 환경에 영향을 많이 받고, 미로 역시 여러분이 테스트하는 환경이 필자와 다르

교구 세트를 사용할 경우

적외선 센서(일반 세트)와 초음파 센서(교구 세트)는 동작 원리는 다르지만 장애물과의 거리를 판단할 수 있으므로, 결과적으로 이번 장에서는 사용 목적이 같습니다. 따라서 여러분은 어느 센서를 사용해도 무방하며, 두 센서의 유일한 차이점은 프로그램에서 쓰이는 함수 블록의 모드와 경곗값뿐입니다. 이 장의 나머지 부분에서는 특별히 초음파 센서에 국한된 전용 기능을 사용할 경우를 제외하면 참고 이미지와 조립도, 설명에서 거리 감지용 센서는 적외선 센서 위주로 설명할 것입니다. 그리고 모드와 경곗값만 수정한다면 거리 감지와 관련된 기능은 초음파 센서로도 동일한 결과를 얻을 수 있습니다.

오히려 여러분이 가진 세트의 차이가 영향을 주는 부분은 구동에 관련된 부분입니다. 일반 세트와 교구 세트에 각각 포함된 일반 레고 부품 구성은 서로 조금씩 다르며, 특히 바퀴의 경우 지름의 차이가 곧 거리의 차이로 연결되기 때문에 조향모드 주행 블록과 같은 함수에서 거리나 조향각의 입력값이 일반 세트의 바퀴인지 교구 세트의 바퀴인지에 따라 이동거리가 달라질 수 있습니다. 이 책에서는 기본적으로 일반 세트에 포함된 바퀴를 기준으로 설명하며 교구 세트의 바퀴를 사용하는 경우에 대해서는 별도로 언급할 것입니다.

기 때문에 이 값은 여러분이 직접 측정해 보고 결정해야 합니다.

이제부터 프로그램을 만들 것입니다. 아래 지침에 따라 블록을 배치하고 몇 가지 테스트를 한 다음 설정을 조정해 봅시다.

1. 새 프로젝트를 만들어 Chapter7이라는 이름으로 저장합니다.
2. 새 프로그램을 만들어 WallFollower라는 이름으로 저장합니다.
3. 루프 블록을 추가합니다. 모드는 켜짐으로 설정합니다.
4. 스위치 블록을 루프 블록 안에 추가합니다.

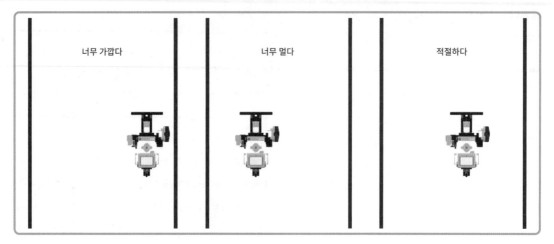

그림 7-9 트라이봇과 벽의 거리

너무 가깝다　　　　너무 멀다　　　　적절하다

5. 스위치 블록의 모드를 적외선 센서 - 비교 - 근접감지로
    설정합니다.

6. 경곗값은 로봇이 움직이기에 적절한 벽과의 거리를
    측정한 값으로 입력합니다(필자의 경우는 7입니다).

NOTE 초음파 센서를 사용할 경우, 스위치
블록의 모드를 초음파 센서 - 비교 - 거리
(cm)로 설정합니다. 경곗값은 약 10cm 이
상으로 잡는 것이 적절합니다.

이렇게 설정된 스위치 블록은 그림 7-10과 같습니다.

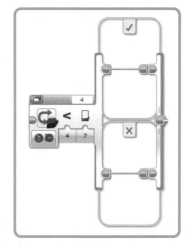

그림 7-10 벽과의 거리를 판단하기 위한 스위치 블록

7. 조향모드 주행 블록을 스위치 블록의 위쪽 케이스에
    추가합니다.

8. 루프가 수행되는 동안의 주행 안정성을 높이기 위해
    블록의 모드는 켜짐으로 설정합니다.

적외선 센서값이 경곗값보다 작으면(트라이봇이 벽에 너
무 가깝게 접근하면) 조향모드 주행 블록에 의해 벽 반대
방향으로 완만하게 멀어져야 합니다. 이를 위해 조향값은
작게 설정합니다.

9. 조향값은 −10으로 설정합니다.

앞서와 반대로 센서값이 경곗값보다 크면(트라이봇이 벽
으로부터 너무 멀어지면) 벽 방향으로 완만하게 가까워지
도록 유사한 설정을 적용합니다.

10. 조향모드 주행 블록을 스위치 블록의 아래쪽 케이스
    에 추가합니다.

11. 모드는 켜짐, 조향값은 10으로 설정합니다.

여기까지 완성되었다면, 스위치 블록(그림 7-11)의 반복
만으로도 로봇은 벽을 따라 일정한 거리를 유지하며 전진
할 수 있어야 합니다. 다음 단계는 약간의 테스트와 필요
한 부분에 대한 부분 수정입니다.

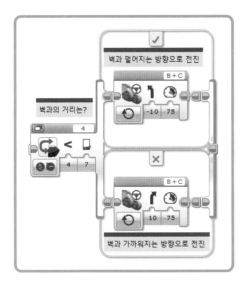

그림 7-11 벽을 따라 주행하기

테스트

이제 앞서 만든 프로그램 부분이 얼마나 잘 동작하는지 테스트해 볼 차례입니다. 테스트 결과가 계획대로일 수도 있지만, 보통은 그렇지 않은 경우가 더 많습니다. 따라서 테스트를 하고 문제를 분석한 뒤 프로그램을 수정하는 과정은 매우 중요합니다.

WallFollower 프로그램을 테스트하기 위해서는 미로가 있어야 하지만, 미로를 준비하기 어렵다면 모서리와 문이 있는 건물의 벽을 활용할 수도 있습니다(당연히 미로가 있다면 훨씬 더 재미있을 것입니다). 물리적인 미로를 만들기 위해서는 적외선 센서가 감지할 수 있을 만한 높이의 벽이 필요합니다. 또한 터치 센서 범퍼에 부딪히는 정도로 망가지지 않는 내구성도 필요합니다. 상자, 책 또는 큰 나무 블록을 사용해서 미로를 만들 수 있습니다. 당연히 레고 블록을 이용해서도 미로를 만들 수 있습니다.

프로그램을 테스트할 때 로봇이 벽을 문지르면서 가거나 혹은 반대로 벽과 너무 먼 방향으로 불안정하게 움직이는 것은 배터리의 출력이 최대치일 때 발생할 수 있는 문제 중 하나입니다. 이 경우 파워를 약간 낮추어 문제를

해결할 수 있으며, 배터리 출력이 조금 내려가게 되면 다시 파워를 조정해야 할 수도 있습니다.[6]

또 다른 경우로는 로봇이 벽으로부터 일정한 거리를 유지할 만큼 충분히 조향 각이 적용되지 않은 것일 수도 있습니다.

이제 프로그램의 신뢰성을 보다 높이기 위해 이 두 가지 설정을 조절해 봅시다. 먼저 좀 더 쉽게 적용할 수 있는 조향값부터 다루어 보겠습니다.

12. 두 조향모드 주행 블록의 파워값을 75에서 25로 낮춰 줍니다.

이런 방식으로 트라이봇을 감속시키는 것은 쉽고 간단하게 문제를 해결할 수 있는 방법이지만, 파워가 아닌 방향 전환 값을 수정해 문제 해결을 시도할 수도 있습니다. 조금씩 조향값을 바꾸어 테스트해 보고 두 조향모드 주행 블록의 조향값을 적절하게 수정해 줍니다. 표 7-1은 필자의 테스트 결과입니다.

조향값	결과
10	트라이봇은 잠시 괜찮아 보였으나 결국은 반응 속도가 느린 덕분에 벽에 부딪힘
20	트라이봇의 구동은 큰 문제가 없었음. 매끄러운 동작을 보여주지는 못했으나 무난함
30	트라이봇의 방향 전환 움직임이 과격해졌으며, 이로 인해 동작이 매우 불안정해짐

표 7-1 조향 테스트 결과

필자는 테스트를 통해 조향값을 20으로 적용하기로 결정했습니다.

13. 스위치 블록의 위쪽 케이스의 조향값을 −20으로 설정합니다.

---

6 (옮긴이) 고급의 산업용 모터 제어 시스템은 출력되는 전원의 전류량까지 정밀하게 제어되기도 합니다. 그러나 레고 마인드스톰 시스템은 그보다 훨씬 단순화된 제어 시스템이 적용되어 있으며, 장착된 전원이 배터리인지 충전지인지, 배터리라면 출력이 얼마나 남았는지에 따라서도 모터 제어 파워에 영향을 줄 수 있습니다.

14. 스위치 블록의 아래쪽 케이스의 조향값을 20으로 설정합니다.

그림 7-12는 수정된 프로그램입니다. 이 시점에서 트라이봇은 모서리나 갈림길이 없는 직선 코스를 일정한 간격을 유지하며 잘 주행해야 합니다.

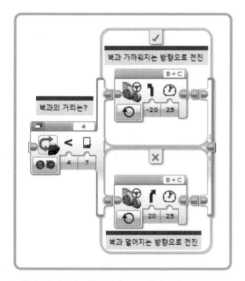

그림 7-12 직선 벽 주행을 위한 프로그램의 수정본

모퉁이 돌기

다음으로 만들 부분은 터치 센서를 사용해서 로봇이 앞이 막힌 곳에 도달할 때 트라이봇을 왼쪽으로 방향 전환 하도록 만드는 기능입니다. 이것은 앞서 만들어 본 Bumper Bot과 유사한 구조입니다.

목록 7-3은 전방 벽을 인식하고 방향을 전환하는 의사코드입니다.

만약 터치 범퍼가 눌릴 경우
    정지
    방향 전환을 위해 약간 후진
    왼쪽으로 90도 방향 전환
만약 조건 끝

목록 7-3 모퉁이를 돌기 위한 의사코드

트라이봇이 전방의 벽을 감지하고 방향 전환을 위해 후진과 좌회전을 한 뒤라면, 기존의 로봇이 유지하던 벽과의 거리는 달라졌을 것입니다. 적절한 위치에 자리하기 위해서는 두 개의 조향모드 주행 블록의 조향값과 이동 거리를 정해야 합니다. BumperBot 프로그램의 값을 기본으로 시작해서 몇 가지 테스트를 하며 적절한 값을 찾아보겠습니다.

코드 만들기

이 기능을 구현하기 위해 다음 단계를 수행합니다.

15. 스위치 블록을 루프 블록 안에, 기존 스위치 블록 오른쪽으로 추가합니다. 프로그램은 그림 7-13과 같습니다. 기본 설정을 유지하고(터치 센서 - 비교 - 상태 모드) 로봇이 전면 벽에 부딪힐 경우 수행될, 스위치 블록의 위쪽 케이스에 기능을 추가합니다.

16. 조향모드 주행 블록을 새 스위치 블록의 위쪽 케이스에 추가합니다. 모드는 정지로 설정합니다.

17. 뒤이어 추가로 조향모드 주행 블록을 연결해 줍니다. 먼저 추가한 블록은 모드를 각도로 동작, 각도는 −300도로 설정합니다. 이 블록은 로봇이 벽에 부딪힌 상태에서 방향을 전환하기에 적절할 만큼 간격을 확보하기 위해 트라이봇을 후진시킵니다.

18. 다른 조향모드 주행 블록과 균형을 맞추기 위해, 파워는 25로 설정합니다(모든 조향모드 주행 블록이 같은 파워로 설정될 경우, 로봇은 좀 더 부드럽고 안정적으로 움직입니다).

19. 위쪽 케이스에 조향모드 주행 블록을 추가합니다. 이번 블록은 방향 전환을 위한 것입니다. 모드는 앞과 같은 각도로 동작, 그리고 조향값을 −100, 각도는 250도로 설정합니다. 이번에도 파워는 25로 설정합니다. 이 블록이 수행되면 비로소 로봇은 전방의 벽이 오른쪽으로 향하도록 좌회전해서 터치 센서 범퍼로 인식했던 벽을 적외선 센서로 마주보게 됩니다.

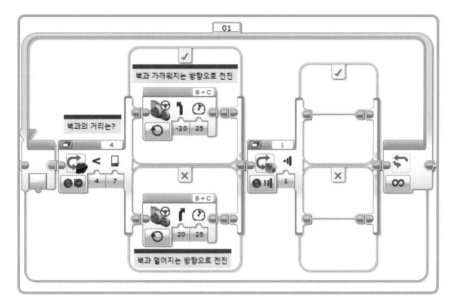

그림 7-13 범퍼 동작을 위한 스위치 블록의 추가

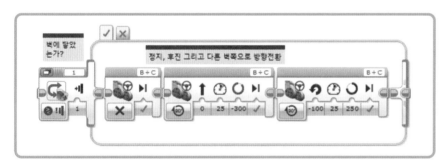

그림 7-14 ㄱ자 코스에서 왼쪽으로 돌기

NOTE 교구 세트의 바퀴는 일반 제품보다 지름이 큽니다. 따라서 교구 세트를 사용하고 있다면 일부 설정값을 바꾸어 주어야 합니다. 방향 전환 각도의 경우 250도 대신 185도가 더 적절할 수 있습니다.[7]

7 (옮긴이) 레고 타이어는 측면에 타이어의 폭과 지름이 표시되어 있습니다. 일반 세트에 포함된 타이어는 43.2×22로 표기되어 있으며, 이는 지름이 43.2mm임을 뜻합니다. 교구에는 56×28의 타이어가 포함됩니다. 원의 둘레를 구하는 공식을 적용해 타이어 1회전 시 바퀴의 이동 거리를 산출할 수 있으며, 이렇게 얻은 결과를 비례식으로 계산하면 이 책에 적용된 이동 거리에 대한 값들을 일반 세트가 아닌 교구 세트의 바퀴에 적절한 값으로 환산할 수 있습니다.

20. 조향값을 −100으로 설정해 로봇을 좌회전시킵니다.

21. 이 스위치 블록은 터치 센서 범퍼가 눌리지 않을 경우에는 할 일이 없기 때문에 두 개의 케이스 중 위쪽 케이스만을 사용합니다. 따라서 비어 있는 채 공간만 차지하는 아래쪽 케이스를 탭 뷰로 전환 버튼으로 숨겨 줍니다.

그림 7-14는 이렇게 완성된 터치 센서 범퍼에 대한 스위치 블록의 모습입니다.

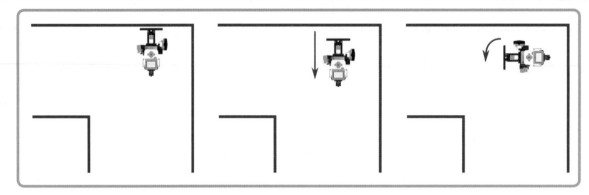

그림 7-15 벽에 부딪힌 후 뒤로 후진해서 방향 전환

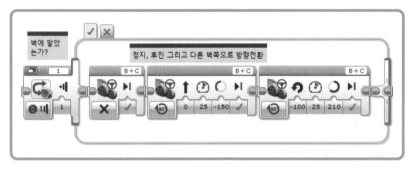

그림 7-16 최종 수정된 방향 전환

테스트

새 코드를 테스트하기 위해서는 트라이봇을 모퉁이에 가까운 쪽에서 출발시키고 벽에 부딪힐 때의 반응만을 살펴보는 것이 좋습니다. 그림 7-15는 트라이봇이 전방의 벽을 감지하고 방향을 바꾸는 과정을 보여 줍니다.

필자의 첫 번째 테스트에서는 몇 가지 문제점이 발견되었습니다. 먼저, 트라이봇의 후진 거리가 너무 길었고, 방향 전환 각도가 너무 컸습니다. 필자는 몇 번의 추가 테스트를 통해 후진을 300에서 150, 방향 전환을 250에서 210으로 바꾸고서야 만족할 만한 움직임을 확인했습니다. 그림 7-16은 이렇게 수정된 값이 적용된 모습입니다.

NOTE 교구 세트의 경우 후진은 110, 방향 전환은 160 정도가 적절합니다.

프로그램의 다음 부분을 만들기 전에, 앞서 수정한 프로그램이 제대로 동작하는지 충분히 테스트해 봅시다.

NOTE 프로그램에 새 기능이 추가되면 새 기능의 테스트와 함께, 기존에 잘 작동했던 기능도 다시 테스트해 보는 것이 좋습니다. 이렇게 하면 프로그램에서 발생될 수 있는 예기치 않은 버그를 좀 더 쉽게 찾을 수도 있습니다.[8]

뚫린 방향으로 이동하기

트라이봇이 주행 중 오른쪽 벽이 없음을 감지한다면, 우수법 알고리즘의 규칙에 따라 전방이나 왼쪽의 길 여부와 관계없이 오른쪽으로 방향을 전환하고 전진해야 합니다.

---

8 (옮긴이) 각각은 잘 동작하지만 조합하면 예상치 못한 문제가 발생하는 경우는 프로그래밍 과정에서 종종 발생하곤 합니다. 서로 유기적으로 결합될 때 한 프로그램이 다음 프로그램에 어떤 영향을 미치는지 잘 판단하는 것도 중요한 부분입니다.

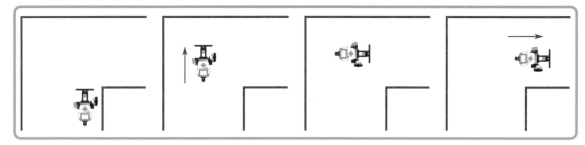

그림 7-17 오른쪽 통로를 향해 방향 전환하기

트라이봇이 주행 중 오른쪽으로 뚫린 길을 만나면 적외선 센서에는 갑자기 큰 거리값이 인식됩니다. 적외선 센서는 로봇의 중간을 기준으로 조금 앞쪽으로 장착되어 있기 때문에, 센서가 막 통로를 인식한 시점에서는 방향을 전환하기에 적절치 않습니다. 센서가 통로를 감지한 시점에서 로봇은 조금 더 전진한 후 90도 우회전으로 방향을 전환해야 합니다. 또한 방향을 전환한 시점에서는 적외선 센서가 로봇이 조금 전까지 지나친 길을 향해 있기 때문에 조금 더 앞으로 움직이는 명령도 필요합니다. 그림 7-17은 이와 같은 일련의 과정을 보여 줍니다. 목록 7-4는 이 과정을 수행하기 위한 의사코드입니다.

만약 적외선 센서가 오른쪽 벽이 없다고 판단하면
  정지
  방향 전환을 위해 약간 전진
  오른쪽으로 90도 방향 전환
  적외선 센서가 오른쪽 벽을 인식할 때까지 약간 전진
만약 조건 끝

목록 7-4 오른쪽으로 뚫린 길을 진입하기 위한 의사코드

프로그램에 블록을 추가하기 전에 스위치 블록과 조향모드 주행 블록의 설정값을 결정해야 합니다. 스위치 블록은 경곗값을 40cm(초음파 센서의 경우 25cm) 정도로 시작합니다. 이 값은 트라이봇이 단순히 벽이 멀어진 것이 아닌 확실히 벽이 없음을 인식할 만큼 커야 합니다. 조향모드 주행 블록의 경우 트라이봇이 모서리를 지나치고 안정적인 자세로 방향 전환을 하기 위한 조향값과 거리 등을 수차례 테스트해 보면서 값을 조절하는 것이 좋습니다.

코드 만들기

트라이봇이 오른쪽으로 뚫린 길을 진입하기 위해 다음 단계를 따라 프로그램을 수정합니다.

22. 루프 블록 안의 코드 마지막 부분에 스위치 블록을 추가합니다.

23. 스위치 블록의 모드를 적외선 센서 - 비교 - 근접감지로 설정합니다. 경곗값을 30으로 설정하고 비교 유형은 보다 큼으로 설정합니다.

24. 스위치 블록을 탭 뷰로 보기로 전환합니다. 우리가 필요한 케이스는 참(✓) 케이스이며, 거짓(✗) 케이스는 여기에서 사용하지 않습니다.

25. 스위치 블록의 참 케이스에 조향모드 주행 블록을 넣고 모드는 꺼짐으로 설정합니다.

26. 조향모드 주행 블록을 추가합니다. 모드는 각도로 동작, 파워는 25, 각도는 150으로 설정합니다. 이 블록은 로봇의 몸이 모서리 부분에 걸쳐지 않고 길의 한가운데에 위치하도록 로봇을 전진시킵니다.

27. 세 번째 조향모드 주행 블록을 추가합니다. 모드는 역시 각도로 동작, 조향값은 100, 파워는 25, 각도는 210으로 설정합니다. 이 블록이 로봇을 오른쪽으로 90도 회전시켜 줍니다.

28. 마지막 조향모드 주행 블록을 추가합니다. 모드는 각도로 동작, 파워 25, 각도는 150으로 설정합니다. 이 블록이 로봇을 방향 전환 후 오른쪽 새 길로 진입시킵니다.

그림 7-18 오른쪽으로 뚫린 길로 진입하기

NOTE 교구 세트의 경우 전진은 110, 방향 전환은 160 정도가 적절합니다.

그림 7-18은 우회전 동작이 적용된 프로그램의 모습입니다.

테스트

트라이봇을 오른쪽으로 길이 뚫린, 적절한 출발 위치에 놓고 프로그램을 실행해 전진 중 우회전 동작을 테스트합니다. 로봇이 제대로 오른쪽 길을 인식하고 적절한 위치와 방향으로 움직이는지 주의 깊게 관찰하십시오. 주의사항은 다음과 같습니다.

- 적외선 또는 초음파 센서의 경곗값이 너무 크면 로봇이 뚫린 길을 제대로 인식하지 못할 수 있습니다.
- 반대로 경곗값이 너무 작으면 로봇이 벽이 막혀 있을 때도 오른쪽으로 회전하면서 벽에 부딪힐 수 있습니다.
- 센서가 감지해야 할 벽 표면이 적절하지 않을 경우(천 재질과 같이 부드럽거나, 혹은 색이 너무 진하거나 등등) 벽을 감지하기 어려울 수 있으며, 이 경우 로봇은 벽이 있음에도 벽을 감지하지 못하고 우회전을 시도할 수도 있습니다.
- 로봇이 뚫린 길을 인식한 후, 충분히 앞으로 움직이지 않고 너무 일찍 방향 전환을 시도한다면, 로봇은 안쪽 벽 모서리에 충돌할 수 있습니다.

- 반대로 로봇이 너무 지나치게 앞으로 움직인 후 방향을 전환하면, 방향 전환 후 오른쪽 벽을 제대로 인식하지 못할 수 있습니다.
- 만약 방향 전환을 충분히 하지 않으면, 트라이봇은 벽에서 멀어져 엉뚱한 위치를 향하게 됩니다.
- 만약 방향 전환이 지나치게 크게 된다면 트라이봇은 벽에 부딪힙니다.
- 마지막 단계의 전진이 충분하지 않다면 트라이봇은 오른쪽 길로 제대로 진입하지 못하게 되며, 이 경우 센서는 오른쪽 길의 오른쪽 벽을 제대로 인식하지 못합니다.
- 마지막 단계의 전진이 지나치게 크다면 트라이봇은 역시 잘못된 이동을 하거나 다른 벽에 부딪힐 수 있습니다.

필자의 경우 테스트를 통해 세 가지 동작 모두 시간을 약간 조정해야 한다고 판단했습니다. 몇 번의 테스트 후에, 코너 인식 후 전진 300도, 오른쪽으로 방향 전환 190도, 오른쪽 길로 진입하기 위해 350도 정도의 값이 적절하다고 판단했습니다. 또한 가끔씩 트라이봇이 막힌 벽을 뚫린 것처럼 인식하고 오동작하는 현상도 발견되어 적외선 센서의 스위치 블록 경곗값을 20으로 수정한 결과, 문제가 해결되었습니다.

🔊 사운드 블록을 사용해서 프로그램의 버그 찾아내기

오른쪽 길로 진입하기 위해서 우리는 네 개의 조향모드 주행 블록을 사용했습니다. 실제로 로봇이 동작하면서 이 코드가 실행되면, 현재 로봇의 동작이 정확히 어느 블록인지 판단하기 어려워 적절한 각도 값을 찾기 어려울 수도 있습니다. 이때 한 블록이 끝나고 다음 블록이 시작된다는 것을 알 수 있다면 각각의 동작을 이해하고 값을 조정하기 한결 더 쉬워질 것입니다.

각 조향모드 주행 블록 앞에 서로 다른 음을 연주하는 사운드 블록을 삽입하면 로봇은 움직임을 구분 동작으로 실행하면서 각 동작마다 소리로 알려 주기 때문에 여러분이 현재 로봇의 동작이 어떤 블록에 의한 것인지 좀 더 쉽게 파악할 수 있습니다. 사운드 블록의 재생 유형이 소리를 재생하는 동안 로봇이 멈추지 않도

록(완료 대기가 되지 않도록) 1회 재생인지 확인합니다. 그림 7-19는 첫 번째 주행 블록과 두 번째 주행 블록 사이에 사운드 블록을 추가한 모습입니다.

사운드 블록과 같은 디버깅 목적의 코드를 추가할 경우, 이렇게 추가된 블록이 프로그램의 타이밍(시간에 영향을 받는 동작)에 가능한 한 영향을 주지 않도록 하는 것이 좋습니다. 이 부분을 고려하지 않는다면 로봇은 디버깅 때 정상 동작하고, 디버깅용 사운드 블록을 제거했을 때 다시 이상하게 동작할 수도 있습니다.

테스트가 끝나고 사운드 블록을 제거한 후에도 프로그램이 여전히 정상 동작하는지 확인하는 것 역시 중요합니다.

그림 7-19 움직이는 동작을 수행하기 전 소리로 알려주기[9]

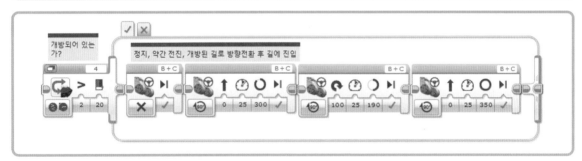

그림 7-20 오른쪽 길로 진입하는 동작을 테스트한 후 수정한 프로그램

NOTE 교구 세트의 경우 코너 인식 후 전진 225, 방향 전환 140, 오른쪽으로 진입에 260 정도의 값이 적절합니다. 또한 초음파 센서를 쓸 경우 경곗값을 30cm 정도로 설정해 주었습니다.

그림 7-20은 프로그램의 최종적인 모습입니다.

9　(옮긴이) 전진은 정확한데 방향 전환이 크다, 또는 너무 많이 전진한 후 정확히 90도 방향 전환을 했다와 같이, 각 동작을 구분동작으로 실행하며 알려 준다는 의미입니다.

최종 테스트

트라이봇이 오른쪽으로 뚫린 길을 정확하게 진입하는 기능까지 테스트가 완료되었다면, 이제는 전체 프로그램의 최종 테스트를 할 차례입니다. 우리는 앞서 이 프로그램의 요구사항(104쪽의 '미로를 풀고 나가는 방법' 참조)을 통해 로봇이 직선 벽을 따라가고 갈림길에서 어떤 동작을 수행해야 하는지 정의했습니다. 이 요구사항을 만족시키

기 위해 이번 장에서 만든 프로그램이 정상 동작한다면, 트라이봇은 간단한 미로를 탐색해 출구까지 나갈 수 있을 것입니다. 프로그램이 제대로 동작하는지 확인하기 위해 테스트 미로의 모양을 조금씩 바꾸어 가면서 일련의 갈림길과 꺾인 길을 제대로 탐색하는지 확인하십시오.

예상대로 로봇이 움직인다고 확신할 수 있다면, 이제는 조건을 바꾸어 가면서 로봇을 테스트해 볼 수 있습니다. 예를 들어 벽의 간격을 조정(길의 너비가 넓어지거나 좁아짐)할 경우 로봇의 동작에 어떤 영향을 주는지 생각해 보고 확인할 수 있습니다. 또한 미로에 곡선이나 경사 코스를 추가해 로봇의 반응을 관찰하고 문제 해결을 시도해 볼 수도 있습니다. 여기서 짠 프로그램이 이런 상황을 처리하도록 설계되지는 않았지만, 경우에 따라서는 이러한 악조건에서도 잘 동작할 수 있습니다. 설령 제대로 동작하지 않더라도 프로그램을 조정해서 문제를 해결하며 사고의 폭을 넓힐 수 있을 것입니다.

추가적인 탐구

프로그램이 잘 동작한다면, 다음의 도전과제들을 추가로 시도해 보기 바랍니다.

1. 트라이봇이 벽에서 정확한 거리를 유지하도록 할 수 있다면, 뚫린 길을 인식하도록 하는 별도의 코드가 필요하지 않습니다. 코드 첫 부분에서 적외선 또는 초음파 센서에 기반하여 조향값을 설정하는 것만으로도 로봇은 벽 우측의 코너를 자동으로(알아서) 돌아갈 것입니다. 중요한 점은 트라이봇이 적절한 거리를 유지하고 벽을 벗어나지 않고 방향을 전환할 수 있는 최적의 경곗값을 찾는 것입니다. 다양한 값을 시도하고 결과를 관찰하면서 적절한 값을 확인해 봅시다.

2. 이 프로그램은 미로의 모든 길이 90도 직각으로 이루어진다고 가정했기 때문에 방향 전환을 위해 90도 턴 기능만 사용합니다. 그러나 센서가 읽은 벽과의 거리에 따라 자세가 계속 바뀌기 때문에 로봇의 방향은 항상 정확한 90도가 된다는 보장이 없습니다. 이제 90도라는 전제조건을 버리고, 좀 더 다양한 각도로 꺾인 미로를 시험해 보면서 트라이봇이 좀 더 다양한 상황에서 적절하게 동작할 수 있도록 여러 가지 각도를 테스트해 보기 바랍니다.

3. 6장의 LineFollower 프로그램은 중첩된 스위치 블록을 통해 좌우로 지그재그 하는 동작을 최소화했습니다. 트라이봇의 벽 따라가기 동작 역시 이와 같은 개념을 적용할 수 있습니다. 적절하게 스위치 블록을 추가해서 프로그램을 바꾸고 로봇이 지그재그 형태가 아닌 좀 더 안정적으로 직선 주행을 할 수 있는지 확인하고 프로그램이 오른쪽으로 뚫린 길을 인식하는 데는 영향을 미치지 않는지 확인하십시오.

4. 터치 센서를 사용해서 벽을 물리적으로 감지하는 대신, 교차로 지점의 벽에 특정한 색을 입히고 컬러 센서로 색을 인식해 동작을 결정하도록 시도해 봅시다. 빨간색이 보일 때 특정 사운드를 재생하거나, 파란색이 보이면 속도나 방향을 바꾸는 것과 같이 색상을 이용해 로봇이 좀 더 다양한 동작을 수행하도록 테스트해 봅니다.

마무리

이번 장에서는 전형적인 미로 탐색 프로그램을 통해 EV3로 프로그램을 개발하는 과정을 살펴보았습니다. 프로그램의 골격을 의사코드로 설계하고, 각 단계마다 프로그램의 논리적인 부분을 추가하며, 추가된 코드의 기능을 테스트해 보고 적절한 값을 수정하는 과정과 함께, 각 동작을 디버깅하는 방법에 대해서도 알아보았습니다.

다음 장에서는 EV3 소프트웨어의 가장 강력한 기능 중 하나인 데이터 와이어를 살펴보도록 하겠습니다.

8

데이터 와이어

이번 장에서는 데이터 와이어를 사용해서 한 블록에서 다른 블록으로 정보를 전달하는 방법을 살펴보겠습니다. 데이터 와이어를 사용하면 프로그램이 동작하는 동안 함수 블록의 특정 설정값들을 원하는 대로 바꿀 수 있습니다 (예를 들어 새로 읽은 센서값을 경곗값에 적용). 데이터 와이어는 가장 강력한 EV3 프로그래밍 기능 중 하나이며, 이를 능숙하게 활용할 수 있다면 좀 더 다양한 고급 프로그래밍 기법을 구현해 볼 수 있습니다.

이번 장에서는 간단한 예제를 통해 데이터 와이어란 무엇이며 어떤 식으로 동작하는지 살펴보겠습니다. 기본 개념을 살펴본 후 트라이봇을 소리 출력 장치로 활용하는 독특한 프로그램을 통해 데이터 와이어를 연습해 볼 것입니다. 이 과정을 통해 여러분은 마인드스톰 소프트웨어가 지원하는 데이터 와이어의 전반적인 개념을 경험해 볼 것이며, 데이터 와이어의 활용에 특히 도움이 되는 새로운 블록들도 살펴볼 것입니다.

데이터 와이어란 무엇인가?

이제까지 우리가 사용한 대부분의 함수 블록이 작업을 수행하기 위해서는 여러 가지 값이 필요합니다. 이를테면 조향모드 주행 블록은 구동할 대상 모터의 포트, 이동 속도 및 구동 시간 등의 정보를 필요로 합니다. 이와 같이 블록이 외부로부터 요구하는 데이터를 입력 데이터라고

합니다. 지금까지는 각 블록에 대한 입력 데이터를 컴퓨터에서 키보드 입력을 통해 구성했습니다.

일부 블록은 자기 스스로 데이터를 만들어 외부로 내보낼 수도 있습니다. 이렇게 만들어진 데이터는 출력 데이터라고 합니다. 예를 들어, 모터 회전 블록은 모터에 내장된 회전 센서의 값을 읽어 다른 블록에게 현재 각도의 값을 전달해 줄 수 있습니다.

데이터 와이어의 개념은 한 블록의 출력 데이터를 다른 블록의 입력 데이터로 쓸 수 있도록 전달해 주는 것입니다. 이는 프로그램이 실행되는 중에도 블록의 설정값을 능동적으로 변화시킬 수 있기 때문에 프로그램을 작성하는 단계에서 고정된 값을 입력하는 것보다 훨씬 더 유연하게 적용할 수 있습니다. 예를 들어, 여러분은 센서가 읽은 값을 이용해서 다른 블록을 제어하도록 만들 수 있습니다.[1]

GentleStop(부드럽게 멈추기) 프로그램

GentleStop이라고 명명한 이 프로그램은 데이터 와이어의 개념을 쉽게 이해하기 위해 고안되었습니다. 이 프로그램은 트라이봇을 전진시키면서 벽을 인식하면 급정거

---

1 (옮긴이) 이전까지 직접 입력했던 것과 같은, 프로그램이 만들어지는 단계에서 결정되고 고정된 값은 '상수'의 개념, 그리고 데이터 와이어와 같이 실시간으로 변할 수 있는 값은 '변수'의 개념으로 볼 수 있습니다.

하지 않고 점진적인 감속을 통해 부드럽게 벽 앞에서 멈추도록 합니다.

이 프로그램의 핵심 요소는 트라이봇의 속도가 그림 8-1과 같이, 벽과 얼마나 떨어져 있는지에 따라 달라져야 한다는 것입니다. 로봇이 벽에 더 가까이 접근할수록 속도는 점점 줄어들어야 합니다. 적외선 센서 블록은 로봇이 벽과 얼마나 떨어져 있는지 판단하고, 조향모드 주행 블록은 이 값을 파워 변수에 적용해 로봇의 속도를 제어합니다. 그림 8-2는 이 두 블록이 프로그램에서 어떻게 연결되는지 보여 줍니다.

NOTE 교구 세트의 경우 적외선 센서 대신 초음파 센서를 사용하십시오. 이 프로그램은 적외선과 초음파 양쪽 모두에서 잘 동작합니다.

프로그램이 실행되면 조향모드 주행 블록의 파워값은 로봇과 벽의 거리에 따라 반복적으로 새롭게 설정됩니다. 예를 들어, 센서값이 80일 경우 트라이봇은 벽과 상당히 멀리 떨어진 상태라 할 수 있습니다. 이때는 파워값에 80이 적용되며 로봇은 벽을 향해 빠르게 달려갑니다. 달려갈수록 로봇과 벽의 거리는 가까워지게 되며, 줄어든 값은 계속 파워에 적용되어 점차 속도가 줄어듭니다. 센서값이 20 정도가 되면 로봇은 벽에 부딪히기 일보직전이지만, 파워값 역시 20으로 적용되기 때문에 빠른 속도로 부딪혀 부서질 걱정은 할 필요가 없습니다. 결국 로봇의 구동 파워는 10 이하의 아주 느린 속도까지 감속되고 부드럽게 터치 센서가 눌리면 비로소 정지하게 됩니다.

NOTE 전면의 벽을 감지하기 위해서는 적외선 센서가 앞을 향해야 합니다. 미로 탐색 실습을 끝내고 아직 센서를 그대로 두었다면 그림 8-3과 같이 센서의 위치를 수정해 주십시오.

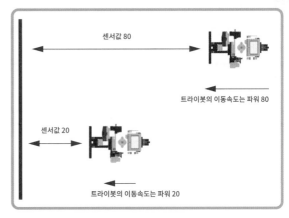

그림 8-1 트라이봇은 벽에 가까워질수록 감속됩니다.

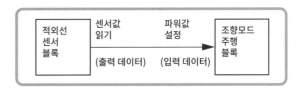

그림 8-2 적외선 센서 블록과 조향모드 주행 블록의 관계

그림 8-3 적외선 센서가 앞을 향해 장착된 트라이봇

프로그램 만들기

이 프로그램은 적외선 센서 블록과 조향모드 주행 블록을 루프 안에 배치해서 만듭니다. 루프의 종료 조건은 터치 센서가 눌릴 때로 설정해 줍니다. 결국 로봇은 감속을 통해

벽에 부드럽게 닿게 되고, 터치 센서가 눌리면서 프로그램이 종료됩니다. 블록을 배치한 후 데이터 와이어를 써서 적외선 센서 블록의 출력을 조향모드 주행 블록의 파워 입력에 연결합니다.

센서 블록(적외선, 터치, 컬러 센서 블록과 같은)은 앞서 사용해 본 대기, 스위치, 루프 블록과 같은 모드 및 설정을 가지고 있습니다. 각 센서 블록은 하나 이상의 데이터 와이어 출력을 가지고 있으며, 와이어를 사용해 대기, 스위치, 루프 이외의 블록들도 제어할 수 있습니다. 예를 들어 그림 8-4는 측정 - IR 비콘 모드로 설정된 적외선 센서 블록으로, 비콘의 방향, 비콘의 신호 강도, 비콘 신호 유무를 데이터로 출력합니다. 그림 8-5는 측정 - 거리(cm) 모드로 설정된 초음파 센서 블록으로, 거리만을 데이터로 출력합니다.

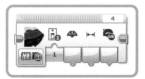

그림 8-4 적외선 센서 블록

그림 8-5 초음파 센서 블록

다음 단계에 따라 프로그램을 만들어 봅시다.

1. 새 프로젝트를 만들고 Chapter8로 저장합니다.
2. 새 프로그램을 만들어 GentleStop으로 저장합니다.
3. 그림 8-6과 같이 프로그램을 만들어 줍니다. 조향모드 주행 블록은 켜짐으로, 적외선 센서 블록의 모드는 측정 - 근접감지로 설정합니다.

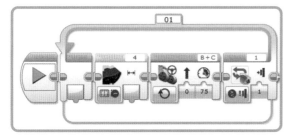

그림 8-6 데이터 와이어를 연결하지 않은 GentleStop 프로그램

NOTE 초음파 센서를 사용한다면, 초음파 센서 블록을 사용하고 모드를 측정 - 거리(cm)로 설정합니다.

3개의 블록이 배치되었으므로 이제 적외선 센서 블록과 조향모드 주행 블록을 데이터 와이어로 연결해 줍니다.

그림 8-6에서 조향모드 주행 블록은 조향과 파워, 두 개의 입력을 설정할 수 있습니다. 적외선 센서 블록은 입력이 없고 출력만 있습니다. 적외선 센서 블록에서 아래로 돌기가 나온 사각형(🔲)은 블록에서 값이 나가는, 데이터 출력입니다. 반대로 주행 블록의 위로 돌기가 나온 사각형(🔒)은 블록으로 값이 들어가는, 데이터 입력입니다.

적외선 센서 블록이 실행되면 벽과 센서의 거리를 측정하고 출력을 통해 거리 값을 활용할 수 있습니다. 이 출력을 클릭해 데이터 와이어를 연결하고 조향모드 주행 블록의 파워 입력을 클릭해 데이터 연결을 마무리합니다.

4. 마우스 커서를 적외선 센서의 출력 위로 이동합니다. 그림 8-7과 같이 마우스 커서가 실패에 실이 감긴 모양으로 바뀌어야 합니다.[2]

그림 8-7 데이터 와이어를 연결하려 할 때의 마우스 커서의 변화

5. 마우스 커서를 클릭한 채 잡아끌면 그림 8-8과 같이 와이어가 연결된 블록이 나옵니다. 이 블록은 같은 모양의 블록 입력이 그려진 함수 블록에 연결할 수 있습니다. 블록 위로 마우스가 이동하면 연결 가능한 데이터 블록이 하늘색으로 바

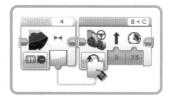

그림 8-8 데이터 와이어 연결

2　(옮긴이) 데이터 와이어가 실처럼 보인다는 이유로, 마인드스톰 소프트웨어와, 그 기반이 되는 'LabVIEW'라는 그래픽 언어에서는 와이어 연결 작업 시 마우스 커서를 이와 같이 실이 감긴 실패 모양으로 바꾸어 사용자에게 알려 줍니다.

꿉니다.

6. 출력 블록을 조향모드 주행 블록의 파워 입력에 연결해 줍니다. 최종적인 프로그램의 형태는 그림 8-9와 같습니다.

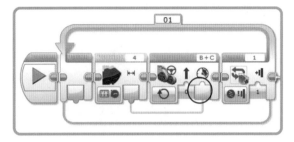

그림 8-9 데이터 연결이 완료된 GentleStop 프로그램

NOTE 실수로 데이터 연결을 잘못된 곳에 연결했다면 풀다운 메뉴에서 편집 - 실행 취소(또는 단축키 Ctrl + Z)를 눌러 작업을 취소하거나, 입력에 연결된 데이터 와이어 '블록 입력' 플러그(그림 8-9의 검은색 원 부분)를 클릭한 채 잡아끌어서 '뽑으면' 됩니다.

이제 프로그램을 다운로드하고 테스트해 봅시다. 트라이봇을 방 중앙에 벽을 똑바로 향하게 놓고 프로그램을 실행합니다. 로봇은 신속하게 출발하지만 벽이 가까워질수록 점차 속도가 느려집니다. 결국 로봇은 벽을 들이받지 않고 아주 부드럽게 벽에 닿으며 정지할 것입니다.

NOTE 이번 테스트에서는 트라이봇을 너무 벽 가까이 두지 않는 것이 좋습니다. 로봇이 최초로 '시동'을 걸고 출발할 수 있을 만큼의 파워가 모터에 전달되어야 합니다. 예를 들어 트라이봇을 벽과 15cm 이내로 가까이 둔다면 모터의 출발 파워가 충분치 않아 로봇이 출발하지 못할 수도 있습니다.

데이터 와이어 사용 팁

앞서 사용해 본 것과 같이, 데이터 와이어로 두 블록을 연결하는 것은 아주 쉽습니다. 여기에서는 데이터 와이어를 사용할 때 기억해 두면 유용할 몇 가지 내용을 다시 한번 정리합니다.

- 데이터 와이어는 마우스의 커서가 바뀌었을 때 쓸 수 있습니다(커서가 바뀌지 않은 상태에서 잡아끌면 함수 블록 자체를 움직이게 됩니다).

- 데이터 와이어를 그리는 중에 취소를 하고 싶다면 키보드의 Esc 키를 누릅니다.

- 풀다운 메뉴의 편집 - 실행취소(Ctrl + Z)를 선택하여 직전에 그려진 와이어를 취소할 수 있습니다.

- 이미 연결된 데이터 와이어를 삭제하기 위해서는 와이어 블록 입력의 플러그를 클릭한 채 잡아끌어서 와이어를 뽑아 줍니다(GentleStop 프로그램에서는 조향모드 주행 블록의 파워 아래).

- 와이어는 무조건 직선의 조합으로 구성되며, 각각의 와이어는 클릭한 채 잡아끌어서 위치를 조절할 수 있습니다. 한 개의 출력에서 여러 개의 입력으로 데이터를 전달할 수도 있으며, 이 경우 와이어를 잡아끌어서 임의로 모양을 정리할 수 있습니다.

- 와이어의 배치된 모양이 마음에 들지 않거나 데이터의 흐름을 알아보기 어렵다면 와이어를 더블클릭하면 됩니다. EV3 소프트웨어가 와이어의 모양을 가장 단순한 형태로 자동으로 재구성합니다.

- 함수 블록을 삭제하면 여기에 연결된 모든 데이터 와이어도 자동으로 삭제됩니다.

- EV3가 컴퓨터에 연결되어 있고, EV3 브릭의 버튼 메뉴를 눌러 EV3에서 프로그램을 직접 실행하는 방식이 아닌, 컴퓨터의 EV3 소프트웨어에서 오른쪽 아래의 프로그램 실행 버튼을 클릭해 EV3 프로그램을 실행할 경우 데이터 와이어 값을 소프트웨어에서 볼 수 있습니다. 그림 8-10은 실행 중 마우스를 와이어에 가져간 상태로, 센서값 24가 팝업으로 보이는 것을 확인할 수 있습니다. 값이 없을 경우(함수 블록이 아직 실행되지 않았을 경우 등…)에는 센서값으로 '---'이 출력될 수도 있습니다. 이 기능을 잘 활용하면 매우 편리하게 소프트웨어 디버깅을 할 수 있습니다.

- 각 입력 블록은 하나의 출력 블록으로부터 값을 받아

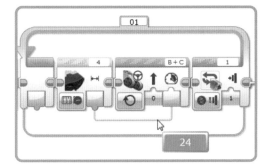

그림 8-10 데이터 와이어 값 관찰

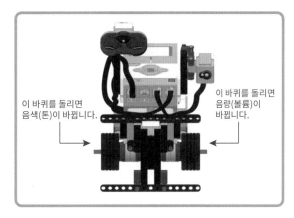

이 바퀴를 돌리면 음색(톤)이 바뀝니다.

이 바퀴를 돌리면 음량(볼륨)이 바뀝니다.

그림 8-11 바퀴를 사용해서 사운드 블록을 제어

야 합니다. 이것은 두 개 이상의 데이터가 동시에 입력될 경우 어떤 것을 사용해야 하는지 판단할 수 없기 때문입니다. 단, 출력 블록은 동시에 여러 개의 입력 블록으로 값을 전달할 수 있습니다.[3]

😀 **도전과제 8-1**

LineFollower 프로그램에서 했던 것처럼 트라이봇의 전면에 컬러 센서를 장착합니다. GentleStop 프로그램을 새 이름으로 저장하고 적외선 센서 블록 대신 컬러 센서 블록을 사용합니다. 모드는 측정 - 주변광 강도로 설정해 주고, 손전등을 사용해서 로봇을 유도해 봅시다. 로봇이 빛을 탐색하거나 따라가는 것은 아니지만, 손전등의 방향에 따라 주변 밝기가 달라지면 로봇이 더 빨리 혹은 더 천천히 움직이도록 만들어 봅시다.

SoundMachine(소리출력장치) 프로그램

다음 프로그램인 SoundMachine은 여러분의 트라이봇을 그림 8-11과 같이, 간단한 소리출력장치로 만들 것입니다. 모터 B의 바퀴가 볼륨을 제어하고, 모터 C의 바퀴는 주파수(소리의 톤)를 제어합니다. 음악 믹싱 기기를 조작하는 DJ처럼, 모터 B와 C의 바퀴를 돌려 소리를 크거나 작게, 소리가 둔탁하거나 날카롭게 바꿀 수 있습니다.

---

3 (옮긴이) 내가 말을 할 때는 여러 사람이 내 말을 동시에 들을 수 있습니다. 그러나 여러 사람이 동시에 내게 말을 하면 나는 알아듣기가 어려운 것과 같습니다.

이 프로그램은 사운드 블록을 사용해서 '삐' 소리를 생성합니다. 두 개의 모터 회전 블록은 각 바퀴가 얼마나 회전했는지를 측정합니다. 여기에서의 모터는 구동되지 않고 꺼진 상태로 다이얼 스위치의 용도로만 사용됩니다. 데이터 와이어로 모터 회전 블록의 출력을 사운드 블록의 입력에 전달합니다. 이 프로그램은 세 부분으로 나누어 작업할 것입니다. 먼저 볼륨의 제어부터 살펴보고, 그 다음에는 톤의 조절을, 마지막으로 일련의 조작에 대한 값을 EV3의 화면에 출력하는 기능을 추가할 것입니다.

볼륨 조절하기

맨 먼저 만들어 볼 프로그램은 GentleStop 프로그램과 약간 유사합니다. 여기에서는 적외선 센서 블록 대신 모터 회전 블록, 조향모드 주행 블록 대신 사운드 블록을 사용한다는 차이점뿐입니다. 삐 소리를 내기 위해 사운드 블록의 주파수 입력을 설정하고, 모터 회전 블록의 회전 센서 각도 출력을 사운드 블록의 '음량'에 연결합니다. 전체 프로그램은 당연히 루프 안에 들어가야 합니다.

사운드 블록은 그 특성상, 너무 빠르게 반복 실행될 경우 소리가 왜곡될 수 있습니다. 이 문제는 루프의 마지막 부분에 0.02초 정도의 시간 대기로 지연을 주면 간단히 해결됩니다. 목록 8-1은 SoundMachine의 의사코드입니다.

```
루프 시작
    모터 B 회전 센서 읽기
    모터 B 회전값으로 사운드 블록의 음량 설정
    0.02초 시간 지연
루프 무한반복
```

목록 8-1 음량을 제어하는 의사코드

그림 8-12는 데이터 와이어를 연결하기 전의 프로그램입니다. 모터 회전 블록은 모터 포트 B를 사용하도록 설정되고 사운드 블록의 모드는 톤 재생으로 설정되었습니다. 재생 유형은 한 번 재생으로 설정되어 소리를 재생하는 동안 프로그램이 일시 중지되지 않습니다(만약 소리를 내는 동안 프로그램이 일시 중지되었다가 다시 실행된다면 섬세한 볼륨 조절을 프로그램이 따라가지 못할 것입니다). 루프가 반복되며 사운드는 계속 재생되고, 프로그램은 계속 회전 센서를 확인해서 볼륨을 재조정합니다.

이제 모터 회전 블록의 각도 출력을 사운드 블록의 음량 입력에 연결해서 이 프로그램을 마무리합니다(그림 8-13 참조).

프로그램이 시작되면 회전 센서는 0을 읽기 때문에 아무런 소리도 들리지 않습니다. 모터 B의 바퀴를 돌리면 비로소 음량이 바뀌며 소리가 들릴 것입니다.

사운드 블록의 음량은 0(묵음)~100(가장 큰 소리)의 설정을 사용합니다. 모터 회전 블록은 도 단위로 각도를 측정하며 360도가 1회전이므로, 100도는 약 1/3 회전에서 1/4 회전 사이가 됩니다. 즉, 바퀴를 조금만 돌리는 것으로도 금방 묵음에서 최고 음량으로 바꿀 수 있습니다.

모터 회전 블록은 모터가 앞으로 회전할 때 값이 양수로 증가하고, 뒤로 회전할 때 음수로 감소합니다. 음량은 0 이상만 적용되므로 음수로 설정될 경우 음량은 묵음 상태라 할 수 있습니다. 음량 입력은 0부터 100까지만 적용되며, 0보다 작은 값은 0으로, 100보다 큰 값은 100으로 처리됩니다.

수학 블록의 활용

사운드 블록 프로그램의 2단계에서는 약간의 수학 계산이 필요합니다. 그림 8-14는 EV3 프로그램 내부적으로 계산이 필요할 경우 사용하는 수학 블록입니다. 빨간색 데이터 연산 팔레트에서 수학 블록을 찾을 수 있습니다.

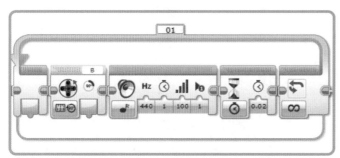

그림 8-12 데이터 와이어를 연결하기 전의 SoundMachine 프로그램

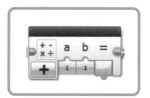

그림 8-14 데이터 연산 - 수학 블록

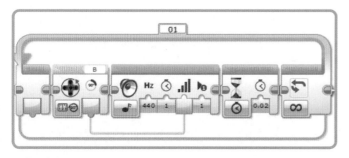

그림 8-13 바퀴의 회전으로 음량 제어

수학 블록은 하나 또는 두 개의 숫자를 입력하고, 이 숫자들에 대해 수행할 연산법을 모드로 설정합니다. 숫자는 기존의 센서 경곗값 입력과 같이, 직접 입력할 수도 있고 데이터 와이어를 통해 다른 블록으로부터 받은 값을 활용할 수도 있습니다. 계산된 결괏값은 블록 출력 플러그를 통해 다른 블록의 데이터 입력에 전달할 수 있습니다.

수학 블록의 모드는 연산 방법을 선택합니다(그림 8-15). 사칙연산은 두 개의 입력(a, b)을 필요로 하며, 절댓값과 제곱근은 하나의 숫자만을 필요로 하기 때문에 한 개의 입력(a)만을 사용합니다. 고급 모드는 좀 더 복잡한 방정식을 쓸 수 있으며, 이 부분은 13장에서 다룰 것입니다.

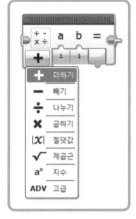

그림 8-15 수학 블록의 연산 모드

주파수 조절 추가

이제 볼륨 기능에 이어 소리의 직접적인 음색을 바꾸기 위한 주파수 조절 기능을 추가할 것입니다. 모터 C의 회전 센서를 사용하고 이 출력을 사운드 블록의 주파수 입력에 연결합니다. 주파수는 Hz(헤르츠) 단위로, 300Hz(최저, 둔탁한 소리)에서 10,000Hz(최고, 가늘고 날카로운 소리)까지 설정할 수 있습니다.

NOTE 각 블록의 입출력에 대한 상세한 제한조건, 이를테면 허용되는 최소/최대 값과 같은 정보는 '컨텍스트 도움말' 윈도우 또는 'EV3 도움말 표시'를 통해 확인할 수 있습니다. 컨텍스트 도움말은 필요한 입출력에 대한 간략한 정보를 제공하며 EV3 도움말에서는 좀 더 상세한 범위와 설명을 도표와 간략한 활용 사례로 제공합니다. 컨텍스트 도움말은 Ctrl+H, EV3 도움말은 F1 키로 확인할 수 있습니다.

주파수 범위는 매우 커서(300~10000) 음량 제어보다 조금

더 복잡한 과정이 필요합니다. 여러분이 음량 제어와 동일하게 데이터 와이어를 연결한다면, 최초 저음이 발생되기 위해 1회전(360도)은 돌려야 하고, 가장 높은 주파수까지 올라가기 위해서는 약 27바퀴(10000/360 = 27.777...)를 돌려야 합니다. 당연히 이런 상황이라면 주파수를 조절하기가 매우 번거롭고 귀찮을 것입니다.

모터 회전 블록이 출력하는 각도 값을 사운드 블록으로 전달하기 전에, 값을 100배 정도 증폭시킨다면(1도 = 100, 3도 = 300, 360도 = 36000, 여기에서도 요구범위인 300보다 작은 값은 300으로, 10000보다 큰 값은 10000으로 프로그램에 의해 자동 대치됩니다) 주파수 조절을 위한 모터를 1/3 정도만 돌려도 손쉽게 최고 주파수에 해당되는 값을 만들 수 있습니다. 이를 위해 수학 블록의 사칙연산 기능을 사용할 것입니다.

목록 8-2는 새로 기능이 추가된 의사코드입니다.

루프 시작
    모터 B 회전 센서 읽기
    모터 C 회전 센서 읽기
    모터 C 회전 센서값 100배 증폭
    증폭된 값으로 사운드 블록의 주파수 설정
    모터 B 회전값으로 사운드 블록의 음량 설정
    0.02초 시간 지연
루프 무한반복

목록 8-2 주파수를 제어하는 기능이 추가된 의사코드

그림 8-16은 변경된 프로그램의 모습입니다. 모터 C의 각도 출력은 수학 블록의 입력값 a로 전달되며, 입력값 b에 설정된 100과 곱하기 연산으로 100배 증폭되어 수학 블록의 출력을 통해 사운드 블록의 주파수 입력에 전달됩니다. 독자들의 이해를 돕기 위해 루프 블록의 크기와 데이터 와이어의 형태를 좀 더 보기 좋게 적당한 여백으로 위치를 조정했습니다. 이와 같은 정리는 필수 요소는 아니지만, 선이 뒤죽박죽으로 엉키고 루프에 가려 흐름이 보이지 않는 것보다 훨씬 더 프로그램을 이해하기에 쉽습니다.

이제 프로그램을 실행하면 트라이봇의 좌우 바퀴를 돌

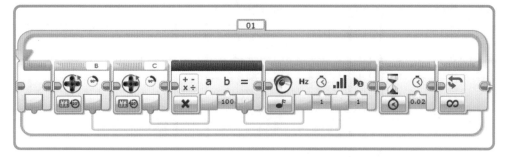

그림 8-16 모든 기능이 추가된 SoundMachine 프로그램

려 음색과 음량 두 가지를 동시에 제어할 수 있게 됩니다.[4]

데이터의 유형 이해

SoundMachine 프로그램을 마무리하기 전에 데이터 와이어에 대해 한 가지를 더 살펴보겠습니다. 여러분이 지금까지 사용한 모든 데이터(앞 장에서 살펴본 센서 블록의 측정값이나 경곗값, 반복 횟수나 시간 등)의 공통점을 생각해 보셨나요? 바로 '숫자'라는 것입니다. 그러나 컴퓨터 프로그래밍에서 다루어야 할 데이터 유형이 과연 숫자뿐일까요? 때로는 문자 형태의 데이터를 다룰 수도 있고, 참/거짓으로 나뉘는 유형도 다룰 수 있습니다. 다음 질문에 대한 답을 생각해 보면 좀 더 이해하기 쉬울 것입니다.

- 이름이 무엇입니까?
- 몇 살입니까?
- 당신의 가족 중 당신이 가장 어린 사람입니까?

위에 제시된 세 가지 질문은, 각기 다른 형태의 데이터를 요구합니다. 첫 번째 대답은 텍스트형, 이를테면 '홍길동'이고, 두 번째 데이터는 숫자형, 그리고 마지막 데이터는 '네', 또는 '아니요'로 선택되는 논리형 데이터입니다. 실

제로 컴퓨터는 데이터의 효율적인 처리를 위해 이와 같은 형태로 몇 가지 데이터 유형을 정의하고 있으며, EV3에서는 그중 대표적인 세 가지 유형의 데이터를 사용할 수 있습니다.

- 텍스트 값은 글자, 숫자 및 특수문자와 기호를 사용할 수 있습니다. 예를 들어, 2장에서는 디스플레이 블록에 텍스트 값으로 'Hello'를 출력시켰습니다. EV3 프로그램에서 텍스트 값은 주로 EV3 화면 정보를 표시하는 데 사용됩니다.[5]

- 숫자값은 센서에서 읽은 값을 나타내거나 경곗값을 설정하는 등에 사용됩니다. 숫자는 조향모드 주행 블록의 조향이나 파워 설정과 같이, 대부분의 블록 동작 설정에도 활용할 수 있습니다.[6]

- 논릿값은 참 또는 거짓으로 표현됩니다. 예를 들어, 적외선 센서 블록을 사용할 때 숫자값으로 거리를 확인할 수도 있지만, 정해진 경곗값보다 큰 값인지 여부만

---

4 (옮긴이) 현재는 각 바퀴를 1/3 정도만 돌리는 것으로 최저에서 최고까지 설정할 수 있습니다. 좀 더 섬세한 조정을 해 보고 싶다면, 수학 블록의 모드와 b 값을 조절할 수 있습니다. 예를 들어 음량은 나누기 10 정도로, 주파수는 곱하기 10 정도로 설정한다면 책에서 제시된 프로그램보다 훨씬 더 섬세하게 바퀴 조절에 따라 변화하는 소리를 확인할 수 있습니다.

5 (옮긴이) 현재는 윈도우 개발 환경에서 유니코드 시스템을 통해 한글과 한자, 일본어 등 다국어를 당연히 함께 활용할 수 있지만, 초창기 컴퓨터에서는 기본적으로 처리할 수 있는 언어가 영어뿐이었으며, 128개의 틀 안에 영문 대소문자와 숫자, 특수기호 등이 할당된 ASCII 코드라는 시스템을 활용했습니다. 이 당시에는 한글이나 기타 외국어(일어, 한자 등)는 별도의 프로그램을 통해 처리해야 했습니다. EV3 소프트웨어는 윈도우 및 맥 OS에서 동작하며 이 운영체제들은 유니코드를 사용하기 때문에 당연히 한글을 사용하는 데 문제가 없으나(주석 등), EV3 컨트롤러는 유니코드를 사용하지 않기 때문에 데이터 와이어에서는 한글을 쓸 수 없습니다.

6 (옮긴이) 일반적인 프로그래밍 언어에서는 숫자형 데이터가 상당히 복잡하게 세분화되어 있습니다. 그러나 EV3 소프트웨어에서는 부호나 범위에 따라 복잡하게 구분되지 않습니다.

을 판단하는 것으로 충분할 때도 있습니다. 이러한 유형을 논릿값이라 하며, 크면 참이고 작으면 거짓입니다. 이러한 유형의 데이터는 두 가지 중 하나의 값만을 가질 수 있기 때문에 이진 값이라고도 부릅니다.

앞서 살펴본 세 가지에 덧붙여, 숫자 배열과 논리 배열이라는 조금 더 복잡한 개념의 데이터 유형도 사용됩니다. 지금은 세 가지 기본 유형에 대해서만 다루어 보고, 배열에 대해서는 15장에서 좀 더 자세히 살펴보겠습니다.

데이터의 유형은 데이터 와이어가 연결되는 입출력 블록의 모양을 통해서도 알 수 있습니다. 텍스트형은 돌기가 사각형, 숫자형은 반원형, 논리형은 삼각형입니다. 또한 각각의 유형에 따라 데이터 와이어의 색상도 다릅니다. 텍스트는 주황색, 숫자는 노란색, 논리는 초록색으로 표시됩니다. 표 8-1은 각각의 유형에 따른 데이터 유형과 블록 입력과 블록 출력 플러그의 모습, 그리고 와이어의 특징을 보여 줍니다(입출력 블록의 차이는 돌기의 방향만 상하로 반대입니다).

데이터 유형	블록 출력	데이터 와이어
텍스트형		
숫자형		
논리형		

표 8-1 데이터 유형별 블록 출력과 와이어 색상

기본적으로 각각의 데이터 유형은 자기와 맞는 유형에만 연결해야 합니다. 하지만 EV3 소프트웨어에서는 몇 가지 경우에 한해 다른 유형의 데이터 입출력을 연결할 수 있습니다. 아래의 경우에 대해 소프트웨어는 자동으로 출력값을 입력에 맞는 유형으로 바꾸어 줄 수 있습니다. 먼저 논릿값은 숫자값에 입력할 수 있습니다. 이 경우 논리 참은 1, 논리 거짓은 0으로 입력됩니다. 다음으로 숫자값은 문자 값에 입력할 수 있습니다. 이 경우 숫자는 더 이상 계산할 수 없는 하나의 텍스트로 처리됩니다. 예를 들어 숫

자값 5.3은 사칙연산을 할 수 있으나, 문자 값에 입력하면 '5.3'이라는 문장이 되며 더 이상 계산할 수 없습니다. 위에 제시된 변환 사례들은 반대로는 이루어지지 않습니다.[7]

주파수와 음량 표시

SoundMachine에 마지막으로 추가할 기능은 EV3의 화면에 주파수와 음량을 표시하는 것입니다. 먼저 디스플레이 블록으로 주파수부터 표시해 보겠습니다.

1. 사운드 블록 뒤에 디스플레이 블록을 추가하고 모드는 텍스트 - 눈금으로 설정합니다(그림 8-17).

2장에서 프로그램을 처음으로 만들 때는 디스플레이 블록의 텍스트 입력창에 직접 문장을 입력했습니다. 출력하고자 하는 문장이 프로그램상에서 만들어진 문장이어야 한다면 데이터 와이어를 활용하면 됩니다.

2. 텍스트 입력창을 클릭해 맨 위의 유선을 선택합니다(그림 8-18). 이제 디스플레이 블록의 아래에 문자열 입력을 위한 새로운 입력이 추가됩니다(그림 8-19).

수학 블록에서 나오는 사운드 블록의 주파수 값을 화면에 표시해 봅시다. 수학 블록의 출력을 디스플레이 블록의 입력에 데이터 와이어로 연결해 줍니다. 텍스트 입력은 일반적으로 텍스트로 된 값을 입력해야 하지만, 앞서 이야기한 바와 같이, EV3 소프트웨어는 텍스트 입력에 숫자가 들어갈 경우 자동으로 숫자를 텍스트로 바꾸어 주기 때문에 그대로 데이터 와이어를 연결해도 됩니다.[8]

---

7 (옮긴이) 재미있는 것은 EV3의 데이터 와이어의 입출력 포트 생김새부터 이 특징을 담고 있다는 것입니다. 논릿값은 숫자값이나 텍스트 값으로 전달될 수 있는데, 블록의 돌기가 삼각형이라서 반원형 홈(숫자형) 및 사각형 홈(텍스트형)에 들어갈 수 있게 생겼으며, 실제로 값을 넣을 수 있습니다. 숫자값은 돌기가 반원형이라 삼각형 홈(논릿값)에는 넣을 수 없고 사각형 홈(문자형)에만 값을 넣을 수 있습니다. 텍스트 값은 돌기가 사각형이라 반원형 홈과 삼각형 홈 어디에도 들어가지 않습니다.

8 (옮긴이) 이러한 데이터의 유형 변환을 프로그래밍 용어로 '형 변환/타입 변환 - 캐스팅'이라고 합니다. 실제로 프로그래밍에서 자주 활용되며, 주의 깊게 사용하지 않으면 버그가 발생하는 원인이 되기도 합니다.

그림 8-17 디스플레이 블록 추가

그림 8-18 텍스트 입력을 위해 '유선' 설정   그림 8-19 텍스트 입력 블록이 추가된 모습

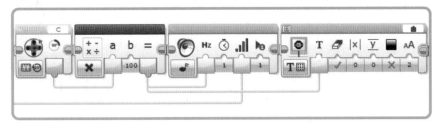

그림 8-20 수학 블록의 출력을 디스플레이 블록의 텍스트 입력에 연결

3. 수학 블록의 출력을 디스플레이 블록의 입력에 연결
    합니다.

프로그램은 그림 8-20과 같은 모양이 됩니다. 수학 블록
의 출력은 디스플레이 블록과 사운드 블록, 모두에게 전
달됩니다. 이제 프로그램을 실행하고 바퀴를 돌리면 음이
바뀌면서 화면에 주파수 값도 같이 표시됩니다.

텍스트 블록 사용

최종적으로 수정할 부분은 그림 8-21의 텍스트 블록을 사
용해 세 개의 텍스트를 결합한 문장을 만드는 것입니다.
이 기능은 EV3 화면에 표시되는 값을 설명할 때 유용합니
다. 텍스트 블록은 빨간색의 데이터 연산 그룹에서 찾을
수 있습니다.

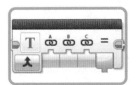

그림 8-21 텍스트 블록

텍스트 블록은 텍스트 값을 입력하기 위한 세 개의 설
정이 있습니다. 대부분의 경우 이 중 한 개나 두 개의 입
력에 직접 문장을 입력하고, 남은 하나에 데이터 와이어
를 연결하는 식으로 활용하며, 텍스트 블록은 설정된 문
장과 입력된 문장을 이어서 만든 문장을 출력합니다. 텍
스트 블록은 각각의 입력 문장 사이에 별도로 공백을 추
가해 주지 않기 때문에, 필요하다면 여러분이 직접 입력
문장에 공백을 추가해야 합니다(다음 절 참조).

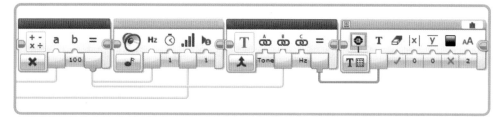

그림 8-22 주파수 값에 설명 추가

표시된 값에 설명 추가하기

이전 버전의 SoundMachine 프로그램은 EV3 화면에 주파수 값을 숫자로 표시했습니다. 텍스트 블록을 활용하면 이 출력을 좀 더 친절하게 바꿀 수 있습니다. 이것은 단순히 화면에 '2500'을 보여 주는 것으로 끝나지 않고, 'Tone: 2500 Hz'와 같이 좀 더 구체적인 정보를 전달할 수 있게 합니다.

그림 8-22는 수정된 프로그램의 화면 출력 부분입니다. 수학 블록의 출력은 텍스트 블록의 B로 전달되고, 텍스트 블록의 A와 C는 설명과 값의 단위 표기로 활용합니다. 또한 그림 8-22에서 확인하기는 어렵지만 실제로 입력된 문자에는 가독성을 위한 공백도 추가되어 있습니다. Tone의 경우 'Tone: '와 같이 : 옆에 공백이 추가되며, 이것은 텍스트 블록의 C에 설정되어 단위를 나타내는 ' Hz'의 앞 공백도 마찬가지입니다.

변경 사항을 적용하고 프로그램을 테스트해 봅시다. 주파수가 0일 때는 화면 출력이 아주 양호할 것입니다. 그러나 주파수가 커질수록 자릿수가 늘어나면서 텍스트가 밀려나고, 어느 시점부터는 화면에 출력되는 텍스트가 너무 길어져 단위 표시는 밀려날 것입니다. 다행히 이런 문제는 글꼴 설정으로 해결할 수 있습니다.

디스플레이 블록의 글꼴 크기 관련 설정은 세 가지 설정값을 줄 수 있습니다. 각각 숫자 0은 보통, 1은 굵게, 2는 크게로 사용되며, 기본값은 2번 크게입니다. 숫자가 클수록 가독성은 좋아지지만 한 화면에 보이는 글자 수는 더 적어집니다. 보통 및 굵게는 글꼴이 작아 더 많은 텍스

트를 출력할 때 적합합니다. 주파수 값을 화면에 출력하기 위해서는 그림 8-23과 같이 글꼴을 1로 설정해서 작은 글꼴을 두껍게 출력하도록 했습니다.

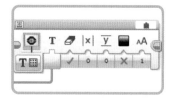

그림 8-23 작은 글꼴 선택

이제 프로그램을 실행할 때 주파수의 자릿수가 커지더라도 화면이 밀려나지 않고 제대로 값을 볼 수 있습니다.

🙂 도전과제 8-2

우리가 만든 SoundMachine 프로그램은 바퀴를 한 방향으로만 돌려야 합니다. 이 프로그램을 바퀴의 회전 방향에 관계없이 동작하도록 바꾸어 봅시다. 가장 간단한 방법은 절댓값을 계산할 수 있는 수학 블록을 회전 센서값에 적용하는 것입니다.

음량 표시

마지막으로 수정할 기능은 음량을 표시하는 것입니다. 새로 추가할 부분은 주파수 출력에 사용한 프로그램과 비슷합니다. 표시할 내용이 바뀌었으므로, 이제는 Tone 대신 Volume이, Hz 대신 %가 필요합니다.

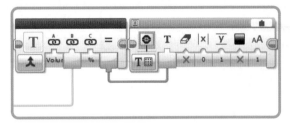

그림 8-24 음량 표시

그림 8-24는 추가된 음량 표시 기능의 디스플레이 블록입니다. 역시 이전과 마찬가지로 설명 뒤로는 공백이 필요

합니다(공백 유무에 따라 Volume: 50%가 Volume:50%로 보일 것입니다). 새로 추가하는 디스플레이 블록의 음량 정보를 주파수보다 아래 줄에 표시하기 위해 행 입력값을 바꾸어 줍니다. 또한 새 줄에 추가 정보를 보여 주는 것이므로 화면 전체를 지우면 안 되기 때문에 '화면 지우기' 입력은 거짓으로 설정합니다.

완료된 프로그램의 전체적인 모습은 그림 8-25에서 확인할 수 있습니다. 프로그램을 실행하면 주파수와 음량이 모두 적절히 알아볼 수 있게 출력되어야 합니다.

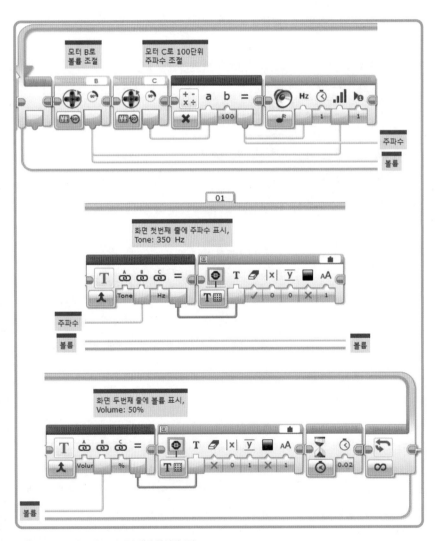

그림 8-25 SoundMachine 프로그램의 완성된 모습

도전과제 8-3

사운드 블록의 톤 주파수의 범위는 250Hz에서 10000Hz 사이이기 때문에, 바퀴를 너무 작게 돌렸을 경우(250 미만의 값이 전달될 경우) 소리가 발생하지 않습니다. 이 부분을 수학 블록을 활용해 사운드 블록으로 전달되는 값이 항상 최소한 300 이상이 되도록 수정해 봅시다.

도전과제 8-4

바퀴를 100도(1/4 바퀴 조금 넘는 정도) 회전시키면 주파수의 전체 범위를 오르내릴 수 있습니다. 이것은 간단히 최저음과 최고음을 오갈 수 있음을 의미하지만, 반대로 섬세한 음의 변화를 주기는 어렵다는 의미이기도 합니다. 수학 블록의 값을 적절히 바꿔 바퀴의 회전각을 증폭시키는 배율을 조정하면, 바퀴를 더 많이 돌려야 하지만 좀 더 섬세하게 음을 조절할 수도 있습니다. 여러분이 직접 값을 바꾸어 가며 적절한 값을 실험해 봅시다.

추가적인 탐구

데이터 와이어와 좀 더 친숙해지기 위해 다음 탐구과제에 도전해 보기 바랍니다.

1. EV3가 컴퓨터에 연결된 상태로 SoundMachine 프로그램을 실행하십시오. 데이터 와이어 위로 마우스를 가져가면 프로그램이 실행되는 동안 데이터 와이어로 전달되는 값을 볼 수 있습니다. 테스트 및 디버깅 중에 이 기능을 어떻게 활용할 수 있을지 생각해 봅시다.

2. 모터 회전 블록의 '현재 모터 파워'는 모터가 얼마나 빨리 움직이고 있는지 측정할 수 있습니다. 한 모터의 현재 모터 파워값을 다른 모터의 파워 입력에 연결해 두 번째 모터가 첫 번째 모터를 따라 움직이도록 만들 수 있습니다. 예를 들어, 왼쪽 바퀴의 모터 포트에서 현재 모터 파워값을 읽어 오른쪽 바퀴의 모

터포트에 파워를 전달하는 프로그램을 만들어 봅니다. 왼쪽 바퀴를 손으로 돌리면 오른쪽 바퀴는 여러분이 조작하는 왼쪽 바퀴의 움직임을 방향과 속도, 모두 그대로 따라 움직여야 합니다. [9]

3. 트라이봇이 적외선 신호(일반 세트의 리모컨 필요)를 따라 움직일 수 있도록 프로그램을 만들어 봅시다. GentleStop 프로그램을 수정해서 적외선 센서의 측정 - IR 비콘(표식장치) 모드를 사용하고 범위 값을 조향모드 주행 블록의 조향값에 연결해 봅니다(힌트는 LineFollower 프로그램에서 컬러 센서가 사용된 방법입니다).

마무리

데이터 와이어를 통해 블록 간에 정보를 주고받을 수 있으므로, 프로그램이 실행되는 동안 블록의 설정값을 능동적으로 바꿀 수 있습니다. 이 장에서는 데이터 와이어를 활용하는 가장 기본적인 몇 가지 방법과 데이터 와이어 활용에 도움이 되는 몇 가지 블록들을 예제를 통해 실습해 보았습니다. 센서 블록은 데이터 와이어를 사용해 다른 블록들이 센서값을 사용할 수 있도록 해 주며, 수학 및 텍스트 블록은 거의 예외없이 데이터 와이어를 사용하여 여러 가지 데이터를 변환하거나 데이터 형을 전환하는 데 활용됩니다.

이어지는 두 개 장에서는 스위치 및 루프 블록에서 데이터 와이어를 활용하는 기법들을 소개합니다. 이 책의 뒷부분에서 다루게 될 고급 프로그램 실습에서 데이터 와이어의 활용이 매우 중요한 부분을 차지하므로 데이터 와이어의 사용 기법을 여러 가지 형태로 다양하게 실습해 볼 것입니다.

---

9 (옮긴이) 오른쪽 바퀴는 조향모드 주행 블록이 아닌, 라지 모터 블록을 사용하고 켜짐 모드로 설정합니다.

9

데이터 와이어와 스위치 블록

여러분이 이미 배운 것처럼, 스위치 블록은 주어진 조건에 따라 두 개 이상의 선택지 중 하나를 골라서 각기 다른 동작을 실행할 수 있습니다. 예를 들어, 7장의 Wall Follower 프로그램은 적외선 센서를 읽고 트라이봇이 움직일 방향을 결정하기 위해 스위치 블록을 사용했습니다. 이번 장에서는 스위치 블록을 센서가 아닌 데이터 와이어가 제공하는 값을 기반으로 의사 결정을 하는 구조를 연습할 것입니다. 또한 스위치 블록 내부와 외부의 블록이 서로 데이터를 전달하기 위한 방법도 살펴볼 것입니다.

스위치 블록의 값 모드

지금까지 우리는 스위치 블록을 사용해서 센서값을 측정하고 그 값을 경곗값과 비교하는 방식으로 프로그램의 흐름을 결정했습니다. 이제는 데이터 와이어가 제공하는 값(텍스트, 논리, 숫자, 그림 9-1 참조)을 기반으로 스위치의 흐름을 결정하는 방법을 살펴볼 것입니다. 데이터 와이어를 사용하면 센서를 사용할 때와 같이 경곗값과의 범위 비교를 통한 방법 외

그림 9-1 스위치 블록의 값 모드

에도 경곗값과 일치하는 값을 판단하도록 프로그램을 구성할 수도 있습니다. 텍스트와 논리, 숫자 유형의 값 모드는 데이터의 유형을 제외하면 사실상 개념과 사용법은 같습니다.[1]

각각의 모드에서 스위치 블록은 일반적으로 데이터 와이어에 의해 전달되는 단일 값을 조건으로 가질 수 있습니다. 블록이 실행되면 데이터 와이어의 값에 따라 스위치 블록의 특정 케이스가 실행됩니다. 예를 들어, 그림 9-2는 숫자값으로 설정된 스위치 블록입니다. 여기

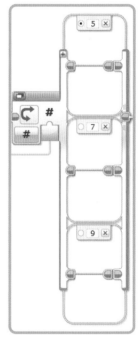

그림 9-2 숫자값 모드로 설정된 스위치 블록의 케이스

---

1 (옮긴이) 센서값의 경우 오차 범위라는 개념이 들어갑니다. 이를테면 실제 거리 10cm를 측정할 때 9cm에서 11cm 사이의 값으로 측정될 수도 있다는 의미입니다. 이는 일종의 '노이즈' 개념으로, 거리 감지 센서들을 '경곗값과 같다' 조건이 아닌 '경곗값보다 크다/작다' 조건으로 주로 활용하게 되는 이유이기도 합니다. 하지만 데이터 와이어는 소프트웨어가 주어진 조건에 의해 생성하는 정확한 값을 전달하기 때문에 센서를 사용할 때처럼 '크다/작다'와 같은 범위 비교 기법 외에도 '같다/다르다'와 같은 일치 여부 판단도 훨씬 쉽게 할 수 있습니다.

에서는 입력되는 숫자값이 5/7/9일 때 각각 맨 위/중간/아래의 케이스가 실행됩니다. 숫자 5 옆의 기본 케이스 버튼이 체크되어 있으므로 데이터 와이어로 5, 7, 9 외의 숫자가 입력될 경우 맨 위의 기본 케이스가 실행될 것입니다.

숫자 모드를 사용하기 위해 한 가지 주의할 점은, 사용되는 숫자값이 '정수'여야 한다는 것입니다. 예를 들어 데이터 와이어로 '5.25'가 입력된다면 스위치 블록은 소수점 자리를 버리고 5.25를 5로 바꾼 후 실행할 케이스를 판단합니다. 그림 9-2를 예로 든다면, 7과 7.000001부터 7.999999와 같이, 7로 시작하는 모든 실수는 정수 7로 변환되고 가운데의 케이스가 실행됩니다.

텍스트 모드는 숫자 모드와 거의 비슷하게 동작하지만 각 케이스에 입력하는 값이 숫자가 아닌 문자 또는 단어입니다. 숫자나 텍스트 모드는 여러분이 원하는 만큼의 케이스를 추가할 수 있습니다. 반면 논리 모드는 참과 거짓이라는 두 가지 논릿값만을 허용하기 때문에 한 개의 스위치 블록 안에 오직 두 개의 케이스만 허용됩니다.

GentleStop 프로그램의 재구성

GentleStop 프로그램은 트라이봇을 자연스럽게 감속시켜 벽에 부딪히면서 멈추도록 합니다. 앞서 만들었던 프로그램은 터치 센서가 눌렸을 때 로봇이 멈추지만, 터치 센서가 벽에 닿기 전 로봇이 벽에 매우 가까이 근접했을 때 로봇이 멈추도록 프로그램을 업그레이드할 수 있습니다. 이번 절에서는 적외선 센서 블록의 센서값으로 스위치 블록을 동작시키도록 GentleStop 프로그램을 재구성해 볼 것입니다.

NOTE 교구 세트의 경우 적외선 센서 대신 초음파 센서를 사용합니다. 이 프로그램은 거리값을 처리하는 개념이기 때문에 적외선과 초음파 센서에서 모두 잘 동작합니다.

트라이봇이 파워 75로 출발하도록 하고, 적외선 센서값이 20보다 작아지면 멈추도록 만들어 봅시다. 그 다음 적외선 센서 블록이 주행 블록의 파워값을 제어할 수 있도록 데이터 와이어를 연결합니다. 여기까지는 우리가 앞서 만들어 본 프로그램과 같습니다. 이 프로그램은 벽과의 거리가 20보다 클 동안 벽과의 거리 값을 파워값으로 입력하며 로봇을 전진시킵니다. 거리가 20보다 작아지면 비로소 로봇은 멈추게 됩니다.

목록 9-1은 적외선 센서가 20보다 클 동안 거리 값을 활용해 전진하고 20보다 작아지거나 터치 센서가 눌리면 멈추는 프로그램의 의사코드입니다.

루프 시작
  적외선 센서 읽기
  만약 거리가 20보다 크면
    적외선 센서 거리 값을 파워에 적용하고 전진
  그렇지 않다면
    정지
  만약 끝
루프 터치 센서가 눌릴 때까지 반복

목록 9-1 GentleStop 프로그램을 재구성한 의사코드

그림 9-3과 같이 블록을 추가해서 프로그램을 구성합니다. 적외선 센서 블록은 '비교 - 근접감지 모드'를 사용하고 읽어 들인 센서값을 경곗값과 비교해서 20보다 거리가 큰 값인지 여부를 판단합니다. 이 결괏값은 참 또는 거짓의 논릿값이므로 스위치 블록은 논릿값 모드로 설정합니다. 센서값과 경곗값을 비교한 결과는 센서 블록의 '비교결과' 와이어 출력을 통해 나와서 스위치 블록의 논리 와이어 입력에 연결됩니다. 값이 '참'인 경우 벽까지의 거리가 20보다 크다는 의미이므로 스위치 블록은 위쪽의 케이스를 실행해 로봇을 전진시킵니다. 거리가 20 또는 그보다 작은 값에 도달하면, 센서 블록의 비교 결과는 '거짓'이 되고 스위치 블록은 아래쪽 케이스를 실행해 로봇은 멈추게 됩니다.

NOTE 초음파 센서 블록을 사용할 경우 모드는 비교 - 거리(cm)를 사용하고 경곗값은 15 정도로 설정합니다.

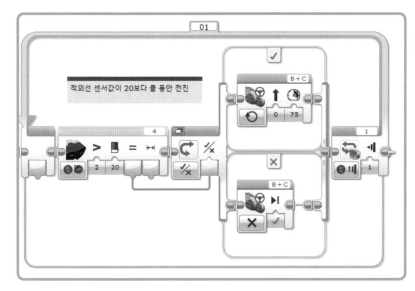

그림 9-3 거리가 20보다 큰 경우 앞으로 전진

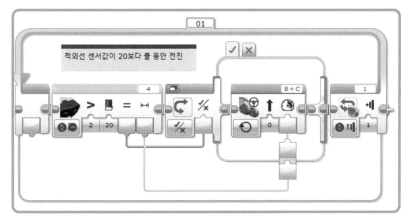

그림 9-4 거리 값을 스위치 안쪽 파워값에 연결

다음으로, 스위치 블록의 케이스 중 하나에 외부로부터 데이터 와이어를 연결해 넣어 거리 값으로 파워를 설정하는 방법을 살펴보겠습니다.

데이터를 스위치 블록에 전달하기

이제 데이터 와이어를 사용해 벽과의 거리 값으로 트라이봇의 속도를 제어해 봅시다. 여기서 눈여겨 봐야 할 점은, 데이터 와이어를 스위치 블록 안으로 연결해 넣어야 한다는 것입니다. 스위치 블록은 여러 개의 케이스를 가질 수 있기 때문에, 데이터 와이어를 연결하기 위해서는 스위치

블록을 '탭 뷰로 전환'해 주어야 합니다.[2] 스위치 블록이 탭 뷰 모드일 때, 그림 9-4와 같이 적외선 센서 블록으로부터 거리 값 데이터 와이어를 끌어와서 스위치 블록을 통과시켜 내부 케이스에 있는 주행 블록의 파워 입력에 연결할 수 있습니다.

스위치 블록의 케이스 바깥 테두리로 데이터 와이어를 끌고 가면 데이터 와이어 입출력 커넥터와 같은 모양의 블록이 케이스 테두리에 생깁니다. 이를 터널이라고 하며

---

2 (옮긴이) 스위치 블록을 플랫 뷰로 사용하지 않는 이유는, 컬러 센서의 색 판별과 같이 케이스가 아주 많을 경우, 케이스마다 데이터 와이어를 끼워 넣으려면 프로그램이 무척 복잡해지고 수정도 번거로워지기 때문입니다.

이곳을 통해 외부의 데이터 와이어는 케이스 내부 블록으로 값을 전달할 수 있습니다. 연결된 터널은 스위치 블록의 탭으로 설정된 모든 케이스에 연결될 수 있으며, 연결할 필요가 없다면 다른 입력 블록으로 연결하지 않아도 문제는 없습니다. GentleStop 프로그램의 경우 로봇이 정지될 때에는 거리 판독 결과를 쓰지 않기 때문에(그림 9-5), 터널로부터의 데이터 와이어는 감속 구간의 케이스에만 연결되고 정지 케이스에는 연결되지 않습니다.

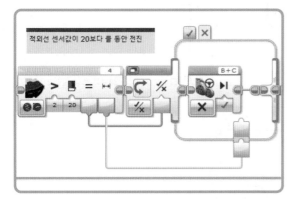

그림 9-5 데이터 와이어는 이 프로그램의 거짓 케이스에서는 내부로 연결되지 않습니다.

이 프로그램은 원래와 거의 같게, 그러나 벽에 트라이봇이 부딪히지 않고 조금 일찍 멈출 것입니다. 또 다른 차이점은 원래 터치 센서가 눌리면서 종료되도록 설계되었지만 트라이봇의 터치 센서가 벽에 눌리기 전에 멈추기 때문에 로봇이 움직이지 않으면서도 프로그램은 종료되지 않고 계속 '정지 상태'를 수행한다는 점입니다. 이 부분은 다음 장에서 다루어 볼 것입니다.

센서 블록을 사용할 때의 장점

이 버전의 GentleStop 프로그램은 적외선 센서 - 비교 - 근접 감지 모드의 스위치 블록 대신, 적외선 센서 블록을 사용해서 측정한 값을 경곗값과 비교하고, 그 결과를 이용해 스위치 블록을 동작시켰습니다. 단순히 센서 모드의 스위치 블록을 쓰지 않고 이와 같은 형태로 센서 블록을 활용

하면 다음과 같은 장점이 있습니다.

- 센서 블록을 사용하면 센서값, 그리고 그 값을 경곗값과 비교한 결괏값 모두를 활용할 수 있습니다. Gentle Stop 프로그램에서 이 부분을 활용해서 비교 결괏값으로는 로봇의 구동과 정지를, 그리고 실제 센서값으로는 로봇의 구동 시 속도를 제어했습니다.
- 다양한 비교 조건식을 적용할 수 있습니다. 이상, 초과, 이하, 미만 등의 단순한 크기 비교 조건 이외에도 데이터 와이어와 수학, 논리 블록을 적절히 섞어서 활용한다면(13장 참조) 여러분이 고려할 수 있는 거의 모든 조건을 테스트할 수 있습니다.[3]
- 스위치 블록에서 사용되는 값은 프로그램의 다른 블록에도 전달되어 동작을 제어하기 위해 사용될 수 있습니다.

스위치 블록 밖으로 데이터 전달

이제 LogicToText(논리 텍스트 변환)라는 프로그램(그림 9-6 참조)을 만들어 스위치 블록에서 데이터를 밖으로 내보내는 법을 배워 보겠습니다. 이 프로그램은 터치 센서의 상태를 읽고, 센서의 버튼이 눌릴 경우 EV3의 디스플레이에 "True"를, 누르지 않았다면 "False"를 출력합니다. 스위치 블록의 두 케이스가 모두 디스플레이 블록에 값을 전달하기 위한 텍스트 블록을 포함하고 있어야 합니다.

이 프로그램을 만들기 위해 그림 9-7과 같이 블록들을 배치합니다. 터치 센서 블록은 측정 - 상태 모드 그대로 설정하고 그 결과를 논리 모드의 스위치 블록 입력에 연결합니다. 텍스트 블록을 스위치 블록의 두 케이스에 배치하고 위쪽 케이스의 입력 A에는 "True"를, 아래쪽 케이스의 입력 A에는 "False"를 입력합니다. 그 다음 디스플레이 블록을 추가하고 모드를 텍스트 - 눈금으로 설정한 뒤 디

3 (옮긴이) 특히 논리 조건의 and, or, not을 다른 조건들과 연계하는 기법이 중요합니다. 논리 연산 부분은 실제로 일반적인 프로그래밍 기법에서도 중요하게 다루어지는 기법입니다.

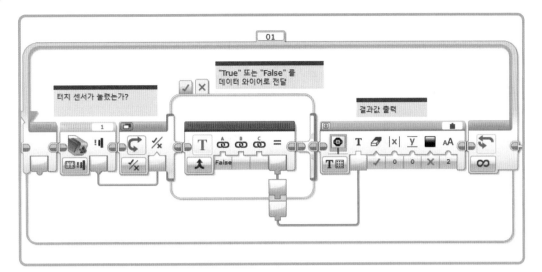

그림 9-6 LogicToText 프로그램

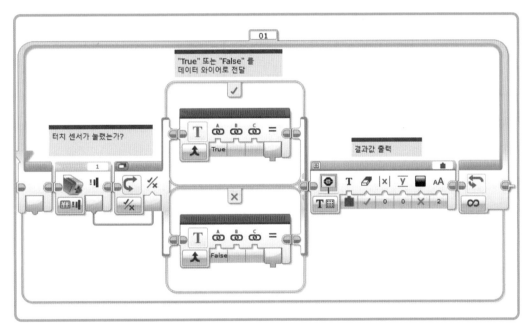

그림 9-7 LogicToText 프로그램의 기본 준비 과정

스플레이 블록 오른쪽 위의 텍스트 입력창을 클릭해 유선을 선택합니다.

이제 다음 단계에 따라 텍스트 블록의 출력을 디스플레이 블록에 연결합니다.

1. 스위치 블록의 모드를 **탭** 뷰로 전환시킵니다. 스위치 블록과 디스플레이 블록의 모양은 그림 9-8과 같아야 합니다.

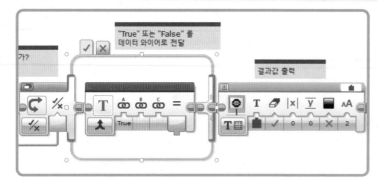

그림 9-8 스위치 블록의 탭 뷰 모드

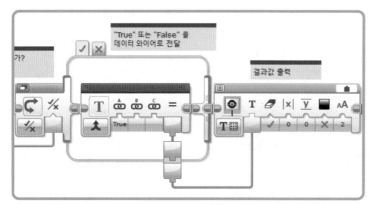

그림 9-9 첫 번째 데이터 와이어의 연결

2. 텍스트 블록의 결과 출력을 클릭해 데이터 와이어를 꺼내고, 디스플레이 블록의 텍스트 입력을 클릭해 와이어로 둘을 연결합니다(그림 9-9). 데이터 와이어가 스위치 블록의 경계를 넘어가는 부분에서 데이터 와이어 터널이 만들어집니다.

3. 스위치 블록의 맨 위에 있는 ☒ 탭을 클릭해서 다음 케이스를 선택합니다.

4. 두 번째 케이스의 텍스트 블록의 출력을 디스플레이 블록에 연결해야 합니다. 앞서 2번 단계에서 만든 데이터 와이어 터널에 텍스트 블록의 출력을 연결하십시오. 이제 프로그램의 모양은 그림 9-10과 같습니다.

스위치 블록이 실행되면 둘 중 하나의 탭(눌리거나 눌리지 않음에 따라 참 또는 거짓 케이스)이 실행되며, 텍스트 블록의 해당 출력('True' 또는 'False')이 디스플레이 블록으로 전달됩니다. 프로그램을 실행하고 터치 센서 버튼을

누르면 EV3의 화면에 'True'가, 손을 떼면 'False'가 출력되어야 합니다.

☺ 도전과제 9-1

LogicToText 프로그램을 기반으로, 컬러 센서로 감지된 색상을 적절한 텍스트 문자열('No Color', 'White', 'Green' 등)로 바꾸는 프로그램을 ColorToText(색상 텍스트 변환)라는 이름으로 만들고 테스트해 봅시다.

LineFollower 프로그램의 단순화

6장에서 만들어 본 LineFollower 프로그램(그림 9-11 참조)을 기억하십니까? 이 프로그램은 '선 바깥', '경계', '선 안쪽'의 세 부분에 따라 다른 동작을 구현하기 위해 스위치 블록을 중첩시켰습니다. 이 프로그램은 두 개의 스위

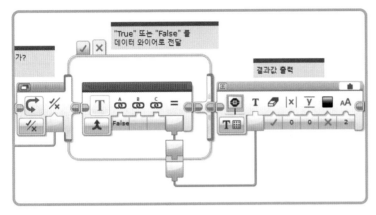

"True" 또는 "False" 를
데이터 와이어로 전달

가?

결과값 출력

False

그림 9-10 두 번째 데이터 와이어의 연결

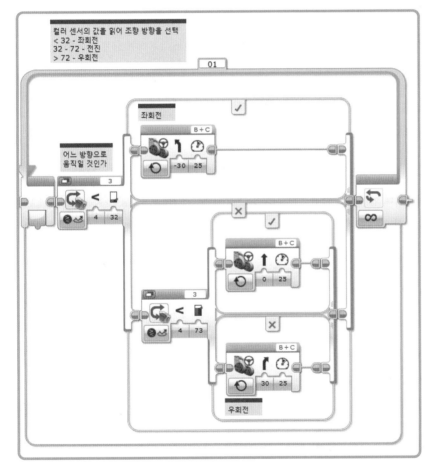

컬러 센서의 값을 읽어 조향 방향을 선택
< 32 - 좌회전
32 - 72 - 전진
> 72 - 우회전

01

좌회전

어느 방향으로
움직일 것인가

그림 9-11 스위치 블록이 중첩된
LineFollower 프로그램

치 블록을 통해 세 가지 구동, 즉 전진, 좌회전, 우회전을 구현했습니다.

스위치 블록을 센서의 값을 비교하는 모드로 설정할

경우, 센서 형태가 자연수 범위로 출력되는 초음파나 적외선 센서의 경우 설정할 수 있는 비교 유형은 여섯 가지 (같음, 다름, 보다 큼, 보다 크거나 같음, 보다 작음, 보다 작거나 같음)나 됩니다. 하지만 스위치 블록은 이 중 하나의 유형을 선택해서 그 조건과 센서값의 비교 결과가 '참'인지 '거짓'인지 판단하고, 둘 중 하나(참 또는 거짓)의 케이스를 실행합니다. 결국 그림 9-11과 같이 세 가지 유형을 선택하기 위해서는 조건을 두 개 사용해야 하며 스위치 블록도 두 개 필요하고, 다섯 가지 유형을 선택하려면 스위치 블록도 네 개나 필요하게 될 수도 있습니다. 이 문제를 해결하기 위한 방법을 지금부터 살펴보겠습니다.

숫자값 모드로 설정된 스위치 블록은 여러 개의 케이스를 가질 수 있어, 중첩 구조로 만들어진 복잡한 케이스 블록을 스위치 블록 하나와 센서 블록으로 대체할 수 있습니다. 숫자 모드에서 여러분은 원하는 만큼의 케이스를 추가할 수 있으나, 아마도 여러분이 원하는 케이스의 개수는 그다지 많지는 않을 것입니다(센서값의 범위가 1부터 100이라고 해서 케이스도 100개를 만들어야 할 필요는 없겠지요). 중요한 점은 센서로부터 측정되는 값이 어느 정도 예상 가능하고, 그 예상을 토대로 센서값을 그룹화할 수도 있다는 것입니다. 범주화(binning)라고 불리는 이 기법은 프로그래밍에서 자주 사용되며 간단한 계산식을 사용해 유효한 센서값 범위를 특정한 값에 대응시킵니다.[4] 우리가 수정할 LineFollower 프로그램에서는 예상되는 센서값의 범위를 '좌회전', '전진', '우회전'이라는 세 가지 범주로 줄여 볼 것입니다.

범주를 추려내기 위해서는 세 가지 정보, 즉 먼저 센서가 측정할 가장 작은 값, 가장 큰 값과 구분할 범주의 개수가 필요합니다. 6장에서의 테스트 결과를 통해 필자는 가장 작은 값은 13, 가장 큰 값은 92라는 결과를 얻었습니다. 그림 9-12는 이 범위, 즉 센서가 읽을 수 있는 반사광 값의 유효 범위를 표시한 그래프입니다. LineFollower 프로그램이 실행되면 컬러 센서의 값은 어느 경우에도 이 그래프의 회색 영역을 벗어나지 않을 것으로 예상할 수 있습니다.

4　(옮긴이) EV3의 컬러 센서가 처리하는 색상 값이 내부적으로는 이와 같은 처리 과정을 거친 결과입니다.

그림 9-12 예상 값의 범위

범주화의 첫 단계는 그림 9-13과 같이 범위를 왼쪽으로 밀어서 0부터 시작하도록 만드는 것입니다. 프로그램을 통해 센서가 읽은 값의 최솟값인 13을 모든 측정값에서 빼 줍니다. 이 계산을 통해 센서값의 범위는 13부터 92의 범위가 아닌, 0부터 79의 범위를 갖게 됩니다. 최솟값을 0으로 만드는 것은 범주화의 두 번째 단계를 좀 더 편리하게 만들기 위함입니다.

그림 9-13 범위를 전체적으로 0쪽으로 옮김

두 번째 단계는 범위를 세 개의 범주로 나누는 것입니다(그림 9-14). 수학 블록을 써서 좀 더 쉽게 처리할 수 있도록 각 범주는 숫자값 0, 1, 2로 정했습니다. 예상되는 전체 값의 범위 크기는 79이므로, 우선 간단히 3등분해 봅시다. $79/3 = 26.333\cdots$이지만 여기에서 우리는 정확한 소수점자리의 값이 필요한 것은 아니기 때문에, 정수로 만들기 위해 올림 처리를 해 줍니다. 결과적으로 입력된 센서값에서 13을 빼고, 그 결과를 27로 나누는 계산을 통해 프로그램에서 결괏값이 산출될 것입니다. 이 값은 정수일 수도 있고 소수일 수도 있습니다. 이를테면 센서값이 73일 경우 $(73 - 13)/27 = 60/27 = 2.22$가 되고, 이 값을 스위치 블록에 연결하면 블록은 입력값을 버림 적용해서 2라는 결괏값에 해당하는 케이스를 실행할 것입니다.

그림 9-14 세 개의 범주로 범위 나누기

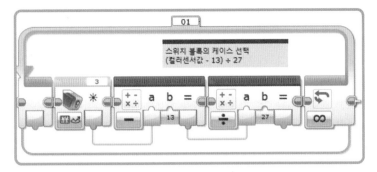

그림 9-15 센서값을 범주화시킴

새로운 버전의 LineFollower 프로그램은 세 개의 케이스가 있는 1개의 스위치 블록을 가집니다. 각각의 케이스는 좌회전, 전진, 우회전으로 설정된 조향모드 주행 블록을 포함하며, 케이스 번호는 순서대로 0, 1, 2로 설정합니다. 이 프로그램은 센서값을 받아 일련의 계산을 통해 세 가지 중 하나의 판독 결과를 반환하고 이 결과를 통해 케이스를 선택합니다. 이를 수식으로 쓰면 다음과 같습니다.

케이스 번호 = (센서값 − 13) / 27

표 9-1은 각 사례에 따른 센서값의 범위와 할당된 케이스 번호, 그리고 그에 따른 로봇의 동작입니다. 여기에 표시된 범위는 경곗값을 계산하고 처리하는 방식의 차이로 인해 6장에서의 경곗값 및 범위와 약간 다릅니다.

컬러 센서값	케이스 번호	로봇의 동작
13~39	0	좌회전
40~66	1	직진
67~92	2	우회전

표 9-1 컬러 센서 읽기에 기반을 둔 프로그램의 동작

이제 프로그램을 재구성할 준비가 되었습니다. 첫 번째로 작업할 부분은 컬러 센서 블록을 사용해서 센서값을 읽고, 두 개의 수학 블록으로 센서값을 범주화하는 것입니다. 그림 9-15는 수학 블록으로 센서값에서 13을 빼고 27로 나누어 범주화하는 과정을 보여 줍니다. 컬러 센서 블

록의 모드는 원래의 프로그램과 같이 측정 - 반사광 강도 모드입니다.

그 다음으로 작업할 부분은 적절한 조향모드 주행 블록을 배치(그림 9-16)하기 위해 숫자 모드의 스위치 블록을 배치하는 것입니다. 스위치 블록을 플랫 뷰로 설정했기 때문에 세 개의 케이스를 동시에 볼 수 있습니다. 물론 탭 뷰를 설정해서 공간을 절약해도 무방합니다. 센서값이 92 이상일 경우 처리할 동작은 맨 아래 케이스(케이스 번

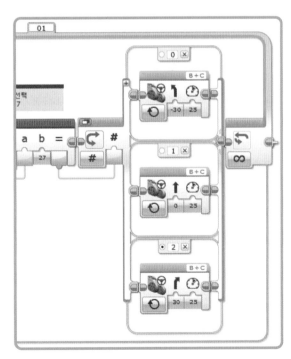

그림 9-16 범주를 기반으로 로봇의 동작 선택

호 2번)가 될 수 있도록 2번 케이스 옆의 기본 케이스 버튼을 체크해 줍니다.

센서값이 만약 13보다 작다면 어떻게 될까요? 이 경우 두 번째 수학 블록의 결괏값이 작은 음수 값이 되지만 스위치 블록에 의해 0으로 반올림되어 결과적으로는 제대로 된 케이스가 선택됩니다. 이 프로그램은 센서값이 가장 작은 예상 값으로부터 범주폭의 절반(27/2, 즉 13.5 정도) 이내일 경우 정상 동작합니다.

이 프로그램을 실행하면 실질적인 동작은 이전과 거의 차이가 없어야 합니다. 본질적으로 이 프로그램은 수학 블록의 복잡한 계산을 통해 스위치 블록을 단순화시킨 것입니다. 계산식 부분이 복잡하다고 느껴질 수도 있지만, 이 프로그램의 스위치 부분은 전보다 훨씬 간결해지고 직관적이며 수정하기도 쉬울 것입니다(예를 들면 다음 도전과제와 같은 경우).

> ☺ **도전과제 9-2**
>
> LineFollower 프로그램을 수정해서 로봇이 선 가까이 있을 때와 선에서 조금 멀리 떨어졌을 때의 동작을 각기 다르게 설정해 봅시다. 이것은 밝은 영역과 어두운 영역에 각각 회전 유형을 두 가지씩 두어 결과적으로 5개의 케이스가 필요함을 의미합니다. 두 번째 수학 블록의 값을 27에서 16으로 바꾸고, 스위치 블록 역시 두 개의 케이스를 추가해 프로그램을 업그레이드해 봅시다.
>
> 이 과제는 스위치 블록을 중첩해서 5개의 케이스를 만든 도전과제 6-1과 많이 비슷합니다. 스위치 블록을 중첩하는 구조에 비해, 범주화시킨 값을 이용한 단일 스위치 블록 구조의 크기, 복잡도, 확장성을 비교해 보기 바랍니다.

추가적인 탐구

스위치 블록과 데이터 와이어를 연계해서 테스트해 볼 수 있는 몇 가지 탐구과제입니다.

1. 스위치 블록에 데이터 와이어를 넣거나 꺼내는 방법의 응용입니다. 다음을 실습해 보기 바랍니다.

   a. 스위치 블록을 플랫 뷰로 전환하고 데이터 와이어를 블록 안과 밖으로 연결해 봅니다.

   b. 스위치 블록을 탭 뷰로 전환하고 데이터 와이어를 블록 안과 밖으로 연결해 봅니다. 연결이 되었다면 이제 스위치 블록의 '탭 뷰로 전환' 버튼을 클릭합니다.

   c. 스위치 블록에 몇 개의 데이터 와이어를 연결합니다. 데이터 와이어를 이동하고 스위치 블록 내부 및 외부에 데이터 와이어를 배치하고 보기 쉽게 정돈하는 방법을 익혀 봅시다. 데이터 와이어 자체를 클릭한 채 잡아끌어서 이동하는 것 외에도 터널 역시 잡아끌어 이동시킬 수 있습니다.

2. 앞서 만들었던 SoundMachine 프로그램의 볼륨을 숫자 대신 'Soft', 'Medium' 'Loud', 'Very Loud'와 같이 텍스트로 표시되도록 프로그램을 수정해 봅시다. 범주 작업을 통해 볼륨을 네 가지 범위로 나누어 각기 다른 텍스트를 출력시킬 수 있습니다.

3. 스위치 블록과 데이터 와이어를 써서 값을 특정 범위로 제한할 수도 있습니다. 예를 들어, 센서 블록은 측정값을 경곗값과 비교해서 논리 모드의 스위치 블록에 전달할 수 있습니다. 이를 통해 그림 9-17에서는 센서 블록의 값을 스위치 블록을 통과하도록 만들어 스위치 블록의 케이스에 따라 값을 그대로 전달 또는 최댓값을 전달하는 등의 조작이 가능하다는 것을 보여 줍니다.

4. 주변 광량의 밝기에 따라 트라이봇이 조향모드 주행 블록의 파워를 조절하는 프로그램을 만들어 봅시다. 단, 그림 9-17과 같은 기법을 참고해서 트라이봇의 파워는 광량 값의 최대치와 관계없이 75로 제한되도록 만들어야 합니다.

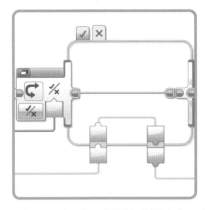

그림 9-17 스위치 블록을 통해 값을 변경하지 않고 그대로 전달

마무리

스위치 블록에 값을 전달하기 위해 데이터 와이어를 사용하면, 프로그램에서 결정할 수 있는 조건과 결과가 한층 더 유연해질 수 있습니다. 센서 블록을 사용하면 스위치 블록 외부에서 센서값에 대한 판정을 할 수 있으므로 좀 더 여러분이 원하는 대로 세세한 조건을 할당할 수도 있습니다. 데이터 와이어를 사용하면 스위치 블록 내부의 블록과 외부의 블록이 서로 데이터를 주고받을 수 있으므로 각각의 케이스를 좀 더 쉽게 정의할 수 있고 스위치 블록 이후의 블록 역시 좀 더 편리하게 제어할 수 있습니다. 숫자 또는 텍스트 값을 활용하면 스위치 블록에서 두 가지 이상의 케이스를 손쉽게 다룰 수 있습니다. 이를 통해 프로그램은 구조가 좀 더 단순해질 수 있으며, 복잡하게 중첩된 스위치 블록으로 인해 구조가 난해해지는 문제도 피할 수 있습니다. LineFollower 프로그램에서 사용해 본 범주 개념은 이런 문제를 해결하기 위한 아주 기초적인 방법 중 하나입니다.

데이터 와이어와 루프 블록

이번 장에서는 데이터 와이어와 함께 활용할 수 있는 루프 블록의 두 가지 특별한 기능을 알아보겠습니다. 루프 블록의 논리 모드는 루프 블록의 종료 시점을 좀 더 유연하게 제어할 수 있게 해 주며, 루프 인덱스 출력은 루프가 반복된 횟수를 알려 줍니다.

논리 모드

그림 10-1 **루프 블록의 논리 모드**

루프 블록의 논리 모드를 사용하면 논릿값을 전달하는 데이터 와이어를 써서 루프를 종료시킬 수 있습니다. 그림 10-1은 논리 모드로 설정된 루프에 데이터 와이어가 연결된 모습입니다. 루프 안의 모든 블록이 실행된 후 마지막에 데이터 와

이어의 값을 검사해 루프를 반복할지 혹은 종료할지 결정합니다. 데이터 와이어의 값이 '참'이면 루프는 종료됩니다. 루프의 반복 여부를 맨 마지막에 검사하기 때문에 결과적으로 루프는 종료 조건이 어떤 상태이든 관계없이 최소한 한 번은 무조건 실행됩니다.

루프 블록의 센서 모드는 대부분의 프로그램에서 매우 유용하게 쓸 수 있습니다. 하지만 논리 모드를 사용하는 것이 좀 더 나을 수도 있습니다. 예를 들어, 여러분이 좀 더 중요하게 생각하는 조건이 있을 경우, 데이터 와이어와 논리 모드의 조합으로 해당 조건의 결과를 좀 더 손쉽게 루프 블록에 전달할 수 있습니다. GentleStop 프로그램은 적외선 센서 블록을 써서 벽면과의 거리를 판단하여 감속하다가 정지하므로 센서 블록의 측정값을 이용해

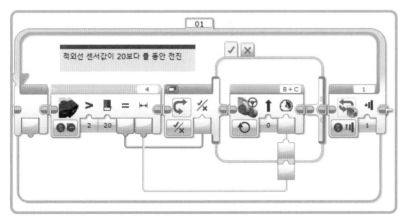

그림 10-2 8장의 GentleStop 프로그램

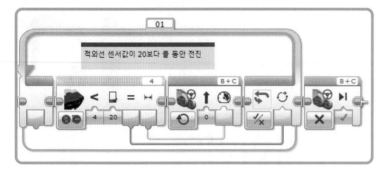

그림 10-3 논리 모드를 사용한 GentleStop 프로그램

루프를 멈추고 프로그램을 종료시킬 순간을 결정할 수도 있습니다. 또 다른 예로 '터치 센서가 눌려 있거나, 적외선 센서가 특정 거리보다 가까이 벽을 감지했을 때 루프를 종료한다"와 같이 둘 이상의 복합적인 센서 조건을 기반으로 의사 결정을 내릴 수도 있습니다. 13장에서 이와 같은 유형의 결정을 내리는 방법을 살펴볼 것입니다.[1]

논리 모드를 사용하면 GentleStop 프로그램을 재구성하고(그림 10-2 참조), 좀 더 간략화할 수도 있습니다. 스위치 블록을 사용해서 모터를 멈출 때를 결정하지 않고, 루프 블록을 논리 모드로 설정해 트라이봇이 벽에 가까워지면 루프를 종료시킬 수 있습니다. 즉, 로봇이 무언가에 부딪혔을 때 멈추는 것이 아니라 로봇이 벽에 다다르기 전에 멈추는 것으로 변경되었고, 이것은 로봇과 벽 사이에 방해물이 없다면 문제가 되지 않습니다.

수정한 프로그램의 모습은 그림 10-3과 같습니다. 스위치 블록을 제거하고 조향모드 주행 블록의 위치가 바뀐 것 외에도 루프 블록의 모드를 논리 모드로 바꾸어야 하고 적외선 센서 블록의 비교 조건도 바꾸어야 합니다. 데이터 와이어의 값이 참일 때 루프 블록이 종료되므로 트라이봇이 벽에 최대한 가까이 접근할 때까지는 데이터 와이어의 값이 거짓이 되도록 비교 조건이 바뀌어야 합니다. 조향모드 주행 블록의 파워값은 여전히 적외선 센서의 거리값과 연결되어 있으므로 이 로봇은 여전히 벽에 가까워

---

1 (옮긴이) 이를 논리 회로 또는 논리 게이트라고도 하며, 여러 가지 복합적인 상황에 대처하기 위한 기법으로 프로그래밍에서 자주 사용됩니다.

질수록 감속될 것입니다.

프로그램을 다운로드하고 실행해 봅시다. 프로그램은 이전과 거의 동일하게, 트라이봇이 빠른 속도로 출발하고 벽에 가까워질수록 천천히 감속해서 벽 앞에서 멈추어야 합니다. 이 버전은 로봇이 정지하는 시점에서 프로그램이 종료되므로 이전 버전보다 조금 더 안정적입니다. 맨 처음 만들었던 프로그램의 경우 로봇이 벽 앞에서 멈추었더라도 프로그램은 종료되지 않고 계속 실행 중이며, 이 상태에서 벽과 멀어지면 다시 로봇은 주행을 시작할 것입니다.

> 😊 **도전과제 10-1**
>
> GentleStop 프로그램에 벽면과의 거리를 측정해 소리로 알려주는 기능을 추가해 봅시다. 사운드 블록의 설정값과 적외선 센서의 거리값을 적절히 연결해 트라이봇이 움직이기 시작하면 큰 소리가 나고 벽에 가까이 갈수록 소리가 점차 부드럽게 작아지도록 합니다.

루프 인덱스

루프 인덱스(Loop Index)는 루프가 몇 번 반복 수행되었는지 알려 줍니다. 루프 인덱스 출력 플러그는 루프 블록의 왼쪽에 있습니다(그림 10-4 참조). 루프를 처음 실행할 때 이 값은 0이며, 루프의 마지막 블록까지 실행되고 다시 처음으로 돌아갈 때마다 1씩 증가합니다. 루프 인덱스는

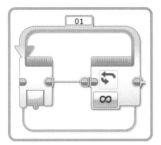

그림 10-4 루프 인덱스 출력 플러그

루프가 시작할 때 체크되므로, 루프가 종료되는 시점에서 루프 인덱스는 실제로 루프가 실행된 횟수보다 1이 적습니다.

LoopIndexTest(루프 인덱스 테스트) 프로그램

LoopIndexTest 프로그램은 루프 인덱스를 어떻게 활용할 수 있는지 보여 줍니다(그림 10-5 참조). 루프 블록을 '횟수' 모드로 설정하고 반복 횟수를 5회로 지정합니다. 루프를 한 번 실행할 때마다 디스플레이 블록에는 루프가 실행된 횟수가 표시되며, 대기 블록은 여러분이 EV3의 화면을 읽을 수 있을 만큼의 시간(1초)을 줍니다. 이 프로그램은 실행되면 화면에 '0'을 출력하고 1초 단위로 숫자가 1씩 증가해서 '4'가 되었을 때 종료됩니다.

이 프로그램과 이어서 테스트해 볼 두 개의 프로그램은 아주 신기하고 흥미롭다고 말하긴 어렵습니다. 사실, 4를 셀 수 있는 로봇이 사람들에게 놀라움을 주기는 어렵겠지요. 그러나 이 프로그램은 루프 블록이 어떻게 동작하는지 여러분에게 알려 준다는 점에서 존재 의미가 있습니다. 여러분이 이제까지 사용해 보지 않은 블록이나 프로그래밍 기법이 궁금하다면, 이와 같은 간단한 프로그램을 만들어 그 동작 원리를 직접 경험해 보는 것도 향후 여러분이 해당되는 기능을 좀 더 복잡한 프로그램에서 제대로 활용하는 데 분명 도움이 될 것입니다.

루프 재시작

그림 10-6의 LoopIndexTest2 프로그램은 루프가 다른 루프 블록 안에 들어가 있을 경우 안쪽 루프 블록의 횟수가 어떻게 변화하는지 보여 줍니다. 이 프로그램에서 안쪽 루프는 5번, 바깥쪽 루프는 2번 반복됩니다.

처음 안쪽 루프가 실행될 때는 LoopIndexTest 프로그램을 실행했을 때와 같이 '0'부터 '4'까지 순차적으로 화면에 표시될 것입니다. 그러면 그 다음엔 어떻게 될까요? '4'까지 출력된 후 바깥 루프의 첫 번째 작업이 끝나고, 다시 처음으로 돌아간 프로그램은 다시 안쪽 루프를 실행할 것

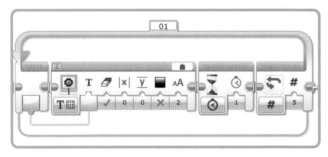

그림 10-5 5번 반복 수행하며 횟수를 화면에 출력하는 LoopIndexTest 프로그램

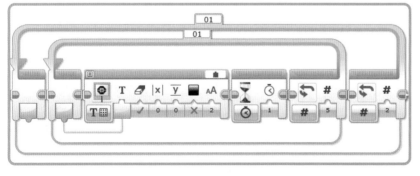

그림 10-6 5번 반복 수행을 2번 반복하며 횟수를 화면에 출력하는 LoopIndexTest2 프로그램

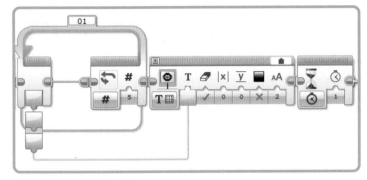

그림 10-7 LoopIndexTest3 프로그램

그림 10-8 5장의 LineFinder 프로그램

입니다. 이때 화면에는 다시 '0'부터 '4'가 출력될까요? 아니면 '5'부터 '9'가 출력될까요?

프로그램을 실행해 보았다면 화면에 출력되는 값을 보았을 것입니다. 화면에는 '0'부터 '4'까지의 값이 두 번 출력됩니다. 루프 인덱스는 루프 자체가 반복되는 동안에는 인덱스가 증가하지만, 한 번 종료된 후 재실행될 때는 루프 인덱스가 0으로 초기화됩니다.

최종 루프 인덱스 값

LoopIndexTest와 LoopIndexTest2 프로그램은 루프 안에서 루프 인덱스 값을 사용합니다. 하지만 루프 인덱스 값은 LoopIndexTest3(그림 10-7 참조)와 같이, 루프 바깥에서도 사용할 수 있습니다. LoopIndexTest3 프로그램은 루프 블록을 5번 실행한 후, 루프가 종료된 다음 EV3 화면에 최종 루프 수행 횟수를 출력합니다.

이 프로그램은 루프가 마지막으로 실행되는 시점에서 데이터 와이어를 통해 루프 밖으로 실행 횟수를 보냅니다. 이 값은 앞에서 이야기한 바와 같이, 루프가 실제로 실행된 횟수보다 1이 적습니다. 루프가 마지막으로 실행

된 후 루프 인덱스를 1 증가시키기 위해 다시 처음으로 돌아가지 않고 바로 종료되기 때문입니다. 결국 루프는 5번 실행되지만 화면에 출력되는 반복 횟수 값은 4입니다.

> **NOTE** 컴퓨터 프로그래밍에서 횟수를 셀 때는 일반적으로 1이 아닌 0부터 시작합니다. 주의를 기울이면 큰 문제가 되지는 않지만, off-by-one 오류가 발생할 수도 있습니다.[2]

SpiralLineFinder(나선형 길 따라가기) 프로그램

5장의 LineFinder 프로그램(그림 10-8 참조)은 검은색 선을 따라 트라이봇을 움직입니다. 이 프로그램은 로봇이 제대로 된 방향에서 출발할 경우 아무 문제없이 동작할 것입니다. 하지만 우리는 이번 장에서 나선형 패턴의 길을 활용해 직선 길을 가는 것보다 조금 더 효과적으로 동

---

2 (옮긴이) 1이 아닌 0부터 시작함을 생각하지 않고 횟수를 설정해서 생기는 문제입니다. 여기에서는 출력값 4가 5회 반복을 뜻하므로 만약 여러분이 5회 반복을 위해 루프 인덱스가 5가 될 때까지 프로그램을 수행시킨다면 그 프로그램은 실제로 6회 실행(0, 1, 2, 3, 4, 5)되는 상황을 뜻합니다.

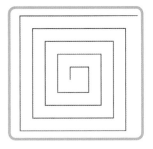

그림 10-9 사각 나선형 경로

작하도록 만들어 보겠습니다.

사각 나선형 경로(그림 10-9 참조)는 각 부분이 중심으로부터 직선으로 연결되며 조금씩 밖으로 확장되는 구조를 가집니다. SpiralLineFinder 프로그램은 트라이봇이 직사각형의 나선형 경로를 따라가며 컬러 센서가 선을 찾으면 멈추도록 합니다.

나선 따라가기

나선을 따라가기 위해서는 트라이봇이 앞으로 전진하고, 1/4바퀴 회전한 뒤 첫 번째 전진보다 조금 더 전진하고, 다시 1/4바퀴 회전하는 식으로 프로그램이 반복되어야 합니다. 지금까지의 경험으로 우리는 이러한 반복 작업에 루프 블록이 효과적이라는 것을 알고 있습니다. 조향모드 주행 블록을 써서 트라이봇을 전진시키고 방향을 바꾸어 줍니다. 이 프로그램의 새로운 부분은 루프 인덱스를 활용해서 프로그램이 루프를 통과할 때마다 로봇이 앞으로 전진할 거리를 조금씩 바꾸는 것입니다.

그림 10-10은 로봇을 나선형으로 주행시킬 수 있는 한 가지 방법을 보여 줍니다. 첫 번째 조향모드 주행 블록은 '회전수로 동작' 모드로 설정되어 있고, 루프 인덱스에 의해 회전수가 결정됩니다. 루프가 실행되고 횟수가 증가할 때마다 이 블록은 트라이봇을 한 바퀴씩 더 전진시킵니다. 두 번째 조향모드 주행 블록은 90도 회전을 위한 부분입니다.

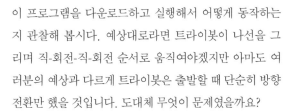

NOTE 교구 세트의 타이어를 사용하는 경우 두 번째 조향모드 주행 블록의 각도를 210 대신 160으로 설정합니다.

이 프로그램을 다운로드하고 실행해서 어떻게 동작하는지 관찰해 봅시다. 예상대로라면 트라이봇이 나선을 그리며 직-회전-직-회전 순서로 움직여야겠지만 아마도 여러분의 예상과 다르게 트라이봇은 출발할 때 단순히 방향 전환만 했을 것입니다. 도대체 무엇이 문제였을까요?

기억하십시오. 루프 인덱스는 0부터 시작합니다. 즉, 맨 처음 루프에서 전진을 위해 사용된 조향모드 주행 블록의 '전진 거리'는 0으로 입력된 것입니다. 회전수로 모터를 제어하도록 명령하고 회전수로 0을 입력했으니 전진을 하지 않는 것은 당연합니다. 이 문제를 해결하기 위해서는 수학 블록을 추가해서 데이터 와이어의 루프 횟수에 1을 더한 다음 조향모드 주행 블록으로 전달할 수 있습니다.

SpiralLineFinder 프로그램의 경우, 조금씩 자세가 바뀔 수 있으므로 선의 검사는 전진하는 동안 수행할 것입니다. 로봇의 전진 거리는 루프 인덱스에 의해 결정되며 그 값을 루프 밖에서 활용하는 방법도 살펴보도록 하겠습니다.

나선형으로 움직이는 동안 선 감지하기

LineFinder 프로그램(그림 10-8 참조)은 대기 블록을 컬

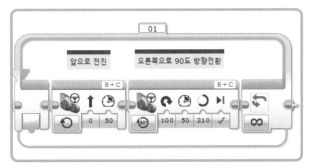

그림 10-10 사각 나선형 경로를 주행하는 프로그램

러 센서의 '반사광 강도' 모드로 설정해서 선을 감지합니다. 선이 감지될 때까지 이 프로그램은 전진을 유지합니다. 그러나 이와 같은 방식으로는 좀 더 정교한 프로그램의 구현, 이를테면 SpiralLineFinder와 같이 동작이 복잡해질 경우 적절히 대응하기 어렵습니다.

문제를 해결하기 위해 루프 블록의 내부에 스위치 블록을 추가하고 로봇이 앞으로 전진하는 동안 컬러 센서를 검사해서 모터를 언제 멈출지 결정하도록 합시다. 그림 10-11의 블록을 추가하는 것부터 시작합니다. 첫 번째 블록은 모터 B의 회전 센서값을 0으로 초기화합니다. 그 다음, 커짐 모드의 조향모드 주행 블록이 로봇을 출발시키

고, 그 뒤의 루프 블록이 바퀴의 회전값이 루프 인덱스에 도달할 때까지 모터를 전진시킵니다. 예를 들어 루프 인덱스가 2인 경우, 안쪽 루프가 종료되는 시점에서 모터 B는 2회전을 완료하게 됩니다. 2회전이 끝나면 안쪽 루프가 종료되고 조향모드 주행 블록이 로봇을 90도 회전시킵니다.

이 시점에서 프로그램은 그림 10-10과 같이 로봇을 나선형으로 움직여야 합니다. 나머지 기능을 추가하기 전에 프로그램을 먼저 테스트해 보고, 루프 블록에 스위치 블록을 추가해 볼 것입니다.

마지막으로 루프 블록 안에 스위치 블록을 추가해 컬러 센서를 사용해 보겠습니다. 스위치 블록은 컬러 센서

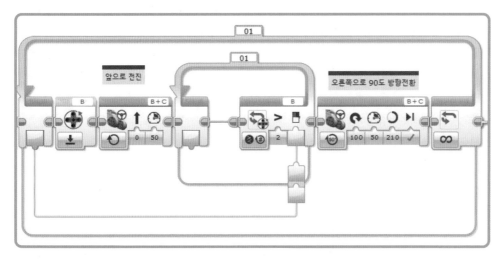

그림 10-11 루프와 회전 센서를 이용해 전진

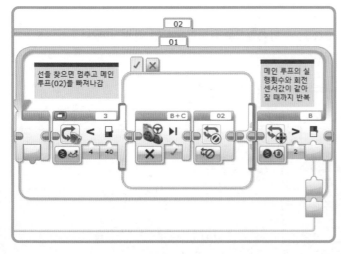

그림 10-12 컬러 센서가 선을 감지하면 모터를 정지시키고 루프를 종료합니다.

를 읽고, 반사광이 경곗값보다 작다면(로봇이 선을 감지했다면) 로봇을 정지시킵니다. 프로그램이 선을 감지했을 때 불필요하게 반복을 지속하지 않고 종료할 수 있도록, 루프 인터럽트 블록을 사용해 외부 루프(루프 번호 2번)를 종료하는 기능도 추가합니다.

그림 10-12는 프로그램에 추가된 스위치 블록을 보여 줍니다. 스위치 블록은 원래 프로그램의 대기 블록과 같은 경곗값 및 비교 유형(그림 10-8 참조)으로 설정되어 있습니다. 이 스위치 블록은 조건이 참일 경우 모터를 정지시키고 루프 인터럽트 블록에 의해 바깥 루프가 종료됩니다. 이를 위해 바깥 루프 블록의 이름을 02로 설정하고 루프 인터럽트 블록의 중단할 루프 이름도 02로 설정합니다.

프로그램을 실행하면 트라이봇은 어두운 선을 감지할 때까지 사각형의 나선형 패턴으로 점점 크게 움직입니다. 검은색을 감지하면 로봇은 멈추고 프로그램이 종료됩니다. 속도와 회전값, 스위치 블록의 경곗값 등 다양한 조건을 조금씩 바꾸어 가며 여러분이 생각한 형태에 가장 이상적으로 가까운 값을 찾아봅시다.

😊 **도전과제 10-2**

나선형 경로에서 경로 사이의 간격은 각각의 전진 움직임이 얼마나 증가되는지에 달렸습니다. 각각의 직선 움직임이 매번 한 바퀴씩 증가한다면, 경로 사이의 거리는 두 바퀴 간격을 만들어 냅니다. 여러분은 그래프용지에 직사각형 나선형 경로를 그려보면서 인접한 선의 간격이 얼마나 되는지 볼 수 있습니다. 이 간격은, 조향모드 주행 블록에 루프 회전값을 넘기기 전에 몇 배 곱하거나 나누기를 함으로써 간격을 넓히거나 줄일 수 있습니다. 목표선이 작으면 작은 나선형으로 하는 것이 목표선을 놓칠 확률을 줄여 줄 것이고, 나선형을 크게 하면 트라이봇이 더 넓은 영역을 빠르게 확인할 수 있게 됩니다. 다른 값과 목표선 크기로 실험해 보면서, 조향모드 주행 블록의 지속 시간을 변화시켰을 때 목표선을 얼마나 잘, 그리고 얼마나 빠르게 찾는지 확인해 보세요.

향상된 회전을 위해 자이로 센서 활용

트라이봇이 나선형 패턴으로 주행하는 과정에서 여러분은 90도 턴을 테스트하고 값을 입력했을지라도 사실 로봇의 자세가 정확히 90도에 일치한다고 보장하기는 어렵습니다. 여러분이 충분히 실험하고 여러 가지 값을 입력해 볼 수 있겠지만, 결과적으로 로봇은 배터리의 용량이나 바닥의 마찰력, 심지어 바퀴 바닥에 낀 머리카락에 의해서도 최종적인 방향이 달라질 수 있음을 기억해야 합니다. 결과적으로 트라이봇이 매번 90도 회전을 시도할 때마다 이런 미세한 오차들이 누적되며, 최종적으로는 나선형의 사각형 방향과 로봇의 실제 방향이 상당히 많이 틀어져 있는 것을 보게 될 것입니다.

만약 여러분이 자이로 센서를 가지고 있다면(교구 세트에는 포함, 일반 세트일 경우 별도 구매) 이러한 오류를 상당 부분 줄일 수 있습니다. 핵심은 자이로 센서를 써서 트라이봇이 방향을 바꿀 때마다 자세의 변화량을 측정해 90도를 확인하는 것입니다. 이는 로봇의 바퀴 회전량을 90도에 맞추어 방향이 90도가 되었을 거라고 예측하는 것이 아닌, 로봇의 실제 자세를 90도에 맞춘다는 개념입니다. 그림 10-13은 원래의 프로그램에서 바퀴의 회전량으로 로봇의 자세가 90도가 되었을 것이라 짐작하도록 구성된 모습입니다. 그림 10-14는 자이로 센서를 사용하여 동일한 작업을 수행하며, 로봇의 회전각을 측정해서 90도가 되면 멈추도록 수정된 프로그램입니다.

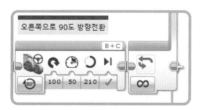

그림 10-13 조향모드 주행 블록의 회전 센서값에 의존한 방향 전환

새로운 블록 중 첫 번째 블록은 켜짐 모드를 사용해서 트라이봇의 방향 전환을 시작합니다. 따라서 로봇이 움직

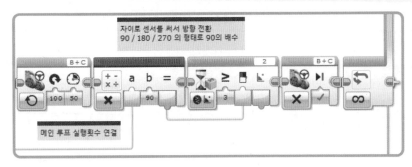

자이로 센서를 써서 방향 전환
90 / 180 / 270 의 형태로 90의 배수

B+C

2

B+C

메인 루프 실행횟수 연결

그림 10-14 자이로 센서를 이용한 방향 전환

이는 동안 다른 블록이 실행될 수 있습니다. 루프를 한 번 수행할 때마다 트라이봇은 90도 회전해야 합니다. 수학 블록은 루프 인덱스에 90을 곱해서 자이로 센서 대기 블록의 경곗값을 계산합니다. 대기 블록은 자이로 센서의 '비교 - 각도' 모드로 설정되어 로봇이 움직인 각도를 측정합니다. 루프 인덱스가 1일 때 자이로 센서는 처음 위치로부터 로봇이 90도 회전할 때까지 대기한 후 다음 루프로 넘어갑니다. 두 번째 루프가 실행되면 자이로 센서는 이미 로봇이 90도 회전했기 때문에 180도까지 회전해야 할 것입니다. 이를 위해 루프 인덱스 2와 90을 수학 블록으로 곱해서 180을 대기 블록에 전달하고, 자이로 센서는 현재 90도에서 180도가 될 때까지 방향 전환을 시킵니다. 이와 같이 수학 블록으로 루프 인덱스 * 90을 계산한 결과를 자이로 센서의 경곗값에 적용해 로봇은 마지막 자세에서 90도만큼 더 회전하는 동작을 반복할 수 있습니다. 시퀀스의 마지막 단계에서 로봇이 멈추는 동작은 앞서 만든 프로그램과 동일합니다.

프로그램을 다운로드하고 테스트해 봅시다. 트라이봇이 따르는 경로는 이전 프로그램에 비해 훨씬 더 안정적이고 직각에 가까울 것입니다. 물론, 이 버전 역시 앞서 만든, 회전 센서값에 의존한 프로그램에 비해 압도적으로 정확하다고 말할 수는 없습니다. 매 회전마다 로봇은 90도보다 조금 더 회전할 수도 있습니다. 중요한 점은 이전 버전과 달리 이 프로그램이 매 회전마다 발생할 수 있는 자세의 오류를 누적시키지 않는다는 것입니다. 로봇이 매번 회전할 때마다 프로그램은 이전 회전 단계에서 발생한

자세 오류와 관계없이 자이로 센서가 이전 각도 + 90도의 자세가 될 때까지 로봇의 방향을 전환시킵니다.

이번에는 로봇이 90도 회전부터 하는 것이 아니라 전진부터 합니다. 이런 현상도 역시 루프 인덱스가 0부터 시작하기 때문입니다. 첫 번째 루프가 실행될 때 자이로 센서에는 0 * 90의 결괏값이 경곗값으로 입력, 즉 목표 방향이 0도로 입력되기 때문에 회전 동작을 시작하자마자 즉시 멈추게 됩니다.

추가적인 탐구

루프 블록과 데이터 와이어를 사용해서 다음과 같은 탐구 과제에 도전해 봅시다.

1. 트라이봇이 직사각형이 아닌 원형 나선을 따라 움직이도록 프로그램을 고쳐봅시다. 루프를 돌 때마다 주행 블록의 조향 변수를 조정해서 100 근처에서 시작한 다음 나선의 크기가 조금씩 커지도록 조향값을 조금씩 줄이면 출발점에서부터 밖으로 나선형 궤적을 따라 로봇을 움직일 수 있습니다.

2. 루프 블록을 사용해서 적외선 리모컨의 버튼 눌림을 인식시킵니다. 대기 블록으로 리모컨의 버튼 1과 2 중 하나가 눌릴 때까지 대기하도록 설정하고, 1을 누를 경우 루프를 반복, 2를 누를 경우 루프를 종료하도록 만들어 봅시다. 루프가 종료되면 루프 인덱스는 버튼 1이 눌린 횟수와 일치할 것입니다. 힌트는 두 개의 대기 블록이 필요하다는 것, 첫 번째 대기 블록은 버튼

이 눌리는 것을 기다리고, 두 번째 대기 블록은 버튼 상태가 바뀌는 것을 대기합니다. 대기 블록이 두 개 필요한 이유는, 여러분이 버튼을 짧게 클릭하든 길게 클릭하든 관계없이 클릭 여부만을 검사하기 위함입니다. (두 번째, 버튼 상태가 바뀌는 대기 블록이 없다면 여러분이 버튼을 길게 누를 경우 여러 번 누른 것으로 인식할 것입니다.)

3. 2번 도전과제의 프로그램을 활용해 버튼 누름 횟수를 프로그램 안에서 활용하는 응용프로그램을 만들어 봅시다. 예를 들어, 조향모드 주행 블록의 파워 레벨을 리모컨의 버튼 클릭 횟수로 설정할 수 있습니다. 프로그램 시작 시 버튼 클릭 횟수를 계산하는 블록을 추가하고, 클릭한 횟수에 10을 곱한 값을 파워에 적용하는 형태로 프로그램을 작성해 봅시다.

마무리

루프 블록은 반복 횟수와 반복 조건에 데이터 와이어를 쓸 수 있습니다. 이번 장에서는 적외선 센서 블록의 센서 값을 활용해서 루프가 종료되도록 GentleStop 프로그램을 수정하는 것으로 루프와 데이터 와이어의 활용을 살펴보았습니다. 13장에서 데이터 와이어와 루프의 활용법에 대해 여러 가지 센서의 조건을 결합하는 형태로 다시 한 번 다루어 볼 예정입니다.

  0에서부터 시작되는 루프 인덱스에 익숙해지면, 여러분은 루프 블록 자체를 제어하기가 한결 더 쉬워질 것입니다. SpiralLineFinder 프로그램은 루프 인덱스를 활용해서 전진 거리를 바꾸는 형태로 나선 경로를 주행하도록 만들었습니다. 이와 같이, 루프가 반복되는 동안 루프 인덱스를 활용하여 다른 블록의 설정을 언제든지 늘리거나 줄일 수 있습니다.

11
변수

변수를 쓰면 프로그램이 실행되는 동안 원하는 값을 저장하고 그 값을 재활용할 수 있습니다. 예를 들어, 프로그램이 센서값을 읽고 그 값을 나중에 읽은 값과 비교한다고 가정해 봅시다. 이러한 작업이 가능하려면 먼저 첫 번째 읽은 센서값을 기억해야 하고, 그 다음으로 두 번째 센서값을 읽은 시점에서 앞서 기억한 값을 꺼낼 수 있어야 합니다. 이번 장에서는 변수를 사용하는 방법과 변수가 해결할 수 있는 몇 가지 유형의 문제를 다루어 볼 것입니다. 또한 변수와 함께 활용할 수 있는 상수 블록을 사용하는 법도 함께 다룰 것입니다. 상수 블록을 사용하면 프로그램 안에서 여러 개의 블록이 동시에 특정한 한 개의 값을 사용하도록 만들 수도 있습니다.[1]

변수 블록

변수 블록은 여러분이 임의의 값을 저장할 수 있는 메모리 공간 중 하나입니다.[2] 데이터 연산 팔레트(빨간색)에

있는 변수 블록은 변수를 읽거나 특정한 값을 쓸 수 있습니다.

변수가 동작하는 방법을 알아보기 위해 VariableTest(변수 테스트)라는 이름의 프로그램을 만들어 보겠습니다. 이 프로그램은 컬러 센서에서 읽은 값을 변수에 저장하고, 변수에서 읽은 값을 화면에 표시합니다. 컬러 센서 블록은 측정 - 색상 모드로 설정하고, 읽은 색상 값을 변수 블록에 저장합니다.

맨 처음 할 일은 어떠한 유형의 데이터에 대해 무슨 작업을 할 것인지, 즉 변수의 읽기/쓰기와 변수가 처리할 데이터의 형태를 설정하는 것입니다(그림 11-1 참조). 컬러 센서는 색상 값을 숫자 형태로 출력하므로 우선 변수 블록을 쓰기 - 숫자 모드로 설정합니다. 이번 장에서는 기본적인 데이터 유형(텍스트, 숫자, 논리)만을 다루어 볼 것

---

1 (옮긴이) 변수 블록을 사용하는 것은 데이터 와이어를 루프와 스위치 블록을 관통하며 연결하는 것보다 훨씬 더 간편할 수 있습니다. 데이터 와이어가 도로를 통한 이동이라면 상수와 변수는 텔레포트를 통한 이동과 같은 개념입니다.

2 (옮긴이) EV3는 간략화된 일종의 컴퓨터입니다. 여러분이 사용하는 컴퓨터와 마찬가지로 CPU와 메모리, 저장장치가 있으며, 메모리의 일부 공간에는 운영체제와 여러분이 만들고 실행할 프로그램이 저장되어 있고, 다른 일부 공간에는 프로그램이 사용하기 위한 데이터가 저장됩니다. 변수는 이 데이터 저장 공간 중 여러분이 직접 임의로 값을 조작할 수 있는 공간입니다.

그림 11-1 변수 블록의 모드 설정

입니다. 조금 더 복잡한 개념인 배열 데이터는 15장에서 다루게 됩니다.

쓰기 작업은 변수에 값을 저장합니다. 이 값은 여러분이 프로그램을 만드는 과정에서 키보드로 직접 입력할 수도 있고, 프로그램이 수행되는 과정에서 입력되도록 데이터 와이어를 사용할 수도 있습니다. 이번 프로그램에서는 컬러 센서 블록의 색상 출력 플러그를 변수 블록의 값 플러그에 연결합니다(그림 11-2 참조). 다른 프로그램에서는 변수의 초깃값을 수동으로 설정하고, 그 후에는 데이터 와이어를 써서 프로그램이 실행되는 동안 값을 변경하도록 만들 수도 있습니다.

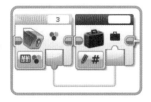

그림 11-2 컬러 센서로 읽은 값 저장하기

모드를 설정한 후 블록의 오른쪽 위 상자를 클릭해 변수의 이름을 입력합니다. 모드에서 선택한 종류(텍스트/숫자/논리) 각

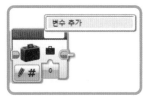

그림 11-3 변수 이름 입력

각에 따라 새 변수를 추가하는 메뉴와 기존에 만든 변수의 목록이 표시됩니다(그림 11-3 참조). 아직 어떠한 변수도 추가되지 않았기 때문에 메뉴에서는 **변수 추가**만 사용할 수 있습니다.

변수 추가를 선택하면 새 변수 이름 입력을 위한 대화상자가 열립니다(그

그림 11-4 새 변수 이름 입력창

림 11-4 참조). 변수 이름은 EV3 내부에서 사용되는 이름이기 때문에 EV3 화면 출력용 텍스트와 마찬가지로, 한글을 쓸 수 없습니다. 설정된 변수는 모드 설정을 통해 결정된 형태의 데이터 (텍스트/숫자/논리/숫자형 배열/논리 배열)만 저장할 수 있으며, 변수 이름은 변수 유형에 관계없이 한 프로그램 안에서 유일해야 합니다.[3] 이 프로그램에서는 변수의 유형은 숫자형, 이름은 Color로 선언합니다.

이제 값을 읽을 다른 변수 블록을 추가하고 EV3 화면에 값을 출력하기 위한 디스플레이 블록도 추가합니다. 프로그램 끝의 대기 블록은 여러분이 디스플레이 블록의 출력 내용을 읽기 위한 목적입니다. 그림 11-5는 이렇게 완성된 VariableTest 프로그램의 모습입니다.

세 개의 블록을 추가한 뒤 새 변수 블록의 모드를 읽기 - 숫자로 설정하십시오. 현재는 변수가 'Color' 한 개만 선언되었기 때문에 변수 블록을 꺼냈을 때 이름이 자동으로 Color로 설정되어 있지만, 두 개 이상의 변수가 선언될 경우 변수 이름 상자를 클릭하고 작업할 대상 변수의 이름을 선택해야 합니다. 이 프로그램의 마지막 단계는 변수 블록의 출력을 디스플레이 블록의 텍스트 입력에 데이터 와이어로 연결하는 것입니다.

프로그램을 실행하면 컬러 센서 블록이 색상을 읽고 Color 변수에 해당되는 색상의 숫자값을 저장합니다. 그리고 변수에 저장된 숫자값을 읽어 화면에 표시합니다. 변수 블록을 통해 전달된 값을 확인하려면 로봇이 컴퓨터와 연결된 상태에서, 컴퓨터에서 프로그램을 실행하십시오. 8장에서 테스트해 본 것과 같이, 여러분은 데이터 와이어를 클릭해서 값을 컴퓨터 모니터로 볼 수 있습니다.

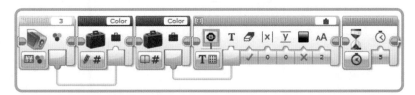

그림 11-5 VariableTest 프로그램

---

[3] (옮긴이) 숫자형의 이름으로 v1을 썼다면 텍스트형이나 논리형에서 v1이라는 이름은 쓸 수 없습니다.

물론 대기 블록의 시간을 더 늘려 값이 EV3 화면에서 좀 더 오래 출력되도록 만들 수도 있습니다.

RedOrBlueCount(색상을 검사하고 횟수 보여 주기) 프로그램

여기에서는 6장의 RedOrBlue 프로그램을 기반으로, 색이 등장한 횟수를 보여 주는 RedOrBlueCount 프로그램을 만들어 보겠습니다(그림 11-6 참조). 새 프로그램은 'Red Total'과 'Blue Total'이라는 두 개의 변수를 사용해서 빨간색과 파란색 물체의 개수를 기록합니다. 프로그램이 실행되면 EV3 화면에 두 색상의 물체가 누적 인식된 횟수가 표시됩니다. 프로그램이 처음 시작되면 인식된 물체가 없으므로 화면은 'Red: 0' 그리고 'Blue: 0'이 출력되어야 합니다. 그 후 빨간색이나 파란색이 인식될 때마다 기록된 개수가 증가하고 디스플레이에 증가된 값이 출력되어야 합니다. 목록 11-1은 RedOrBlue 프로그램에 추가되는 부분을 강조한 의사코드입니다. 이 프로그램은 빨간색과 파란색의 개수만 기록하며, 다른 색은 처리하지 않습니다.

Red Total을 0으로 설정
Blue Total을 0으로 설정
"Red: 0" 화면 출력
"Blue: 0" 화면 출력
루프 시작
  터치 센서 눌릴 때까지 대기
  만약 컬러 센서가 빨간색을 감지하면
    사운드 블록 "레드" 소리 출력
    Red Total 변수 읽기
    Red Total 변수 +1 증가
    Red Total 변수 쓰기
    "Red: "와 "Red Total 값"을 화면에 출력
  그렇지 않고 컬러 센서가 파란색을 감지하면
    사운드블록 "블루" 소리 출력
    Blue Total 변수 읽기
    Blue Total 변수 +1 증가
    Blue Total 변수 쓰기
    "Blue: "와 "Blue Total 값"을 화면에 출력
  그렇지 않으면
    사운드 블록 "어-오" 소리 출력
  만약 조건 끝
루프 무한반복

목록 11-1 RedOrBlueCount 프로그램의 의사코드

변수 생성과 초기화

첫 번째 단계는 변수를 두 개 만들고 각각 초깃값을 주는 것입니다. 이것을 변수 초기화라고 합니다. 빨간색 물체를 감지한 횟수를 계산하려면 'Red Total' 변수가 0에서 시작해서 감지될 때마다 1씩 증가해야 합니다. 참고로 프로그램이 시작되면 특별히 초기화시키지 않는 한 모든 변수는 0으로 초기화됩니다. 그러나 프로그램의 일부를 재활용하는 등의 여러 가지 상황을 고려한다면 명시적으로 변수의 초깃값을 여러분이 원하는 초깃값으로 선언해 주는 것이 좋습니다.

다음 단계에 따라 RedOrBlueCount 프로그램을 만들어 봅시다.

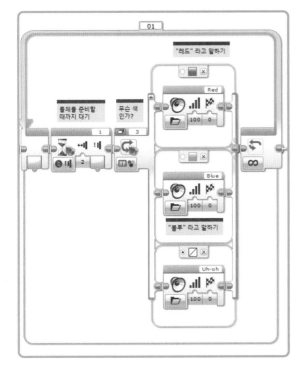

그림 11-6 RedOrBlue 프로그램

1. Chapter11 프로젝트를 만들고 저장합니다.
2. Chapter6 프로젝트를 열고 RedOrBlue 프로그램을 Chapter11 프로젝트로 복사합니다. Chapter11 프로젝트의 속성 페이지에서 프로그램 이름을 RedOrBlueCount로 바꿔 줍니다.

변수 이름 선택하기

적절한 변수 이름을 선택하면 프로그램의 가독성이 높아집니다. 예를 들어, 프로그램에서 빨간색과 파란색의 개수를 기억하기 위해 'Red Total'과 같이 이름을 지으면 프로그램의 전체적인 흐름 속에서 변수가 동작하는 방식을 사람이 이해하기 좀 더 쉽습니다(여러분 스스로가 나중에 이 프로그램을 봤을 때와 여러분의 프로그램을 모르는 제3자가 보았을 때 모두). 특히 변수 이름에 일관된 규칙이 있다면 가독성을 높이는 데 더욱 도움이 됩니다. 예를 들어 빨간색의 개수를 세기 위한 변수를 'Red Total'이라고 선언하고 파란색의 개수를 세는 변수를 'Blue Count'와 같이 명명한다면, 컴퓨터 입장에서는 별 차이가 없겠지만 사람이 프로그램을 이해하는 데 혼란을 일으킬 수 있습니다. 또한 이름을 TtlR이나 R과 같이 알아보기 어려운 무리한 약어로 설정하는 것도 좋지 않습니다. 아울러 이름의 길이가 특별히 제한되지는 않지만 실제로 우리 눈에 보이는 변수 블록의 이름 창의 크기는 한정되어 있으므로(알파벳 3~5자, 이후로는 '.'으로 표시) 'Total Red'와 'Total Blue' 같이 이름을 지을 경우 프로그램 자체는 문제가 없을지 몰라도 사람이 변수 블록을 보았을 때는 둘 다 'Tot...'과 같이 보이기 때문에 가독성이 떨어질 수 있습니다(그림 11-7 참조). 물론 변수 전체 이름을 보기 위해 마우스 커서를 이름 창에 올려놓으면 되지만 이름의 특징적인 단어를 앞에 배치한다면 마우스를 대지 않아도 좀 더 쉽게 알아볼 수 있습니다.[4]

그림 11-7 함수 블록만 본다면 이 블록은 'Total Red'인지 'Total Blue'인지 알 수 없습니다.

3. 변수 블록을 프로그램 시작 부분에 추가합니다. 모드는 쓰기 - 숫자, 값은 0으로 초기화합니다.

블록의 변수 이름 상자를 클릭합니다. 변수 추가 메뉴와 기존에 만든 변수 이름이 포함된 메뉴가 나타납니다(그림 11-8 참조).

그림 11-8 변수 이름 입력

4. 변수 추가를 클릭하면 새 변수 창이 나타납니다. 여기에 Red Total을 입력하고(그림 11-9) '확인' 버튼을 클릭합니다. 변수 블록은 이제 그림 11-10과 같이, 설정된 변수 이름의 일부를 식별할 수 있게 보여 줍니다.

그림 11-9 Red Total 변수 만들기

그림 11-10 Red Total 변수를 0으로 초기화하기

5. 새 변수 블록을 Red Total 변수 블록 다음에 추가합니다.
6. 새 변수 이름을 Blue Total로 입력합니다.

이 시점에서 프로그램의 모습은 그림 11-11과 같습니다. 두 블록은 각각 두 변수를 0으로 초기화합니다.

---

4 (옮긴이) 앞서도 언급했지만 변수 이름은 한글을 지원하지 않습니다. 이것은 다른 2바이트 문자들도 마찬가지이며, 조금 낯설더라도 변수 이름은 영문으로 만들어야 합니다.

그림 11-11 Red Total과 Blue Total을 0으로 초기화

초기화된 값 표시하기

초기화된 값을 표시하기 위해 두 개의 디스플레이 블록을 루프 블록이 시작되기 전에 배치합니다.

7. 두 번째 변수 블록 뒤로 디스플레이 블록을 추가합니다. 모드를 텍스트 - 눈금으로 설정하고 행(y)을 2로 설정합니다. 블록 오른쪽 위의 텍스트 입력 창에는 Red: 0을 입력합니다.

8. 두 번째 디스플레이 블록을 추가합니다. 모드를 텍스트 - 눈금으로 설정하고 행(y)을 4로 설정합니다. 블록 오른쪽 위의 텍스트 입력 창에는 Blue: 0을 입력합니다.

9. 두 번째 디스플레이 블록의 화면 지우기를 거짓으로 설정합니다.

이제 프로그램은 그림 11-12와 같은 모습입니다.

빨간색 개수 계산하기

빨간색 물체가 감지되면 프로그램에서 Red Total 변수에 값을 더하고 새 값을 표시합니다. 이 작업을 위해 세 가지 블록, 즉 현재 값을 읽고 데이터 와이어로 내보내는 변수

블록, 현재 값에 1을 더하는 수학 블록, 새 결괏값을 변수에 저장하는 두 번째 변수 블록을 사용하게 됩니다.

10. 스위치 블록의 빨간색 케이스부터 작업합니다. 'Red' 소리를 출력하는 사운드 블록 뒤로 변수 블록을 추가합니다.

추가된 변수 블록의 변수 이름은 Red Total을 선택하고, 모드는 읽기 - 숫자로 선택합니다. 프로그램의 스위치 블록 부분은 그림 11-13과 같습니다.

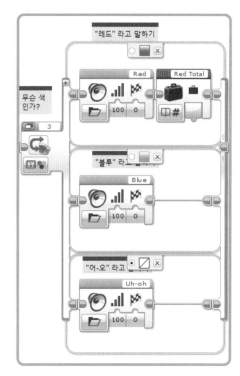

그림 11-13 현재의 Red Total 값 읽기

그림 11-12 EV3의 화면에 초깃값 표시

11. 변수 블록 뒤로 수학 블록을 추가합니다. 수학 블록의 연산 모드는 더하기로, b의 값은 1로 설정합니다.

12. 수학 블록 뒤에 두 번째 변수 블록을 추가합니다. 추가된 변수 블록의 변수 이름은 Red Total을 선택하고, 모드는 쓰기 - 숫자로 선택합니다.

13. 그림 11-14와 같이 첫 번째 변수 블록에서 수학 블록의 입력 a로, 그리고 수학 블록의 결과에서 두 번째 변수 블록의 입력으로 데이터 와이어를 연결합니다.

Red Total 변수에 합계가 갱신되었지만, 이 시점에서 화면에는 Red: 0이 출력되고 있으므로 프로그램은 텍스트 블록과 디스플레이 블록을 써서 갱신된 값을 출력해야 합니다(이 부분은 8장의 SoundMachine 프로그램에서 사용한 화면 출력 기법과 유사합니다).

14. 두 번째 변수 블록 뒤로 텍스트 블록을 추가하고 a 입력의 값으로 Red: 을 입력합니다. 콜론(:) 뒤에 공백 문자가 추가된 것에 주의하십시오.

15. 수학 블록의 결과 출력을 텍스트 블록의 b 입력에 연결합니다.

16. 디스플레이 블록을 추가합니다. 모드를 텍스트 - 눈금으로 설정하고 행(y)을 2로 설정합니다. 빨간색 개수를 화면에 출력하는 동안 파란색 개수를 지우지 않기 위해 반드시 화면 지우기 옵션을 거짓으로 둡니다.[5]

17. 디스플레이 블록 오른쪽 위 텍스트 입력창을 클릭하고 유선을 선택합니다.

18. 텍스트 블록의 결과 출력을 디스플레이 블록의 텍스트 입력 플러그에 연결합니다.

프로그램은 이제 그림 11-15와 같습니다.

지금 만든 코드는 변수를 활용하기 위해 자주 사용되는 코드입니다. 현재 값을 읽고(변수 블록), 수정하고(수학 블록), 바뀐 결괏값을 저장(변수 블록)합니다.

NOTE 프로그램을 계속 만들기 전에 먼저 빨간색 물체의 개수부터 테스트하십시오. 이 프로그램은 빨간색을 세는 기능과 파란색을 세는 기

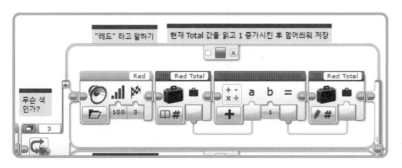

그림 11-14 Red Total 변수 1 증가시키기

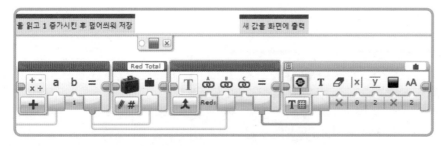

그림 11-15 갱신된 Red Total 값 화면에 출력하기

5 (옮긴이) 화면 지우기 옵션이 참일 경우 전체 화면을 지우고, 거짓일 경우 작업을 수행하는 영역, 여기에서는 해당되는 줄만 지우게 됩니다.

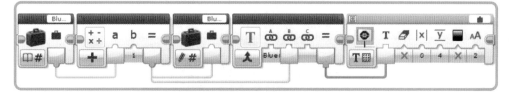

그림 11-16 파란색 개수 세기

능이 같은 코드로 구성되므로, 이와 같이 코드가 반복되는 프로그램은 반복할 하나의 코드가 만들어진 시점에서 문제가 없는지 검토하고 수정하는 것이 좋습니다.

파란색 개수 계산하기

파란색 물체를 감지하고 계산하는 코드는 앞서 우리가 만든 빨간색 개수 계산과 거의 동일하므로 이 경우 일일이 함수 블록을 새로 꺼내어 만드는 것보다 코드를 복사하고 수정하는 것이 더 편리합니다.[6] 코드를 복제하는 방법은 다음과 같습니다.

19. 스위치 블록의 맨 위 빨간색 케이스에 우리는 이미 빨간색 개수 계산 코드를 완성하고 테스트를 마쳤습니다. 케이스 안의 검증된 다섯 개 블록을 선택하기 위해 선택하고자 하는 블록의 왼쪽 위 여백을 클릭한 채 잡아끌어서 사각형 영역으로 선택하려는 블록 전체를 감싸거나, 키보드의 시프트키를 누른 채 선택하려는 블록을 하나씩 클릭하는 형태로 복사할 블록들을 선택할 수 있습니다. 선택된 블록은 테두리가 하늘색으로 바뀝니다.[7]

20. 선택된 블록을 복사하기 위해 키보드의 컨트롤(Ctrl) 키를 누른 채 블록을 두 번째 파란색 케이스로 드래그합니다. 컨트롤키를 누르지 않으면 블록이 복사되지 않고 이동됩니다.

블록을 복사해 넣었다면 다음 작업을 진행합니다.

21. 변수 블록의 작업 대상을 Red Total에서 Blue Total로 바꿔 줍니다.

22. 텍스트 블록의 a 입력의 값을 Red: 에서 Blue: 로 바꿔 줍니다. 콜론(:) 뒤에 공백 문자가 추가된 것에 주의하십시오.

23. 디스플레이 블록의 행(y)을 2에서 4로 변경합니다.

그림 11-16은 이렇게 수정된 파란색 케이스의 프로그램을 보여 줍니다.

앞서의 작업을 통해 여러분의 프로그램은 이제 빨간색과 파란색을 각각 인식하여 개수를 변수에 반영하고 화면에 보여 주는 기능을 수행할 수 있습니다. 프로그램을 다운로드하고 제대로 작동하는지 테스트해 봅시다.

프로젝트 속성 페이지에서 변수 관리하기

RedOrBlueCount 프로그램은 변수 블록을 써서 두 개의 변수를 만들었습니다. 변수 선언은 프로그램의 블록 다이어그램 안에서도 할 수 있지만, 프로젝트 속성 창에서도 할 수 있습니다(그림 11-17 참조). 프로그램 이름 탭 맨 왼쪽의 렌치 모양 아이콘(🔧)을 클릭해 프로젝트 속성 창을 열어 봅시다.

변수 탭에서는 현재 프로젝트에 사용된 모든 변수의 이름과 데이터 유형을 볼 수 있습니다. 여기에서 아래의 '추가' 버튼을 클릭하면 그림 11-18과 같이 새 변수 창이 열리고, 이름과 속성을 정하면 새 변수를 만들 수 있습니다. 또한 변수를 삭제하기 위해서는 삭제할 변수를 선택

---

6 (옮긴이) 이 경우, 일일이 새로 만드는 건 불필요한 반복 작업일 뿐더러, 이미 검증된 빨간색 코드를 재활용함으로써 파란색 부분의 코드를 새로 작성하면서 본의 아닌 실수를 할 위험도 줄일 수 있습니다.

7 (옮긴이) 케이스 블록 안의 블록은 잡아끌기 방식으로 선택이 불가능하고 시프트 선택만 가능합니다.

그림 11-17 프로젝트 속성 창의 변수 탭

하고 아래의 '삭제' 버튼을 클릭하면 됩니다. 만약 프로그램에서 계속 사용되는 변수를 삭제한다면, 프로그램은 그대로 정상 동작하지만 변수 블록의 이름 입력 창을 클릭해도 삭제된 변수는 목록에서 이름이 보이지 않습니다.

그림 11-18 새 변수 추가 입력창

비교 블록

이번에는 비교 블록을 써서 두 숫자를 비교하는 방법을

살펴보겠습니다(그림 11-19 참조). 이 블록은 데이터 연산 팔레트(빨간색)에 있으며 데이터 와이어 또는 직접 입력의 방법으로 두 개의 숫자를 입력합니다. 블록은 그림 11-20과 같이 선택된 모드에 따라 두 값 a와 b를 비교

그림 11-19 비교 블록

그림 11-20 비교 블록의 모드

하고, 그 결과를 논릿값으로 출력합니다. 예를 들어 그림 11-19의 블록은 다음과 같음 모드로 설정되어 있고 a와 b가 모두 1로 설정되어 있으므로 출력 플러그로 나오는 결괏값은 참이 됩니다.

비교 블록의 결과는 항상 논릿값(참 또는 거짓)입니다. 비교 블록을 사용한다는 것은, 예를 들어 "초음파 센서값이 20보다 큰가?"와 같은 질문을 하는 것과 같습니다.

비교 블록은 결과로 논릿값을 사용하며, 이를 통해 루프 및 스위치 블록을 제어할 수 있습니다. 따라서 스위치나 루프를 단독으로 사용할 때보다 좀 더 유연하게 의사결정을 수행할 수 있습니다. 예를 들어 두 개의 회전 센서 측정 각도를 비교한 결과에 따라 반응하는 프로그램은 비교 블록을 쓰지 않는다면 매우 복잡해질 수 있습니다. 또한 필요한 경우 비교 블록에 입력할 값에 수학 블록을 이용해서 특정한 계산을 적용시킬 수도 있습니다.

일반적으로 비교 블록은 그림 11-21과 같은 형태로 사용됩니다. 여기에서 노란색 데이터 와이어는 비교할 두 개의 숫자를, 초록색 데이터 와이어는 비교 결과의 논릿값을 전달합니다. 이 예에서 비교 블록의 모드는 보다 작음으로 설정되었습니다.

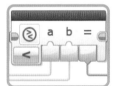

그림 11-21 비교 블록의 연결

블록이 실행되면 두 입력 숫자를 비교해서 결과를 논릿값으로 출력합니다. 예를 들어 a값이 7이고 b값이 12인 경우 7이 12보다 작으므로 'a보다 b가 작음' 조건에 부합되어 결과는 '참'입니다. 반면 a가 25이고 b가 8이면 25가 8보다 크므로 조건에 부합되지 않아 결과는 거짓이 됩니다.

LightPointer(광원 가리키기) 프로그램

LightPointer 프로그램은 변수를 사용해서 프로그램 안에서 나중에 활용할 값을 기억해 두는 방법을 보여 줍니다. 이 프로그램은 로봇을 제자리에서 회전시키며 컬러 센서

가 가장 밝은 빛을 감지한 곳(광원의 방향)을 기억함으로써 트라이봇이 가장 밝은 곳을 향해 움직이도록 합니다. 여기에서 만들 프로그램의 코드와 아이디어는 좀 더 고급 프로그램, 이를테면 손전등을 따라가거나, 장애물들 사이에서 가장 긴 직선 경로를 찾는 등의 '과정을 기억해야 하는' 프로그램에서 활용할 수 있습니다.

이 프로그램의 경우 컬러 센서를 로봇의 전면 혹은 측면(그림 11-22와 그림 11-23 참조)에 부착해야 합니다. 사용할 광원의 높이(핸드폰 플래시나 손전등)에 따라 센서의 높이는 적절히 조정해도 무방합니다.

이 프로그램은 크게 두 단계로 나뉩니다. 먼저 광원을

그림 11-22 트라이봇 전면의 컬러 센서

그림 11-23 트라이봇 측면의 컬러 센서

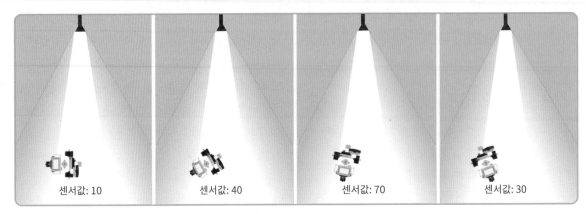

센서값: 10 센서값: 40 센서값: 70 센서값: 30

그림 11-24 네 위치에서 컬러 센서가 측정한 주변광 밝기 모드의 센서값

탐색합니다. 그 다음 로봇이 광원의 방향을 향하도록 합니다. 첫 번째 부분은 제자리에서 선회하면서 센서가 주변의 광량을 지속적으로 측정합니다. 각 방향마다의 광량 값은 지금까지 측정한 최대 광량 값(가장 밝은 곳)의 값과 비교되며, 더 큰 광량 값이 측정될 때마다 위치(방향)가 기록됩니다.

그림 11-24는 트라이봇이 회전할 때 컬러 센서의 주변 광 강도 값이 어떻게 변화하는지 보여 줍니다. 로봇이 빛으로부터 멀어질수록, 즉 다른 방향을 향할수록 센서값은 작아집니다(첫 번째 그림, 센서값 10). 로봇이 손전등 쪽으로 회전할수록 값은 증가(두 번째 그림, 40)하며, 트라이봇이 손전등을 거의 정면에서 바라보는 상황이 되면 센서값은 최대로 증가(세 번째 그림, 70)합니다. 이제 반대 방향으로 손전등을 지나치면 센서값은 다시 감소(네 번째 그림, 30)하게 됩니다.

프로그램의 두 번째 부분은 가장 밝은 광량 값을 측정했던 각도로 트라이봇을 되돌려 놓음으로써 로봇이 광원을 향하도록 합니다.

변수 정의하기

이 프로그램은 두 개의 다른 값을 저장하기 위해 두 개의 변수가 필요합니다. 첫 번째인 Max Reading은 지금까지 읽은 가장 밝은 센서값을 기록합니다. 두 번째인 Position

은 Max Reading이 기록될 당시의 로봇의 방향을 기록합니다. 프로젝트 속성 페이지에서 변수 탭을 사용해서 두 개의 변수를 만들어 줍니다. 두 변수의 유형은 숫자형이고, 변수가 추가된 시점에서 프로젝트 속성의 변수 탭은 그림 11-25와 같습니다.

광원 찾기

광원을 찾기 위해, 로봇은 제자리에서 선회를 시작해야 합니다. 우리는 조향값을 −100으로 설정한 조향모드 주행 블록을 사용할 것입니다. 또한 로봇이 제자리에서 선회하며 바뀌는 방향을 기록하기 위해 모터 C의 회전 센서 값을 사용할 것입니다. 이 값은 트라이봇이 방향을 바꾸는 동안 0에서부터 증가하게 됩니다.

트라이봇은 자신의 주변 360도를 선회하며 광원을 찾아야 합니다. 필자는 약간의 실험을 통해 로봇의 바퀴 회전 각도가 약 900도 정도일 때 로봇이 360도 회전함을 확인했습니다. 물론 이 값은 정확할 필요는 없으며 로봇이 시작점을 약간 지나치도록(360도 이상, 370도 정도 회전) 만들어져도 무방합니다.

NOTE 교구 세트에 포함된 타이어의 경우 360도 회전을 위해서는 각도 700도 정도가 적절합니다.

유형	이름
Numeric	Red Total
Numeric	Blue Total
Numeric	Max Reading
Numeric	Position

삭제 추가

그림 11-25 새 변수를 추가한 후의 변수 탭

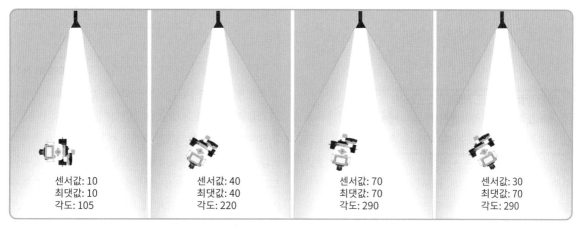

센서값: 10
최댓값: 10
각도: 105

센서값: 40
최댓값: 40
각도: 220

센서값: 70
최댓값: 70
각도: 290

센서값: 30
최댓값: 70
각도: 290

그림 11-26 로봇이 선회하며 측정한 최대 광량 값, 그리고 최대 광량 값일 때의 각도(방향)값

트라이봇이 선회하면서 프로그램은 컬러 센서가 읽은 광량 값과 지금까지의 최대 광량 값을 비교합니다. 지금까지의 최댓값보다 더 큰 값이 측정되었다면(더 빛에 가까운 방향이라면) Max Reading은 새롭게 측정된 값으로 기록되고 Position에는 현재의 모터 C 각도가 기록됩니다. 그림 11-26은 이와 같은 형태로 로봇이 선회하는 과정에서 측정되는 광량 값과 최댓값, 각도의 변화를 보여 줍니다. 네 번째 그림에서는 로봇이 빛을 지나치고 광량 값이 감소했으므로, 센서값은 바뀌었으나(30) 이는 기록된 최댓값(70)보다 작으므로 최댓값은 바뀌지 않고, 각도 역시 바뀌지 않았습니다.

목록 11-2는 이 프로그램의 의사코드를 보여 줍니다. 이제 여러분은 변수에 대해 약간 경험을 했으므로 의사코드를 약간 간략화해서 서술하겠습니다.

Max Reading = 컬러 센서가 주변광 강도 모드로 읽은 값

위의 문장은 '컬러 센서값을 읽고 Max Reading 변수에 저장하라'보다 간결하게 표현한 의사코드입니다.

참고로 이와 같은 표기법은 일반적인 프로그래밍 언어에서 변수를 갱신하는 데에도 사용됩니다. 여기에서 등호(=)란 '좌우가 같다'가 아닌, '오른쪽의 값을 왼쪽에 저장해 좌우가 같게 만들어라'라는 의미로 사용됩니다.[8]

---

8 (옮긴이) 실제로 일반적인 프로그래밍 언어에서 '좌우가 같다'에 사용되는 기호는 =가 아닌 ==입니다.

로봇을 천천히 선회 시작
루프 시작
  만약 컬러 센서 측정값 > Max Reading이라면
    Max Reading = 컬러 센서가 주변광 강도 모드로 읽은 값
    Position = 모터 C의 회전 센서의 각도
  만약 조건 끝
루프 C 모터 각도가 900보다 작을 동안 반복

목록 11-2 광원 찾기 의사코드

LightPointer 프로그램 만들기

LightPointer 프로그램의 처음 세 블록은 그림 11-27과 같이 Max Reading 변수와 Position 변수, 그리고 모터 C의 회전 센서값을 초기화시키는 것으로 시작합니다.

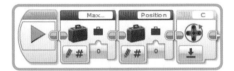

그림 11-27 변수 초기화 및 회전 센서 초기화

초기화가 완료되면 앞에서 만든 의사코드를 기반으로 광원을 찾기 위한 프로그램을 만들어 봅시다. 먼저 그림 11-28과 같이 조향모드 주행 블록을 추가해 트라이봇의 회전을 시작합니다. 광원을 놓치지 않고 로봇이 최대한 천천히 회전할 수 있게 파워값은 20 정도로 낮춰 줍니다.

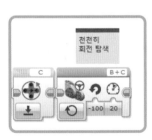

그림 11-28 로봇 제자리 선회 시작하기

그림 11-29에 표시된 프로그램의 중간 부분에서는 루프 블록을 모터 회전 - 비교 - 도 모드로 설정하고 회전 센서가 900 이상이 될 때까지 루프 블록이 로봇의 선회 동작을 유지하도록 합니다. 루프를 실행할 때마다 컬러 센서는 주변의 광량을 측정하고 Max Reading 값과 비교합니다. 센서가 측정한 값이 Max Reading에 기록된 값보다 크다면 스위치 블록의 참 케이스가 실행됩니다. 이 코드는 Max Reading 변수에 새로 읽

은 광량 값을 갱신하고, 회전 센서의 각도를 읽어 Position 변수에 갱신합니다. 스위치 블록의 거짓 탭(광원에서 멀어질 때 수행)에는 아무런 블록도 들어가지 않습니다.

변수의 초기화

이 프로그램의 첫 번째 부분을 만들기에 앞서, 프로그램이 시작될 때 변수가 가져야 할 값에 대해 생각해 봅시다. 값을 초기화하는 데 사용되는 코드는 대개 프로그램이 시작될 때 실행됩니다. 이 값을 어떻게 초기화할지 결정하기 위해서는 프로그램의 구조적인 부분, 적어도 핵심 기능에 대해서 미리 생각해 보아야 합니다.

Max Reading 변수는 컬러 센서가 읽은 값 중 가장 밝은 값을 기록하므로, 저장되는 값은 0에서 100 사이의 값입니다. 프로그램이 시작될 때 변수의 값을 0(가능한 한 가장 최소의 값)으로 설정하면 로봇은 센서가 읽은 값을 처음부터 제대로 기록할 수 있습니다.[9]

마찬가지로, Position 변수 역시 컬러 센서가 처음으로 빛을 감지할 때 위치가 기록되지만 이와 상관없이 미리 초깃값을 지정하는 것이 좋습니다(모든 변수를 명시적으로 초기화하는 것은 나중에 발견하기 어려운 까다로운 버그를 조금이라도 피할 수 있는 좋은 프로그래밍 습관입니다). 이런 이유로 다음 절의 코드에서 Position 변수 역시 시작 단계에서 0으로 초기화됩니다.

두 가지 변수 외에 목록 11-2의 코드는 모터 C의 회전 센서도 사용합니다. 루프가 회전 센서값을 사용하기 때문에, 루프가 제대로 동작하기 위해서는 회전 센서 역시 초기화해 주어야 합니다. 프로그램이 시작될 때 블록들의 값이 초기화되기는 하지만 이 역시도 앞서 언급된 것과 같은 이유로 명시적으로 초기화를 시켜 주는 것이 프로그램 코드의 재활용이나 오류 발생 가능성을 줄여 주는 좋은 습관입니다.

---

9 (옮긴이) 만약 센서값이 50으로 초기화되고 가장 밝은 빛의 값이 40이라면 로봇은 결코 가장 밝은 빛의 방향을 찾을 수 없을 것입니다.

이 섹션의 블록을 하나씩 자세히 살펴보겠습니다.

1. 루프 블록은 모터 C의 회전 센서값이 900이 될 때까지, 즉 트라이봇의 자세가 제자리에서 완전히 한 바퀴 회전을 완료할 때까지 반복됩니다.

2. 컬러 센서 블록은 측정 - 주변광 모드를 사용해서 전면의 밝기를 측정합니다. 데이터 와이어를 써서 측정한 센서값을 다음 블록들로 전달합니다.

3. 변수 블록은 Max Reading 변수의 값을 읽고 데이터 와이어를 써서 비교 블록에 전달합니다.

4. 비교 블록은 컬러 센서 블록이 읽은 현재의 광량 값과 Max Reading에 기록된 값을 비교합니다. 현재 읽은 값이 Max Reading의 값보다 크다면(광원에 좀 더 가까워졌다면) 비교 블록은 참을, 그렇지 않다면 거짓을 스위치 블록으로 전달합니다.

5. 비교 블록의 결과가 참이면 스위치 블록은 그림 11-29의 스위치 블록의 참 케이스(현재 보이는 ✓ 표시된 다이어그램)를 실행합니다. 거짓(× 표시) 케이스는 아무 블록도 들어 있지 않습니다.

6. 스위치 블록의 참 케이스에서 첫 번째 변수 블록은 Max Reading 변수에 현재 읽은 센서값을 저장합니다. 이 값은 다음 루프가 실행될 때 비교 블록이 사용할 것입니다.

7. 모터 회전 블록은 모터 C의 현재 각도(로봇의 방향)를 읽습니다.

8. 두 번째 변수 블록은 Position 변수에 모터 C의 각도를 저장합니다.

루프 블록은 트라이봇이 완전한 원형으로 제자리 선회를 마칠 때까지 실행됩니다. 루프가 완료된 시점에서 Position 변수는 가장 밝은 빛이 감지된(빛을 정면으로 본) 방향의 모터 C 회전각을 저장하고 있습니다. 프로그램의 두 번째 부분은 이 값을 사용해서 트라이봇이 반대 방향으로 회전해 광원을 향하도록 합니다.

조향값이 100으로 설정된 조향모드 주행 블록이 트라이봇을 아까와는 반대 방향으로 선회시키고, 모터 C의 회전 센서 각도는 이제 감소하기 시작합니다. 트라이봇은 회전 센서값이 Position 변수의 값보다 크다면 아직 광원과의 거리가 남아있다고 판단하고 Position 값과 모터 C의 회전값이 같아질 때까지 선회합니다. 목록 11-3은 이 두 번째 기능의 의사코드를 보여 줍니다.

로봇을 천천히 반대 방향으로 선회 시작
Position 값 읽기
현재의 회전 센서값이 Position 값과 같아질 때까지 대기
모터를 정지

목록 11-3 트라이봇이 광원의 방향을 향해 선회

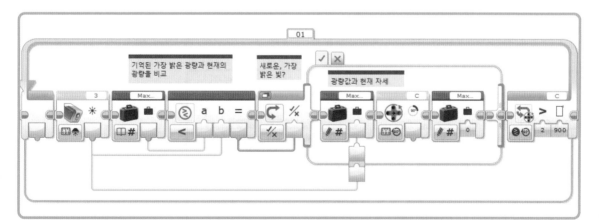

그림 11-29 가장 밝은 광원 찾기

그림 11-30 기억된 광원의 방향을 향해 움직이기

그림 11-30은 광원을 향해 선회하는 부분의 프로그램입니다. 대기 블록은 회전 센서값을 읽고 경곗값으로 입력된 Position 값과 비교합니다. 비교 유형이 4번 '보다 작음'으로 설정되었으므로, 로봇은 현재 각도가 Position에 도달하고 그보다 더 작아질 때까지 선회를 계속합니다. 조건에 도달하면 대기 블록이 종료되고 조향모드 주행 블록이 로봇을 정지시킵니다.

이제 전체 프로그램을 실행해 봅시다. 트라이봇은 서서히 제자리를 회전하면서 광원을 탐색하고, 탐색이 끝나면 반대방향으로 자신이 기억하고 있던 각도(광원의 위치)까지 선회할 것입니다. 방을 어둡게 하고 손전등이나 핸드폰 조명으로 테스트해 보기 바랍니다.

상수 블록

프로그램이 복잡해질 경우, 같은 설정을 사용하는 블록이 많아질 수 있습니다. 예를 들어, WallFollower 프로그램은 총 일곱 개의, 동일한 파워값을 사용하는 조향모드 주행 블록이 들어갑니다. 이 주행 블록들의 파워값을 35에

서 45로 변경하려면 여러분은 7개의 블록 모두 하나씩 클릭하며 값을 바꾸어야 합니다. 파워값을 35, 45, 55와 같이 조금씩 바꾸어 가며 테스트해 보고 싶어진다면 이 문제는 여러분을 훨씬 더 심하게 괴롭힐 수도 있습니다. 게다가, 경우에 따라서는 일곱 개 중 하나 정도는 값의 수정을 잊고 넘어갈 수도 있습니다.

상수 블록은 변수와 비슷하지만 조금 다른 블록으로, 쓰기가 불가능하고 읽기만 가능한 변수라고 할 수 있습니다. 이 블록은 프로그램을 실행하기 전, 만드는 단계에서 값을 기록하며, 이 값은 프로그램이 실행되는 동안 다른 블록의 설정에 사용할 수 있습니다. 그림 11-31은 상수 블록의 총 다섯 개의 데이터(데이터의

그림 11-31 상수 블록

종류는 변수와 같습니다) 모드를 보여 줍니다. 상수의 값은 블록 오른쪽 위 입력창에 설정하게 됩니다.

예를 들어, 그림 11-32는 4장의 AroundTheBlock 프로

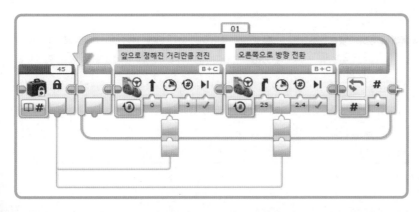

그림 11-32 상수 블록을 사용해서 조향모드 주행 블록의 파워 설정

그램을 업그레이드한 모습입니다. 여기에서 상수 블록은 데이터 와이어를 이용해서 두 개의 조향모드 주행 블록의 파워에 45라는 값을 전달합니다. 데이터 와이어로 파워값이 전달되기 때문에 여기에서는 각각의 조향모드 주행 블록에 파워값을 별도로 입력할 필요가 없습니다. 이 방법을 쓰면, 파워를 높이거나 낮춰 보고 싶을 때 단지 상수 블록의 값 45를 바꾸기만 하면 됩니다. 이렇게 하면 데이터 와이어가 제대로 연결되어 있는 한, 모든 주행 블록의 파워는 일괄적으로 여러분이 원하는 값으로 바뀌게 되며, 이는 프로그램이 복잡해질수록, 즉 고쳐야 할 조향모드 주행 블록이 많아질수록(WallFollower 프로그램과 같은) 더욱 진가를 발휘할 것입니다.

😊 도전과제 11-1

LightPointer 프로그램을 기반으로 ObstacleAvoider(장애물 회피)라는 새 프로그램을 만들어 봅시다. 트라이봇의 센서가 가장 큰 값을 읽는 방향을 향할 수 있도록 적외선 센서 또는 초음파 센서를 활용합니다(로봇이 장애물이 없는 방향을 찾도록 하는 것이 목적입니다).

😊 도전과제 11-2

자이로 센서를 가지고 있다면, 모터 C의 회전 센서값 대신 자이로 센서를 사용해서 트라이봇의 광원을 찾는 LightPointer 프로그램을 제어해 봅시다. 회전 센서를 사용하는 것과 어떤 차이가 있나요? 조향모드 주행 블록의 속도를 높여 보고 모터의 각도에 의존하는 것과 자이로 센서에 의존하는 것 중 어떤 방식이 더 효과적인지 확인해 봅시다.

추가적인 탐구

다음은 변수와 상수에 관련된 몇 가지 도전해 볼 만한 탐구과제입니다.

1. 상수 블록을 써서 WallFollower 프로그램의 모든 조향모드 주행 블록의 파워값을 설정하도록 수정합니다. 그 다음 상수 블록 대신 변수 블록을 쓰도록 바꾸어 줍니다. 프로그램이 시작될 때 'power'라는 이름의 변수를 만들고 여기에 값을 저장합니다. 그 다음 파워 설정이 필요한 블록 앞에 읽기 모드의 'power' 변수 블록을 넣어 데이터 와이어를 연결합니다.

    상수 블록을 쓴다면 프로그램은 그림 11-32와 같이 연결되어야 하는 모든 부분이 선언된 상수 블록 하나와 직접 연결되어야 합니다. 결국 프로그램은 상당히 복잡한 데이터 와이어 구조를 갖게 될 것입니다. 반면 변수 블록을 쓴다면 입력해야 하는 파워 개수만큼 변수 읽기 블록이 필요하지만 와이어 구조는 훨씬 덜 복잡해질 것입니다. 여러분은 어떤 방식이 더 좋다고 생각되나요? (이 문제는 옳고 그른 것이 아닌 프로그래밍 스타일과 선호도의 문제입니다.)

2. ObstacleAvoider 프로그램을 기반으로 ObstaclePointer(장애물 감지)라는 새 프로그램을 만들어 봅시다. 트라이봇이 가장 가까운 장애물의 방향을 가리키도록 프로그램을 변경합니다. 이를 위해 센서가 가장 큰 값 대신, 가장 작은 값(가까운 물체)을 읽고 방향을 기록하도록 프로그램을 수정해야 합니다. 모양과 색상, 재질, 위치를 바꾸어 가며 테스트해 봅시다. 힌트는 최댓값이 아닌 최솟값을 기록해야 하며 점점 작아져야 하기 때문에 변수의 초깃값에 일반적인 센서 측정 범위를 벗어난, 100과 같이 의도적으로 큰 값을 입력한다는 것입니다.[10]

3. ObstacleAvoider 프로그램 전체를 루프로 감싸고, 한 번 루프가 수행될 때마다 로봇을 조금씩 전진시킵니다. 즉, 로봇은 장애물이 없는 곳을 찾아 조금씩 앞으로 움직이는 것입니다. 이를 활용해 임의의 위치에 배치된 장애물의 숲을 로봇이 탐색하며 나아갈 수 있도록 만들어 봅시다.

---

10 (옮긴이) 이 프로그램은 일종의 레이더처럼 동작할 것입니다.

마무리

변수를 사용하면 프로그램에서 사용할 데이터를 프로그램이 실행되는 동안 저장, 수정, 재활용할 수 있습니다. 변수 블록은 프로그램 안에서 변수를 만들고, 읽고, 쓰는 데 사용됩니다. 변수는 프로그램에 많은 융통성을 부여하며, 여러 가지 유형의 문제 해결에 도움을 줍니다. 이 장에서는 가장 기본적인 변수의 활용 기법을 몇 가지 다루어 보았으며, 다음 장에서는 좀 더 향상된 활용 기법을 살펴볼 것입니다.

상수 블록은 여러 블록을 제어하기 위해, 프로그램이 실행되는 동안에는 바뀌지 않는 값을 쓰기 위해 사용됩니다. 상수 블록을 사용하면 여러 가지 값을 하나로 통합해 관리할 수 있으므로 복잡한 프로그램에서 한 종류의 값을 일괄 수정하는 데 편리합니다.

또한 이 장에서는 비교 블록을 써서 프로그램이 스위치나 대기 블록만 사용하는 것보다 더 복잡한 의사 결정을 내리는 방법도 살펴보았습니다. 13장에서는 여기에서 살펴본 수학 및 논리 블록에 대해 좀 더 자세히 다루어 볼 것입니다.

더 많은 수학 관련 블록을 알아보기 전에, 다음 장의 주제인 '마이 블록' 기능을 충분히 이해해 두면 큰 도움이 될 것입니다. 마이 블록은 여러분이 프로그램의 일부분을 재정의하고 이를 좀 더 유용하게 활용할 수 있는 블록입니다.

12

마이 블록

마이 블록은 일련의 블록들을 그룹화하고 재활용할 수 있는 아주 편리한 방법입니다. 마이 블록은 여러분이 만든 블록 프로그램의 일부분을 활용해 만들고, 다른 EV3 프로그래밍 블록처럼 쓸 수 있습니다. 따라서 복잡한 일련의 블록 프로그램을 단일 블록으로 묶어 좀 더 간결하고 직관적인 프로그램을 만들 수 있습니다.

이번 장에서는 마이 블록을 만들고 프로그램 안에서 활용하는 방법을 배워볼 것입니다. 벨을 울리는 간단한 과제부터 숫자값을 출력하는 조금 더 복잡한 프로그램까지 실습하면서 마이 블록을 활용하기 위한 기본적인 것을 모두 배우게 됩니다.

마이 블록 만들기

5장의 DoorChime 프로그램 일부분을 마이 블록화하는 것으로 실습을 시작합니다. 이 프로그램의 사운드 블록은 두 가지 음을 출력해 벨 소리를 만듭니다(그림 12-1 참조). 사운드 블록들을 묶어 차임벨 블록으로 만들고, 이를 통해 프로그램을 좀 더 간결하게 만들 수 있으며, 다른 프로그램에서도 차임벨이 필요할 때 이 마이 블록을 쓸 수 있습니다.

1. DoorChime 프로그램을 Chapter5 프로젝트에서 Chapter12 프로젝트로 복사하고 저장합니다.
2. 두 개의 사운드 블록을 감싸는 사각형을 그리거나(그림 12-2), 혹은 두 개의 사운드 블록을 키보드의 Shift 키를 누른 채 클릭해서 함께 선택합니다.
3. 프로그램의 상단 메뉴에서 도구 - 마이 블록 빌더를 선택합니다. 그림 12-3과 같이 마이 블록 빌더 창이 열립니다.

마이 블록 빌더 창에서 새로 만들 블록의 이름과 설명을

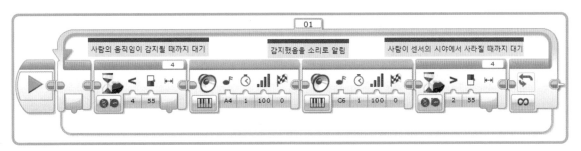

그림 12-1 DoorChime 프로그램

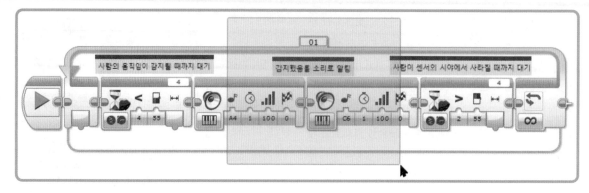

그림 12-2 두 개의 사운드 블록 선택

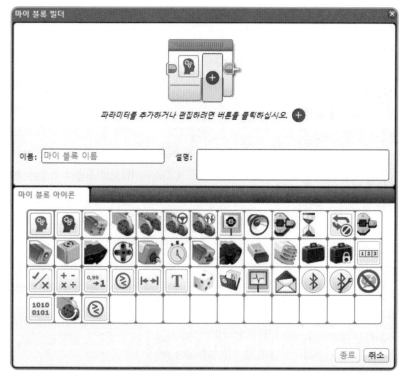

그림 12-3 마이 블록 빌더 창

입력합니다. 이름은 한글을 쓸 수 없으며, 설명은 한글을 쓸 수 있습니다. 창 하단의 아이콘은 마이 블록의 특징을 나타내기 위해 여러분이 선택할 수 있는 아이콘입니다.

4. 이름 입력창에 'Chime'을 입력합니다.

5. 설명 창에는 '사운드 블록으로 차임벨 소리 출력'과 같이, 마이 블록의 특징을 서술할 설명을 입력합니다.[1]

6. 창 하단의 아이콘 중 스피커 모양의 아이콘(⊙)을 선택합니다.

7. 창 아래의 '종료' 버튼을 클릭합니다.

---

1 (옮긴이) 여기에 입력하는 설명은 단축키(Ctrl+H)를 눌러 볼 수 있는 '컨텍스트 도움말 창'에서 표시됩니다.

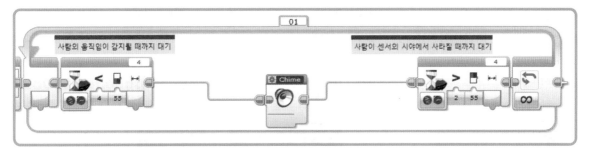

그림 12-4 Chime 마이 블록을 적용한 DoorChime 프로그램

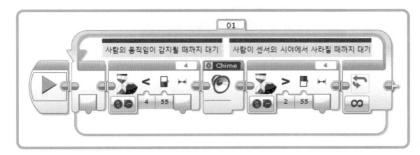

그림 12-5 블록 다이어그램을 정리한 DoorChime 프로그램

'종료' 버튼을 클릭하면 Chime 블록이 생성되고 Door Chime 프로그램의, 두 개의 사운드 브릭들은 이 마이 블록으로 대체됩니다(그림 12-4 참조). 넓어진 공간을 정리 (각 블록의 흐름 와이어를 다시 연결하고 루프의 크기를 조정)하면 프로그램은 그림 12-5와 같이 정리됩니다.

이제 프로그램이 좀더 간결해졌습니다. 두 개의 블록을 각각 설정하고 연결하는 것보다 설정이 완료된 한 개의 블록을 사용하는 것은 분명 쉽고 편리합니다. 또한, 우리에게 보이는 프로그램의 외형은 달라졌지만, 이 프로그램은 실제 동작에 있어 바뀐 것 없이 그대로입니다. 이 프로그램은 여전히 Chime 마이 블록으로 대체되기 전과 동일하게 작동합니다.

마이 블록 팔레트

마이 블록을 만들고 나면, 다른 함수 블록과 마찬가지로 프로젝트 안의 모든 프로그램에서 이 블록을 쓸 수 있습니다. 프로젝트에 포함된 모든 마이 블록은 맨 오른쪽 밝은 파란색 탭의 마이 블록 팔레트에서 볼 수 있습니다. 각각의 마이 블록은 여러분이 마이 블록을 만들 때 선택한 아이콘으로 표시됩니다. 그림 12-6과 같이 블록 위에 마우스 커서를 올리면 마이 블록의 이름을 확인할 수 있습니다.

그림 12-6 마이 블록 팔레트의 Chime 블록

여러분이 만든 마이 블록은 프로젝트 속성 페이지의 마이 블록 탭에서도 볼 수 있습니다(그림 12-7 참조). 이 탭에서 사용하지 않는 마이 블록을 삭제할 수 있고, 복사/붙여넣기를 하여 다른 프로젝트에서 마이 블록을 가져오거나 내 컴퓨터로 마이 블록을 내보내고, 다른 마이 블록을 컴퓨터에서 내 프로젝트로 가져올 수 있습니다.

그림 12-7 프로젝트 속성
페이지의 마이 블록 탭

그림 12-8 Chime 마이 블록 수정하기

마이 블록 수정하기

마이 블록을 수정하기 위해서는 프로그램 창에서 해당 마이 블록을 더블클릭하거나, 프로젝트 속성 페이지에서 블록 이름을 더블클릭합니다. 다음 과정을 따라 Chime 마이 블록을 수정해 봅시다.

1. DoorChime 프로그램을 불러옵니다. 이 프로그램에는 Chime 마이 블록이 포함되어 있어야 합니다.

2. Chime 마이 블록을 더블클릭합니다. Chime이라는 이름의 프로그램 창이 새로 열리고, 이 안에는 시작 블록 뒤로 두 개의 사운드 블록이 연결되어 있습니다.

3. 여기에 두 개의 사운드 블록을 추가합니다. 모드를 단일 음 재생으로 설정하고 재생할 음을 선택합니다 (그림 12-8 참조).

이제 DoorChime 프로그램을 다운로드하고 실행하면 네 개의 사운드 블록이 차례로 재생될 것입니다. 여러분은 이제 벨소리가 필요한 다른 프로그램에서도 Chime 마이 블록을 쓸 수 있습니다. 이와 같이, 마이 블록은 수정할 경우 프로젝트에 포함된 모든 프로그램에 변경된 내용이 일괄 적용됩니다. 마이 블록을 사용하면 버그가 있을 경우 한번에 모든 프로그램의 버그가 사라지게 되는 장점도 있지만, 여러분이 한 프로그램에서 수정한 마이 블록이 다른 프로그램에는 좋지 않은 영향을 일으킬 수도 있음을 고려해야 한다는 단점도 있습니다.

LogicToText 마이 블록

Chime 마이 블록은 외부에서 별도로 값을 넣어 줄 필요
가 없는, 독립된 작업을 수행하기 때문에 항상 결과가 같
습니다(Chime 마이 블록은 언제나 같은 소리를 냅니다).
그러나 우리가 사용해 본 대부분의 블록들은 데이터 와이
어나 입력 창을 통해 데이터를 블록에 전달하고, 이에 따
라 블록의 동작이 달라집니다(사운드 블록은 입력값에 따
라 소리가 달라집니다). 우리는 데이터 와이어를 사용해
서 블록이 서로 데이터를 주고받는 방법을 살펴보았습니
다. 이 절에서는 데이터 와이어 입력과 출력을 가진 조금
더 진화한 마이 블록을 살펴보겠습니다. LogicToText라

는 이름의 마이 블록은 9장의 LogicToText 프로그램을 기
반으로 합니다(그림 12-9 참조). 이 프로그램은 논릿값을
입력으로 받아 그 결과를 'True' 또는 'False'라는 텍스트로
화면에 출력합니다. 이 기능을 마이 블록으로 구현해 모
든 프로그램에서 이 블록 하나로 손쉽게 EV3 화면에 참과
거짓 결과를 출력시킬 수 있습니다.

다음 단계에 따라 LogicToText 마이 블록을 만들어 봅
시다.

1. Chapter9 프로젝트를 열고 LogicToText 프로그램을
   Chapter12 프로젝트에 복사합니다.

기능만 생각해 본다면 프로그램과 마이 블록, 둘 다 같은
'논리를 글자로' 기능이지만, 마인드스톰 소프트웨어에서
는 마이 블록과 프로그램이 동일한 이름을 가질 수 없습
니다. 그러므로 프로그램의 이름을 다르게 바꿔보도록 하
겠습니다.

2. 9장으로부터 복사한 프로그램 이름을 LogicToText
   Builder라고 바꿔 줍니다(프로그램의 이름 탭을 더블
   클릭해서 바꿀 수 있습니다).

3. 스위치 블록을 선택합니다.

4. 프로그램의 상단 메뉴에서 도구 - 마이 블록 빌더를 선
   택합니다.

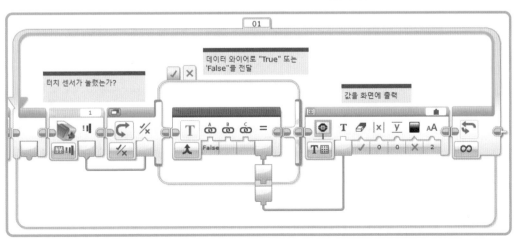

그림 12-9 9장에서 만들어 본 LogicToText 프로그램

파라미터를 추가하거나 편집하려면 버튼을 클릭하십시오.

이름: 마이 블록 이름   설명:

마이 블록 아이콘 | 파라미터 설정 | 파라미터 아이콘

종료 취소

그림 12-10 마이 블록 빌더 창에서 입출력 부분 (강조 표시 참고)

이 마이 블록은 데이터 와이어를 사용합니다. 마이 블록 빌더 창은 그림 12-10의 검은색 사각형으로 표시된 부분과 같이, 두 개의 데이터 와이어 연결이 표시되어야 합니다. LogicToText 마이 블록은 두 개의 데이터 와이어를 사용합니다. 하나는 논릿값을 입력받는 와이어, 다른 하나는 논릿값에 따른 텍스트를 출력하는 와이어입니다.[2]

마이 블록 빌더 창의 중앙 탭을 보면, '파라미터 설정'과 '파라미터 아이콘' 탭이 있습니다. 이 탭을 통해 마이 블록 입출력 포트의 표시 방법과 속성을 바꿀 수 있습니다.

5. 마이 블록 빌더 창의 이름 상자에 'LogicToText'를 입력합니다.

6. 설명 상자에는 '논릿값을 입력받아 텍스트 값 "True"

(참) 또는 "False"(거짓)을 출력'이라는 내용을 추가합니다.

7. 이 마이 블록은 논릿값을 다룹니다. 임의의 아이콘을 선택해도 무방하지만, 속성을 알아보기 쉽게 논릿값 아이콘()을 선택하는 것을 권장합니다.

8. 첫 번째 파라미터를 선택하고 '파라미터 설정' 탭을 클릭합니다. 화면은 그림 12-11과 같아야 합니다. (파라미터가 선택되면 파라미터 테두리에 파란색 사각형이 생성됩니다.)

파라미터 설정 탭에서는 파라미터의 이름, 유형(입력 또는 출력), 데이터의 유형과 기본값을 설정할 수 있습니다. 파라미터의 이름은 한글로 입력 가능합니다. 다른 EV3 블록과 마찬가지로 마이 블록이 만들어진 후에는 해당되는 파라미터 위치에 마우스 커서를 올렸을 때 이름(파라미터 설정 탭에서 입력한 이름)이 표시됩니다. 또한 데이터 와이어를 연결하지 않을 경우 여기에서 입력한 기본값이 사

---

2 (옮긴이) 여러분이 LogicToTextBuilder 프로그램의 스위치 블록을 선택했고, 이 스위치 블록이 터치 센서로부터 논릿값을 받고, 디스플레이 블록으로 텍스트를 보내는 기능을 수행하므로 마이 블록 빌더는 해당 데이터 형태와 입력/출력을 파라미터로 자동 등록한 것입니다.

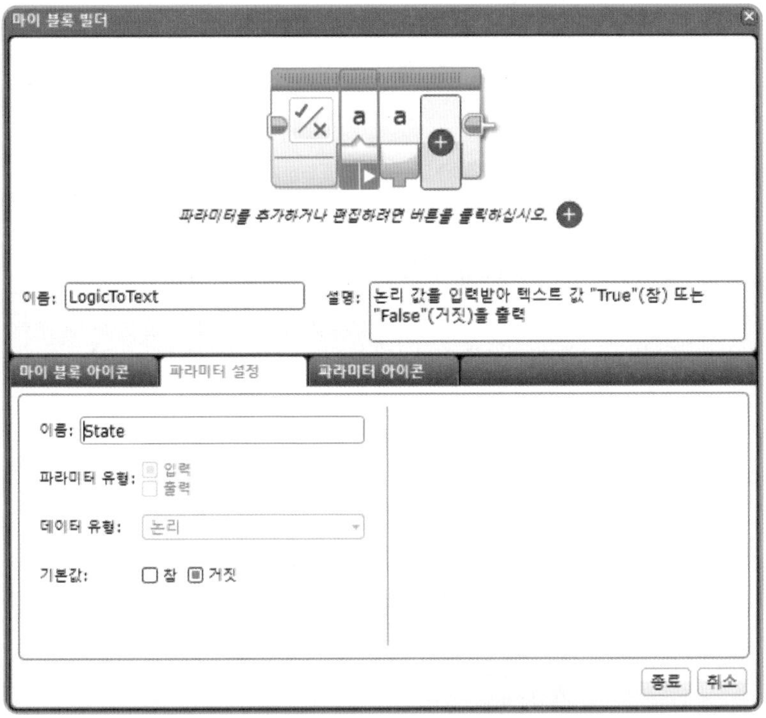

그림 12-11 첫 번째 파라미터(논릿값 입력)가
선택된 파라미터 설정 탭

그림 12-12 파라미터 아이콘 탭

용됩니다.

마이 블록 빌더가 자동으로 생성한 입출력은 마이 블록 빌더가 선택된 블록 다이어그램을 파악하고 해당되는 데이터 유형에 따라 설정되기 때문에 여러분이 임의로 유형을 바꿀 수 없습니다. 마이 블록 빌더 창에서 '파라미터 추가' 버튼을 클릭해(그림 12-11, 두 파라미터 옆의 +가 표시된 곳) 입출력을 추가할 경우 여러분이 임의로 입출력 유형과 데이터의 유형을 설정할 수 있습니다.

이 탭에서 EV3 소프트웨어는 파라미터 이름을 'State'

로, 기본값은 '거짓'으로 할당합니다. 기본값 '거짓'은 이 블록에서는 별로 중요하지 않으며 그대로 두어도 무방합니다. 하지만 파라미터 이름은 좀 더 알아보기 쉽게 바꿀 필요가 있습니다.

9. 이름 입력창에 '입력값'이라고 입력합니다.

다음 단계는 입력 플러그의 아이콘을 선택하는 것입니다. 선택할 수 있는 아이콘은 여러 가지지만, 기본적으로 할당되는 아이콘(a)보다 좀 더 플러그의 특성을 나타내기 좋은 아이콘으로 바꾸는 것이 좋습니다.

10. '파라미터 아이콘' 탭을 클릭합니다(그림 12-12 참조).

11. 논릿값을 나타내는 아이콘
(⅟ₓ)을 클릭합니다. 이제 마
이 블록 빌더 창의 상단, 마
이 블록 이미지가 선택한 아
이콘으로 바뀐 것을 볼 수 있
습니다(그림 12-13 참조).

그림 12-13 첫 번째 파라미터
아이콘이 바뀐 마이 블록

첫 번째 파라미터의 설정을 마쳤습니다. 이제 두 번째 파
라미터를 설정해 봅시다.

12. 두 번째 파라미터를 선택합니다.

13. '파라미터 설정' 탭을 클릭합니다.

14. 이름 입력창에 '출력값'이라고 입력합니다.

15. '파라미터 아이콘' 탭을 클릭합니다.

16. 텍스트 값을 나타내는 아이콘(**T**)을 클릭합니다.

이제 마이 블록 빌더 창의 상단,
마이 블록 이미지가 그림 12-14와
같이 바뀐 것을 볼 수 있습니다.

그림 12-14 모든 파라미터
아이콘이 바뀐 마이 블록

WARNING '종료' 버튼을 클릭하기 전
에, 여러분이 의도한 파라미터 이름과
아이콘 및 설정이 전부 완료되었는지 꼼

꼼히 확인하십시오. '종료' 버튼을 클릭하면 마이 블록이 만들어지고
파라미터를 수정할 수 없습니다. 뒤로 가기를 눌러 작업을 되돌리면
지금까지 작업한 마이 블록 설정이 전부 사라지고 여러분이 블록을 선
택해 처음 메뉴에서 마이 블록 빌더를 실행했을 때의 상태로 돌아가게
됩니다.

17. '종료' 버튼을 클릭해 LogicToText 마이 블록을 저장
합니다.

마이 블록을 적용해 수정한 프로그램은 그림 12-15와 같
습니다.

　　그림 12-16은 완성된 LogicToText 마이 블록을 더블클

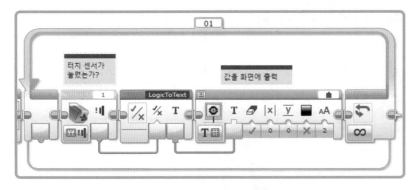

그림 12-15 LogicToText 마이 블록을 사용한
모습

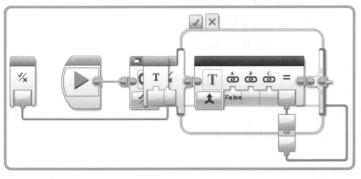

그림 12-16 내부가 정리되지 않은 LogicToText 마이 블록

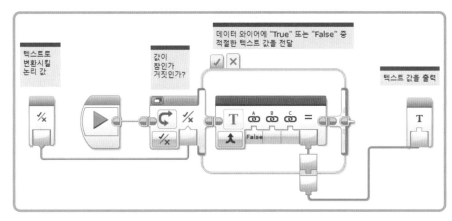

데이터 와이어에 "True" 또는 "False" 중
적절한 텍스트 값을 전달

텍스트로
변환시킬
논리 값

값이
참인가
거짓인가?

텍스트 값을 출력

False

그림 12-17 출력 파라미터 블록을
정리한 LogicToText 마이 블록

릭한 모습입니다. 여기에서는 이제까지 여러분이 사용한 색상(주황, 녹색, 빨강 등)과 다른, 회색 블록을 볼 수 있습니다. 이 블록은 마이 블록의 파라미터 연결을 담당합니다. 그림 12-16에서는 출력 파라미터 블록이 스위치 블록에 겹쳐져 블록 다이어그램을 보기 어렵게 하고 있습니다. 이는 그림 12-17과 같이, 여러분이 임의 위치로 블록을 드래그함으로써 간단히 정리할 수 있습니다. 절대적인 것은 아니지만 일반적으로 입력 파라미터 블록을 왼쪽에, 출력 파라미터 블록을 오른쪽에 배치하는 것이 보기에 좋습니다. 나중에 활용하려면 마이 블록 안의 블록 다이어그램에 설명을 추가하는 것도 좋습니다. 이러한 주석은 여러분이나 혹은 또 다른 프로그래머가 이 마이 블록을 활용해야 할 때 좀 더 편리하게 프로그램의 기능을 이해하는 데 도움을 줍니다.[3]

LogicToTextBuilder 프로그램을 실행해 봅시다. 이 프로그램은 여전히 터치 센서를 누르면 EV3의 화면에 'True'를, 손을 떼면 'False'를 출력할 것입니다.

파라미터의 추가, 삭제, 이동

마이 블록 빌더 창에서 파라미터를 추가, 삭제, 수정하는 방법을 좀 더 자세히 살펴보겠습니다. 스위치 블록을 선택하고 마이 블록 빌더를 실행한 다음, 아이콘 위에서 파

라미터 추가 버튼을 클릭해 봅시다. 그림 12-18은 네 개의 파라미터가 추가된 마이 블록의 모습입니다.

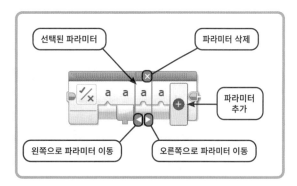

선택된 파라미터

파라미터 삭제

파라미터
추가

왼쪽으로 파라미터 이동

오른쪽으로 파라미터 이동

그림 12-18 마이 블록의 입출력 파라미터 설정

- 선택된 파라미터에 파란색 테두리가 생깁니다. 파라미터 설정과 파라미터 아이콘 탭은 선택된 파라미터의 이름과 속성, 아이콘을 바꿔 줍니다.
- 파라미터 추가 버튼은 새 파라미터를 블록에 추가합니다.
- 파라미터 삭제 버튼은 기존의 파라미터를 제거합니다. 제거 대상은 여러분이 직접 추가한 파라미터에 한정되며, 마이 블록 빌더가 데이터 와이어 연결을 참고해 자동 추가한 파라미터는 삭제할 수 없습니다.
- 왼쪽으로 파라미터 이동, 오른쪽으로 파라미터 이동은 각각 파라미터를 한 칸씩 해당 방향으로 옮겨 줍니다.

3 (옮긴이) 주석 입력은 한글도 가능하다는 것을 잊지 말기 바랍니다.

파라미터 설정 탭

파라미터 설정 탭은 파라미터의 모양과 동작 방식을 정의합니다. 그림 12-11에서 여러분은 이미 LogicToText 마이 블록을 만들면서 이 탭을 사용해 보았습니다. 그러나 여러분이 새로 추가한 파라미터의 경우 그림 12-19에서 보듯이 파라미터 유형(입력/출력)과 데이터 유형(숫자/논리/텍스트/숫자형 배열/논리 배열)도 바꿀 수 있습니다. 또한 변수 유형이 입력이고, 데이터 유형이 숫자일 경우에 한해서 파라미터 스타일도 바꿀 수 있습니다. 스타일은 단순 입력창과 가로/세로형 슬라이더를 선택할 수 있으며, 슬라이더의 경우 최솟값과 최댓값도 입력할 수 있습니다. 슬라이더를 선택한 경우, 데이터는 직접 입력과 데이터 와이어 연결 방식도 (조향모드 주행 블록의 '조향'과 '파워'에서처럼) 사용할 수 있습니다.

그림 12-19 새 파라미터에 대한 파라미터 설정 탭

DisplayNumber(숫자값 출력) 마이 블록

이번 절에서는 DisplayNumber라는 마이 블록을 만들어 보겠습니다. 이 마이 블록은 프로그램을 실행하는 동안 여러분에게 결과를 보여 줍니다. 프로그램 디버깅이나 실험 관찰 등의 목적으로 숫자를 출력해야 할 때 쓸 수 있습니다.

그림 12-20은 모터 B가 제어하는 소리 크기를 표시하기 위해 SoundMachine 프로그램에서 사용했던 블록들입니다. 모터 회전 블록이 값을 읽고, 텍스트 블록은 'Volume: '이라는 라벨과 '%' 단위를 붙여 주고, 디스플레이 블록이 'Volume: 35%'와 같이 결과를 EV3의 화면에 보여 줍니다. 이 기능을 마이 블록으로 재구성해 보겠습니다. 입력으로는 숫자값을 받아야 하며, 라벨이나 단위를 표현하기 위한 파라미터도 있으므로 마이 블록이 사용되는 상황에 맞춰 활용할 수 있습니다.

그림 12-20의 텍스트 블록과 디스플레이 블록에서 입력할 수 있는 대상을 각각 살펴보고, 유용하게 쓸 수 있는 입력 조건은 무엇이 있는지, 기본값은 어떤 값으로 넣는 게 좋을지 생각해 봅시다. 다음은 필자가 생각한 마이 블록에 추가해야 할 파라미터 목록입니다.

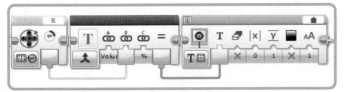

그림 12-20 SoundMachine 프로그램에서 음량을 화면에 출력

- **텍스트 블록의 A**: 숫자 앞에 표시될 텍스트, 기본값은 빈 텍스트입니다.
- **텍스트 블록의 C**: 숫자 뒤에 표시될 단위 텍스트, 기본값은 빈 텍스트입니다.
- **디스플레이 블록의 '화면 지우기'**: 블록이 사용되는 위치에 따라 값을 표시하기 전에 화면을 지워야 할 수도, 그렇지 않을 수도 있습니다. 디스플레이 블록의 기본 설정과 같도록, 기본값을 '참'으로 설정합니다.
- **디스플레이 블록의 '행'**: 둘 이상의 값을 표시하기 위해서는 다른 줄에 표시해야 할 수도 있으므로 이 값도 파라미터 입력으로 설정하는 것이 좋습니다. 기본값으로 0이 적당하며, 이 경우 텍스트는 화면 맨 윗줄에 표시됩니다.

새로운 마이 블록에서 사용할 파라미터들을 결정했다면 데이터 와이어를 블록의 각 입력에 연결해야 합니다. 블록 입력을 위해 프로그램의 시작 부분에 상수 블록을 활용할 수 있습니다. 각 상수 블록은 해당 블록에 입력할 데이터 유형(텍스트 블록의 A와 C에는 텍스트 상수, 디스플레이 블록의 화면 지우기에는 논리 상수, 행 설정에는 숫자 상수)을 맞게 설정해야 합니다. 블록 출력은 일반적으로 프로그램의 끝부분에서 사용되나 DisplayNumber 마이 블록은 자체적으로 디스플레이 블록을 써서 화면을 출력하고 다른 값을 외부로 내보내지 않으므로 상수 블록을 추가하는 것으로 충분합니다.

이제 다음 단계에 따라 DisplayNumber 마이 블록을 만들어 봅시다.

1. DisplayNumberBuilder라는 이름으로 새 프로그램을 만들어 저장합니다.
2. 그림 12-20과 같이 세 개의 블록을 프로그램에 추가합니다.
3. 구성해야 할 네 가지 값을 설정할 상수 블록을 추가합니다. 각각의 모드를 올바른 데이터 유형으로 설정하고 상수 블록과 텍스트 및 디스플레이 블록을 데이터 와이어로 바르게 연결해 줍니다.

이 시점에서 프로그램은 그림 12-21과 같게 됩니다. 이제 마이 블록을 만들 준비가 되었습니다.

4. 드래그 또는 시프트 키를 누른 채로 클릭해서 텍스트 블록과 디스플레이 블록만을 선택합니다.
5. 메뉴에서 **도구 - 마이 블록 빌더**를 선택합니다.
6. 마이 블록의 이름을 'DisplayNumber'라고 입력하고 설명을 추가합니다.
7. 아이콘을 선택합니다.
8. 각각의 파라미터를 선택하고 이름, 기본값 및 아이콘을 설정합니다. 그림 12-22에서 각각의 파라미터의 이름(주석 참고)과 아이콘을 볼 수 있습니다.
9. '종료' 버튼을 클릭합니다.

'종료' 버튼을 클릭하면 DisplayNumber 마이 블록이 만들어지고 DisplayNumberBuilder 프로그램의 텍스트 블록과 디스플레이 블록이 마이 블록으로 대체됩니다. 전 상태로 돌아가기 위해서는 메뉴의 '편집 - 실행 취소'를 선택하거나 Ctrl + Z 키를 누르면 됩니다. 이렇게 뒤로 돌아가면 마

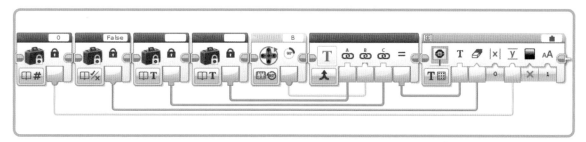

그림 12-21 DisplayNumberBuilder 프로그램

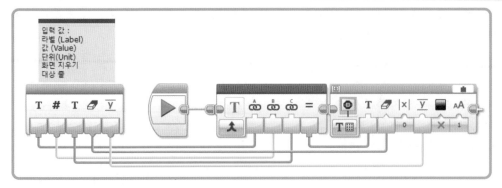

그림 12-22 DisplayNumber 마이 블록

이 블록의 파라미터를 처음부터 재설정할 수 있습니다.

　마이 블록을 만들었다면, 마이 블록 안으로 들어가 프로그램을 확인하고, 설명을 추가할 수도 있습니다. 그림 12-22는 DisplayNumber 마이 블록에 주석을 추가해서 입력 파라미터를 어떻게 설정했는지 보여 줍니다.

　마이 블록을 만들었다면 다른 프로그램에서 이 블록을 자유롭게 활용할 수 있습니다. (단, 다른 프로젝트에서 쓰기 위해서는 먼저 프로젝트 관리자에서 마이 블록을 불러와야 합니다.) 그림 12-23은 DisplayNumber 마이 블록으로 대체된 SoundMachine 프로그램을 보여 줍니다. 이제 프로그램이 좀 더 간결해져 전체 프로그램의 흐름을 파악하기가 좀 더 쉬워지고, DisplayNumber 블록의 목적도 좀 더 뚜렷이 보입니다.[4]

마이 블록의 파라미터 바꾸기

이 장의 앞에서 살펴본 '마이 블록 수정하기'와 같이, 마이 블록의 내용을 수정하는 것은 쉽습니다. 단지 마이 블록을 더블클릭해서 열고, 일반 프로그램을 수정하듯 작업하면 됩니다. 그러나 파라미터를 바꾸는 것은 문제가 다릅니다. 여러분이 파라미터를 추가하거나 기존 파라미터의 이름이나 기본값을 바꾸어야 한다면 방법은 오직 하나,

마이 블록을 새로 만들어야 합니다.

　DisplayNumberBuilder와 같이 미리 마이 블록을 만들 프로그램이 준비되어 있다면, 마이 블록을 만드는 것은 한결 쉬워집니다. 그렇지 않은 경우, 여러분은 만들어진 마이 블록의 블록 다이어그램을 복사하고 새 프로그램에 붙여 넣은 뒤 상수를 추가해서 프로그램을 재구성하는 과정을 거쳐야 합니다. 여기에서 이와 같이 기존에 만든 마이 블록을 기반으로 마이 블록을 재구성하는 방법을 정리해 보겠습니다.

1. 기존의 마이 블록을 열고, 이름에 'old'를 추가해서 새 이름으로 저장합니다(프로그램 상단의 이름 탭을 더블클릭해서 이름을 바꿀 수 있습니다).

2. 기존 마이 블록의 내용을 복사해 새 마이 블록을 만들기 위한 임시 프로그램에 붙여 넣습니다. 상수 등의 설정을 새로 작업한 다음, 마이 블록 빌더를 실행해 설정을 마무리합니다.

3. 이전 마이 블록을 새로 만들어진 마이 블록으로 대체하고 테스트해 봅니다.

4. 프로젝트 속성 창의 마이 블록 탭에서 기존의 마이 블록을 삭제합니다.

마이 블록의 이름을 바꾸었다면, EV3 소프트웨어는 해당되는 마이 블록이 사용된 프로젝트 안의 모든 프로그램에서 마이 블록의 바뀐 이름을 자동으로 적용해 줍니다.

---

4 (옮긴이) DisplayNumber와 같이 명확하게 할 일이 정의된 블록이라면, 텍스트 블록과 디스플레이 블록을 여러 번 설정하고 매번 라벨을 재입력하는 수고를 덜어 주며, 그림 12-21보다 프로그램의 가독성도 좋아집니다.

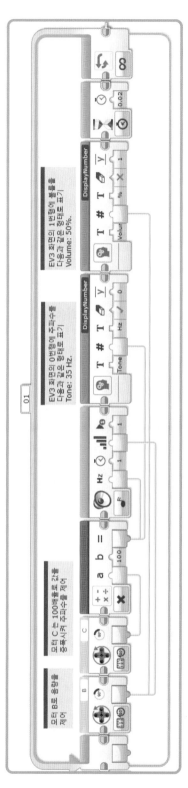

그림 12-23 DisplayNumber 마이 블록을 사용하는 SoundMachine 프로그램

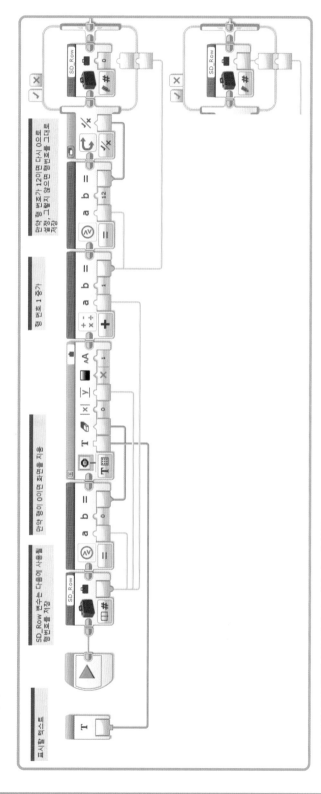

그림 12-24 텍스트를 화면에 스크롤시키는 ScrollDisplay 마이 블록

마이 블록 DisplayNumber를 DisplayNumberOld로 이름을 바꾸었다면, 기존의 DisplayNumber 마이 블록을 사용하는 모든 프로그램은 DisplayNumberOld를 사용하는 것으로 바뀌기 때문에, 여러분이 새로 만든 DisplayNumber 마이 블록을 다른 프로그램에서 적용하기 위해서는 각각의 프로그램에서 DisplayNumberOld 마이 블록을 DisplayNumber 마이 블록으로 직접 대체해 주어야 합니다.

변수와 마이 블록

마이 블록에서도 일반 프로그램에서와 같이 변수를 사용할 수 있습니다. EV3 소프트웨어에서는 프로젝트에 포함되는 프로그램과 마이 블록이 모두 변수를 공유하며, 프로젝트 속성 창에서 변수 목록을 확인할 수도 있습니다. EV3의 변수는 프로그램의 전체에서 공유되고 모든 영역과 마이 블록에서 같이 읽고 쓸 수 있어 **전역 변수(global variable)**라고 합니다.

즉, 변수를 사용해서 마이 블록과 마이 블록, 또는 마이 블록과 주 프로그램이 정보를 주고받을 수 있다는 뜻입니다. 예를 들어 WallFollower 프로그램을 세 개의 마이 블록으로 분할할 경우, 각각의 마이 블록이 각자 조향 모드 주행 블록을 사용하지만 하나의 공통된 파워 변수를 공유하며 모든 마이 블록의 파워를 제어할 수 있다는 의미입니다.[5]

변수는 마이 블록이 특정한 값을 기억하기 위해서도 활용됩니다. 예를 들어, 그림 12-24의 ScrollDisplay(화면 스크롤 출력) 마이 블록은 EV3 화면에 텍스트 내용을 상하로 스크롤하면서 보여 줍니다. 이 블록에서 표시할 텍스트는 데이터 와이어에 의해 마이 블록으로 전달됩니다. 처음 마이 블록이 실행되면 화면을 지우고 맨 첫 번째 줄에 텍스트를 표시합니다. 이 마이 블록은 실행될 때마다 텍스트가 표시될 줄을 한 줄씩 아래로 내려 주고, 맨 아래 줄까지 도달하면 화면 전체를 지우고 다시 첫 번째 줄에 텍스트를 출력합니다.

마이 블록과 디버깅

프로그램이 실행되는 동안 EV3 소프트웨어에서는 마우스를 이용해서 데이터 와이어에 올려두는 방법으로 프로그램의 흐름과 데이터 와이어의 값을 확인하고 문제를 찾을 수 있습니다. 하지만 불행하게도 이 기능은 마이 블록 내부에는 해당되지 않습니다. 따라서 여러분은 프로그램의 일부를 마이 블록으로 만들기 전에 충분히 버그를 찾아 문제가 없도록 해결해 두어야 합니다. 만약 마이 블록 안에 오류가 있다면 여러분은 프로그램의 오작동 이유를 찾기가 매우 어려워질 것입니다.

반대로 생각해 본다면, 여러분이 마이 블록을 확실히 검증하고 여기에 오류가 없다고 가정했을 때, 여러분은 프로그램이 의도치 않게 동작하는 문제를 찾기 위한 대상을 줄일 수 있습니다. 마이 블록에 문제가 없다면 마이 블록을 제외한 부분만 확인하면 되기 때문입니다. 이런 이유로 마이 블록을 만들기 전, 우리가 만들어 본 ...Builder 프로그램과 같은 마이 블록의 기능을 테스트할 수 있는 프로그램으로 기능을 충분히 검증하는 것이 좋습니다. 이와 같은 과정을 통해 확실한 작업들을 마이 블록화시켜서 활용한다면, 여러분이 만드는 프로그램에서 발생하는 문제를 찾기 위한 시간을 크게 줄일 수 있습니다.[6]

이 마이 블록은 SD_Row라는 변수를 사용해서 화면에 텍스트를 출력할 행을 기억합니다. 변수의 이름은 Scroll Display 마이 블록에서 사용되기 때문에 접두사로 'SD_'를

---

5 (옮긴이) 프로그래밍 언어에서 변수는 '전역 변수'와 '지역 변수'로 나뉩니다. 전역 변수는 모두가 읽고 쓸 수 있는 칠판 같은 개념이고, 지역 변수는 소유권을 가진 함수만 읽고 쓸 수 있는 수첩 같은 개념이라 볼 수 있습니다.

6 (옮긴이) 이러한 개념은 모든 프로그래밍 언어에 적용됩니다. '라이브 러리'라고 불리는, 마이 블록과 같은 일련의 함수 집합들이 일반적으로 이와 같이 '확실히 검증된 작업'을 수행하도록 프로그래밍 언어에서 제공됩니다. 프로그래머는 이와 같이 미리 완성되고 검증된 함수들을 사용함으로써 자신이 모든 함수를 새로 만드는 수고를 더는 것과 동시에, 자신이 만든 프로그램 몸체의 오류만 검사하는 것으로 문제 해결 시간을 줄일 수 있게 됩니다.

붙여 주었습니다. 필수적인 것은 아니지만, 이와 같이 블록 이름을 변수에 기록해 두면, 실수로 다른 프로그램에서 이 변수를 사용하거나 값을 변경해서 마이 블록이 오작동하는 것을 예방할 수 있습니다.

이 블록은 많은 데이터 와이어 때문에 언뜻 무척 복잡해 보이지만, 사실 동작 원리는 간단합니다. EV3의 디스플레이는 총 12행의 텍스트를 출력할 수 있으며, 행 번호는 0부터 11까지입니다. 이 마이 블록의 목적은 실행될 때마다 텍스트를 한 줄씩 아래에 출력하는 것입니다. 텍스트가 마지막 줄(11)에 도달하면 화면을 지우고 다시 첫 번째 줄(0)에 텍스트를 출력하는 것입니다.

SD_Row 변수는 디스플레이 블록의 행 파라미터에 연결됩니다. 비교 블록은 행 값이 0인지 여부를 확인하고 화면을 지울지 여부를 결정합니다(0이라면 이미 텍스트가 첫 줄부터 끝까지 다 채워져 있기 때문에 새로 출력되는 텍스트를 보기 위해서는 화면을 지워야 합니다). 텍스트를 표시한 후에는 행 값을 1 증가시킵니다. 그 다음 비교 블록과 스위치 블록이 행 값이 EV3 화면의 줄 개수를 초과하는지 확인합니다. 11행까지는 화면에 출력할 수 있으므로 그대로 넘어가고, 행 번호가 12가 되면 화면 영역을 넘어가기 때문에 SD_Row 변수에 0을 넣어 첫 번째 줄에 출력하도록 합니다. 이 SD_Row 값은 매번 ScrollDisplay 마이 블록이 호출될 때마다 참조됩니다.[7]

추가적인 탐구

마이 블록을 활용해 보는 것을 연습하기 위해 다음 과제에 도전해 봅시다.

1. DisplayNumber 블록과 동일하게 작동하지만, 논릿값에 대응되도록 DisplayLogic(논릿값 출력) 마이 블록을 만들어 봅시다. LogicToText 마이 블록을 써서 논릿값을 텍스트 값으로 바꾸어 봅시다.

2. 11장의 LightPointer 프로그램은 크게 두 부분, 즉 광원의 방향을 찾는 부분과 트라이봇을 광원으로 향하게 하는 부분으로 나뉩니다. 이 두 가지 기능을 마이 블록 두 개로 구현하고 데이터 와이어가 아닌 변수 블록을 써서 두 마이 블록이 동작하도록 만들어 봅시다.

마무리

마이 블록을 만드는 것은 코드를 재사용하기 위한 유용한 기법으로, 프로그램을 간결하게 만들 수 있고 프로그램의 가독성도 높일 수 있으며 오류를 찾는 시간도 줄여 줍니다. 이번 장에서는 여러 가지 마이 블록들을 통해 마이 블록 활용 기법들을 살펴보았습니다. Chime과 같은 간단한 마이 블록을 통해, 프로그램을 관리하기 쉬운 크기로 유지할 수 있으며 해당 기능이 필요한 다른 프로그램에서 재사용할 수도 있습니다. 또한 DisplayNumber와 같은 마이 블록은 좀더 많은 파라미터를 통해 반복되는 복잡한 블록을 크게 간략화시켜 개발 시간을 줄이고 효율을 높여 줍니다.

---

[7] (옮긴이) 이 마이 블록을 테스트하기 위해서는 마이 블록을 루프 안에 넣고 상수 블록을 써서 출력하고자 하는 텍스트를 마이 블록에 넣어 주면 됩니다. 스크롤 속도가 너무 빠르다고 느껴지면 루프 안에 0.5초 정도의 대기 블록을 추가해 주는 것도 좋습니다.

13

수학과 논리

이번 장에서는 수학 블록의 고급 모드를 활용해 프로그램에서 보다 복잡한 계산을 수행하는 방법을 살펴보겠습니다. 논릿값에 대한 논리 연산으로 프로그램이 복잡한 의사결정을 할 수 있도록 활용하는 기법도 살펴볼 것입니다. 또한 수학 블록과 연계할 수 있는 범위, 랜덤, 올림/내림 블록도 함께 살펴보도록 하겠습니다.

수학 블록의 고급 모드

수학 블록의 고급 모드는 단순한 사칙연산보다 좀 더 복잡한 계산이 필요할 때 사용됩니다. 이제까지 사용한 수학 블록의 사칙연산 기능은 두 개의 값 a, b를 입력받고 사칙연산 중 한 개의 계산식을 적용했습니다. 그러나 고급 모드(그림 13-1 참조)를 사용할 경우, 최대 네 개의 값

(a~d)을 입력받고 사칙연산뿐만 아니라 로그나 삼각함수 등의 수식을 적용해 복잡한 계산을 수행할 수 있습니다.

수식을 입력하기 위해서는 수식 입력상자를 클릭합니다. 그림 13-2는 입력상자의 수식을 입력하는 창과 사용 가능한 연산자 목록입니다. 일반적인 수학 연산자 기호(키보드의 +, - 등)를 사용하거나, 목록에서 연산자를 선택(더하기, 로그 등)할 수 있습니다.

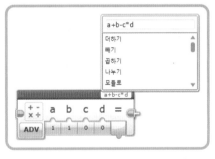

그림 13-2 수식
입력하기

지원되는 연산자와 함수

표 13-1은 지원되는 연산자 목록입니다. 기호를 직접 입력할 수도 있고, 블록 텍스트 필드의 목록에 있는 연산자를 선택할 수도 있습니다.

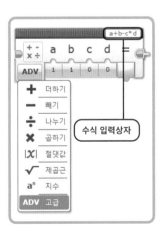

그림 13-1 수학 블록의
고급 모드

연산자	설명
+	더하기
-	빼기 또는 음수, 5 − 3은 뺄셈 연산, −a는 음수 표현
*	곱하기
/	나누기
^	지수. 2^3은 2의 3제곱, 즉 2 * 2 * 2 = 8을 의미
5	모듈로. 첫 번째 숫자를 두 번째 숫자로 나눈 나머지를 의미. 5 % 2 = 5 − (2 * 2) = 1이 되고, 6 % 2 = 6 − (2 * 3) = 0이 된다.

표 13-1 지원되는 연산자

표 13-2에서는 함수 목록과 설명을 보여 줍니다. 이 중 일부는 상당히 난이도가 높기 때문에 이 책에서는 함수 몇 가지만을 다룰 것입니다.

함수	설명
floor()	값을 가장 가까운 정수로 내림 floor(4.7) = 4, floor(4.1) = 4, floor (−4.4) = −5
ceil()	값을 가장 가까운 정수로 올림 ceil(4.7) = 5, ceil(4.1) = 5, ceil(−4.4) = −4
round()	값을 가장 가까운 정수로 반올림 round(4.7) = 5, round(4.1) = 4, round(−4.4) = −4, round(−4.7) = −5
abs()	부호를 뺀 절댓값을 구함. abs(5)와 abs(−5)는 모두 5
log()	밑이 10인 로그
ln()	자연로그
sin()	사인. 모든 삼각함수는 각도로 계산된다.[1]
cos()	코사인
tan()	탄젠트
asin()	아크사인(사인의 역함수)
acos()	아크코사인(코사인의 역함수)
atan()	아크탄젠트(탄젠트의 역함수)
sqrt()	양의 제곱근. sqrt(16)은 4

표 13-2 지원되는 함수

함수를 목록에서 클릭하면 함수명과 여는 괄호 '('가 추가됩니다. 함수에 넣을 값과 닫는 괄호는 여러분이 입력해

1 (옮긴이) 호도법이 아닙니다.

야 합니다. 예를 들어 반올림을 하기 위한 함수 round는 'round(a)'와 같이 입력해야 하기 때문에, 반올림 대상 'a'와 닫는 괄호 ')'를 여러분이 직접 입력해 주어야 합니다 (그림 13-3 참조).

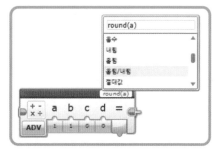

그림 13-3 수식 입력

모듈로 연산자

모듈로 연산자(modulo operator, %)는 한 숫자를 다른 숫자로 나눈 나머지를 제공합니다. 예를 들어 7 % 4 = 3(7은 4로 한 번 나눌 수 있고, 7에서 4를 뺀 나머지는 3)이 됩니다. 이 연산자는 컴퓨터 프로그래밍에서 매우 유용하게 사용할 수 있는 몇 가지 특징이 있습니다.

표 13-3은 a의 값을 증가시키면서 a % 3 수식의 결과를 나열한 것입니다. 결괏값은 0에서 2까지 증가한 뒤 다시 0으로 돌아가는 동작을 반복합니다. 모듈로 연산자는 값을 늘리되, 특정 목표값에 도달하면 시작값으로 재설정해야 하는 경우 유용합니다. 우리는 이런 값이 필요한 상황을 12장의 ScrollDisplay 마이 블록의 화면 줄 처리에서 경험해 보았습니다. EV3의 12행으로 된 화면에서 텍스트를 스크롤하기 위해 행 번호는 0부터 시작해서 11까지 증가한 후 다시 0으로 되돌아가도록 만들었습니다. 그림 13-4는 ScrollDisplay 블록이 행 번호를 증가시키며 12(마지막 행)에 도달했는지 확인하고 도달했을 경우 DNL_Row 변수에 0을 저장하는 모습입니다. 그림의 왼쪽에서 수학 블록으로 들어오는 데이터는 DNL_Row에 저장된 이전 행 값이고, 그림 오른쪽은 마지막 행이 아닐 경우의 케이스 (×)에서 이전 행 값에 1을 증가시킨 값을 DNL_Row에 저장하는 모습입니다.

a	a % 3
0	0
1	1
2	2
3	0
4	1
5	2
6	0
7	1

표 13-3 모듈로 연산자의 동작

고급 모드로 설정한 수학 블록과 모듈로 연산자로 그림 13-4의 코드를 단순화할 수 있습니다. 그림 13-5는 (a + 1) % 12라는 수식을 통해 이전 행 번호인 a에 1을 더하고 해당 값을 12로 나눌 때의 나머지를 출력합니다. 출력된 값,

즉 행 번호는 0에서 시작해서 11까지 증가한 뒤 다시 0으로 돌아가게 됩니다. 결과적으로 프로그램은 스위치 블록까지 5개의 블록을 사용했던 그림 13-4와 같은 기능을 두 개의 블록으로 수행하게 됩니다.

수학 블록의 오류

수학 블록은 수식을 계산하기 때문에, 제대로 계산할 수 없는 수식이 입력될 경우 결괏값을 오류로 처리합니다. 문제는 이와 같은 오류 결괏값이 다른 블록을 오작동시킬 수도 있다는 것입니다.

우리는 데이터 와이어를 클릭해 프로그램이 실행되는 동안 값을 확인할 수 있다는 것을 경험했습니다. 그림 13-6부터 13-8은 프로그램이 실행되며 수학 블록이 계산한 결괏값을 확인하는 모습입니다. 그림 13-6의 값은 5를 0으로 나누는 식으로 수학적으로 성립되지 않는 개념이

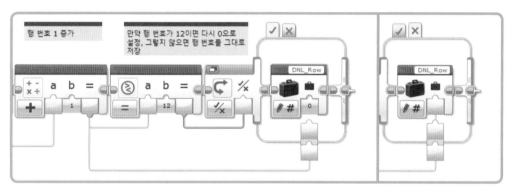

그림 13-4 다음 행 번호를 계산하고 저장하기 위해 수학과 비교, 스위치 블록을 사용한 모습

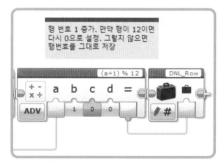

그림 13-5 다음 행 번호를 계산하고 저장하기 위해 수학 블록의 고급 모드를 사용한 모습

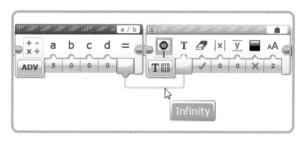

그림 13-6 0으로 나누기. 수학 블록 입장에서는 계산 불가능한 오류 수식

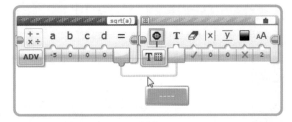

그림 13-7 음수의 제곱근 구하기. 계산 불가능한 오류 수식

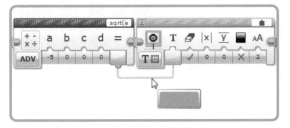

그림 13-8 괄호가 누락되어 미완성된 오류 수식

기 때문에 데이터 와이어에는 'Infinity'가 표시되고 EV3 디스플레이에서도 'Inf'라고 표시됩니다.

음수의 제곱근을 구하려 할 경우 조금 다른 오류가 발생합니다. 이 경우 데이터 와이어와 EV3 화면은 '----'(그림 13-7 참조)로 에러 결과가 표시됩니다. 마찬가지로 값 또는 괄호가 누락되어 계산할 수 없는 식(그림 13-8 참조, 'sqrt(a' 또는 'a + b *' 등)의 경우 역시 데이터 와이어로 오류 값이 전달되고 EV3 화면에서도 '----'와 같은 오류 값이 출력될 수 있습니다.

이와 같은 오류가 다른 블록의 입력값으로 전달될 경우, 프로그램은 의도하지 않은 형태로 오동작할 수 있습니다.[2] 예를 들어, 조향모드 주행 블록의 파워값에 음수의 제곱근 결과가 입력된다면 블록은 파워가 100으로 설정된 것처럼 동작할 수 있습니다. 회전에 연결한다면 회전값을 0으로 설정한 것처럼 반응하게 되며, 조향에 연결한다면 두 모터가 앞뒤로 진동하게 됩니다. 어느 것도 여러분이 의도한 상황은 아닐 것입니다. 수학 함수를 사용해

복잡한 계산을 할 경우, 이와 같이 결괏값에서 오류가 발생할 수 있으므로 주의해야 합니다.[3]

비례식 LineFollower

이번 절에서는 LineFollower 프로그램에 고급 수학 블록을 써서 로봇의 조향을 제어하는 방법을 통해 프로그램을 개선해 보겠습니다. 센서값을 기준으로 조향값을 조절하는 LineFollower 프로그램의 코드와 같이, 프로그램 동작의 기본을 구성하는 가장 중요한 모듈을 제어 알고리즘이라고 합니다. 이 제어 알고리즘의 성능이 향상되면 트라이봇은 좀 더 부드럽게 전진과 선회를 하며 길을 따라갈 수 있게 됩니다.

여러분이 만든 LineFollower의 알고리즘은 6장에서 최초로 만들어지고 9장에서 다듬어졌습니다. 이 알고리즘은 그림 13-9와 같이 센서값을 기반으로 세 가지 작업을 수행하기 때문에 3상 제어기라고 말할 수 있습니다. 즉, 이 알고리즘으로 로봇이 수행할 수 있는 동작은 세 가지 동작, 즉 직진, 좌회전, 우회전뿐입니다. 이 방법은 일반적으로 크게 문제를 일으키지는 않지만, 로봇의 회전량이 항상 고정되어 있다는 것입니다. 즉, 로봇은 길이 날카롭게 꺾여 있거나, 또는 완만하게 휘어지는 길 어느 조건이라도 동일한 조향값으로 대응하게 됩니다.

만약 선의 휘어진 정도에 따라, 부드러운 곡선에서는 완만하게 조향하고 급격한 코너에서는 조향각을 크게 움직이도록 한다면 주행 성능은 좀 더 향상될 수도 있습니다. 선의 경계와의 거리에 따라 로봇의 조향각이 비례해서 바뀌기 때문에, 이런 접근법으로 구현된 제어 알고리즘을 비례 제어기라고 합니다.

비례 제어기는 목표값 및 입력값을 기반으로 제어 값(이 경우 조향각)을 변경합니다. 여기에서는 입력값으로

---

2 (옮긴이) 텍스트로 처리할 수 있는 화면 디스플레이와 달리 숫자로 처리되는 모터값과 같은 경우는 실제 로봇이 돌진하는 등의 문제가 발생합니다.

3 (옮긴이) 가능하다면 입력값이 오류를 발생시키는(이를테면 0으로 나누기) 조건이 되지 않도록 미리 조치를 하거나 결괏값에서 오류가 발생했을 때 예외상황으로 조치할 수 있도록 기능을 추가하는 것으로 문제에 대비할 수 있습니다.

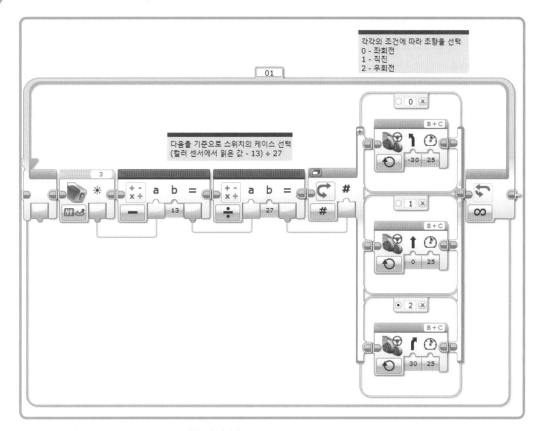

그림 13-9 9장에서 만든 LineFollower 프로그램의 3상 제어기

컬러 센서의 현재값이 사용되며 목표값은 센서가 선의 가장자리 경계면 바로 위에 있을 때의 값이 사용됩니다. 앞서 6장에서는 컬러 센서 판독값의 평균을 구하는 식으로 선의 경곗값을 계산했습니다. 필자가 구한 선의 경곗값은 52입니다.

목표값과 입력값의 차이를 오차값이라고 합니다. 오차값은 로봇이 이론적으로 있어야 할 위치와 실제로 있는 위치의 차이라고 생각할 수 있습니다. 조향값을 얻기 위해 오차값에 이득값을 곱해 줍니다. 이득값은 로봇이 오차값의 변화에 대해 반응하기 위한 속도를 결정합니다. 이득이 작으면 로봇이 천천히 움직이므로 곡선 구간에서 반응속도가 충분히 빠르지 못할 수 있습니다. 그러나 직선 구간에서는 불필요한 좌우로의 휘청거림이 발생하지 않게 됩니다. 반대로 이득이 크면 로봇은 빠르게 반응하기 때문에 곡선 구간의 대응은 좋아질 수 있으나 직선 구간에서 불안정한 휘청거림이 발생할 수 있습니다. 따라서 적절한 이득값을 구하는 것은 매우 중요하며, 이 과정을 제어기 튜닝(controller tuning)이라고 부릅니다. 일반적으로 제어기 튜닝은 수학적 계산보다 직접적인 시행착오를 통해 잡아야 하는 경우가 많습니다.

다음은 오차값과 조향값에 대한 계산식입니다.

오차값 = 목표값 − 센서가 읽은 값

조향값 = 오차값 * 이득값

이 두 식을 하나의 수학 블록으로 묶어 보겠습니다. 고급 모드로 설정한 수학 블록을 사용하고, '조향값 = (목표값 − 센서가 읽은 값) * 이득값'으로 수식을 설정합니다. 두 개의 값(목표값과 이득값)은 상수이며, 프로그램에서는 상수 블록을 써서 수학 블록에 값을 입력합니다. 수학 블록 자체에 직접 값을 입력할 수도 있으나 필자는 상수 블록을 써서 연결해 주는 방식이 마우스 클릭 횟수도 줄어들고, 상수값을 바꾸기 위해 수학 블록의 수식을 직접 수정하는 것보다 효율적이라고 생각합니다.

내용을 수정한 전체 프로그램은 그림 13-10과 같습니다. 필자는 이득값을 0.7로, 목표값을 52로 설정했으며 주어진 조건에서 양호하게 동작했습니다. 이 값은 여러분의 조건에 맞게 직접 측정하고 테스트하며 적절한 값을 얻어 입력하기 바랍니다. 수학 블록은 총 세 개의 입력값을 사용하며, 사용된 값은 각각 다음과 같습니다.

a   컬러 센서가 읽은 값

b   목표값

c   이득값

이 식을 사용하면 앞 단락에서 설명한 조향값의 식은 $(b-a)*c$가 됩니다. 그러나 실제 이 수식이 계산한 결괏값은 기존 LineFollower 프로그램과 반대 방향으로 조향되는 값이 나오게 됩니다. (이전 프로그램은 선의 왼쪽 경계면을 따라 움직인 반면, 이 프로그램을 그대로 적용하면 선의 오른쪽 경계면을 따라 움직이게 됩니다.) 따라서, 이전 버전과 같이 왼쪽에서 주행을 유지하기 위해 수식의 맨 앞에 $-$를 붙여 결괏값의 부호를 바꾸어 줍니다.

여러분이 직접 목표값과 이득값을 측정하고 프로그램을 테스트해 보기 바랍니다. 값이 제대로 적용되었다면 3상 제어기 알고리즘이 적용된 9장의 프로그램보다 좀 더 부드럽고 자연스럽게 선을 주행할 수 있어야 합니다.

EV3 타이머

이번 프로그램에서는 EV3에 내장된 타이머를 활용해 보겠습니다. EV3에는 스톱워치처럼 작동하는 8개의 내장 타이머가 있습니다. EV3는 타이머를 사용해서 프로그램이 실행된 시간을 확인하거나 로봇이 특정 작업을 수행하는 데 소요된 시간을 측정할 수 있습니다. 일반적으로 작업을 시작하기 전에 타이머를 0으로 재설정하고, 작업이 완료되는 시점에서 타이머를 읽습니다. 이는 여러분이 이미 사용해 본 회전 센서나 자이로 센서와 비슷합니다. 사실 타이머는 시간을 측정하는 센서라고 생각해도 무방합니다.

EV3에는 8개의 타이머가 있어 동일한 프로그램 내에

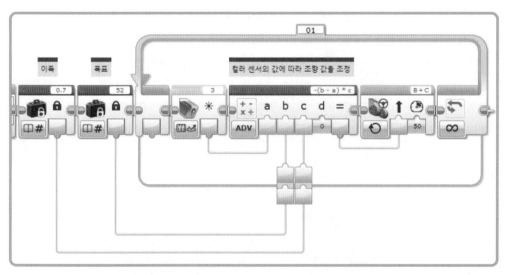

그림 13-10 비례식 LineFollower 프로그램

서 다양한 목적으로 여러 개의 시간에 의존하는 작업을 수행할 수 있습니다. 다음은 타이머의 몇 가지 사용 예입니다.

- 전체 프로그램을 실행하는 데 소요되는 시간. 다른 방법과의 비교로 성능을 평가하기 위해 사용될 수 있습니다. 예를 들어, 다른 프로그램 두 가지를 써서 로봇이 미로를 해결하는 데 소요되는 시간을 측정한 뒤, 이 결과를 토대로 더 효율적인 프로그램을 선택할 수 있습니다.[4]
- 프로그램 전체가 아닌 일부 구간에 대해서도 수행 시간을 측정할 수 있습니다.
- 프로그램에서 정기적인 작업을 수행합니다. 예를 들어, 일정한 주기, 이를테면 5분 간격으로 10초간 센서를 측정해야 하는 경우 타이머를 쓸 수 있습니다.[5]
- 타이머를 사용해서 센서값이 예상된 목표값에 도달할 때까지 무한정 기다리지 않고 정해진 시간까지만 기다리도록 합니다. 이 기법은 예상치 않은 문제가 발생할 경우 프로그램이 정상 동작하지 않는(설계상으로는 센서값이 도달하고 다음 단계로 넘어가야 하지만 센서값에 절대 도달하지 못해 다음 단계로 넘어가지도 못하는) 상황에 대응하는 데 도움이 됩니다.

타이머는 대기, 스위치, 루프 블록의 센서 목록에서 선택할 수 있습니다. 센서 팔레트에서 타이머 블록을 쓸 수도 있습니다. 타이머 블록에는 세 가지 모드가 있습니다(그림 13-11 참조). '측정' 모드는 타이머의 현재 값을 초 단위로 읽을 수 있으며, '비교' 모드는 설정된 경곗값과 현재 시간값을 비교한 결과를 제공하고, '초기화' 모드는 타이머를 0으로 재설정합니다. 또한 블록에서 타이머 ID 입력을 통해 8개 중 하나의 타이머를 선택할 수 있습니다.

그림 13-11 타이머 블록

:lego: **도전과제 13-1**

5장에서 실습한 GyroTurn 프로그램은 자이로 센서가 90을 읽을 때까지 트라이봇을 1/4 회전시킵니다. 이 프로그램은 로봇이 빠르지 않게 움직인다면 잘 동작합니다. 자이로 센서의 값을 활용해서 GyroTurn 프로그램의 속도를 제어해 봅시다. 처음엔 빠르게 출발하고 90도에 가까워질수록 속도를 느리게 감속시키는 식으로 프로그램을 수정합니다. 이를 통해 트라이봇의 1/4 회전 속도를 좀 더 향상시킬 수 있습니다. 수학 블록의 값을 확인해서 트라이봇이 너무 느리게 회전하지 않도록 합니다.

(HINT) '10 + (목표 − 센서값) × 이득' 목표가 센서값보다 크거나 같고, 이득이 양수인 경우 계산값은 항상 10 이상이 됩니다.

DisplayTimer(타이머 출력) 프로그램

DisplayTimer 프로그램은 수학 블록과 타이머 블록의 기능을 결합해서 EV3 화면에 타이머를 표시합니다. 이 프로그램은 타이머 블록에서 읽은 시간을 일반적인 분:초 형식(3초라면 0:03, 2분 15초라면 2:15)으로 표시합니다. 이 프로그램은 루프 블록을 써서 프로그램을 중지할 때까지 계속 실행되며 루프가 시작될 때마다 타이머 블록이 타이머를 읽고 새 시간값을 출력합니다.

타이머 블록은 소수 값(이를테면 7.46이나 11.038 등)으로 시간을 출력합니다. 그대로 출력할 경우 초 단위에서 소수점(이를테면 2:15.947)으로 출력할 수도 있으나, 프로그램의 구성을 조금 더 간략화하기 위해 모든 예에서

---

4 (옮긴이) 여러분이 스톱워치를 손에 들고 직접 로봇의 주행 시간을 재는 것보다 훨씬 편리하고 정확할 것입니다.

5 (옮긴이) 대기 함수를 써도 비슷한 결과를 얻을 수 있지만, 대기 함수는 자기 자신의 수행 시간만을 보장하기 때문에 활용 범위에 한계가 있습니다.

정수만을 사용하도록 합니다.

읽은 시간값을 분과 초로 나누기

이 프로그램은 타이머 블록이 읽은 값을 분과 초로 나눕니다. 예를 들어, 타이머 블록의 읽은 값이 127초인 경우, 이를 2분 7초로 표시할 것입니다. 다음과 같은 간단한 두 가지 수식을 사용합니다.

초 = 타이머 값 % 60

분 = (타이머 값 − 초) / 60

표시할 시간 단위인 초(0에서 59 사이)를 계산하기 위해, 타이머 블록이 읽은 값을 60으로 나눈 나머지를 취합니다. 127일 경우 초 = 127 % 60 = 7이므로 초는 7초가 됩니다.

타이머 블록이 읽은 값에서 출력할 초 값을 뺀 결괏값은 60의 배수가 됩니다. 즉, 이 경우 127 − 7 = 120이 됩니다. 이 값을 60으로 나눈 결괏값이 분이 되므로, 분은 2분이 됩니다.

그림 13-12는 프로그램의 도입부를 보여 줍니다. 타이머 블록은 소요된 시간을 읽고 값을 두 개의 수학 블록에 전달합니다. 각각의 수학 블록은 고급 모드의 계산식을 써서 초와 분을 계산합니다. 분을 계산하기 위해서는 초 결괏값이 필요하므로 이 프로그램에서는 초 계산을 위한 수학 블록이 먼저 실행되어야 합니다.

화면 출력용 텍스트 구성하기

다음 단계는 숫자값 '분'과 '초'를 가져와, 콜론 ':'과 결합해서 '분:초' 형식의 텍스트를 만드는 것입니다. 분과 초를 텍스트 블록으로 결합한다는 것이 기본 개념이지만, 여기에는 한 가지 문제가 있습니다. 초가 10보다 작은 경우 일반적인 전자시계의 시간 출력과 다르게 나올 것입니다. 일반적인 시계에서 1자리 시간과 분, 초 앞에는 0이 붙어(3초라면 03, 9초라면 09) 출력되지만 계산식을 그대로 출력할 경우 2분 7초는 2:07이 아닌 2:7로 출력될 것입니다. 따라서 텍스트 블록에 값을 보내기 전, 초가 10보다 작을 경우 앞에 글자 '0'을 추가하는 기능이 필요합니다.

그림 13-13은 분 수와 초 수를 제공하는 두 개의 수학 블록과 함께, 초 수가 10보다 작을 경우 올바르게 두 자리로 형식화된 값을 만드는 코드입니다. 이 프로그램은 비교 블록을 써서 초 값이 10 미만인지 확인하며, 스위치 블록의 케이스는 초가 10보다 작을 경우 참 케이스를 동작시켜, 텍스트 블록을 써서 한 자리 초 수의 앞에 0을 붙여 줍니다. 초 값이 10 이상이면 거짓 케이스를 통해 그대로 두 자리 초 수를 텍스트로 내보냅니다(그림 13-14 참조). 이렇게 만들어진 두 자리 초 값은 분, 콜론과 결합되어 형식화된 '분:초' 형태의 시간값으로 만들어집니다.

결과적으로 127초일 때 EV3의 화면에는 분 단위 2, 초 단위 7인 '2:07'이 표시됩니다.

수학 블록에서 스위치 블록으로 들어가는 데이터 와이어는 노란색입니다. 그리고 스위치 블록의 참 케이스에

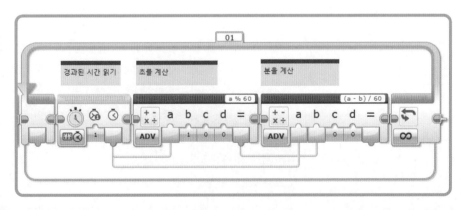

**그림 13-12 경과된 시간을
분과 초로 바꾸기**

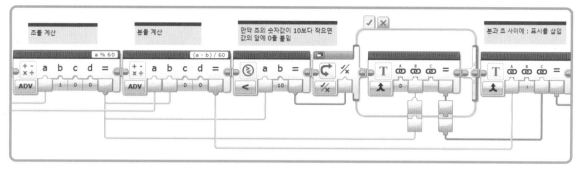

그림 13-13 초가 10보다 작은 경우 0 추가

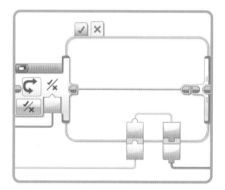

그림 13-14 스위치 블록 밖으로 데이터 와이어를 통해 텍스트 값을 전달

배치된 텍스트 블록 때문에 스위치 블록에서 밖으로 나오는 데이터 와이어는 주황색입니다. 여기에서 우리는 EV3 소프트웨어의 데이터 와이어 연결이 자동으로 수행하는 데이터 형 변환에 대해 한번 생각해 보아야 합니다. 이 프로그램에서 스위치 블록은 참 케이스와 거짓 케이스로 나뉘고, 참 케이스는 입력받은 숫자를 텍스트 블록에 전달해서 문자열을 만들어 내보내도록 구성되어 있고 거짓 케이스는 입력받은 숫자를 그대로 내보내도록 구성되어 있습니다(그림 13-13, 13-14 참조). 여러분이 참 케이스에 텍스트 블록을 먼저 넣고 데이터 와이어를 스위치 안으로 연결한 뒤 텍스트 출력을 와이어로 밖으로 꺼내기까지 완료한 다음 거짓 케이스(그림 13-14)를 만들면 아무런 문제가 생기지 않습니다. 그러나 만약 여러분이 거짓 케이스부터 만들게 된다면 스위치 블록으로 들어오고 나가는 데이터 와이어 연결은 모두 '숫자형'으로 만들어질 것이고,

이 상태에서 참 케이스로 넘어갈 경우 텍스트 블록의 출력을 스위치 블록의 데이터 와이어 출력에 연결할 수 없게 됩니다. 왜냐하면 거짓 케이스에서 미리 연결했기 때문에 출력 데이터 와이어의 속성은 '숫자형'으로 정의되고, 여기에는 '텍스트형' 데이터를 보낼 수 없기 때문입니다. (여러분이 거짓 케이스를 먼저 열어서 데이터 와이어를 스위치 안을 통과해 밖으로 나가게 연결한다면 그림 13-14의 주황색 데이터 와이어 부분이 노란색으로 나오게 되며, 이렇게 만들어질 경우 텍스트 출력을 여기에 연결할 수 없다는 의미입니다.)

프로그램의 마지막 부분은 EV3 화면에 텍스트화된 시간 정보를 출력하기 위한 디스플레이 블록의 모습입니다(그림 13-15 참조). 행 값이 4인 이유는 텍스트가 화면 중앙에 나와 보기 좋게 하기 위함입니다.

프로그램을 실행하면 시간 값이 증가하게 됩니다. 이

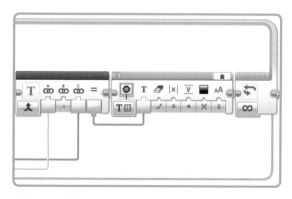

그림 13-15 시간 값 표시

프로그램은 마치 스톱워치와 비슷할 것입니다. 타이머가 최소 1분 이상 실행되도록 지켜보십시오. 프로그램을 제대로 만들었다면 시계는 초에 따라 자릿수가 바뀌지 않고 일반적인 전자시계의 형태로 시간을 보여 줄 수 있어야 합니다. 이 프로그램은 디스플레이에 소수점 세 자리까지의 초가 표시되며 0.001초 단위이므로 마지막 세 숫자는 매우 빠르게 바뀔 것입니다. 다음 절에서는 '올림/내림' 블록으로 이러한 소수 값을 숨기거나 버리는 방법을 살펴보겠습니다.

올림/내림 블록

올림/내림 블록(그림 13-16 참조)은 숫자의 소수점 아래를 처리하는 쉬운 방법을 제공합니다. 네 가지 모드는 숫자의 끝 단위를 처리하기 위해 선택할 수 있는 방법입니다. 반올림은 가장 가까운 정수로 값을 올리거나 내려 주고, 올림은 무조건 큰 값으로, 내림은 무조건 작은 값으로 맞춰 줍니다. 이 세 가지 모드는 수학 블록의 수식 입력에서 반올림(round), 올림(ceil), 내림(floor)으로도 동일하게 쓸 수 있습니다.

그림 13-16 올림/내림 블록

표 13-4는 입력값에 대해 각 세 가지 모드가 출력하는 결괏값을 정리한 것입니다. 입력값이 정수일 경우 세 가지 모드는 모두 입력값 그대로를 출력합니다. 소수점 자리의 크기에 따라 결과가 바뀌는 반올림 부분이 양수인지 음수인지에 따라 조금 헷갈릴 수도 있지만, 0.5를 기준으로 올림 또는 내림이 동작한다는 것을 기억하면 어렵지 않습니

입력	반올림	올림	내림
4.0	4	4	4
4.2	4	5	4
4.5	5	5	4
4.7	5	5	4
−4.2	−4	−4	−5
−4.5	−5	−4	−5
−4.7	−5	−4	−5

표 13-4 올림/내림 블록의 결과 비교

다. 예를 들어, −4는 −5보다 크므로, −4.2는 올림이 적용되면 −4가 되고, 내림이 적용되면 −5가 됩니다.

올림/내림 블록의 '버림/자릿수 맞춤' 모드는 소수점 이하 자릿수를 유지할 수 있도록 '정수형 자릿수' 입력이 추가됩니다(그림 13-17 참조). 지정한 값만큼의 자리만 보전되며 그 뒤의 소수점 자리는 버려집니다(반올림 처리해 주지는 않습니다. 예를 들어 3.16을 한 자리까지 유지하도록 설정할 경우 3.1이 됩니다.)

그림 13-17 올림/내림 블록의 '버림/자릿수 맞춤' 모드

DisplayTimer 프로그램이 소수점 한 자리만 표시하도록 하려면 타이머 블록 다음에 올림/내림 블록을 추가하고 '버림/자릿수 맞춤' 모드로 설정합니다. 올림/내림 블록의 결괏값을 두 수학 블록의 입력에 연결하세요(그림 13-18 참조). 시간을 초 단위로만 표현하려면 올림/내림 블록의 소수 자릿수 입력값을 1이 아닌 0으로 설정하면 됩니다.

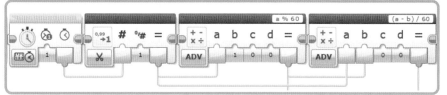

그림 13-18 시간 값에서 소수점 자리 자르기

랜덤 블록

데이터 연산 팔레트의 또 다른 수학 관련 블록으로 그림 13-19의 '랜덤 블록'이 있습니다. 이 블록은 주사위 그림이 그려져 있으며, 주사위의 특징답게 지정된 범위 안의 무작위 숫자가 결괏값으로 출력됩니다. 당장 유용한 활용처가 생각나지 않을 수도 있으나, 사실 로봇을 이용해 게임을 만들거나, 로봇의 동작에 예측 불가능한 돌발행동을 구현할 수 있다는 점 때문에 이 기능은 여러분이 생각하는 것 이상으로 재미있고 흥미로울 수 있습니다.

그림 13-19 랜덤 블록

숫자 모드로 설정된 랜덤 블록은 '범위 최솟값'과 '범위 최댓값'을 설정할 수 있으며, 블록은 설정된 범위 안에서 임의의 숫자를 생성합니다. 기본 설정값은 1과 10이며, 이는 면이 10면인 주사위를 던지는 것과 같습니다. 범위는 여러분이 원하는 조건대로 설정할 수 있으며, 만약 최솟값 1, 최댓값 6으로 설정한다면 우리가 쉽게 접할 수 있는

정육면체 주사위와 같은 결과를 얻게 됩니다.

논리 모드로 설정할 경우(그림 13-20 참조) 이 주사위는 참과 거짓 두 가지 논릿값 중에 하나를 만들어 냅니다. 여기에서는 '참일 확률'을 설정할 수 있으며, 이 값은 0부터 100까지 설정 가능합니다. 50으로 설정될 경우

그림 13-20 논리 모드의 랜덤 블록

참과 거짓이 나올 확률은 동등하며(동전 던지기와 같습니다), 80으로 설정한다면 참이 나올 확률이 80%, 거짓이 나올 확률이 20%가 됩니다.

BumperBot에 임의의 회전 추가하기

이 절에서는 우리가 만들어 본 BumperBot 프로그램을 약간 변형해 보겠습니다. 트라이봇이 무언가에 부딪힐 때 다른 방향으로 돌아서는 동작을 구현했던 것을 기억할 겁니다. 로봇이 방향을 돌리는 각도가 꼭 특정하게 고정된 값일 필요는 없습니다. 우리가 필요한 건, 단지 로봇이 장애물을 피해 다른 방향을 향하는 것입니다. 여기에서 랜덤 블록을 적용해 로봇이 회피하는 각도를 무작위로 바꾸도록 만든다면, 프로그램은 훨씬 더 흥미로운 움직임을 보여 줄 것입니다.

BumperBot 프로그램은 Chapter6 프로젝트에서 가져올 수 있습니다. Chapter13 프로젝트에 원래의 프로그램을 복사해 주고 새 이름으로 저장합니다. 그림 13-21은 아직 수정되지 않은 BumperBot 프로그램의 수정해야 할 부분을 보여 줍니다. 터치 센서가 눌리고 실행되는 코드로, 후진을 한 다음 정해진 각도(225도)로 회전하는 기능입니다.

현재 회전을 담당하는 조향모드 주행 블록의 설정 각도는 225도입니다. 이 각도를 랜덤한 값으로 입력하면 로봇이 예측할 수 없는 방향으로 돌아설 것입니다. 랜덤 블록을 추가하고 값의 범위를 설정합니다. 원래의 회전 방향은 225도였고, 이보다 많이 작을 경우 방향 전환이 제대로 되지 않을 수 있으므로 랜덤 블록의 범위 최솟값은 200 정도로 입력합니다. 그리고 범위 최댓값은 2000 정도로

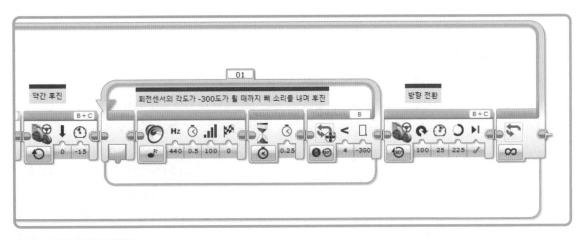

그림 13-21 후진 후 방향 전환하기

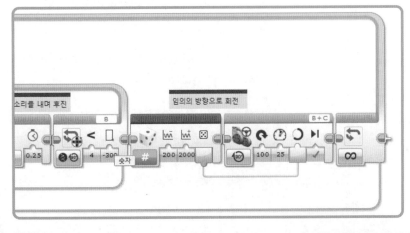

그림 13-22 후진 후 임의의 방향으로 전환하기

입력합니다.[6] 이렇게 설정된 트라이봇은 장애물을 인식하면 때로는 조금 옆으로 틀어서 회피하고, 때로는 잠시 동안 제자리에서 빙글빙글 돌다가 멈추고 출발하기도 할 것입니다. 그림 13-22는 랜덤 블록으로 회피 각도를 설정한 프로그램의 모습입니다.

프로그램을 실행하고 트라이봇이 장애물에 부딪힐 때마다 예측할 수 없을 만큼 다양한 변화를 보여 주는지 관찰해 봅시다.

논리 연산 블록

지금까지 우리가 만들어 본 많은 프로그램은 스위치 또는 루프 블록이 자체적으로, 또는 센서값과 경곗값을 이용해서 판단한 하나의 결과(참 또는 거짓)에 의존해 동작을 수행했습니다. 바꾸어 말하면, 프로그램은 "터치 센서가 눌려 있습니까?", "컬러 센서의 값이 50 미만입니까?"와 같은 아주 간단한 단답형 질문만을 해왔다는 것입니다.

논리 연산 블록을 사용하면 여러 조건을 결합해서 프로그램이 좀 더 복잡한 조건의 의사 결정을 수행할 수 있도록 합니다. 이를테면 "터치 센서가 눌려져 있고, 컬러 센서가 50보다 큰가?"와 같은 질문이 가능합니다. 논리 연산 블록은 데이터 연산 팔레트에서 확인할 수 있으며, 그림 13-23은 논리 연산 블록의 설정 가능한 모드입니다.

논리 연산 블록은 네 가지 동작 모드, 즉 And(논리곱),

그림 13-23 논리 연산 블록

Or(논리합), XOR(배타적 논리합), Not(부정)이 있습니다. 각 모드의 작동 방식은 다음과 같습니다.

- And(논리곱): 연산 결과는 두 입력값이 모두 참일 경우에만 참이 됩니다. 둘 중 어느 하나라도 거짓이면 결과는 거짓이 됩니다.
- Or(논리합): 연산 결과는 두 입력값 중 어느 하나라도 참일 경우에 참이 됩니다. 둘 다 거짓일 경우에만 결과가 거짓이 됩니다.
- XOR(배타적 논리합): 연산 결과는 두 입력값이 같으면 거짓, 다르면 참이 됩니다. Or 연산과 비슷해 보이지만 둘 다 참일 때의 결과가 서로 다릅니다. 조금 더 이해하기 쉬운 예를 든다면, 부모가 아이에게 "아이스크림이나 사탕을 먹을 수 있다"라고 할 때, 둘 다 먹을 수 있다는 의미가 아닌, 둘 중 하나만을 골라야 한다는 것과 비슷합니다.
- Not(부정): 입력값은 하나만 사용되며, 결과는 입력의 반대가 됩니다. 참이 입력되면 거짓이, 거짓이 입력되면 참이 출력됩니다.

표 13-5는 가능한 모든 입력값과 각 연산의 결과표입니다 (이런 종류의 표를 프로그래밍 용어에서 '진리표'라고 합니다). Not 연산은 입력값 a에 대한 결과입니다.

입력 a	입력 b	Or	And	XOR	Not
거짓	거짓	거짓	거짓	거짓	참
거짓	참	참	거짓	참	참
참	거짓	참	거짓	참	거짓
참	참	참	참	거짓	거짓

표 13-5 논리 연산 블록의 진리표

BumperBot에 논리 기능 추가하기

이 절에서는 논리 연산 블록을 사용해서 BumperBot 프로그램을 개선해 보겠습니다. 이 프로그램은 트라이봇이 장애물에 부딪힐 때까지 전진시킨다는 것을 기억하십시오.

---

6 (옮긴이) 임의의 방향으로의 회전이므로 회전이 끝났을 때 다시 장애물에 부딪힐 수도 있으나, 지금은 랜덤 블록을 테스트하는 것이 목적이기 때문에 문제되지 않습니다.

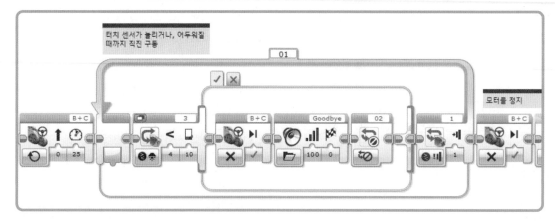

그림 13-24 터치 센서를 누를 때까지 앞으로 이동

만약 여러분이 운동장 구석에서 로봇을 출발시킨다면 로봇은 아주 멀리 갈지도 모릅니다. 논리 기능을 통해 우리는 트라이봇이 전진하는 거리에 제한을 둘 것입니다. 수정할 프로그램에서 트라이봇은 장애물에 부딪히거나, 또는 20초 이상 전진했을 때 방향을 전환하게 됩니다.

그림 13-24는 트라이봇의 전진 부분에 해당하는 프로그램입니다. 조향모드 주행 블록은 트라이봇을 출발시키고, 전진 동작은 터치 센서가 눌려 루프 블록이 종료될 때까지 수행됩니다.

로봇이 20초 이상 전진했는지 알기 위해서는 어떤 방법을 쓰면 될까요? 타이머 블록을 사용해서 출발 전 타이머를 초기화하고, 루프 안에 다른 타이머 블록을 써서 20초가 경과했음을 확인할 수 있습니다.

루프 블록은 터치 센서 또는 타이머를 확인하도록 만들 수 있습니다. 그러나 두 조건의 정보를 모두 루프 블록에 바로 전달할 수는 없습니다. 우리가 원하는 조건은 '터치 센서가 눌리거나', 또는 '20초가 경과하거나' 둘 중 하나가 참이면 루프를 종료하려는 것이므로, 논리 연산 블록을 사용해 두 블록의 결과를 결합한 다음, 논리 연산 블록의 결괏값으로 루프를 제어할 것입니다. 이 과정을 다음 단계를 통해 좀 더 자세히 살펴보겠습니다.

1. 조향모드 주행 블록의 왼쪽에 타이머 블록을 추가하고 모드는 초기화로 설정합니다(그림 13-25).

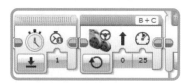

그림 13-25 타이머 블록의 추가

2. 스위치 블록 뒤에 타이머 블록을 추가합니다. 모드를 비교 - 시간으로 설정하고 경곗값은 20으로 설정합니다.

3. 타이머 블록 뒤에 터치 센서 블록을 추가하고 모드는 비교 - 상태로 설정합니다.

4. 터치 센서 블록 옆에 논리 연산 블록을 추가하고 모드를 Or(논리합)로 설정합니다.

5. 터치 센서 블록의 비교 결과를 논리 연산 블록의 입력 a에 연결합니다.

6. 타이머 블록의 비교 결과를 논리 연산 블록의 입력 b에 연결합니다.

7. 루프 블록을 선택하고 모드를 논리로 설정합니다.

8. 논리 연산 블록의 출력에서 루프 블록의 '참일 때까지' 입력으로 데이터 와이어를 연결합니다.

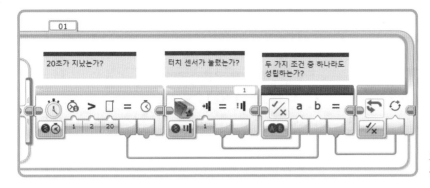

그림 13-26 20초가 지난 경우 또는 터치 센서가 눌린 경우(Or 모드) 루프 종료

그림 13-26은 일련의 과정을 마친 프로그램의 모습입니다.

이제 프로그램을 실행하면 트라이봇은 출발하고 장애물에 부딪히면 기존과 같은 회피 동작을, 장애물이 없으면 최대 20초까지 전진한 후 회피 동작을 수행하게 됩니다.

범위 블록

수학에 관련된 마지막 블록은 범위 블록입니다. 이 블록은 입력된 숫자가 정해진 범위 안에 속하는지, 혹은 벗어나는지를 판단합니다. 블록은 세 가지 입력, 즉 판단할 대상 값(일반적으로 데이터 와이어로 입력), 설정하고자 하는 범위의 최솟값 및 최댓값이 있습니다.

범위 블록은 '내부'와 '외부'라는 두 가지 모드가 있습니다(그림 13-27 참조). 내부 모드에서 블록은 판단할 대상이 최솟값과 최댓값 사이에 존재하는지 판단합니다. 외부 모드일 경우 대상이 최솟값보다 작거나 최댓값보다 크다면 참이 됩니다. 만약 테스트 값이 최솟값이나 최댓값과 같다면 범위 안에 있는 것으로 간주됩니다.

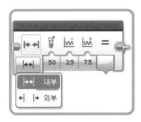

그림 13-27 범위 블록

TagAlong(거리 유지) 프로그램

TagAlong 프로그램은 범위 블록을 써서 여러분이 방을 이동할 때 트라이봇이 약간의 거리를 유지하며 따라가도록 합니다. 이 프로그램은 사실 트라이봇을 전진 또는 후진시키는 간단한 프로그램입니다. (여러분이 옆으로 도망간다면 트라이봇은 여러분을 잃어버리고 움직이지 않을 수도 있습니다.) 프로그램은 적외선 센서와 범위 블록을 사용해서 로봇이 원하는 범위 안에 여러분이 있는지 검사합니다. 여러분이 로봇으로부터 멀어지거나 지나치게 가까워졌다면 로봇은 적외선 센서의 거리값을 모터의 파워에 적용해 앞뒤로 움직입니다. 여러분과 로봇의 거리가 프로그램에서 정해진 범위 안이라면 로봇은 정지하게 됩니다.

이 프로그램은 그림 13-28과 같습니다. 동작을 실행해보기 전에, 어떻게 작동하는지 단계별로 살펴보도록 합시다.

- **루프 블록**: 프로그램이 강제 종료될 때까지 반복 수행됩니다.
- **적외선 센서 블록**: 측정 - 근접감지 모드로 설정되어 로봇 앞의 물체(여러분)의 거리를 측정합니다.
- **범위 블록**: 적외선 센서값이 범위를 벗어나는지 확인합니다. 범위를 40, 60으로 설정했기 때문에 스위치 블록은 여러분이 40보다 가까이, 또는 60보다 멀리 있다면 참 케이스를, 40에서 60 사이의 범위에 있다면 거짓

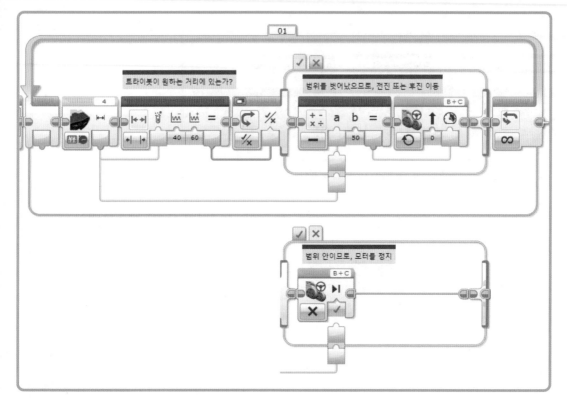

그림 13-28 TagAlong 프로그램

케이스를 수행합니다.

- **스위치 블록:** 참 케이스는 여러분이 로봇의 탐색 범위를 벗어났을 때 수행되며, 로봇은 여러분과의 거리를 맞추기 위해 전진 또는 후진 이동을 해야 합니다. 조향모드 주행 블록의 파워값은 적외선 센서가 읽은 값에서 50을 뺀 값이 적용됩니다. 값으로 50을 선택한 이유는 40과 60 사이의 중간값이기 때문입니다. 따라서 센서값이 60을 넘는다면 파워값은 10 이상이 되고 로봇이 전진합니다. 반대로 센서값이 40보다 작다면 파워값은 −10 이하가 되고 로봇은 후진할 것입니다.

  스위치 블록의 거짓 케이스는 로봇과 사람이 적절한 범위에 있는, 즉, 센서값이 40에서 60 사이일 때 수행됩니다. 이 경우 조향모드 주행 블록을 '꺼짐' 모드로 설정해 로봇을 대기시킵니다(그림 13-28 아래쪽 참조).

NOTE 초음파 센서를 사용하는 경우 측정 - 거리(cm) 모드를 사용합니다. 범위 값은 최솟값을 30, 최댓값을 60 정도로 설정하고 수학 블록의 b 값은 50이 아닌 45 정도로 조정해 줍니다.

프로그램을 실행하면 트라이봇은 여러분의 앞뒤 움직임에 따라 여러분과 춤을 추듯, 거리를 맞추려 전진과 후진을 반복할 것입니다.

GyroPointer(방향 유지) 프로그램

GyroPointer 프로그램은 TagAlong 프로그램을 약간 변형한 것으로, 회전하는 턴테이블 위에 올라간 로봇이 자이로센서의 측정값을 이용해 항상 같은 방향을 가리키도록 하는 일종의 나침반과 비슷한 프로그램입니다. 교구 세트가 아닌 일반 세트를 가지고 있고 자이로 센서가 없다면

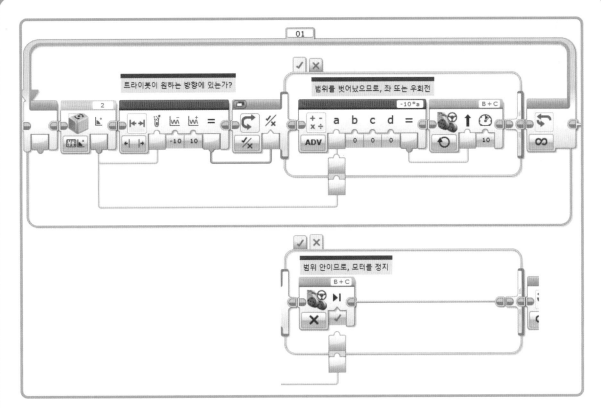

그림 13-29 GyroPointer 프로그램

이 절을 읽고 도전과제 13-4를 도전해 보기 바랍니다.

이 프로그램을 테스트하려면 트라이봇을 턴테이블(또는 느슨한 회전의자)에 올려놓고 프로그램이 실행되는 동안 그것을 천천히 회전시켜야 합니다. 트라이봇은 처음 프로그램이 실행될 때 향하던 방향을 유지하기 위해 천천히 회전할 것입니다.

그림 13-29는 프로그램을 보여 줍니다. 전반적으로 TagAlong 프로그램과 유사하지만, 몇 가지 중요한 부분은 변화가 있음을 주의하세요.

- 적외선 센서 블록 대신 자이로 센서 블록이 사용됩니다.
- 범위 블록의 설정은 자이로 센서값이 −10과 10 사이인지 확인합니다. 프로그램이 시작될 때 자이로 센서값은 0이므로 이 범위는 로봇이 처음 시작될 때 가리킨

방향을 크게 벗어나지 않고 유지하도록 합니다.

- 수학 블록의 결과는 파워 설정이 아닌 조향모드 주행 블록의 조향 설정에 연결됩니다. 트라이봇을 제자리에서 선회시키기 위해 조향 각도는 −100 또는 100이 입력되어야 합니다. 만약 이보다 작은 값이 입력된다면 로봇은 제자리 선회가 아닌, 전진하며 곡선을 그리는 주행을 하게 됩니다.
- 수학 블록은 센서가 읽은 값에 −10을 곱해 줍니다. 센서값이 −10보다 작을 경우, 결괏값은 100보다 크게 될 것이고, 조향모드 주행 블록은 값을 100으로 처리해 빠르게 정회전할 것입니다. 반대로 센서값이 10보다 클 경우 결과는 −100보다 작아지고, 이 경우 조향모드 주행 블록은 값을 −100으로 처리해 빠르게 역회전하게 됩니다.

이 프로그램을 실행하면 트라이봇은 최소한 10도 이상 자세가 바뀔 때까지는 움직이지 않습니다. 10도가 넘게 방향이 바뀌었다면 그때부터는 원래의 방향을 향해 좌회전 또는 우회전을 하게 됩니다. 여러분이 턴테이블을 시계 방향으로 돌리다가 갑자기 반시계 방향으로 돌리면 트라이봇 역시 반시계 방향으로 돌다가 시계 방향으로 방향을 바꾸어야 합니다.

> ### 😊 도전과제 13-4
>
> 여러분이 일반 세트를 가지고 있다면 자이로 센서가 없을 것입니다. 이 경우 적외선 센서와 리모컨을 이용해 Remote-Pointer(리모컨 향하기) 프로그램과 같이 적외선 센서가 특정 방향을 향하도록 프로그램을 만들 수 있습니다. 제시된 GyroPointer 프로그램을 참고하고 적외선 센서의 비교 - 비콘 방향 모드를 활용해 적외선 센서가 리모컨의 방향을 항상 지향하도록 프로그램을 수정해 봅시다.

추가적인 탐구

수학 관련 블록을 사용해 다음 탐구과제를 연습해 봅시다.

1. EV3 화면에서 2분 동안 카운트다운 되는 시간을 보여 주는 CountDown 프로그램을 만들어 봅시다. 루프 블록은 시간이 0이 되면 종료되어야 합니다.

2. TagAlong과 RemotePointer 프로그램을 결합해서 거리와 방향을 모두 유지하는 프로그램을 만들어 봅시다. 완성된 프로그램으로 로봇이 적외선 신호를 따라 방을 돌아다닐 수 있어야 합니다.

3. 랜덤 블록을 사용해서 MagicEightBall[7] 프로그램을 만들어 봅시다. 질문을 하고(예를 들어 터치 센서를

---

7 (옮긴이) MagicEightBall은, 마치 주사위처럼 20가지 중에 한가지 대답이 무작위로 나오게 되는 장치입니다. 포켓볼의 8번 공을 닮은 모습이며, 내부에는 정20면체 주사위가 액체에 담겨 있는 구조입니다.

눌러 로봇에게 알려 주고) 로봇은 몇 가지 가능한 답 중 하나를 임의로 대답하도록 합니다. 디스플레이 블록을 써서 로봇이 선택한 답을 화면에 표시하거나 사운드 블록을 써서 단어를 말할 수 있으며, 필요하다면 EV3 소프트웨어의 도구 - 사운드 편집기를 써서 여러분의 음성을 직접 녹음해 넣을 수도 있습니다.

4. 이 활동은 삼각함수라는 수학적 개념을 이해해야 풀수 있으므로, 내용을 교과 과정 등을 통해 배우지 않았다면 넘어가도 좋습니다. 사인(sin) 함수는 0에서 시작해서 1과 −1 사이에서 진동하므로, 이 함수를 그래프로 표시하면 뱀 모양의 곡선이 만들어집니다. 사인 함수를 써서 로봇의 구동 경로를 제어함으로써 로봇이 구불구불한 경로를 주행하도록 만들 수 있습니다. 조향모드 주행 블록의 조향값을 제어하기 위해, sin 함수를 사용하는 수학 블록과 타이머를 사용합니다.

> (HINT) sin(경과시간) 형태 그대로 사용하면, 한쪽 끝에서 반대쪽 끝까지 가는 데 6분(360초)이나 걸리고, 값도 −1에서 1 사이에서만 변화하기 때문에 움직임이 별로 흥미롭지 않을 것입니다. 하지만 경과시간에 10을 곱하면 36초만에 가능할 것이고, 결괏값에 50을 곱하면 조향값도 50과 −50 사이로 변할 것입니다.

마무리

이번 장에서는 숫자와 논리를 사용하는 블록의 활용법에 대해 살펴보았습니다. 수학 블록의 고급 모드는 복잡한 식을 계산하는 데 필요한 모든 기능이 제공되기 때문에, 비례식 제어기와 같은 복잡한 기능을 구현해 LineFollower 같은 프로그램의 성능을 향상시킬 수도 있습니다. 또한 모듈로 연산자와 같은 기능을 통해 화면 디스플레이의 행 제어와 같은 일정한 규칙이 있는 계산도 손쉽게 구현할 수 있다는 것을 확인했습니다.

논리 연산 블록은 여러 센서의 입력을 결합할 수 있어 보다 복잡한 의사결정을 할 수 있게 해 줍니다. 범위 블록

은, 값이 특정 범위에 속하는지 판단하고자 할 때 사용하면 편리합니다. 또한, 마지막에 살펴본 랜덤 블록은 임의의 숫자를 생성해 프로그램을 제어할 수 있어 예측 불가능성과 다양성을 추가할 수 있습니다.

14

EV3 브릭 상태 표시등, 브릭 버튼, 디스플레이

EV3는 사용자와의 상호 작용을 위해, 일종의 키보드 역할을 하는 5개의 버튼과 디스플레이 화면이 내장되어 있습니다. 버튼 주변에는 컬러 조명이 있는데, 이 장에서는 브릭 상태 표시등 블록을 사용하여 이 컬러 조명을 제어하는 방법을 알아볼 것입니다. 또한, 우리가 사용해 본 디스플레이 블록의 새로운 기능도 함께 살펴볼 것입니다.

EV3 브릭 버튼

EV3의 전면에는 화면 아래에 버튼 한 개와, 하단 중앙에 버튼 다섯 개가 내장되어 있습니다(그림 14-1 참조). 중앙의 버튼 다섯 개는 프로그램이 동작 중일 때 센서처럼 쓸 수 있습니다. 예를 들어 버튼을 누를 때까지 대기하거나, 눌린 버튼의 방향에 따라 다른 동작을 수행하도록 만들 수 있습니다. 이 버튼은 터치 센서와 마찬가지로, 눌리지 않음/눌림/눌렸다 떨어짐을 각각 측정할 수 있습니다. 화면 아래의 '뒤로 가기' 버튼은 프로그램의 강제 종료에 할당되어 있기 때문에 프로그램상에서 '뒤로 가기' 버튼은 쓸 수 없습니다(강제로 컴퓨터를 끄기 위한 리셋 버튼 같은 존재입니다).

대기, 스위치, 루프 블록에 각각 브릭 버튼 모드가 있지만(그림 14-2 참조), 센서 블록의 경우처럼 '브릭 버튼' 블록을 별도로 사용할 수도 있습니다. 각 버튼은 비교/측정/변경 모드가 있습니다.

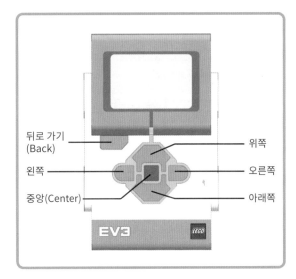

뒤로 가기 (Back)
위쪽
왼쪽
오른쪽
중앙(Center)
아래쪽

그림 14-1 EV3 버튼

비교 모드를 사용하면 하나 이상의 버튼의 특정 상태(눌리지 않음/눌림/눌렸다 떨어짐)를 확인할 수 있습니다. 그림 14-3은 각 버튼을 식별하기 위한 번호 목록이 표시된 브릭 버튼 ID 모음입니다. 두 개 이상의 버튼이 눌릴 경우, 빨간색으로 표시된 버튼이 둘 중 하나에 해당하면 결과는 참이 됩니다. 브릭 버튼 블록이 비교 모드(그림 14-3)일 경우 현재 버튼 상태가 프로그램에서 설정된 상태와 같은지 여부를 확인하는 논릿값, 그리고 현재 눌린 버튼의 값을 확인하는 버튼 ID의 숫자값이 출력됩니다.

센서 블록의 브릭 버튼 블록으로 측정 모드를 설정하면

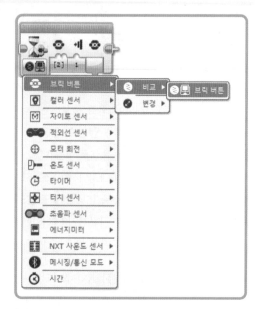

그림 14-2 대기 블록의 브릭 버튼 모드

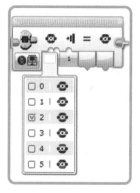

그림 14-3 브릭 버튼의 센서 블록에서 버튼 ID

현재 눌린 버튼을 알 수 있습니다. 흐름 제어의 대기 블록에서는 변경 모드를 사용할 수 있으며, 이때 EV3는 버튼의 상태가 변경될 때까지 기다리게 됩니다. 또한 Display Number와 같이 많은 파라미터를 사용하는 복잡한 블록을 사용하면, 여러분의 프로그램에서 동일한 코드를 반복 작성하는 것을 줄여 줍니다.

NOTE 동시에 두 개 이상의 버튼을 누를 경우 가장 먼저 눌린 버튼 값만 처리되며, 동시 입력은 지원되지 않습니다.

PowerSetting(파워 설정) 프로그램

11장에서 우리는 7개의 조향모드 주행 블록 모두에 사용되는 파워값을 원활하게 바꾸기 위해 상수 블록을 사용해 보았습니다. 프로그램을 이렇게 만들면 한 곳에서 모든 파워 설정값을 변경할 수 있어 편리합니다. 이제 EV3의 브릭 버튼을 이용해서 파워 설정값을 변경하는 방법을 살펴볼 것입니다. 브릭 버튼을 사용해서 설정값을 바꾸는 것은 프로그램을 수정하지 않고도 동작 상태를 바꿀 수 있다는 것을 의미합니다. 몇 가지 간단한 변경만으로 프로그램의 초반부에서 브릭 버튼으로 파워값을 설정할 수 있으며, 이 코드를 활용해 브릭 버튼으로 프로그램상의 값을 바꾸고자 할 때 활용할 수 있습니다.

PowerSetting 프로그램은 Power라는 변수를 사용해서 현재 값을 저장하고 EV3 화면에 표시합니다. 오른쪽 버튼을 누르면 파워가 1씩 증가하고 왼쪽 버튼은 1씩 감소합니다. 중앙의 버튼은 현재의 값을 사용하겠다는 의미입니다. 목록 14-1은 현재 프로그램의 의사코드입니다.

파워를 50으로 설정
루프 시작
  화면에 현재 값 출력
  만약 오른쪽 버튼이 눌리면
    파워 + 1을 파워에 저장
  만약 끝
  만약 왼쪽 버튼이 눌리면
    파워 - 1을 파워에 저장
  만약 끝
루프 중앙 버튼이 눌릴 때까지

목록 14-1 PowerSetting 프로그램의 의사코드

이 기능을 구현하기 위해서는 몇 가지 프로그래밍 블록이 필요합니다. 예를 들어 **파워 + 1을 파워에 저장**은 파워 변수의 현재 값을 읽어오고, 거기에 1을 더하고, 그 결과를 다시 파워 변수에 저장한다는 의미입니다. 이 경우 3개의 프로그래밍 블록이 필요합니다.

초깃값과 루프

프로그램이 처음 할 일은 변수 블록을 사용해서 파워 변수의 초깃값을 설정하는 것입니다. 당연히 초기화 작업은 루프가 시작되기 전에 이루어져야 합니다(그림 14-4 참조). 파워의 범위는 0부터 100 사이의 값이므로 파워 초깃

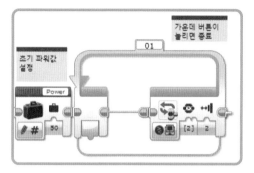

그림 14-4 파워 변수의 초기화 및 기본 루프의 구성

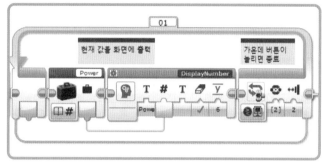

그림 14-5 레이블을 포함한 파워값 표시

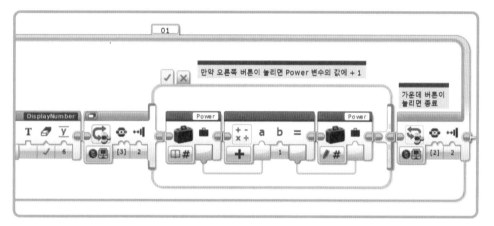

그림 14-6 오른쪽 버튼이 눌린 경우 파워값이 증가

값은 50으로 설정했습니다. 루프 블록은 브릭 버튼의 비교 모드를 사용해서 가운데 버튼이 눌릴 때까지(속도를 결정할 때까지) 수행됩니다.

루프를 만들 때, 일반적으로 단지 '눌렀을 때'를 검사하는 것보다는 '눌렀다가 떨어졌을 때'를 검사하는 것이 좋습니다. 왜냐하면 프로그램이 본격적으로 시작되기 전에 버튼에서 손을 뗄 수 있는 시간을 벌어 주기 때문입니다.[1] 일반적으로 이렇게 구성할 경우 버튼에서 손을 떼고 나서 다음 프로그램이 실행되므로 뒤에서 다시 버튼을 사용하는 프로그램에서도 문제가 발생할 위험이 줄어듭니다.

현재의 값 표시하기

루프가 반복될 때마다 그림 14-5와 같이, 변수 블록과 12장에서 만든 DisplayNumber 마이 블록을 써서 현재 값을 읽고 화면에 표시합니다. DisplayNumber 블록의 행(Row) 입력을 6으로 설정해서 값이 EV3 화면의 가운데에 표시되도록 합니다. Label 값은 'Power: '으로 설정합니다.

파워값 조절하기

현재 파워값이 표시되면 EV3의 왼쪽 및 오른쪽 버튼을 눌러 파워값을 조절할 수 있습니다. 그림 14-6은 오른쪽 버튼을 누를 때의 프로그램입니다. 오른쪽 버튼이 눌리면 스위치 블록은 참 케이스를 실행합니다. 이 블록은 수학 블록과 변수 블록을 써서 파워 변수의 값을 1 증가시킵니다. 버튼이 눌리지 않을 경우 값은 바뀌지 않아야 하므로,

---

1 (옮긴이) 눌렀을 때 루프가 종료된다면, 여러분이 손을 미처 떼기 전에 로봇이 출발할 수도 있고, 그렇게 되면 로봇의 자세가 흐트러질 수도 있습니다.

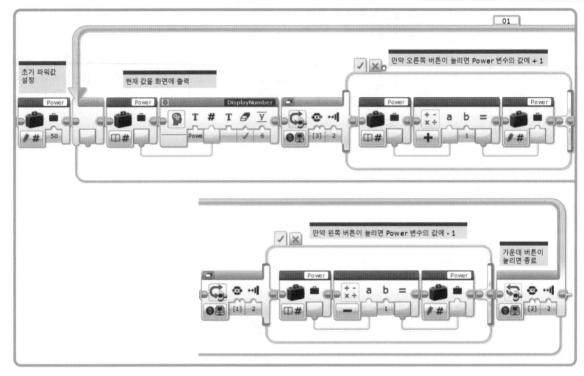

그림 14-7 전체 PowerSetting 프로그램

이 프로그램의 거짓 케이스에는 아무 블록도 들어가지 않습니다.

오른쪽 버튼의 검사가 끝나면, 왼쪽 버튼을 검사합니다. 스위치 블록의 구조는 버튼이 눌릴 때 파워 변수의 값을 1 감소시킨다는 것 외에는 오른쪽 버튼 스위치 블록과 동일합니다. 그림 14-7은 전체 프로그램의 모습입니다.

프로그램 테스트하기

이 프로그램을 실행하면 화면에 'Power: 50'이 먼저 표시되어야 합니다. EV3의 좌측 버튼 또는 우측 버튼을 누르면 이 값을 바꿀 수 있습니다. 버튼을 누를 때마다 값이 변경되고, 원하는 값이 되었을 때 가운데 버튼을 누르면 프로그램은 종료됩니다.

프로그램이 종료되면 Power 변수에는 여러분이 선택한 값이 저장됩니다. 이 프로그램을 다른 중요한 동작 프로그램의 앞에 배치하면, 프로그램에서 사용되는 Power의 값을 미리 설정하고 프로그램을 동작시킬 수 있습니다. PowerSetting 프로그램의 루프 블록 뒤에 여러분의 메인 프로그램을 배치하면 프로그램은 중앙 버튼이 눌릴 때까지 파워 설정 모드로 동작하고, 중앙 버튼을 누르는 순간 설정된 파워로 메인 프로그램이 실행됩니다.

값을 더 빨리 변경하기

이 PowerSetting 프로그램은 버튼을 한 번 클릭할 때마다 파워값을 1씩 증가 또는 감소시킵니다. 확실하고 정확한 방법이지만, 버튼을 50번 클릭하는 것은 쉽지 않은 일이고 시간도 상당히 오래 걸립니다. 속도를 좀 더 줄이고 효율적으로 파워를 변경할 수 있는 방법은 없을까요?

현재 루프의 스위치 블록은 버튼 검사 모드가 '접촉 후 떨어짐'으로 설정되어 있습니다. 즉, 버튼을 클릭해야 값이 변경됩니다. 만약 모드를 '눌림'으로 설정한다면 여러분이 단지 버튼을 클릭하고만 있어도 값이 변경될 것입니

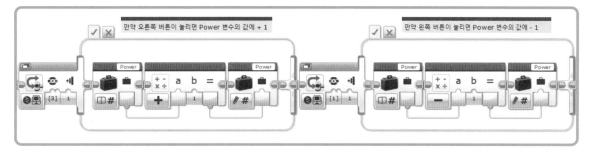

그림 14-8 '접촉 후 떨어짐'에서 '눌림'으로 상태 변경

다. 그림 14-8과 같이 스위치 블록의 상태 설정을 '눌림' 으로 바꾸어 봅시다.

실행해 보면 다른 문제가 있음을 알게 될 것입니다. 바로 값이 너무 빨리 바뀐다는 것이죠. 버튼을 잠깐만 눌러도 루프가 매우 빨리 수행되어 원하는 값에서 손을 떼기가 어려울 것입니다. 이 프로그램을 조금 더 쓸 만하게 만들기 위해, 루프 안쪽 끝부분에 대기 블록을 추가해 봅시다(그림 14-9). 이 대기 블록은 루프의 반복 주기를 의도적으로 늦춰 여러분이 눈으로 보고 손가락을 움직여 루프의 실행횟수를 조절할 수 있게 합니다. 필자는 0.2초 정도로 설정했을 때 눈으로 값의 변화를 보며 원하는 값에서 손을 떼어 만족스러운 결과를 얻을 수 있었습니다. 여러분이 만약 필자보다 몸의 반응속도가 더 빠르거나 느리다면 이 시간값을 줄이거나 늘려 여러분에 맞는 파워 조정 기능을 구현할 수 있습니다.[2]

PowerSetting 프로그램이 만족스럽게 동작한다면, 이제 이 코드를 WallFollower 프로그램에 적용시켜 보도록 하겠습니다. 코드를 재사용하기 쉽도록 전체 Power-Setting 프로그램을 마이 블록으로 만들어 줍니다. 그 다

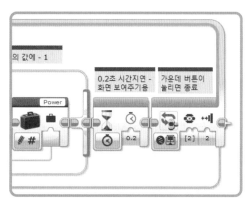

그림 14-9 루프 끝부분에 시간 모드의 대기 블록 추가

음 WallFollower 프로그램의 시작 부분에 마이 블록을 추가하고 Power 변수를 써서 조향모드 주행 블록들의 파워를 제어할 수 있도록 구성해 봅시다.

브릭 상태 표시등

브릭 상태 표시등은 EV3 버튼 주변에 배치된 LED 조명입니다. EV3가 켜질 때 녹색으로 점등되며, 프로그램이 실행될 때 여러분이 일부러 조작하지 않는다면 기본적으로 녹색 LED가 점멸하는 것으로 프로그램을 실행 중임을 알려 줍니다. 이 외에도 배터리 저전압 경고 등의 시스템 알람에도 사용되며 동작 팔레트의 브릭 상태 표시등 블록을 사용하여 프로그램상에서 LED 조명의 상태를 제어할 수도 있습니다 (그림 14-10 참조).

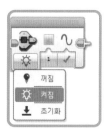

그림 14-10 브릭 상태 표시등 블록

2 (옮긴이) 실제로 많은 프로그램에서 일반적인 루프 구조는 특별한 제한이 없는 한 최고의 속도로 동작합니다. 대체적으로 최고 속도로 동작하는 것이 좋다고 생각할 수 있지만, 이것은 컴퓨터의 자원을 최대한 사용한다는(CPU를 100% 구동률로 혹사시킨다는) 뜻이기도 합니다. 일반적인 프로그램에서는 0.01초 정도의 주기로 루프를 실행하도록 만든다 해도 작업을 수행하는 데 문제가 없으며, 이렇게 할 경우 CPU의 활용률도 충분히 낮출 수 있습니다. 0.01초 정도로 설정하면 1초에 루프가 100번 실행된다는 의미입니다. 만약 여러분이 이런 식의 시간 지연을 넣지 않는다면, CPU는 1초에 루프를 수천 번 이상 실행하게 될 수도 있으며, 꼭 필요한 경우가 아니라면 득보다 실이 더 많을 수도 있습니다.

브릭 상태 표시등 블록은 '꺼짐', '켜짐', '초기화'라는 세 가지 모드가 있습니다. 켜짐은 LED를 켜는 기능으로 LED의 색상과 점등 상태를 선택할 수 있습니다. EV3의 상태 표시등은 빨간색과 녹색의 LED가 내장되어 둘 중 하나를 켜거나 둘 다 켜는(주황색) 식으로 세 가지 색상을 선택할 수 있습니다. 또한 점멸이 참이면 LED는 깜빡이고, 점멸이 거짓이면 LED는 계속 켜진 상태를 유지합니다. 초기화 모드는 LED를 기본 녹색 점멸 상태로 되돌립니다.

LED는 장식용으로도 사용할 수 있지만, 여러분의 프로그램이 제대로 동작하는지 디버깅하기 위한 용도로도 활용할 수 있습니다. 예를 들어, 빛의 색으로 프로그램의 특정 상태를 표시하도록 한다면, 여러분은 로봇을 쫓아다니며 좁은 LCD 창을 보지 않고도 현재의 상황을 알 수 있습니다. 문제가 없을 경우 녹색, 문제가 발생할 경우 빨간색을 출력하도록 한다면 현재 로봇이 정상 동작하는지 알 수 있으며, 1단계에서 빨간색, 2단계에서 주황색이 켜지도록 설정한다면 현재 로봇이 수행 중인 코드가 몇 단계인지를 확인할 수도 있습니다.

ColorCopy(색 따라하기) 프로그램

ColorCopy 프로그램은 컬러 센서가 감지한 색상을 브릭 상태 표시등이 표시하도록 합니다. 컬러 센서의 앞에 놓인 물체가 빨간색일 경우 LED도 빨간색, 녹색일 경우 LED도 녹색으로 설정하고, 노란색을 감지하면 주황색이 되도록 합니다(컬러 센서가

주황색을 인식하지 못하기 때문에, 가장 근접한 노란색을 선택했습니다). 컬러 센서가 인식한 색이 이 세 가지에 해당되지 않는다면 표시등을 끄도록 합니다.

그림 14-11은 완성된 프로그램을 보여 줍니다. 스위치 블록은 컬러 센서의 측정 - 색상 모드를 써서 감지되는 색을 판단합니다. 스위치 블록의 위에서부터 세 가지 케이스는 각각 빨간색과 녹색, 노란색에 대응해 LED의 색상을 설정합니다. 센서가 동일한 색상을 감지하는 동안 LED가 계속 켜져 있도록 점멸 파라미터는 모두 꺼둡니다. 맨 아래 케이스는 센서가 세 가지 이외의 색상을 읽었을 때 동작하며, 기본 케이스로 설정되어 있고, LED를 끈 상태를 유지합니다.

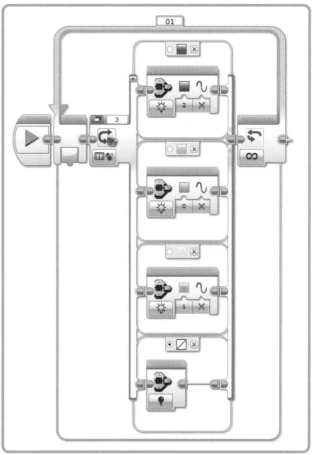

그림 14-11 ColorCopy 프로그램

프로그램을 실행해 봅시다. 브릭 상태 표시등의 LED가 컬러 센서에 인식된 물체의 색상에 맞게 변화하는지 확인해 봅시다. 센서 앞에 물체가 없거나 다른 색일 경우 상태 표시등은 꺼진 상태여야 합니다.

😊 **도전과제 14-2**

거리에 따라 반응하는, ProximityAlarm(거리 경고) 프로그램을 만들어 봅시다. 이 프로그램은 로봇이 물체와 얼마나 가까운지에 따라 브릭 상태 표시등을 활용해 알려 줍니다. 적외선 센서 또는 초음파 센서를 사용하고, 정해진 거리보다 가까워질 경우 빨간색을, 충분히 여유가 있다면 녹색이 켜지도록 만들어 봅시다.

디스플레이 블록

여러분은 이미 여러 예제를 통해 디스플레이 블록을 써 보았습니다. 그러나 이 절에서는 이제까지 사용했던 텍스트 모드가 아닌, 좀 더 고급의 그래픽 모드인 '모양', '이미지' 및 '화면 초기화' 기능을 좀 더 자세히 살펴볼 것입니다. 화면 초기화 모드는 프로그램이 실행 중일 때 표시되는 기본 디스플레이(프로그램 이름과 동작 상태가 줄 애니메이션으로 표시)로 돌립니다. 모양과 이미지 모드는 좀 더 복잡한 기능으로, 지금부터 자세히 살펴볼 것입니다.

이미지 표시하기

이미지 모드는 EV3에 그림 파일을 출력할 수 있게 해 줍니다. EV3 소프트웨어에는 기본적으로 여러 가지 아이콘(표정, 메시지, 기호화된 표식, 이모티콘, 센서나 모터 이미지, 그 외 다양한 그림)이 제공되며, 도구 - 이미지 편집기 메뉴를 선택하여 여러분이 직접 그림을 그리거나 사진을 불러올 수도 있습니다.[3]

---

3 (옮긴이) 단색 이미지에 해상도 178 * 128 크기라서 아주 정밀한 사진이나 복잡한 이미지를 불러오기엔 적합하지 않지만, 간단한 이미지나 그림화된 한글 메시지 같은 것은 충분히 넣을 수 있습니다.

그림 14-12는 디스플레이 블록을 이미지 모드로 설정한 모습입니다. 파일 이름 상자를 클릭하면 사용 가능한 이미지(여러분이 이미지 편집기로 추가한 이미지 포함)를 선택할 수 있습니다. 디스플레이 미리보기 버튼을 클릭하면 EV3의 화면에서 실제로 보이게 될 이미지의 모습을 확인할 수 있어 편리합니다(그림 14-13 참조).

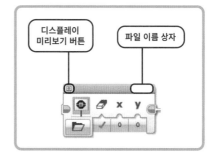

그림 14-12 이미지 모드로 설정된 디스플레이 블록

그림 14-13 이미지 미리보기 창

X와 Y 값은 이미지의 왼쪽 상단 모서리 위치를 결정합니다. EV3의 화면 해상도는 가로 178픽셀, 세로 128픽셀입니다(컴퓨터의 모니터 해상도를 1920 * 1200이라고 이야기하는 것과 같은 개념입니다. X와 Y는 각각 가로로 배치된 점의 숫자와 세로로 배치된 점의 숫자를 의미합니다). 값은 0부터 시작해서 X(좌우)는 177까지, Y(상하)는 127까지 설정할 수 있습니다(그림 14-14 참조).

X 및 Y 값을 설정하면 EV3 화면에 이미지가 표시되는 기준점을 바꿀 수 있습니다. 예를 들어 그림 14-15는 Y값을 −41로 설정(그림을 41픽셀만큼 위로 올림)한 결과로,

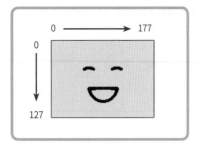

그림 14-14 EV3 화면의 가로 및 세로 좌표값

그림 14-14와 달리 스마일 이미지가 위쪽으로 바짝 올라간 모습을 볼 수 있습니다. X 및 Y값을 어떻게 설정하느냐에 따라 화면상에서 이미지의 일부가 잘릴 수도 있습니다.

그림 14-15 화면 상단으로 올라간 Big smile 이미지

Eyes(왕눈이) 프로그램

디스플레이 기능을 적절하게 활용하면 로봇을 한층 더 개성 있게 꾸밀 수 있습니다. Eyes 프로그램은 랜덤 블록과

그림 14-16에 나타낸 것과 비슷한 여러 방향으로 눈알을 굴리는 이미지를 써서 마치 로봇이 여러분을 기다리면서 조심스럽게 눈치를 보는 듯한 모습을 구현하는 프로그램입니다. 사용할 여섯 개의

그림 14-16 Bottom Left 이미지

이미지는 눈동자의 방향만 다른 이미지입니다.

이 프로그램의 전체적인 구성은 그림 14-17과 같습니다. 랜덤 블록은 1부터 6 사이의 숫자를 생성해 스위치 블록을 구동시킵니다. 스위치 블록의 각각의 케이스는 디스플레이 블록을 이미지 모드로 설정해서 각기 다른 방향의 눈동자 파일을 화면에 출력합니다. 각 이미지 파일에 대한 정보는 표 14-1을 참고하십시오. 대기 블록은 눈동자가 너무 빨리 움직이지 않도록 적당히 루프를 대기시켜 줍니다.

케이스	파일 이름
1	Bottom left
2	Bottom right
3	Middle left
4	Middle right
5	Up
6	Down

표 14-1 Eyes 프로그램에서 사용될 이미지 파일

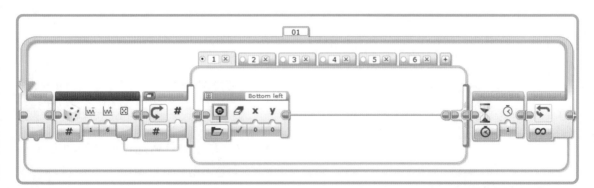

그림 14-17 Eyes 프로그램

프로그램을 실행하면 로봇은 눈동자를 가만히 두지 않고 사방을 두리번거릴 것입니다.

EV3 화면에 모양 그리기

디스플레이 블록은 사전에 만들어진 이미지를 불러오는 기능 외에도, 직접 기하학적 도형을 그리는 기능도 제공합니다. 모양 모드를 사용하면 라인(선), 원형, 사각형, 점을 임의의 위치에 임의의 모양으로 그릴 수 있습니다. 그림 14-18은 모양 - 점 모드로 설정된 디스플레이 블록입니다. X와 Y값은 점이 찍힐 위치의 좌표이고, 색상 값은 점의 색을 픽셀을 켜서 검은색으로 할지, 픽셀을 꺼서 흰색으로 할지 결정하는 데 사용됩니다. 또한, 화면 전체를 지우고 점을 새로 그릴지, 기존의 그림 위에 점을 덮어 씌워 그릴지도 설정할 수 있습니다. 여러분이 점 하나를 검은색으로 찍고, 화면의 나머지를 그대로 둔 채 방금 찍은 점만 지우고 싶다면, 화면 지우기는 거짓으로 설정하고, 점의 색상도 거짓으로 설정하면 기존의 화면은 그대로 두고 검은색 점 부분만 지울 수도 있습니다(EV3의 화면은 점이 찍힌 검은색과 원래의 바탕색, 두 가지 색으로 구성되기 때문입니다).

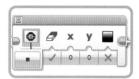

그림 14-18 점 그리기

그림 14-19는 '모양 - 원형' 모드로 설정된 디스플레이 블록입니다. 이 경우 X와 Y 값은 원의 중심을 결정하는 데 사용되며, 반지름 값을 이용해 원의 크기를 결정할 수 있습니다.[4] 점과 달리 원은 폐쇄된 공간이므로, 채우기 값(쏟아지는 페인트통 그림)을 설정해 원의 내부를 채울지 혹은 비울지 결정할 수 있습니다. 색상 역시 점을 그릴 때

---

4 (옮긴이) 원의 반지름 값은 EV3 화면 가로 최대 픽셀인 177을 넘을 수 없습니다.

와 마찬가지로 두 가지로 설정할 수 있으며(정리하면 '흰색 바탕에 검정 테두리 원', '흰색 바탕에 검정 꽉찬 원', '검정 바탕에 흰색 테두리 원', '검정 바탕에 흰색 꽉 찬 원' 네 가지로 설정 가능) 디스플레이 미리보기 창을 통해 그려질 원의 모양을 확인할 수 있습니다.

그림 14-19 원 그리기

그림 14-20은 '모양 - 사각형' 모드의 디스플레이 블록입니다. 이 경우 X와 Y 값은 사각형의 왼쪽 위 모서리 위치를 결정하는 데 사용되며, 폭과 높이를 설정해 사각형의 크기를 설정할 수 있습니다. 나머지 채우기와 색상은 원 모드와 동일합니다.

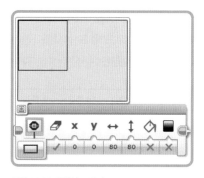

그림 14-20 사각형 그리기

그림 14-21은 '모양 - 라인' 모드로, 여기에 직선의 시작점 X1, Y1 좌표와 끝점 X2, Y2 좌표를 입력합니다. 선은 채우기 모드가 없으며, 색상은 다른 모양 모드와 동일합니다.

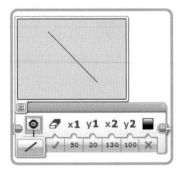

그림 14-21 선 그리기

EV3Sketch(EV3 그림 그리기) 프로그램

이 절에서는 디스플레이 블록의 선 그리기 기능을 사용해 그림을 그릴 수 있는 EV3Sketch 프로그램을 만들고, 트라이봇의 두 바퀴를 조종기로 써서 로봇을 화면에 그림을 그리는 스케치 패드로 활용해 보겠습니다. 프로그램의 기본 아이디어는 간단합니다. 이전 점의 좌표에서 두 개의 모터 회전 센서의 현재 값에 의해 정의된 새 좌표까지 반복적으로 선을 그려 주는 것입니다.

프로그램은 두 개의 변수 X와 Y를 사용해서 마지막으로 그려진 선의 끝 좌표를 기억합니다. 프로그램이 시작되면 화면을 지우고 변수를 0으로 초기화하며 회전 센서의 값도 초기화됩니다. 그 다음 프로그램이 루프에 들어가면, 먼저 현재 저장된 X 값과 Y 값을 직선의 시작점 좌표로 설정하고, 현재 읽은 모터 B의 값과 모터 C의 값은 직선의 끝점 좌표로 설정합니다. 시작점과 끝점을 연결하는 직선을 그리고 나면 모터 B의 값은 X에, 모터 C의 값은 Y에 저장하고 루프를 다시 반복합니다.

선을 그리는 기능도 중요하지만, 여러분이 원할 때 화

면을 지우는 기능도 중요합니다. EV3의 가운데 버튼을 눌렀을 때 디스플레이 블록의 화면 지우기 옵션을 설정해서 지울 수 있습니다. 목록 14-2는 이 프로그램의 의사코드입니다.

EV3 화면 초기화
X를 0으로 설정
Y를 0으로 설정
모터 B와 C의 회전 센서 초기화
루프 시작
  모터 B의 회전 센서값 읽기
  모터 C의 회전 센서값 읽기
  X와 Y의 값을 시작점으로, 모터 B와 모터 C의 회전 센서값을 끝점으로 하는 직선 그리기; 만약 중앙 버튼이 눌리면 화면 지우기 옵션 설정
  모터 B의 회전 센서값 X에 쓰기
  모터 C의 회전 센서값 Y에 쓰기
루프 무한반복

목록 14-2 EV3Sketch 프로그램의 의사코드

프로그램의 첫 부분은 그림 14-22와 같습니다. EV3 화면을 지우고 변수와 회전 센서를 초기화하는 부분입니다.

그림 14-23은 디스플레이 블록이 선을 그리는, 이 프로그램의 가장 중요한 부분을 보여 줍니다. 선을 그리기 위해서는 선의 시작점과 끝점 정보를 디스플레이 블록에 입력해야 합니다. 시작점은 변수 X와 Y에서, 끝점은 모터의 회전 센서의 값에서 데이터 와이어를 통해 얻게 됩니다.

브릭 버튼 블록은 중앙 버튼이 눌렸는지를 검사하고, 화면 지우기에 참 또는 거짓을 전달합니다. 버튼을 누르면 디스플레이 블록이 선을 새로 그리기 전에 전체 화면을 지우게 됩니다.

마지막 두 변수 블록은 회전 센서의 값을 X 및 Y 변수

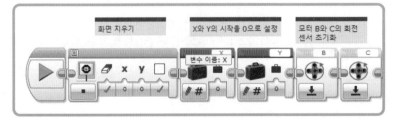

그림 14-22 화면, 변수 및 센서 초기화

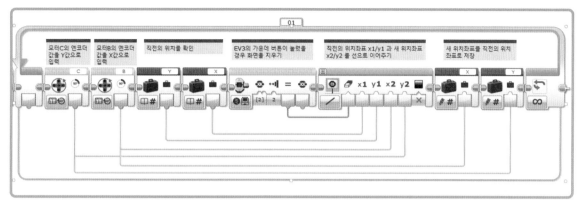

그림 14-23 센서 읽기, 선 그리기 및 새 시작점 위치 저장하기

에 새로 저장해서 다음 루프가 실행될 때 선의 시작점으로 사용할 수 있게 합니다.

5개의 블록이 디스플레이 블록의 설정을 제공하고, 각각의 블록이 배치되는 순서가 그다지 중요하지 않기 때문에 데이터 와이어를 그나마 보기 쉽게 정렬할 수 있었습니다(가능하다면 프로그램을 읽기 쉽게, 데이터 와이어 역시 흐름을 알아보기 쉽게 배치하는 것이 좋습니다).

프로그램을 실행하면 EV3는 화면을 지우고 그림을 그릴 준비를 합니다. 가상의 펜을 움직이기 위해서는 모터 B와 모터 C를 돌려야 합니다. 모터 B는 펜을 좌우로, 모터 C는 펜을 상하로 움직여 그림을 그리게 되며, EV3의 중앙 버튼은 이제까지 그려진 그림을 지우는 역할을 합니다.

맨 처음 펜의 위치는 EV3 화면의 좌측 상단입니다. 만약 다른 지점, 이를테면 화면의 가운데에서부터 그림을 다시 그리고 싶다면, 모터를 돌려 펜을 가운데로 이동시킨 다음 화면을 지우고 다시 그림을 그릴 수 있습니다.

추가적인 탐구

이 장에서 살펴본 아이디어를 활용해 도전해 볼 만한 탐구과제를 소개합니다.

1. PowerSetting 프로그램은 치명적이지는 않지만 작은 결함이 있습니다. 이 프로그램은 Power의 실제 적용 가능한 범위인 0부터 100까지의 범위를 무시하고 0보다 작거나, 100보다 큰 값으로 넘어갈 수 있습니다.[5] 이 프로그램의 파워값이 실제 파워값의 범위를 넘지 않도록 프로그램을 수정해 봅시다(즉, 범위를 넘어갈 경우 값을 증가 또는 감소시키지 않고 무시합니다). 사용자가 잘못된 값으로 넘어가려 할 경우, 즉 0일 때 감소시키려 하거나, 100일 때 증가시키려 한다면 브릭 상태 표시등을 빨간색으로 점멸시켜 알려주는 기능도 추가해 봅시다.

2. 13장의 CountDown 프로그램을 적용해서 시간이 카운트다운 될 동안 일련의 이미지를 표시해 봅시다. EV3 소프트웨어에 포함된 이미지 그룹에서 적절한 이미지를 찾아 다이얼, 진행률 표시 등의 기능을 추가하거나, 타이머를 넣는 것도 좋습니다. 시간이 다 되었을 때 폭탄이 터지는 이미지도 재미있을 것입니다. 필요하다면 이미지 편집기를 사용해 적절한 이미지를 추가해도 좋습니다.

마무리

EV3의 버튼은 프로그램과 여러분이 상호 작용할 수 있는

---

5 (옮긴이) 예를 들어 값이 200이라면, 값을 100번 내려서 100이 될 때까지 모터 파워는 100을 유지할 것입니다.

매우 편리한 방법을 제공합니다. 브릭 상태 표시등 블록을 통해 버튼의 조명을 조절할 수 있고, 이것은 사용자에게 정보를 전달하는 또 다른 방법이 되며 여러분의 프로그램을 더 재미있게 만들 수 있게 됩니다.

PowerSetting 프로그램은 EV3의 버튼을 활용하는 좋은 사례 중 하나입니다. 또한 이 장의 다른 프로그램들을 통해 디스플레이 블록의 다양한 활용 방법에 대해서도 배워보았습니다. 디스플레이 블록을 이용해 화면에 이미지를 표시하거나 그림을 그릴 수 있습니다. 이런 기능을 사용하여 EV3 화면의 장점을 최대한 활용할 수 있습니다.

15

배열

이번 장에서는 숫자 또는 논릿값 목록을 저장할 수 있는 배열에 대해 살펴보겠습니다. 지금까지 우리가 프로그램에서 다루어 본 값(변수, 상수, 데이터 와이어)들은 숫자, 논리, 텍스트 형태의 단일 데이터입니다. 배열은 한 가지 데이터 형태에 대한 목록을 단일 변수로 저장하고 다룰 수 있습니다.

전반부에서는 배열을 간략하게 설명하고, 이어 간단한 테스트 프로그램으로 마인드스톰에서 배열을 다루는 방법을 살펴볼 것입니다. 기본 개념을 다룬 후 배열을 활용한 조금 더 복잡한 프로그램을 통해 심화학습에 들어갑니다. 심화학습에서 다룰 내용은 트라이봇을 통한 브릭 버튼의 활용, 색상 감지 기능을 활용해서 특정 색을 감지한 횟수 확인하기, 마지막으로 간단한 기억력 게임입니다.

배열에 대한 개념 및 용어

배열이란 정렬된 값의 목록입니다. 각각의 값은 고유한 위치 정보를 포함하며, 배열의 해당 위치에서 특정한 값에 접근할 수 있습니다. 배열의 각 값을 원소라 하고, 원소의 위치를 인덱스라고 합니다. EV3에서는 배열의 인덱스를 0에서부터 시작합니다(대부분의 프로그래밍 환경이 이와 동일합니다). 즉, 배열의 첫 번째 원소는 인덱스 0, 두 번째 원소는 인덱스 1에 저장된다는 의미입니다. 이렇게 배

열에 포함된 원소 전체의 개수를 배열의 길이라 합니다. EV3 소프트웨어에서는 여러 종류의 데이터 중 숫자와 논리의 배열을 지원합니다. 또한, 각각의 배열은 한 가지 종류의 데이터만 포함할 수 있습니다(숫자 배열에 논릿값 저장 불가).

예를 들어, 로봇이 볼 수 있는(컬러 센서로 감지된) 물체가 있다고 가정하고, 각각의 물체의 색상을 Sample Values라는 이름의 배열로 저장한다고 합시다. 로봇이 파란색, 빨간색, 흰색, 빨간색의 순서로 물체를 감지했다면, 배열에는 원소값 3, 5, 6, 5가 순서대로 저장됩니다. 표 15-1은 배열의 인덱스와 저장된 값을 보여 줍니다.

인덱스	0	1	2	3
원소값	3	5	6	5

표 15-1 SampleValues 배열의 인덱스와 원소값

이 배열의 길이는 4이고 인덱스는 0부터 3까지입니다. 인덱스는 항상 0부터 시작하므로, 마지막 인덱스는 항상 배열의 길이 − 1입니다. 배열에서 인덱스는 항상 고유해야 합니다.[1] 반면 값은 고유하지 않을 수 있습니다(다른 두 집에 같은 이름을 가진 사람이 살 수 있습니다). 예를 들어 SampleValues 배열에는 인덱스 1과 인덱스 3에 같은

1 (옮긴이) 두 집이 같은 주소를 쓸 수 없습니다.

값 5가 저장되었습니다(빨간색을 두 번 인식했기 때문).

배열의 원소를 이야기할 때 'SampleValues 배열의 인덱스 1에 있는 원소의 값'과 같이 풀어서 쓸 수도 있지만, 'SampleValues[1]'과 같이 줄여서 쓸 수도 있습니다([1] 부분을 첨자라고도 합니다).

배열 만들기

이제 배열을 좀 더 살펴보기 위해, 배열을 직접 만들어 봅시다. 이 장의 프로그램은 모두 변수 블록을 써서 배열을 만들 것입니다. 배열은 상수 블록이나 배열 연산 블록을 써서 만들 수도 있으나 변수 블록을 쓰는 것이 조금 더 일반적인 방법입니다. 왜냐하면 대체로 배열을 변수로 저장하고 활용하기 때문입니다.

예를 들어, 변수 블록을 써서 배열을 만들기 위해서는 '쓰기 - 숫자형 배열' 모드로 설정하고, 변수 이름 창에 SampleValues를 입력하면 됩니다(그림 15-1). 기본적으로 배열은 원소가 없는 빈 배열로 설정됩니다. 따라서 길이도 0이 됩니다. 일반적으로 이렇게 배열을 만들어 초기화하고 프로그램이 실행되면서 배열에 값을 추가하는 식으로 활용하는 경우가 많습니다.

그림 15-1 변수 블록을 써서 배열 만들기

배열은 일반적인 단일 값이 아닌 인덱스와 원소로 구성되므로 값 연결 부분(⬛)을 자세히 보면, 숫자형 배열의 경우 동그란 반원 커넥터가 두 개, 논리형 배열의 경우 삼각

형 쐐기꼴 커넥터가 두 개 표시됩니다. 배열에 관련된 입출력은 모두 이와 같이 커넥터의 모양이 두 개 겹쳐진 형태로 표시됩니다.

표 15-1의 네 가지 값을 SampleValues 배열에 추가하기 위해 변수 블록의 값 입력을 클릭합니다. 그림 15-2와 같은 입력창이 나타나며, 여기에서 배열의 각 원소를 추가 또는 삭제할 수 있습니다. 그림 15-2는 인덱스 0에 3을, 인덱스 1에 5를 입력한 모습입니다. 원소를 제거하려면 원소 오른쪽의 ×를 클릭합니다.

그림 15-2 원소 입력을 위한 창

이제 블록의 값 부분은 대괄호([])로 묶인 배열의 원소를 나열해 보여 줍니다. 물론 대부분의 배열은 원소가 1개보다 많으므로, 함수 블록의 값 부분에서 보이는 것은 배열의 일부입니다. 모든 배열의 원소를 보려면 마우스 커서를 그림 15-3과 같이 값 부분에 대거나, 그림 15-2와 같이 값 부분을 클릭하면 됩니다.

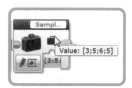

그림 15-3 모든 배열의 원소 표시

이제 기본적인 배열을 만드는 방법을 살펴보았습니다. 지금부터는 배열 연산 블록을 써서 배열의 활용법을 좀 더 자세히 알아보겠습니다.

배열 연산 블록

배열 연산 블록은 배열의 각 원소를 읽거나 쓸 수 있으며, 원소를 추가하거나 삭제할 수도 있습니다. 또한 배열의 길이(원소 수)를 확인할 수 있습니다. 이 블록의 모드는 배열에 관련된 네 가지 작업과 배열의 유형이 숫자형인지 논리형인지를 선택하기 위해 사용됩니다(그림 15-4).

그림 15-4 배열 연산 블록

길이 모드

길이 모드는 배열에 몇 개의 원소가 있는지 알려 줍니다. 그림 15-5는 SampleValues 배열의 길이를 표시하는 프로그램입니다. 이 모드에서 배열 연산 블록은 두 개의 입출력을 가집니다. 하나는 배열의 입력(직접 만들거나 데이터 와이어로 연결)이고, 다른 하나는 입력된 배열의 길이를 표시하는 출력입니다. 그림 15-5를 보면, 변수 블록에서 배열 연산 블록으로 연결되는 데이터 와이어는 다른 데이터 와이어보다 두꺼운 것을 알 수 있습니다. 마인드

스톰 소프트웨어에서는 배열이 여러 값으로 구성된다는 개념으로 이와 같이 데이터 와이어를 단일 값 데이터 와이어 여러 개를 묶어 두꺼워진 것처럼 표현해 데이터 와이어로 전달되는 값이 배열임을 알려 줍니다.

프로그램의 앞 두 블록은 SampleValues 배열을 만들고 읽은 다음, 이 배열을 배열 연산 블록에 전달합니다. 배열 연산 블록은 배열의 길이를 확인하고 이 값(단일 값)을 EV3의 디스플레이 블록에 전달합니다. 마지막의 5초로 설정된 대기 블록은 사용자가 화면을 읽기 위한 시간을 의미합니다. 이 프로그램이 실행되면 배열의 구성이 표 15-1과 같을 경우 EV3의 화면에는 4가 표시됩니다.

인덱스로 읽기 모드

인덱스로 읽기 모드에서 블록은 배열과 인덱스 두 개의 값을 입력으로 사용하고, 이 인덱스에 저장된 원소 값을 출력으로 사용합니다. 예를 들어, 그림 15-6의 프로그램은 SampleValues[3]과 같은 의미, 즉 인덱스 3의 원소 값을 화면에 표시한다는 뜻입니다.

이 프로그램이 실행되면 배열 연산 블록은 SampleValues 배열을 입력으로 받고 인덱스 3의 값을 읽어 화면에 출력하며, 결과적으로 디스플레이 블록을 통해 EV3 화면에 5가 표시됩니다(배열의 인덱스는 0부터 시작된다는 점에 주의하십시오. 표 15-1에서 인덱스 3은 세 번째가 아닌 네 번째 원소를 가리킵니다).

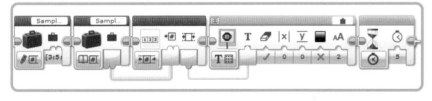

그림 15-5 SampleValues 배열의 길이 표시

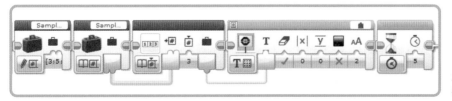

그림 15-6 SampleValues[3]의 값 표시

이 명령은 배열에 포함된 원소를 읽는 명령이기 때문에, 존재하지 않는 원소를 읽으려 할 경우 오류가 발생합니다.[2] 배열 연산 블록에 지정한 인덱스 값이 배열의 전체 길이보다 크거나 같다면 프로그램은 즉시 중지되고 EV3는 경고음과 함께 EV3의 화면 중앙에 오류 또는 경고를 나타내는 데 사용되는 삼각형의 경고 표지판 그림이 표시됩니다(인덱스는 0부터 시작하므로 인덱스의 최댓값은 항상 배열의 전체 길이보다 1만큼 작은 값이어야 합니다).

인덱스에 쓰기 모드

인덱스에 쓰기 모드에서는 특정 인덱스의 원소 값을 바꿀 수 있습니다. 그림 15-7은 원래 5였던 SampleValues[3]의 값을 4로 바꾸는 프로그램입니다. 이 모드에서 배열 연산 블록은 세 가지 입력, 즉 원래의 배열, 바꿀 원소의 인덱스, 그리고 그 인덱스에 쓸 값을 사용합니다.

배열 연산 블록 자체만으로는 SampleValues 변수에 변경된 값이 저장되지 않습니다.[3] 값을 저장하기 위해 변수 블록을 써서 수정된 배열을 저장해야 합니다. 그림 15-7

은 두 번째 배열 데이터 와이어가 수정된 SampleValues 배열의 값을 쓰기 모드의 변수 블록에 전달하는 모습입니다. 보시다시피 배열의 원소는 처음 표 15-1에서 구성한 [3,5,6,5]에서 네 번째 인덱스의 값이 4로 바뀐 [3,5,6,4]로 표시된 것을 볼 수 있습니다.

만약 여러분이 아직 존재하지 않는 배열 인덱스에 값을 쓰면, EV3 소프트웨어는 배열을 여러분이 설정한 인덱스 길이만큼 늘인 다음 해당 인덱스에 값을 기록합니다. 단, 이 경우 여러분이 명시적으로 '쓰기' 작업을 통해 값을 설정한 인덱스를 제외한, 나머지 인덱스의 값은 임의의 값으로 채워질 수 있습니다.

추가 모드

추가 모드는 배열의 마지막에 새로운 원소를 추가하면서 배열의 길이를 1만큼 늘려 줍니다. 그림 15-8은 배열의 마지막에 7을 추가하는 프로그램입니다.

배열 연산 블록의 출력 데이터 와이어의 값이 [3,5,6,5]에서 [3,5,6,5,7]로 원소가 늘어난 것을 볼 수 있으며, 이제 SampleValues 배열의 길이는 5(인덱스 4)가 됩니다.

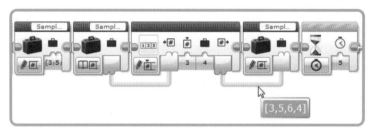

그림 15-7 SampleValues[3]의 원소(네 번째)를 5에서 4로 대체

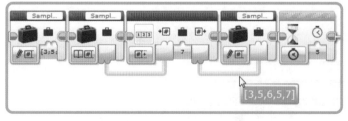

그림 15-8 SampleValues 배열의 마지막에 새 원소 7을 추가

---

2 (옮긴이) 없는 주소로 우편물이 배달될 수 없는 것과 비슷합니다.
3 (옮긴이) save 버튼을 클릭하지 않고 컴퓨터 메모리상에서만 작업이 이루어진 상태라고 볼 수 있습니다.

EV3 소프트웨어에서 데이터 와이어에 마우스 커서를 올려서 바로 확인할 수 있는 원소는 인덱스 0부터 4까지 5개의 원소입니다.

ArrayTest(배열 테스트) 프로그램

이제 몇 가지 배열에 관련된 기능을 체험해 볼 수 있는 ArrayTest 프로그램을 실습해 보겠습니다. 이 프로그램은 빈 배열을 만들고, 0부터 시작해 2의 배수 5개를 저장한 뒤 EV3 화면에 표시합니다.

그림 15-9에 표시된 프로그램의 첫 번째 부분은 Array Value라는 숫자형 배열 변수를 만들고, 빈 배열에 값을 설정하는 것으로 시작합니다. 루프 블록은 총 5회 반복 수행되며, 프로그램이 변수 블록을 써서 현재 배열 값을 읽을 때마다 수학 블록과 배열 연산 블록을 써서 루프 인덱스에 2를 곱한 값을 새 원소로 배열에 추가합니다. 이렇게 원소가 추가된 배열은 루프 안의 마지막 변수 블록을 써서 ArrayValue 배열에 저장됩니다. 루프가 완료되면

ArrayValue 배열의 원소는 [0,2,4,6,8]이라는 5개의 값이 저장됩니다.

작업이 진행 중인 과정을 보기 위해서는 루프의 마지막 부분에 대기 블록을 써서 1초 대기를 추가하고, EV3 소프트웨어에서 배열 연산 블록으로부터 나오는 데이터 와이어의 값을 확인해 보기 바랍니다. 이렇게 하면 눈으로 배열에 원소가 추가되는 과정을 확인할 수 있습니다.

그림 15-10의 프로그램은 조금 더 복잡해 보이지만 기본 개념은 비슷합니다. 이 프로그램은 만들어진 배열을 이용해 각 원소의 값을 확인하는 것입니다. 다음 설명을 참고하십시오.

1. 첫 번째 디스플레이 블록이 화면을 지워 줍니다.
2. 변수 블록은 ArrayValue 배열의 값을 읽고 두 개의 배열 연산 블록에 데이터 와이어로 배열 값을 전달합니다.

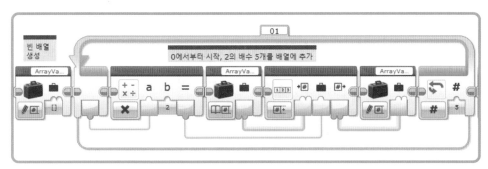

그림 15-9
ArrayTest 프로그램
전반부

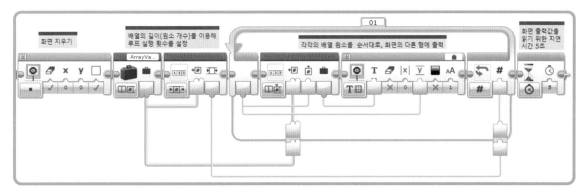

그림 15-10 ArrayTest 프로그램 후반부

3. 첫 번째 배열 연산 블록은 배열의 길이를 확인하고, 이 값을 이용해 루프의 반복 횟수를 결정합니다.[4]

4. 두 번째 배열 연산 블록은 루프 인덱스 값을 배열 인덱스 값으로 사용하여 배열의 원소를 읽습니다. 이렇게 읽은 배열의 원소는 디스플레이 블록으로 전달되어 화면에 출력됩니다. 즉, 첫 번째 루프에서는 ArrayValue[0]의 값을, 두 번째 루프에서는 ArrayValue[1]의 값을 화면에 출력합니다.

5. 디스플레이 블록은 행 입력에 루프 인덱스를 사용합니다. 결과적으로 루프가 실행될 때마다 값은 한 줄씩 아래에 표시됩니다. 화면 지우기 값이 거짓(×)이므로 앞서 출력된 배열 원소들은 화면에서 지워지지 않고 새 줄에 새 원소만 계속 추가됩니다.

6. 루프가 종료되고 사용자가 화면을 통해 값을 확인할 수 있도록 마지막에 대기 블록이 추가됩니다.

이 프로그램은 실행 중 배열 값이 바뀌는 것이 아니기 때문에, ArrayValue 배열의 값을 루프 안에서 읽을 필요는 없습니다. 루프를 실행할 때마다 배열 연산 블록으로 입력되는 값은 처음에 읽은 값(전체 배열)이 반복적으로 입력됩니다. 단, 루프 인덱스는 루프가 실행될 때마다 1씩 증가하기 때문에 두 번째 배열 연산 블록은 매번 실행될 때마다 전체 배열의 0번 인덱스부터 1씩 증가한 인덱스의 값을 읽게 됩니다.

또 다른 중요한 점은 배열 인덱스, 루프 인덱스, 그리고 화면 출력의 행 입력 값이 모두 공통적으로 0부터 시작한다는 것입니다. 이는 컴퓨터가 아닌 사람의 관점에서는 조금 익숙하지 않을 수도 있지만, 결과적으로 프로그램상에서는 일관되게 '시작은 0'이라는 개념을 공통적으로 사용하기 때문에 프로그래밍 작업에 있어서는 편리하게 작용됩니다.

---

[4] (옮긴이) 배열의 원소 개수만큼만 루프를 실행하기 위해서입니다. 앞서 살펴보았듯이, 원소가 없는 인덱스에 작업을 시도할 경우 프로그램은 오류를 일으키기 때문입니다.

😀 도전과제 15-1

배열의 값을 화면에 표시하는 기능은 종종 프로그램을 디버깅할 때 유용하게 쓸 수 있습니다. ArrayTest 프로그램의 코드를 기반으로 이 작업을 수행하는 마이 블록을 만들어 봅시다. 새 블록은 입력 파라미터로 배열을 받고, 각 값을 표시합니다. EV3 화면에는 12줄까지만 표시되므로, 처음 12개의 원소(0부터 11)를 표시한 후, 사용자가 버튼을 누를 때까지 기다렸다가 다음의 12개 원소(12부터 23)를 표시하는 방식으로 배열의 끝까지 반복해야 합니다. 값의 출력은 DisplayNumber 마이 블록을 쓰면 각 원소의 인덱스와 원소 값을 간단히 표시할 수 있습니다(인덱스와 원소를 같이 출력하지 않는다면 배열의 원소가 많아질 경우 인덱스를 확인하기 어려워집니다).

(HINT) 원소가 12개보다 많은 경우 디스플레이 블록에 대한 행 입력이 13번째 원소부터 다시 0이 되도록 '되돌려' 주어야 합니다. 이 작업을 수행하기 위한 방법 중 하나는 모듈로 연산을 통해 배열 인덱스를 12로 나누는 것입니다.

ButtonCommand(버튼 조종기) 프로그램

ButtonCommand 프로그램은 EV3의 브릭 버튼을 사용해서 트라이봇이 실행할 이동 명령 목록을 전달합니다. 프로그램의 첫 번째 부분은 사용자가 입력한 버튼을 기반으로 명령 목록을 보여 주는 기능을, 두 번째 부분은 사용자가 선택한 명령을 실제로 실행해 로봇이 움직이는 기능을 구현합니다.

우리는 EV3 브릭의 버튼 다섯 개를 모두 사용할 것입니다. 왼쪽 및 오른쪽 버튼은 각각 로봇을 해당 방향으로 1/4 회전하는 용도로, 위쪽과 아래쪽 버튼은 각각 한 바퀴 전후진하는 용도로 사용하도록 하겠습니다. 가운데 버튼은 명령 입력이 끝났으므로 트라이봇이 동작할 준비가 됐다는 것을 알려 주는 용도로 사용합니다.

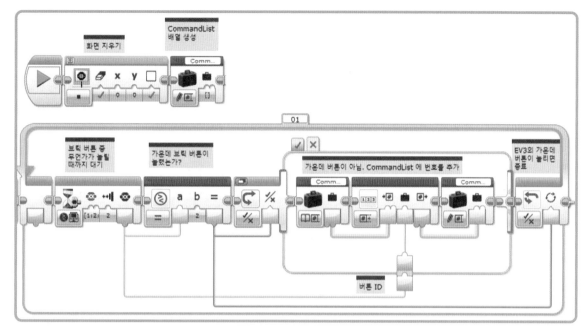

그림 15-11 CommandList 배열에 명령 추가

명령어 배열 만들기

이 프로그램은 명령어 저장을 위해 숫자형 배열이 필요합니다. 배열명은 CommandList로 합니다. 표 15-2에 나타낸 것처럼, 브릭 버튼의 해당 방향이 각각 번호로 해석되고, 이 번호가 로봇의 동작을 의미하도록 합니다.

버튼	숫자	명령
왼쪽	1	왼쪽으로 1/4 회전
오른쪽	3	오른쪽으로 1/4 회전
위쪽	4	앞쪽으로 1회전
아래쪽	5	뒤쪽으로 1회전

표 15-2 버튼과 숫자 및 명령 목록

명령 목록을 만들기 위해 먼저 빈 배열을 만듭니다. 그 다음, 버튼 입력을 기다리는 루프를 만들고, 눌려진 버튼 번호를 목록에 추가하거나 가운데 버튼이 눌리면 루프를 종료합니다. 또한, 만들어진 명령 목록은 EV3 화면을 통해 디스플레이되어야 합니다.

먼저 배열에 명령을 추가하는 코드를 만들고, 그 다음 각각의 값을 표시하는 기능을 추가하겠습니다. 그림 15-11은 화면을 지우고 빈 배열을 만든 다음, 가운데 버튼이 눌릴 때까지 배열에 명령을 추가합니다.

그림 15-11의 처음 두 블록은 설명이 필요 없겠지만 루프 안의 블록들은 좀 더 상세한 설명이 필요할 것입니다.

1. 대기 블록은 브릭 버튼 - 비교 모드를 사용해서 5개의 버튼 중 하나가 눌릴 때까지 대기합니다(그림 15-12에서와 같이 다섯 개의 버튼이 모두 선택되어 있습니다). 버튼 ID 출력은 현재 입력된 버튼의 정보를 다음 블록으로 전달합니다.

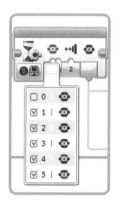

그림 15-12 다섯 개의 버튼 중 하나가 눌릴 때까지 대기

2. 비교 블록은 가운데 버튼(ID 값 2)이 눌렸는지 판단합니다. 가운데 버튼은 다른 방향 버튼과 달리, '명령 실행' 용도로 쓸 것이기 때문입니다. 결과는 스위치 블록과 루프 블록으로 전달됩니다.

3. 스위치 블록의 참 케이스는 비어 있습니다. 따라서 가운데 버튼이 눌리면 비교 블록에서 초록색 데이터 와이어로 전달된 참 값에 의해 스위치 블록은 아무것도 하지 않게 되고, 루프 종료 조건 확인 역시 초록색 데이터 와이어로부터 참을 받아 루프를 종료합니다. 다른 방향 버튼이 눌릴 경우 비교 블록은 거짓을 전달하고, 스위치 블록은 거짓 케이스의 명령 처리(그림 15-11 참조)를 수행합니다.

4. 스위치 블록 안의 첫 번째 변수 블록은 현재 CommandList 배열을 읽어와 배열 연산 블록에 데이터 와이어로 전달합니다.

5. 배열 연산 블록은 대기 블록이 확인한 버튼의 ID를 배열의 끝에 추가합니다.

6. 두 번째 변수 블록은 갱신된 배열 값을 Command List 배열에 다시 저장합니다.

7. 루프 블록은 비교 블록의 결과에 의해 가운데 버튼이 눌릴 때까지 반복 수행됩니다.

명령 표시하기

새로운 명령이 배열에 추가될 때마다 프로그램은 그 번호를 화면에 추가해야 합니다. 예를 들어, 여러분이 위쪽, 위쪽, 위쪽, 오른쪽 순서로 버튼을 누른다면 디스플레이 화면에 '4443'과 같이 표시됩니다. 또한 프로그램이 가능하면 많은 값을 표시하는 것이 필요합니다. 만약 행 단위로(상하로) 명령어를 보여 준다면 한 화면에서 보여 줄 수 있는 명령어는 최대 12개로 제한될 것입니다(마찬가지 이유로 열 단위로 명령어를 보여 준다면 22개까지 보여 줄 수 있습니다). 따라서 이 프로그램에서는 디스플레이 명령의 행과 열을 모두 사용해 볼 것입니다. 첫 번째 값은

왼쪽 위(행 0, 열 0)에, 그 다음 글자는 바로 옆(행 0, 열 1)의 순서로 끝까지(행 0, 열 21) 입력된 다음 아랫줄로 내려가(행 1, 열 0) 다음 명령을 보여 줍니다. 이 방식은 화면에 최대 264개(12×22)의 숫자 명령을 보여 줄 수 있습니다. 아마도 이 정도의 공간이면 여러분이 로봇 조작 명령을 입력하는 데는 충분할 것입니다.

루프 인덱스를 기반으로 각 값의 행과 열을 계산하려면 두 가지 간단한 수식이 필요합니다(루프 인덱스는 배열의 각 원소의 인덱스와 일치합니다). 사용할 행을 계산하기 위해 루프 인덱스를 22로 나누고, 수학 함수의 고급 모드를 써서 가장 가까운 정수로 내림합니다. 루프 인덱스가 0에서 21 사이일 때 결괏값은 0이고 명령들은 첫 번째 행(디스플레이 블록의 Y = 0)에 출력됩니다. 루프 인덱스가 22에서 43 사이일 때는 계산식의 결괏값이 1이고, 명령들은 두 번째 행(디스플레이 블록의 Y = 1)에 출력됩니다.

행이 결정되고 그 다음은 열의 위치(좌우 방향의 위치)가 필요합니다. 열을 결정하기 위해 루프 인덱스를 22로 나눈 나머지를 찾아야 합니다. 그러면 명령을 수행할 행과 열의 위치를 알 수 있습니다. 루프 인덱스가 0에서 21 사이라면 식의 결과는 루프 인덱스와 같습니다. 루프 인덱스가 22가 되면 식의 결과는 0이 되고, 이때 명령은 화면 왼쪽 첫 번째 열에 출력됩니다. 그 다음번에는 23이 되고 식의 결과는 1이 되어 두 번째 열에 출력됩니다. 이런 식으로 모듈로 연산자에 화면의 넓이를 적용해서 화면의 영역을 순차적으로 채워갈 수 있습니다.

그림 15-13은 그림 15-11의 스위치 블록에 행과 열을 맞추어 명령을 표시하기 위해 수학 블록과 디스플레이 블록을 추가한 모습입니다. 수학 블록은 입력된 루프 인덱스를 기반으로 글자의 위치를 계산합니다. 그다음 디스플레이 블록이 계산된 위치에 명령을 출력합니다. 디스플레이 블록은 글꼴 1(가장 작은 글꼴)을 사용하도록 설정되어 있으므로, 각 글자가 한 행과 한 열을 차지하며, 화면

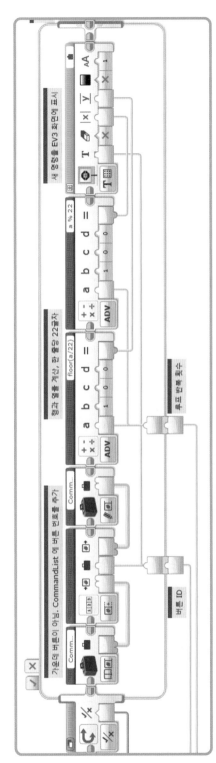

그림 15-13 명령 표시하기

지우기는 거짓으로 설정되어 있습니다.

이 시점에서 프로그램을 테스트해 보고 명령 목록이 제대로 출력되는지 확인해 보도록 합니다. 프로그램을 실행하면 배열 연산 블록에서 나오는 데이터 와이어의 값을 확인해 프로그램이 예상한 것과 같이 동작하는지 검증해 볼 수 있습니다.

명령 실행하기

프로그램의 두 번째 부분(그림 15-14)은 배열의 각 원소를 읽고 적절한 명령을 실행하는 기능입니다. 이 프로그램의 전체적인 구조는 ArrayTest 프로그램의 구조와 유사합니다. 배열 연산 블록은 배열의 길이를 읽고, 그 값을 이용해서 루프의 반복 횟수를 결정합니다. 루프 블록 내부에서는 루프 인덱스를 써서 배열의 주소에서 원소 하나를 읽어옵니다. 이와 같은 구조는 배열을 처리할 때 자주 사용됩니다.

각 원소 값은 스위치 블록으로 전달됩니다. 스위치 블록의 케이스들은 각 명령의 버튼 ID 값에 해당하며, 각각의 케이스마다 조향모드 주행 블록을 써서 트라이봇을 좌/우회전 또는 전/후진시킵니다.

프로그램을 실행하고 네 개의 방향 버튼을 사용해서 명령을 입력해 봅시다. EV3 화면에는 여러분이 입력한 버튼에 해당하는 명령 목록(버튼 ID)이 연속적으로(예: 44315341…) 표시되어야 합니다. 가운데 버튼을 누르면 표시된 명령이 구동 프로그램으로 전달되고 모든 명령 동작의 수행이 완료될 때까지 트라이봇이 움직이게 됩니다.

> 😊 **도전과제 15-2**
>
> 프로그램의 동작을 바꾸어 좀 더 재미있게 업그레이드해 봅시다. 스위치 블록은 각 케이스에 원하는 만큼의 블록을 포함할 수 있습니다. 또한 여러분이 미리 만들어 둔 동작 마이 블록을 활용할 수도 있습니다. 예를 들어, BumperBot에 첫 번째 명령으로 앞으로 이동하기, 두 번째는 터치 센서가 눌릴 때까지

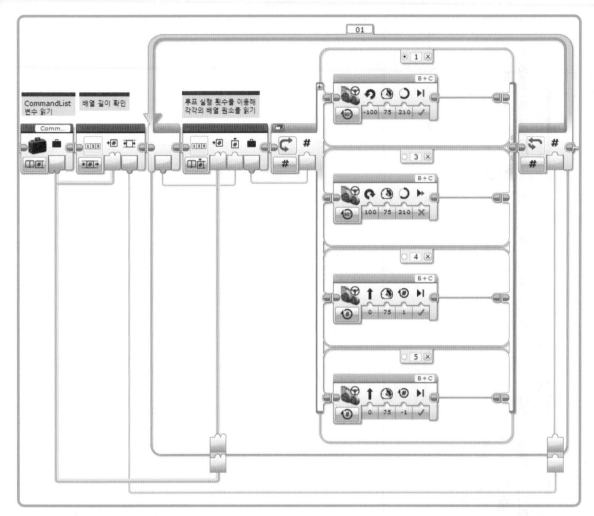

그림 15-14 입력된 명령 실행하기

기다리기, 세 번째는 1회전 뒤로 후진하기, 네 번째는 무작위 횟수의 제자리 회전과 같은 복잡한 동작들을 설정하고 이 명령을 배열을 이용해 조합하면 로봇을 좀 더 재미있게 구동시킬 수 있을 것입니다(예 : 무작위 회전하고 - 터치 센서가 눌릴 때까지 대기하고 - 1회전 후진 후 - 무작위 회전하고 - 앞으로 이동하고 - 터치가 눌릴 때까지 대기...).

ColorCount(색상 개수) 프로그램

ColorCount 프로그램은 컬러 센서가 감지한 각각의 물체의 색을 모두 기억합니다. 이 동작은 RedOrBlue 프로그램과 유사합니다. 이 프로그램은 컬러 센서 앞에 물체를 인식시키면 색상명을 말하고 해당 색상의 물체수를 카운트합니다. 물론 RedOrBlue보다는 훨씬 더 발전된, 컬러 센서가 식별할 수 있는 8가지 조건(일곱 개의 색상과 판단 불가 조건)을 모두 체크할 수 있어야 합니다. 앞서 만들어 본 11장의 RedOrBlueCount 프로그램은 2개의 변수를 사용해서 빨간색과 파란색의 개수를 카운트했던 것처럼, 우리는 여기에서 RedOrBlueCount를 확장해 8개의 변수를 사용하는 방법으로 기능을 구현할 수도 있습니다. 하지만 배열 기능을 활용하면 8개의 값을 좀 더 효과적으로 관리할 수 있습니다.

프로그램에서 보았던 각 색상의 물체 수를 세려면 ColorCounts라는 이름의 8개의 원소를 가진 숫자형 배열이 필요합니다. 컬러 센서가 색상을 측정할 때마다 표 15-3과 같이 0부터 7 사이의 값을 출력합니다. 색상 번호와 배열 모두 인덱스 0에서 시작하므로, 측정한 색상의 값과 같은 배열 인덱스에 해당 색상을 읽은 횟수를 기록합니다. 결과적으로 ColorCounts[2]는 파란색 물체의 개수를, ColorCounts[4]는 노란색 물체의 개수를 저장합니다. 따라서 이 배열의 경우 인덱스는 원소의 위치를 나타내는 동시에 해당 원소가 의미하는 색상의 정보도 알려 주게 됩니다.

값	색상
0	없음
1	검정
2	파랑
3	초록
4	노랑
5	빨강
6	흰색
7	갈색

표 15-3 컬러 센서의 값

목록 15-1은 프로그램의 고급 단계를 보여 줍니다. 프로그램을 좀 더 간략하고 효율적으로 구성하기 위해 우리는 두 개의 마이 블록을 만들 것입니다. 첫 번째 마이 블록은 색상 정보를 숫자 값으로 입력받고 영문 텍스트로 출력합니다. 이 마이 블록은 화면에 색상 이름을 표시하고, 사운드 블록을 사용해 색상 정보를 소리로 알려 주기 위해 사용됩니다. 두 번째 마이 블록은 특정 색상의 개수를 1 증

가시킵니다. 이 기능은 간단하지만 다섯 개의 블록 조합으로 이루어지며 프로그래밍 캔버스의 많은 공간을 차지할 수 있기 때문에 하나의 블록으로 표현될 수 있는 마이 블록으로 만드는 것이 효과적입니다.

ColorCounts 변수를 배열로 만들고, 각 색상의 개수를 의미하는 8개의 값을 0으로 초기화
8개의 색상명과 시작 카운트 값(0)을 표시
루프 시작
   가운데 버튼이 눌릴 때까지 대기
   버튼이 눌리면 컬러 센서 읽기
   사운드 블록을 사용해 인식한 색상을 소리로 출력
   인식한 색상에 해당하는 배열 원소를 1 증가
   인식한 색상명을 화면에 글자로 출력
루프 무한반복

목록 15-1 ColorCount 프로그램의 고급 단계

ColorToText(색상 텍스트 변환) 마이 블록

우리는 컬러 센서가 인식한 숫자값을 스위치 블록에 전달해 해당 색상의 이름을 숫자에서 문자로 바꿀 수 있습니다. 8개의 케이스를 모두 처리해야 하므로, 스위치 블록은 매우 직관적이긴 하지만 상당히 크고 복잡해 보일 것입니다. 또한 프로그램에서 이 기능을 두 번 사용해야 하므로 이 기능을 마이 블록으로 만들 것입니다.

ColorToText 마이 블록을 만들기 위해, 먼저 그림 15-15와 같은 ColorToTextBuilder라는 프로그램을 만듭니다. 마이 블록은 스위치 블록과 그 안에 있는 블록들을 이용해 만들 것입니다. 시작 부분에 상수 블록, 끝 부분에 변수 블록을 추가하고 데이터 와이어로 연결해 줍니다. 이 와이어는 ColorToText 마이 블록의 파라미터가 됩니다.

스위치 블록은 숫자를 입력받아 적절한 케이스를 선택합니다. 각각의 케이스가 가지고 있는 상수 블록은, 데이터 와이어로 전달받은 색상에 대응되는 색상명을 가지고 있습니다. 각 케이스의 구조는 그림 15-15와 같으며, 각 케이스의 차이점은 상수 블록에 설정된 색상명 텍스트 값 뿐입니다.

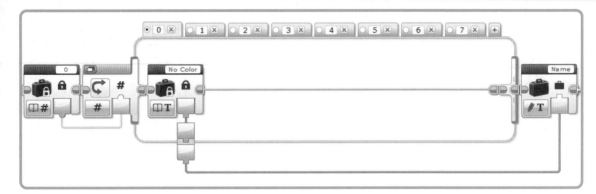

그림 15-15 ColorToTextBuilder 프로그램

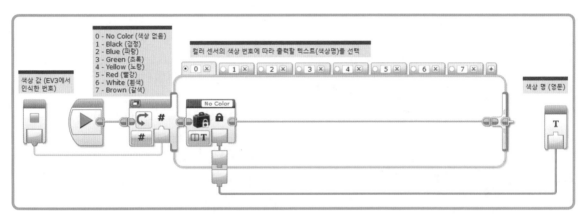

그림 15-16 ColorToText 마이 블록

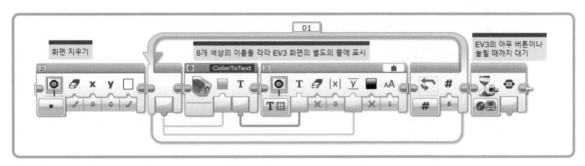

그림 15-17 ColorToTextTest 프로그램

　　마이 블록을 만들기 위해 스위치 블록을 선택하고 메뉴에서 도구 - 마이 블록 빌더를 선택합니다. 그리고 마이 블록의 이름과 파라미터의 이름 및 아이콘을 설정합니다(필자는 입력을 색상 번호, 출력을 텍스트로 정했습니다). 그림 15-16은 만들어진 마이 블록에 설명을 추가한 모습입니다.

　　마이 블록을 만든 후 꼼꼼하게 테스트해서 모든 데이터 와이어가 적절히 연결되고 블록이 각 색상값을 정확한 텍스트로 출력하는지 미리 확인해 보는 것이 좋습니다.

ColorToTextTest 프로그램(그림 15-17)은 EV3의 화면을 지우고 각각의 색상명을 다른 줄에 출력합니다. 루프 블록은 총 여덟 번 반복되며, 루프 인덱스를 ColorToText 마이 블록의 입력으로 보내 8가지 색상의 색상명을 가져오고 디스플레이 블록의 입력에 각 색상명을 텍스트로 전달합니다. 루프가 처음 실행될 때 루프 인덱스는 0이므로, ColorToText 마이 블록의 출력은 No Color가 되며, EV3 화면의 0번 줄(맨 윗줄)에 출력되어야 합니다. 루프가 두 번째 실행될 때 인덱스는 1이 되고, 프로그램은 1번 줄(맨 윗줄의 바로 아래)에 Black(검정)을 출력합니다. 이와 같은 순서로 루프는 8가지 색상명을 순서대로 화면에 한 줄씩 쓰며 모든 색상명이 화면에 표시될 때까지 반복 수행됩니다. 루프가 끝나고 마지막의 브릭 버튼 대기 블록은 사용자가 버튼을 누를 때까지 현재 상태를 유지하게 되므로, 여러분이 화면의 내용을 확인하고 프로그램을 임의로 종료할 수 있게 됩니다.

프로그램을 실행하면 EV3의 화면에 다음과 같이 표시됩니다.

No Color(색상 없음)
Black(검정)
Blue(파랑)
Green(초록)
Yellow(노랑)
Red(빨강)
White(흰색)
Brown(갈색)

색상명이 제대로 출력되지 않는다면 ColorToText 마이 블록을 수정해 문제를 해결해 두어야 다른 프로그램에서 이 마이 블록을 유용하게 쓸 수 있습니다.

AddColorCount(색상 개수 증가) 마이 블록

ColorCount 변수는 배열 형태로 각 색상이 인식된 횟수를 기록합니다. 새로운 물체가 인식될 때마다 배열의 해당 색상을 가리키는 원소에 1을 증가시켜야 합니다. 이 동작을 수행하기 위해, 변수에 관련된 5개의 블록이 필요합니다. 이 블록들을 마이 블록으로 만들면 프로그램을 좀 더 짧고 읽기 쉽게 만들 수 있습니다(마이 블록 만들기에 대한 자세한 내용은 12장을 참고하기 바랍니다).

그림 15-18은 완성된 AddColorCount 마이 블록을 보여 줍니다. 이 블록은 입력으로 색상 번호를 가져오고, 해당 ColorCount 배열 원소에 1을 증가시킵니다. 이 프로그램은 자신을 사용하는 메인 프로그램에서 새 값을 사용해서 디스플레이에 출력할 수 있도록 해당 값을 출력 파라미터로 내보냅니다.

맨 처음의 변수 읽기 블록은 ColorCount 변수의 값을 읽고 전체 배열을 데이터 와이어로 전달합니다. 배열 연산 블록은 배열과 색 번호를 입력으로 받아 해당 색상의 현재까지 누적된 개수를 출력합니다. 수학 블록으로 이 값을 1 증가시키고, 배열 연산 블록은 증가된 새 값을 배열에 다시 기록합니다. 마지막 변수 쓰기 블록이 수정된

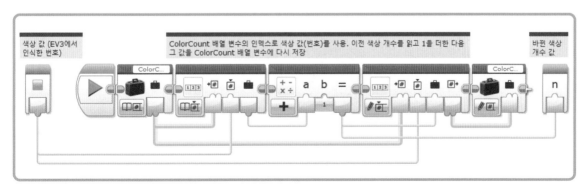

그림 15-18 AddColorCount 마이 블록

배열을 ColorCount 변수에 쓰는 것으로 작업이 완료됩니다.

데이터 와이어를 사용해서 사운드 파일 선택하기

우리가 만든 프로그램이 색상을 인식하면 사운드 블록을 사용해서 색상 이름을 말하도록 수정해 봅시다. ColorToText 마이 블록의 색상 이름을 데이터 와이어를 통해 사운드 블록으로 전달해서 각 색상별로 재생할 사운드 파일을 선택할 수 있습니다(그림 15-19). 이 작업을 위해 사운드 블록의 파일 이름을 일반적인 파일 이름이 아닌 유선으로(그림 15-20) 설정해 주고, 데이터 와이어를 사운드 블록의 '파일 이름' 입력에 연결합니다.

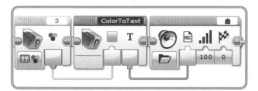

그림 15-19 데이터 와이어를 사용해서 사운드 파일 이름 선택하기

그림 15-20 파일 이름을 '유선'으로 선택한 사운드 블록

데이터 와이어를 사용해서 사운드 파일을 선택하려면, 먼저 EV3 브릭에 적절한 사운드 파일이 저장되어 있는지 확인해야 합니다(사운드 파일 이름을 직접 선택하면 EV3 소프트웨어가 자동으로 이 작업을 처리해 줍니다). 여러분이 할 일은 프로젝트에 필요한 8개의 사운드 파일을 추가해 주고, 사운드 파일 이름과 ColorToText 마이 블록이 출력하는 텍스트명이 일치하는지 확인하는 것입니다.

프로젝트 속성 페이지(그림 15-21)의 사운드 탭에서 프로젝트에 포함된 사운드 파일을 확인할 수 있습니다. 사운드 파일을 목록에 추가하려면 프로그램에 사운드 블록을 추가하고 원하는 파일을 가져오기 메뉴를 통해 선택하면 됩니다. 해당 사운드 파일은 다른 사운드 파일을 선택하거나 사운드 블록을 삭제하더라도 프로젝트의 사운드 탭에서 삭제하기 전까지는 남아 있게 됩니다.

그림 15-21 사운드 블록을 사용해서 파일을 선택하기 전에는 프로젝트 속성 페이지의 사운드 파일 목록이 비어 있다.

프로젝트에 7가지 색상의 이름을 추가하기 위해 다음 단계를 따릅니다.

1. ColorCount라는 새 프로그램을 만듭니다.
2. 사운드 블록을 프로그램에 추가합니다.
3. 파일 이름으로 검은색(Black)을 선택합니다(LEGO Sound files - Color 선택).
4. 같은 식으로 파란색(Blue)을 선택합니다.
5. 7가지 색상 전체에 대해 이 작업을 반복합니다.

작업을 마무리했다면 여러분이 보게 될 사운드 파일의 목록은 그림 15-22와 같아야 합니다. 7개의 파일이 모두 있는지 확인하기 바랍니다.

이제 우리는 컬러가 없는 경우를 처리해야 합니다. 아쉽게도 No Color라는 이름의 사운드 파일이 없으므로 색상 인식에 실패했을 때의 처리 방법을 별도로 만들어야 합니다. RedOrBlue 프로그램에서 컬러 센서가 색상을 인식하지 못했을 때 우리는 '어-오(Uh-oh)' 사운드를 사용했었습니다. ColorCount 프로그램에서 해당 사운드 파일

그림 15-22 7가지 색상의 사운드 파일이 포함된 모습

을 사용하기 위해서는 파일 이름을 No Color로 바꾸어 사운드 파일 이름이 ColorToText 블록에서 전달된 텍스트와 일치하도록 만들 수 있습니다. 어-오(Uh-oh) 사운드를 No Color로 바꾸는 과정은 다음과 같습니다.

1. 사운드 블록의 파일 이름으로 Uh-oh를 선택합니다 (LEGO Sound files - Expressions 선택).
2. 프로젝트 속성 페이지를 엽니다.
3. 사운드 파일 목록에서 Uh-oh.rsf 파일을 선택합니다.
4. '내보내기' 버튼을 클릭합니다. 이제 사운드 파일을 저장할 수 있는 대화상자가 열리고, 여기에서 Uh-oh.rsf 파일을 No Color.rsf라는 새 이름으로 저장합니다 (No와 Color 사이의 공백 문자에 주의하십시오).
5. '가져오기' 버튼을 클릭합니다. 이제 새로운 사운드 파일을 추가하기 위한 대화상자가 열립니다. 여기에서 No Color.rsf를 선택합니다.
6. 이제 프로젝트 속성 페이지에서 필요 없어진 Uh-oh.rsf 파일을 선택하고 '삭제' 버튼을 클릭합니다. 파일은 EV3 소프트웨어에 그대로 있으며, 단지 이 프로젝트에서만 삭제됩니다.
7. 작업을 위해 임시로 추가했던 사운드 블록을 삭제합니다.

No Color에 대한 사운드 파일이 적용되면 프로젝트 속성의 사운드 페이지는 그림 15-23과 같이 나타나게 됩니다. 물론 여러분이 원한다면 Boo, Sorry, No 등의 다른 소리를 사용하거나 EV3 소프트웨어의 '도구 - 사운드 편집기'

를 써서 자신만의 사운드 파일을 추가할 수도 있습니다. 중요한 점은 ColorToText 마이 블록에서 사용하는 텍스트 값과 일치하는 No Color라는 파일 이름을 이용해 사운드를 출력한다는 것입니다.[5]

그림 15-23 ColorCount 프로그램에 필요한 사운드 파일의 전체 목록

초기화

이제 프로그램을 시작해 볼 차례입니다. 먼저 8개의 원소가 0으로 설정된 ColorCounts 배열을 만들고 색상 이름과 기본 개수를 표시하도록 기본적인 설정을 해야 합니다.

이 과정을 수행하는 초기화 프로그램이 그림 15-24에 나와 있습니다. 다음은 이 프로그램의 작동 방식에 대한 설명입니다.

1. 변수 블록은 쓰기 - 숫자형 배열 모드로 설정되어 Color Counts 변수를 생성합니다. 값 파라미터는 [0;0;0;0;0;0;0;0]으로 초기화됩니다. 이제 8개의 원소가 모두 0인 배열이 생성됩니다. 배열의 값 설정에 대한 부분은 218쪽의 "배열 만들기" 절을 참고하기 바랍니다.
2. 디스플레이 블록이 화면을 지웁니다.
3. 루프 블록은 각 색상마다 한 번씩, 총 8번 반복됩니다.
4. ColorToText 블록은 루프 인덱스를 입력으로 사용하고, 해당 색상명을 데이터 와이어로 출력합니다.

---

5 (옮긴이) 파일 이름을 바꾸는 형태가 아닌, No Color 케이스일 경우에 한해 출력하는 텍스트를 'No Color'가 아닌 'Uh-oh'로 바꿀 수도 있습니다. 그러나 이렇게 바꿀 경우 EV3의 화면상에서 색상명 역시 'Uh-oh'로 출력되며, 이 부분을 파일 이름과 출력되는 텍스트가 별개로 운용되도록 처리하려면 불필요하게 프로그램이 복잡해질 수 있습니다.

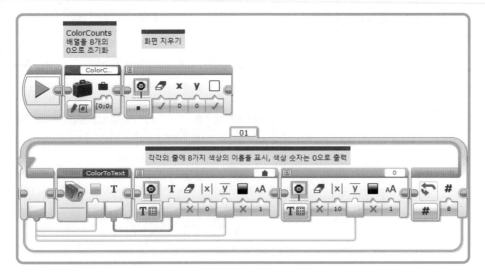

그림 15-24 ColorCount 프로그램 전반부, 초기화 기능

5. 첫 번째 디스플레이 블록은 루프 인덱스를 줄의 상하 위치(Y) 설정에 사용하고 ColorToText 블록으로부터 받은 색상명을 출력합니다. 글꼴 값은 1이며, 이 상태에서 EV3 화면의 8줄을 사용할 수 있으므로, 8가지 색상 정보를 한번에 출력할 수 있습니다.

6. 두 번째 디스플레이 블록은 0을 출력합니다. 역시 상하 위치(Y)는 루프 인덱스로부터 받아서 사용하며, 줄을 깔끔하게 정렬하기 위해 좌우 위치(X)는 10으로 설정했습니다.

이 프로그램을 실행하면 EV3의 화면에는 다음과 같은 값이 출력됩니다.

No Color	0
Black	0
Blue	0
Green	0
Yellow	0
Red	0
White	0
Brown	0

색상 이름 바로 뒤가 아닌 10번째 열에 개수를 표시하는 것이 좀 더 명확하게 숫자를 읽을 수 있습니다. 또한 열이 고정되고 행 번호로 해당 행의 내용만을 수정할 수 있기 때문에 디스플레이 기능을 조금이나마 간략화시킬 수 있습니다. 이런 방법이 값이 바뀔 때마다 화면 전체를 지우고 새로 그리는 것보다 훨씬 더 효율적입니다.

이 시점에서 프로그램을 테스트하기 위해서는 마지막에 대기 블록을 임시로 추가하는 것이 좋습니다. 대기 블록을 추가하지 않는다면, 여러분이 EV3 화면에서 값을 읽으려는 순간 프로그램이 종료될 것이고, EV3 화면이 지워지면서 아무것도 읽을 수 없을 것입니다.

색상 수 세기

이제 실제 물체의 개수를 세는 기능을 만들 차례입니다 (그림 15-25). 다음은 이 프로그램의 작동 방식에 대한 설명입니다.

1. 루프 블록은 프로그램이 강제 종료될 때까지 반복됩니다.

2. 대기 블록은 브릭 버튼 - 비교 모드를 사용해서 EV3의 가운데 버튼이 눌릴 때까지 대기합니다.

3. 버튼이 눌리면 측정 - 색상 모드로 설정된 컬러 센서 블록이 센서 앞의 물체의 색상을 판단합니다. 이 값

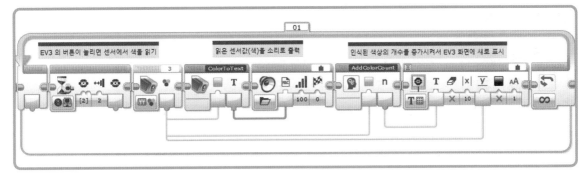

그림 15-25 ColorCount 프로그램 후반부, 색상 수 세기 기능

은 다음 블록에서 세 가지 형태로 활용됩니다.

4. ColorToText 마이 블록은 색상 번호를 해당되는 색상의 영문 이름으로 바꾸어 줍니다.

5. 사운드 블록은 ColorToText 블록이 생성한 색상명을 이용해 해당되는 사운드 파일을 출력합니다.

6. AddColorCount 마이 블록은 인식된 색상의 개수에 1을 더합니다. 이렇게 증가된 개수를 데이터 와이어를 통해 디스플레이 블록으로 보냅니다.

7. 디스플레이 블록은 AddColorCount 마이 블록으로부터 받은 물체의 개수를 화면에 출력합니다. 컬러 센서가 읽은 색 번호가 화면에서 출력될 행 번호(Y)를 결정하며, 열 번호(X)는 10입니다. 디스플레이 블록은 기존의 값을 새 값으로 덮어 씁니다.

프로그램을 실행하면 색상 목록이 표시되고 숫자값은 처음에 모두 0으로 출력됩니다. 여러분이 물체를 컬러 센서 앞에 놓고 EV3의 가운데 버튼을 누르면 로봇은 인식한 색상의 이름을 말하고, 화면상에서 해당 색상의 개수를 보여 줍니다. 프로그램이 완성되었다면 각기 다른 색의 물체를 준비해 로봇이 제대로 인식하고 반응하는지 테스트해 보기 바랍니다.

MemoryGame(기억력 게임) 프로그램

이번에 만들어 볼 프로그램은 MemoryGame이라는 이름

의, 간단한 기억력 게임입니다. 로봇은 브릭 상태 표시등을 이용해 임의의 색상 순서를 표시하고, 사용자는 버튼을 눌러 해당 동작을 따라합니다. 로봇이 보여 준 메시지를 그대로 입력하면 게임은 계속되고, 여러분의 답이 틀리면 게임은 종료됩니다.

전체 프로그램은 루프 블록으로 묶여, 여러분이 잘못된 답을 입력할 때까지 계속됩니다. Lights라는 배열 변수를 써서 브릭 상태 표시등 값(0은 녹색, 1은 주황색, 2는 빨간색)의 조합을 기억합니다. 루프가 수행될 때마다 프로그램은 랜덤 블록을 써서 0에서 2 사이의 값을 생성하고 Lights 배열에 기록합니다. 배열에 새로운 값이 기록되면 프로그램은 해당 색상의 표시등을 점멸해 보여 줍니다. 여러분은 프로그램이 보여 준 값을 기억하고 녹색은 브릭 버튼의 왼쪽, 주황색은 가운데, 빨간색은 오른쪽 버튼으로 입력해 답을 제시하면 됩니다.

프로그램은 브릭 상태 표시등을 끄고 시작합니다. 이것은 EV3의 기본 설정이 프로그램이 시작될 때 녹색 상태 표시등을 점멸하도록 되어 있기 때문입니다. 프로그램은 여러분이 혼란을 일으키지 않도록 상태 표시등을 끄고 메인 루프를 실행합니다(그림 15-26).

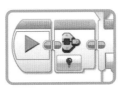

그림 15-26 루프를 실행하기 전 브릭 상태 표시등을 끄기

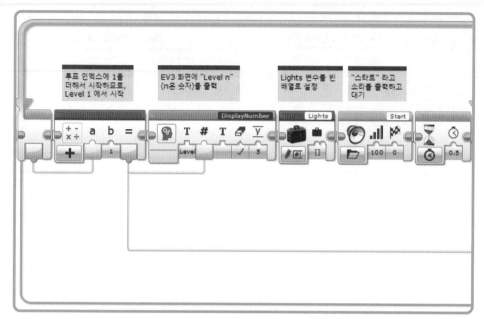

루프 인덱스에 1을
더해서 시작하므로,
Level 1 에서 시작

EV3 화면에 "Level n"
(n은 숫자)를 출력

Lights 변수를 빈
배열로 설정

"스타트" 라고
소리를 출력하고
대기

그림 15-27 게임 시작
준비

루프의 시작

루프의 맨 앞부분은 그림 15-27과 같습니다. 이 프로그램
은 현재 레벨을 보여 주고 매 레벨마다 난이도가 조금씩
높아집니다. 레벨을 결정할 때 루프 인덱스를 사용합니
다. 하지만 루프가 처음 시작될 때 인덱스는 0이며, 레벨
은 1부터 시작하는 것이 자연스럽기 때문에 루프 인덱스
에 1을 더하고, 이 값을 배열의 원소 개수로 사용합니다.

　　루프가 실행될 때마다 프로그램은 DisplayNumber 마
이 블록(12장)을 써서 현재의 레벨을 "Level 1", "Level 2"
와 같이 표시합니다. 레벨이 표시된 후 Light 변수는 빈 배
열로 초기화되며, 프로그램은 "Start"라고 말하고 일련의
빛 조합을 보여 주기 전에 잠시 멈추고 기다립니다.

일련의 빛 조합 만들기

프로그램의 다음 부분은 브릭 상태 표시등의 빛을 설정하
기 위한 값을 랜덤 블록을 써서 무작위 값으로 만들어 배
열에 저장하고, 해당 값에 따라 브릭 상태 표시등의 색상
을 보여 줍니다(그림 15-28). 그림 15-27의 수학 블록이 생

성한 값(메인 프로그램의 루프 인덱스＋1)은 이 루프가
반복되는 횟수와 배열에 추가된 문제(빛의 색) 개수를 제
어하는 데 사용됩니다.

NOTE 아마도 여러분의 모니터에서 전체 프로그램의 내용을 다 보기
엔 화면이 좁을 것입니다. 수학 블록에서 루프 블록으로 데이터 와이
어를 연결하려면 EV3 소프트웨어 상단의 '축소' 버튼(🔍) 또는 Ctrl
키를 누른 상태에서 마우스 휠을 아래로 스크롤하면 프로그램의 내용
이 작아지면서 전체 화면을 볼 수 있어 와이어를 연결하기 쉬워질 것
입니다.

매번 루프를 수행할 때마다 랜덤 블록은 0에서 2 사이의
값을 생성합니다. 이 값은 Lights 배열에 추가되고, 브릭
상태 표시등을 켜는 데 사용됩니다. 잠시 기다린 후에 브
릭 상태 표시등을 끄고, 또 잠시 기다린 후에 루프를 계속
하거나 빠져나갑니다. 루프가 끝나면, 브릭 상태 표시등
을 켜는 데 사용된 값들이 Lights 배열에 저장되어 있습니
다. 이 값들을 이용하여 여러분이 입력한 버튼의 순서가
정확한지 확인하게 됩니다.

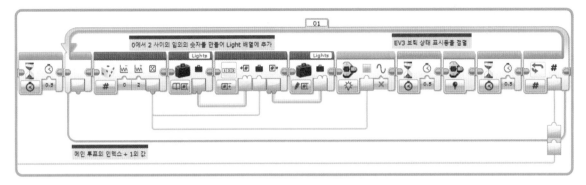

그림 15-28 빛 조합 만들기

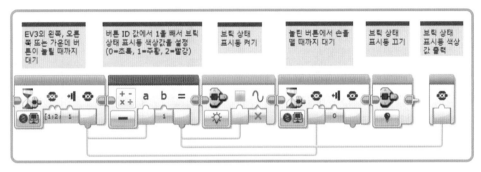

그림 15-29 버튼 입력 처리를 위한 WaitForButton 마이 블록의 내부

WaitForButton(버튼 입력 대기) 마이 블록

프로그램의 마지막 부분에서 그림 15-29와 같이 WaitForButton 마이 블록을 생성합니다. 이 블록은 사용자가 브릭 버튼을 사용해서 답을 입력할 때, 해당되는 입력값을 색으로 보여 주고 데이터 와이어로 내보냅니다. 그림 15-30은 WaitForButton 마이 블록의 외형을 보여 줍니다.

그림 15-30 WaitForButton 마이 블록

첫 번째 대기 블록은 브릭 버튼 - 비교 모드를 사용하고 왼쪽, 가운데, 오른쪽 버튼 중 하나가 눌릴 때까지 대기합니다. 그림 15-31은 버튼의 설정을 보여 줍니다.

브릭 상태 표시등의 값은 0에서 2, 그리고 버튼의 ID 값은 1에서 3이므로 수학 블록을 써서 버튼 ID 값에서 1을 뺀 값을 브릭 상태 표시등 블록으로 전달합니다. 이 기능을 통해 여러분이 입력한 색상값에 해당하는 상태 표시등의 색상이 점멸됩니다. 두 번째 대기 블록은 여러분이 답을 입력하기 위해 누른 버튼에서 손을 떼기를 기다립니다.

버튼에서 손을 떼는 순간 상태 표시등은 꺼지고 마이 블록은 종료됩니다. WaitForButton 마이 블록은 종료되면서 여러분이 누른 브릭 버튼에 해당하는 브릭 상태 표시등의 색상(버튼 ID 값이 아닐) 값을 출력합니다. 이 값은 게임 프로그램에서 사용자가 입력한 값과 프로그램이 보여 준 색상값이 같은지 판단하기 위해 사용됩니다.

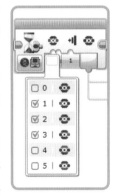

그림 15-31 왼쪽, 가운데, 오른쪽 버튼 중 하나가 눌릴 때까지 기다리도록 설정

사용자의 답 확인

그림 15-32에 표시된 프로그램의 마지막 부분은 사용자의 답을 채점하는 기능입니다. 맨 처음 할 일은 "고(Go)"라는 소리를 통해 기억한 순서를 입력할 때가 되었음을 사용자에게 알립니다. 그 다음 프로그램은 WaitForButton 마이 블록을 사용해서 사용자가 버튼을 입력할 때까지 기다립니다. 사용자가 버튼을 클릭하면 비교 블록이 사용자가 입력한 버튼의 브릭 상태 표시등 색상과 문제 배열에 저장된 색상값이 일치하는지 확인하고 정답 여부를 판단합니다.

사용자가 오답을 입력했다면 스위치 블록을 통해 프로그램은 "게임 오버(Game Over)"라는 소리를 출력하며 루프 인터럽트 블록을 사용해서 정답 채점 루프를 종료합니다. 정답 채점 루프의 이름은 '02'이며 루프 인터럽트 블록의 '중단할 루프 이름' 설정도 02입니다. 비교 블록의 결과는 메인 루프 블록이 계속 진행할지 여부를 결정하는 데도 사용됩니다. 오답을 입력했다면 게임 자체가 종료되지만, 정답을 입력할 경우 값은 거짓이 출력되고 게임은 레벨이 증가한 채 계속 진행됩니다.

Lights 배열의 길이는 루프의 반복 횟수를 제어하기 위해 사용됩니다. 프로그램은 사용자의 오답에 의한 루프 인터럽트 블록의 실행으로 참이 출력되면서 채점 루프와 메인 루프가 함께 종료되거나, 모두 정답일 경우 거짓이 출력되면서 정상적으로 채점만 종료되고 메인 루프는 반복 실행되는 형태로 동작합니다. 모두 정답일 경우 문제를 이루는 브릭 상태 표시등의 색상 개수는 더 많아지게 됩니다.

프로그램을 실행해 봅시다. 먼저 정상적인 녹색 상태 점멸 표시를 끄고 브릭 상태 표시등 문제의 색이 한 번 깜박이면 시작됩니다. 여러분이 올바른 버튼을 눌러 응답하면 프로그램은 이제 표시등을 두 번 깜빡이고 응답을 기다립니다. 이 프로그램은 여러분이 일련의 표시등 색상을 잘못 입력할 때까지, 혹은 프로그램을 강제로 종료할 때까지 계속됩니다.

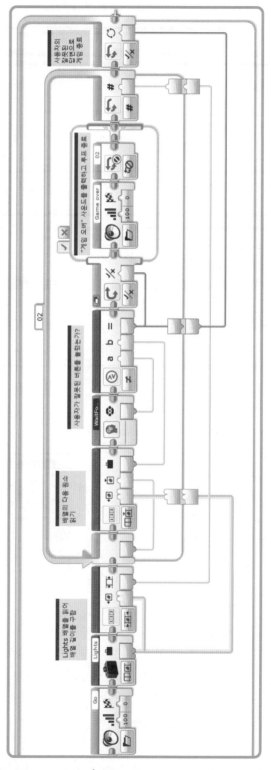

그림 15-32 사용자의 답 확인

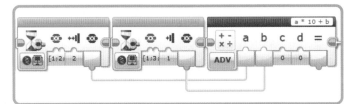

그림 15-33 두 개의 버튼을 조합해 새로운 명령 만들기

필자는 프로그램을 조금이나마 간략화하기 위해 화면 상에 표시될 수 있는 메시지를 생략했습니다. 여러분이 게임 플레이어에게 좀 더 친절한 프로그램을 만들어 주고 싶다면, 디스플레이 블록을 적절하게 활용해서 프로그램 시작 시 게임의 규칙을 보여 주고, 각 색상에 따라 눌러야 하는 버튼에 대한 가이드 역시 화면에서 보여 주도록 할 수 있습니다.

추가적인 탐구

이 장에서 제시된 아이디어를 확장하기 위한 몇 가지 탐구 활동은 다음과 같습니다.

1. 배열을 작업할 때 발생할 수 있는 오류는 두 가지가 있습니다. 하나는 존재하지 않는 원소를 읽으려고 할 때, 그리고 다른 하나는 존재하지 않는 원소에 값을 쓰려고 할 때입니다. 이 문제를 알아보기 위해 Array-Test 프로그램을 수정해서 간단한 테스트를 해 봅시다. 예를 들어, 배열이 채워진 후 ArrayValue[10]을 읽어 보도록 합니다. 그 다음 ArrayValue[10]에 값을 쓰고 배열 길이와 배열에 저장된 값에 어떤 변화가 생기는지 확인하십시오.[6] 이렇게 해 봄으로써, 소프트웨어가 이런 오류에 어떻게 반응하는지 알게 되고, 다음에 여러분의 실수로 인해 이 같은 반응이 나올 때 알아차릴 수 있을 것입니다.

2. ButtonCommand 프로그램은 네 개의 명령만을 지원

하므로 기능이 제한적입니다. 만약 버튼을 두 번 누르면 명령을 선택할 수 있도록 기능이 추가된다면 어떨까요? 원래의 프로그램에서는 명령을 식별하기 위해 버튼 ID를 사용했습니다. 만약 두 개의 버튼을 조합해서 특정한 명령을 만들기 위해서는 두 개의 버튼 ID를 새로운 값으로 만드는 프로그램이 필요합니다. 가장 간단한 방법은 첫 번째 버튼의 ID를 가져와서 10을 곱하고, 그 뒤에 두 번째 버튼 ID를 더하는 것입니다(그림 15-33). 이 조합은 11(왼쪽 + 왼쪽)부터 55(아래쪽 + 아래쪽) 사이의 숫자로 두 개의 버튼 조합을 처리할 수 있습니다. 단, 숫자 1, 3, 4 및 5가 포함된 숫자만을 사용하므로 11부터 55 사이의 모든 숫자가 아닌, 조합 가능한 숫자만 명령으로 쓸 수 있습니다.

이 버전에서는 각 명령을 표시하기 위해서 두 개의 숫자와 각각의 커맨드를 구분하기 위한 하나의 공백 문자, 즉 총 세 개의 글자를 사용하게 됩니다.

3. MemoryGame 프로그램에 소리를 추가해 봅시다. 브릭 상태 표시등이 켜질 때 조명의 색상과 일치하는 톤을 재생해 줍니다. 각 브릭 상태 표시등의 색상에 맞춰 적절한 주파수 톤을 저장할 배열을 별도로 만들어 이 프로그램을 수행해 봅시다. 필자가 추천하는 값은 다음과 같습니다: [261.626; 329.628; 391.995]. (이 세 개의 톤은 다장조 코드를 구성합니다. 톤 주파수의 값은 음표와 주파수의 관계를 참고했습니다.) 이 배열을 Tones라고 정하고, Tones[0]은 초록색, Tones[1]은 주황색, Tones[2]는 빨간색 상태 표시등에 할당합니다.

---

6 (옮긴이) ArrayTest 예제에서 두 루프 중 뒤쪽 루프의 반복 횟수를 '루프 인덱스'에서 받지 말고 강제로 10번으로 지정해 보면 됩니다. 즉, 앞에서 5번 루프를 수행하며 5자리 배열을 만들고 뒤에서는 6번째부터 10번째, 즉 없는 원소를 읽으라는 잘못된 프로그램을 만들어 보는 것입니다.

마무리

이번 장에서는 값의 목록을 저장할 수 있는 배열에 대해 배워보았습니다. 변수 블록을 사용해 배열을 만들고 저장하며, 배열 연산 블록을 사용해서 배열의 각 원소에 접근하고 배열의 길이를 알아낼 수 있습니다.

ButtonCommand 프로그램을 활용하면 트라이봇이 실행할 명령 목록을 만들 수 있고, 이 기능은 다른 프로그램 안에 넣어 유용하게 쓸 수 있습니다. 배열을 활용하면 RedOrBlueCount 프로그램을 확장하여 컬러 센서가 감지하는 8가지 색상을 처리하도록 할 수 있습니다. 또한, MemoryGame 프로그램에서는 배열과 브릭 상태 표시등, 버튼의 조합을 통해 여러분의 기억력을 테스트해 볼 수도 있습니다.

배열은 프로그램 실행 중 일련의 값의 모음을 활용할 때 유용하게 쓸 수 있습니다. 다음 장에서는 프로그램에서 값을 저장하고 다른 프로그램이나 컴퓨터에서 그 값들을 불러와 활용할 수 있는 기능에 대해 배워보겠습니다.

16

파일

이번 장에서는 파일 접속 블록을 이용해서 파일을 만들고 사용하는 방법을 알아보겠습니다. 여러분이 파일에 담는 정보는 지속성이 있습니다. 즉, 여러분의 프로그램이 종료된 후에도, 심지어 EV3를 끄더라도 사용할 수 있다는 말입니다. 파일을 이용하면, 프로그램에서 생긴 정보를 저장하고 나중에 같은 프로그램이나 다른 프로그램에서 사용할 수 있습니다.

　몇 개의 테스트 프로그램을 만드는 것으로 시작한 후에, 15장에서 만들었던 MemoryGame 프로그램을 수정하여 최고 점수를 파일에 저장하도록 하겠습니다. 그런 다음, ColorCount 프로그램에 메뉴를 추가함으로써 각각의 색상의 개수를 파일에 저장하고 프로그램이 다음번에 작동될 때 값들을 회복할 수 있도록 하겠습니다. EV3의 메모리를 관리하는 방법과, 파일을 삭제하거나 다른 EV3 또는 컴퓨터와 전송하는 방법도 알아볼 것입니다.

파일 접속 블록

파일 접속 블록은 고급 팔레트에서 찾을 수 있으며, 네 가지 주요 모드가 있습니다(그림 16-1 참조). 네 가지 주요 모드는 파일에서 읽기, 파일에 쓰기, 파일 삭제하기, 파일 닫기입니다. 파일을 닫는다는 것은 파일 사용이 끝났다고 EV3에게 알려 주는 것입니다. 이런 동작들을 설명하기 위해, 세 개의 값을 파일에 쓰고 다시 읽어 들인 다음 EV3

그림 16-1 파일 접속 블록 모드 선택

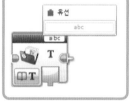

그림 16-2 파일 이름 설정

화면에 보여 주는 FileTest(파일 테스트) 프로그램을 만들어 보겠습니다.

파일 이름 설정하기

파일 접속 블록은 작업할 파일의 이름을 꼭 필요로 합니다. 파일 이름을 설정하려면, 블록의 상단 우측 코너에 있는 파일 이름 박스를 클릭하거나 '유선'을 선택해서 데이터 와이어를 통해 이름을 연결해 줍니다(그림 16-2).

　파일 이름은 대소문자를 구분하며 31 글자까지 가능합니다. 숫자, 글자, 빈칸, 밑줄(_) 그리고 대시(-)도 포함할 수 있습니다. 파일의 실제 내용을 알려 줄 수 있는 의미 있는 파일 이름을 짓도록 노력해 보세요.

파일에 쓰기

쓰기 모드는 이미 있는 파일에 정보를 저장하며, 파일이 없는 경우에는 새 파일을 생성합니다. 파일 접속 블록은 항상 파일의 끝에 새로운 데이터를 기록하므로, 이미 파일이 있는 경우에는 새 값은 파일 끝에 추가됩니다. 만일 이미 있는 데이터를 대체하고 싶다면, 우선 파일을 삭제해야 합니다.

그림 16-3은 FileTest 프로그램의 앞부분으로, 세 개의 파일 접속 블록으로 0, 1, 2를 파일에 기록합니다. 세 블록의 파일 이름은 모두 FileTestData라고 정했습니다.

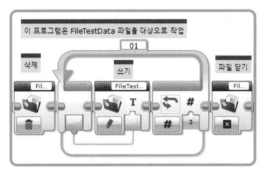

그림 16-3 파일에 쓰기

우리는 FileTest 프로그램을 시작할 때마다 FileTestData의 내용을 대체할 것이므로, 첫 번째 파일 접속 블록은 삭제 모드를 써서 기존의 파일을 삭제합니다. 이 블록이 없으면, 프로그램을 처음 실행할 때는 파일을 생성하고 세 개의 값을 기록하지만 두 번째로 프로그램을 실행할 때는 이미 있는 파일을 열고 세 개의 값을 추가합니다. 세 번째로 프로그램을 실행할 때도 세 개의 값을 파일에 추가하며, 파일은 값을 9개 가지게 됩니다.

두 번째 파일 접속 블록은 쓰기 모드를 사용하여 루프 인덱스를 파일에 기록합니다. 파일 접속 블록의 입력 파라미터는 글자 값을 받아들이므로, 쓰기 모드에서는 숫자와 글자 사이에 선택할 필요가 없습니다. 파일 접속 블록에 숫자 입력을 해도 자동으로 텍스트로 변환되어 파일에 기록됩니다.

루프가 처음 실행될 때 파일이 생성되고, 첫 값으로 0이 기록됩니다. 그 다음의 루프 두 번 동안 파일에는 1과

2가 기록됩니다. 세 번째 파일 접속 블록은 닫기 모드를 사용해서 파일을 닫습니다. 값을 기록한 후에 파일을 닫아둬야만, 프로그램의 이후 부분에서 값을 읽으려 할 때 EV3가 파일의 시작 부분부터 읽게 됩니다.

파일에서 읽기

파일 접속 블록의 읽기 모드는 기존의 파일로부터 숫자나 글자를 읽어 들입니다. 파일이 없으면, 프로그램은 갑자기 멈추고 EV3는 파일 읽기 오류 메시지를 보여 줍니다.

읽기 모드에서, 출력 파라미터의 데이터 유형을 선택해야 제대로 된 데이터 와이어 타입을 사용할 수 있습니다. 파일의 자료는 항상 글자로 저장되므로, 글자나 숫자 모두 읽기 - 텍스트 모드를 사용해서 글자로서 읽을 수 있습니다. FileTestData 파일에서처럼 숫자를 써뒀다는 걸 안다면, 읽기 - 숫자 모드를 사용해서 숫자 값을 얻을 수 있습니다. 이것은 파일 안의 값이 실제로 숫자일 때만 제대로 동작하며, 그렇지 않을 경우 값은 0으로 읽히며 EV3는 이 값이 실제로 파일 안에 있는 것과 일치하지 않는다는 것을 알려 주지도 않습니다.

그림 16-4가 보여 주는 FileTest 프로그램의 후반부는, FileTestData로부터 세 개의 값을 읽고 EV3 화면에 표시합니다. 첫 번째 디스플레이 블록이 화면을 지우고 나면, 루프가 세 번 반복됩니다. 매번의 루프마다, 파일 접속 블록은 숫자 하나를 읽고 화면에 표시합니다. 루프가 끝나면, 파일을 닫고 프로그램은 5초 대기함으로써 여러분이 화면을 읽을 시간을 줍니다. 파일 사용이 끝나면 항상 파일을 닫는 것이 좋은 습관이므로, 여기서도 FileTest는 파일 접속 블록이 FileTestData를 닫으면서 종료합니다.

그림 16-4의 블록들을 그림 16-3의 프로그램 끝부분에 추가해서 FileTest 프로그램을 완성합니다. 완성된 프로그램을 실행하면, FileTestData 파일을 생성하고, 0, 1, 2를 파일에 쓰고, 값들을 다시 읽어 들이고, EV3 화면에 표시합니다.

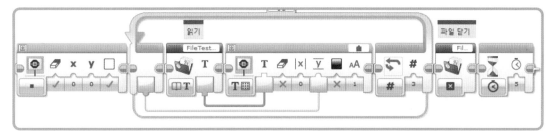

그림 16-4 파일에서 읽기

여러 개의 파일 접속 블록이 동일한 파일을 사용해야 할 경우 각 블록에 정확한 이름을 입력해야 합니다. 예를 들어, 그림 16-3에서 세 개의 파일 접속 블록이 동일한 파일 이름을 사용하지 않으면 프로그램은 실패할 것입니다. 파일 접속 블록은 대체로 파일 이름의 앞부분만 보여 주지만, 마우스를 파일 이름 부분에 가져가면 파일 이름 박스가 파일 이름 전체를 보여 줍니다(그림 16-5). 이 방법으로 프로그램의 각각의 파일 접속 블록을 빠르게 확인함으로써 블록들이 제대로 된 파일을 사용하는지 확인할 수 있습니다.

그림 16-5 파일 이름 전체 보여 주기

글자와 숫자 외에, 파일 이름에 사용할 수 있는 것은 대시(-)와 밑줄(_)입니다. 파일 이름 박스에 *이나 % 같은 특수문자를 입력할 수는 있지만, EV3는 파일 사용 시에 이 글자들을 공백으로 바꿔 버립니다. 예를 들어 여러분이 파일 접속 블록의 파일 이름을 Test*One 또는 Test%One으로 적었더라도 블록은 Test One이라는 파일을 사용하게 되며, 여러분이 의도한 대로 되지 않습니다. 또한 파일 이름은 대소문자를 구분한다는 것을 기억하세요. FileTestData, filetestdata, FILETESTDATA는 모두 다른 파일을 가리킵니다. FileTestData에 값들을 쓴 후에 filetestdata에서 읽으려 한다면, 프로그램은 실패할 것입니다.

파일 이름을 입력할 때 실수를 방지하는 한 가지 방법은, 새로운 파일 접속 블록을 추가하는 대신 기존의 파일 접속 블록을 복사하는 것입니다. 예를 들어, 그림 16-3의 코드를 만들기 위해서, 파일을 삭제하기 위한 블록을 추가하면서 파일 이름을 설정합니다. 그리고 나서 루프 블록을 추가할 때, 첫 번째 파일 접속 블록을 복사(CTRL 키를 누른 채로 클릭하고 잡아끌기 합니다)하여 루프 블록 안에 가져다 놓습니다. 복사한 블록의 모드를 삭제 모드에서 쓰기 모드로 변경해야 하지만, 파일 이름은 이미 제대로 설정되어 있을 것입니다.

MemoryGame 최고 점수 저장하기

이제 15장에서의 MemoryGame 프로그램에 최고 점수를 저장하는 코드를 추가하겠습니다. 이 프로그램은 커다란 루프 안에 담겨 있고, 사용자가 틀린 응답을 하면 종료했었습니다. 따라서 루프가 반복 실행되는 동안 루프 인덱스는 사용자가 정확한 응답을 한 횟수가 됩니다. 이 인덱스를 사용자의 점수로 사용하겠습니다.

최고 점수는 MG_HighScore라는 파일에 저장됩니다. 사용자가 틀린 응답을 하면 메인 루프를 벗어나고, 프로그램은 사용자의 점수를 MG_HighScore에 저장된 값과 비교합니다. 사용자가 최고 점수를 갱신하면, 프로그램은 새로운 최고 점수를 저장하고, 축하 메시지를 표시하며, 축하음을 냅니다.

새로운 코드의 대부분을 프로그램 끝부분에 추가할 것이지만, 메인 루프의 시작 부분에도 한 가지 변화를 주어야 합니다. 사용자의 점수를 추적하기 위해, 루프 인덱스

값을 Score라는 변수 블록에 저장하겠습니다(그림 16-6). 루프가 종료되면, Score는 사용자가 정답을 맞힌 횟수를 알려 줍니다.

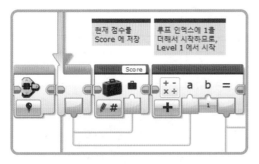

그림 16-6 사용자의 점수 저장하기

추가할 코드의 나머지는 메인 루프 뒤에 배치합니다. 첫 부분은 그림 16-7에서와 같이, 이전의 최고 점수를 가져 와서 사용자의 최고 점수와 비교합니다. 이 프로그램에서 사용되는 모든 파일 접속 블록은 MG_HighScore 파일을 사용합니다. 이 블록들을 하나씩 살펴봅시다.

1. 첫 번째 파일 접속 블록은 MG_HighScore 파일에 0 을 씁니다. 기존의 파일에 0을 추가하는 것은 프로그 램에 영향을 미치지는 않지만, 이 블록은 MG_High Score 파일을 생성해야 할 경우를 대비해서 맨 앞에 둡니다. 그렇지 않으면, 존재하지 않는 파일로부터

읽어 들이려는 에러를 일으킬 수 있습니다.

2. 두 번째 블록은 파일을 닫아서, 다음 블록이 내용을 읽을 수 있도록 합니다.

3. 세 번째 파일 접속 블록은 이전의 최고 점수를 파일 로부터 읽어 들입니다. 이 값은 (MG_HighScore가 기 존에 없었다면) 첫 번째 파일 접속 블록이 써놓은 0일 수도 있고, 또는 이전의 최고 점수일 수도 있습니다.

4. 파일을 다 사용했으므로, 그 다음 블록이 파일을 닫 습니다. 파일이 이미 던 경우라면, 첫 번째 파일 접 속 블록이 기록했던 0은 읽어 들이지 않게 됩니다.

5. 변수 블록이 사용자의 점수를 읽습니다.

6. 비교 블록이 사용자의 점수를 확인합니다. 현재의 최 고 점수보다 높으면 데이터 와이어의 값은 참이고, 그렇지 않으면 거짓입니다.

이 블록들이 실행된 후에, 두 데이터 와이어에는 사용자 의 점수와 (최고 점수 갱신인지 여부를 알려 주는) 논릿값 이 포함됩니다. 최고 점수를 갱신한 경우라면, 그림 16-8 에서 보이는 프로그램 부분이 새로운 최고 점수를 저장하 고 사용자를 축하합니다.

이 부분의 프로그램은 다음과 같이 작동합니다.

7. 비교 블록으로부터의 논릿값이 참이면, 그림 16-8의 스위치 블록이 실행되어 최고 점수를 갱신합니다.

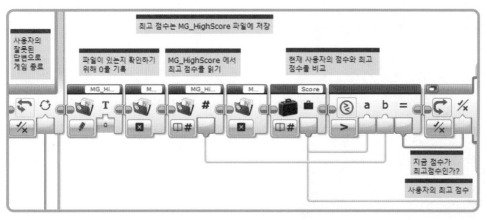

그림 16-7 사용자의 점수와 이전의 최고 점수 비교하기

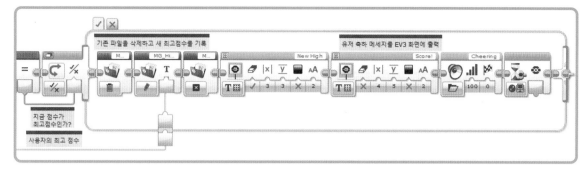

그림 16-8 스위치 블록의 참 케이스에서 새로운 최고 점수 저장하기

8. 새로운 최고 점수가 기존의 최고 점수를 대체할 수 있도록, 첫 번째 파일 접속 블록이 MG_HighScore 파일을 삭제합니다.

9. 그다음 파일 접속 블록이 새로운 최고 점수를 파일에 씁니다.

10. 세 번째 파일 접속 블록이 파일을 닫습니다.

11. 두 개의 디스플레이 블록이 큰 글씨로 '최고 점수 갱신!'이라고 화면 가운데쯤에 두 줄로 표시합니다.

12. 사운드 블록이 축하음을 냅니다.

13. 대기 블록의 브릭 버튼 변경 모드를 사용해서, 사용자가 버튼을 누를 때까지 프로그램을 일시 정지시킵니다.

변경된 MemoryGame 프로그램을 처음 실행한 후 적어도

한 번 정답을 맞히면, 새로운 최고 점수를 얻고, 최고 점수 갱신 메시지를 보고, 축하음을 듣게 됩니다. 그 이후에는, 이전의 최고 점수를 갱신할 때만 메시지를 볼 수 있습니다.

이전의 최고 점수를 읽으려 하기 전에, 파일이 존재하지 않는 경우를 대비해서 MG_HighScore 파일에 0을 추가로 기록한다는 점을 기억하세요. 사용자가 새로운 최고 점수를 얻게 되면, 파일은 다시 쓰이고 그 0은 사라집니다. 하지만 얼마 지나고 나면, 최고 점수는 갱신하기가 점점 어려워질 테고 파일에 0을 계속해서 추가하게 되며, 파일은 필요 이상으로 커지게 됩니다. 프로그램이 종료될 때 MG_HighScore 파일이 오직 한 값만 가지도록 하기 위해서, 게임이 끝날 때마다 파일을 다시 쓸 수 있습니다(그림 16-9).

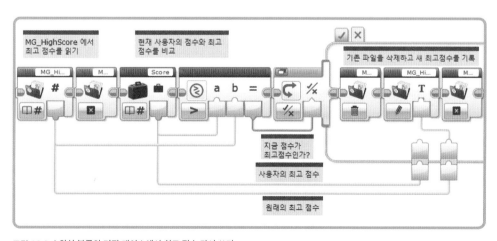

그림 16-9 스위치 블록의 거짓 케이스에서 최고 점수 다시 쓰기

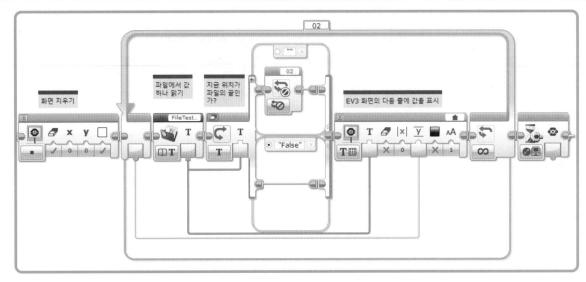

그림 16-10 FileReader 프로그램

최고 점수를 가져오기 위한 데이터 와이어를 하나 추가하고, 스위치 블록 안으로 전달합니다. 스위치 블록 거짓 케이스에 있는 세 개의 파일 접속 블록이 기존의 파일을 삭제하고, 최고 점수를 기록하고, 파일을 닫습니다.

FileReader(파일 읽기) 프로그램

프로그램이 파일에 실제로 쓰는 것을 볼 수 있다면 좋을 것입니다. 이제 FileReader 프로그램을 만들어 보겠습니다(그림 16-10 참조). FileReader는 파일의 내용을 EV3 화면에 표시해 주며, 작은 파일을 다룰 때 편리합니다. 이 예제에서 파일 이름은 FileTestData로 정해져 있습니다만, 여러분이 읽고 싶은 어느 파일이든 변경해도 됩니다.

루프가 실행될 때마다, 파일 접속 블록이 파일로부터 값을 글자 형태로 읽어 옵니다. 파일을 열어 보기 전에는 얼마나 많은 값이 들어있는지 알 수 없으므로 루프 블록은 일단 무한반복으로 설정되어 있긴 하지만, 실제로 루프가 무한정 반복하기를 원하는 건 아닙니다. 우리는 파일의 끝에 도달했을 때를 알 수 있어야 합니다.

파일의 값들을 모두 읽은 후에, 읽기 - 텍스트 모드로 설정된 파일 접속 블록은 빈 글자열을 돌려 줍니다. 파일이 빈 줄을 가지고 있는 게 아니라면, 우리는 빈 글자열을 보고 모든 데이터를 읽었다고 판단할 수 있습니다. 비교 블록은 숫자에 대해서만 작동하므로, 글자 모드의 스위치 블록을 사용하겠습니다. 위쪽 케이스의 값은 "", 즉 빈 텍스트로 설정되어 있습니다. 파일 접속 블록의 출력이 빈 텍스트면, 위쪽 케이스가 실행되고 루프 인터럽트 블록이 루프를 탈출시킵니다. 아래쪽 케이스는 기본 케이스로 설정되어 있으며, 따라서 파일 접속 블록이 빈 텍스트가 아닌 무언가를 읽었을 때 사용됩니다. 텍스트 모드를 택할 때, 이 케이스의 값은 자동으로 "False"로 설정됩니다.

남은 두 블록은 익숙한 모습입니다. 디스플레이 블록은 파일에서 읽은 값을 표시하고, 브릭 버튼 변화 모드의 대기 블록은 값을 볼 수 있도록 일시 정지합니다.

FileTest 프로그램을 먼저 실행한 후에 이 프로그램(FileReader)을 실행하면, EV3 화면에 "0", "1", "2"를 표시할 것입니다. 파일 이름을 MemoryGame 프로그램이 사용하는 MG_HighScore로 변경해 보세요. 존재하지 않는 파일 이름으로도(예를 들어, NotThere) 바꿔 보면, 파일 읽기 오류 메시지를 보게 됩니다.

도전과제 16-1

FileReader 프로그램은 12개 이하의 값을 갖는 파일에서는 잘 동작하지만, 더 긴 파일에서도 동작하도록 개선할 수 있습니다. FileReader 프로그램이 12개의 값을 읽고 표시한 후, 사용자가 버튼을 누르기를 기다리도록 수정해 보세요. 그 후에 프로그램이 화면을 지우고 그 다음 12개의 값을 표시하도록 합니다. 파일의 모든 값을 읽어 들일 때까지 이 동작을 계속하면 됩니다.

파일의 끝 찾기

FileReader 프로그램은 파일로부터 모든 데이터를 텍스트 값으로 읽으며, 빈 줄을 읽으면 파일의 끝에 도달했다고 판단합니다. 하지만, 이 방법은 여러분의 프로그램이 데이터를 숫자로 읽을 필요가 있을 때는 잘 동작하지 않습니다. 파일 접속 블록의 읽기 - 숫자 모드는 파일의 모든 데이터를 읽은 후에 0을 출력하는데, 데이터에 따라 0이 의미 있는 값일 수도 있으므로 파일의 끝을 가리키는 값으로 사용하기에 부적절할 수도 있습니다.

숫자를 읽을 때는, 모든 데이터를 읽었는지 판단하는 세 가지 적절한 방식이 있습니다.

1. 파일에 저장된 데이터의 개수를 미리 알 수 있다면, 몇 개의 데이터를 읽을지 명시적으로 조절할 수 있습니다. FileTest 프로그램은 항상 세 개의 데이터만 읽는데, 그 이유는 파일에 세 개의 데이터만 있다는 것을 이미 알고 있기 때문입니다.

2. 파일에 데이터를 기록할 때, 데이터의 개수를 맨 처음에 기록합니다. 파일을 읽는 코드는 개수를 먼저 읽고, 그에 맞는 개수만큼의 값을 읽어들입니다.

3. 특정 값이 데이터에 포함되지 않는다는 것을 안다면, 파일의 끝을 표시하는 데 그 값을 사용할 수 있습니다. 컬러 센서 값을 예로 들면, 컬러 센서는 음수를 절대 출력하지 않으므로 -1 같은 값을 사용할 수 있습니다. FileReader 프로그램이 빈 줄을 확인하는 것과 마찬가지로, 프로그램이 파일을 읽는 과정에서 이 파일의 끝을 나타내는 식별값을 확인할 수 있습니다(이 값은 숫자값이므로 비교 블록으로 점검할 수 있습니다).

ColorCount 프로그램에 메뉴 추가하기

파일을 이용하면 많은 프로그램을 개선할 수 있습니다! 이 절에서는 15장의 ColorCount 프로그램으로 수집한 데이터를 저장하는 데 파일을 사용하겠습니다. 값을 저장하는 코드는 FileTest 프로그램의 전반부를 닮았지만, 프로그램 끝부분에서 여덟 개의 값을 저장하는 부분은 별 도움이 안 됩니다. 파일로부터 값을 읽어 들이는 방법도 필요합니다. 또는 값들을 0으로 재설정하는 방법도 괜찮을 것입니다.

이 선택이 가능하도록 ColorCount 프로그램에 메뉴를 추가할 것입니다. 프로그램이 시작하면, 선택 목록을 표시하고 사용자가 브릭 버튼으로 하나를 택하도록 기다립니다. 선택 작업을 수행한 후에, 프로그램은 메뉴를 한 번 더 표시합니다. 메뉴는 다음 네 가지입니다.

- Count: 물체 개수 세기 시작. ColorCount 프로그램 원본의 코드들을 실행하지만, 약간 수정해야 합니다.
- Save: ColorCounts 배열의 값들을 ColorCountData 파일에 저장합니다.
- Load: ColorCountData 파일의 값들을 ColorCounts 배열로 읽어 들입니다.
- Clear: ColorCounts 배열의 값 8개를 0으로 설정합니다.

두 개의 마이 블록을 만드는 것으로 시작합니다. 하나는 네 가지 선택권을 표시하고, 또 다른 하나는 선택권 개수를 주면 메뉴를 관리하는 역할을 합니다. 그런 다음, 이 두 개의 마이 블록과 몇몇 다른 것들로, 새롭고 개선된 ColorCount 프로그램을 만들 것입니다. 앞에 언급한 네 가지 메뉴 선택권은 ColorCount 프로그램에 국한된 것이지만, 버튼을 눌러서 메뉴를 선택하는 어떤 프로그램에서도 코드를 재사용할 수 있습니다.

CreateMenu_CC(CC 메뉴 생성) 마이 블록

프로그램이 시작하면, 메뉴 선택권을 보여 주면서 맨 위 선택권의 왼쪽에 > 표시를 선택 표시(selection marker)로 보여 줍니다. 화면은 다음과 같습니다.

```
> Count
  Save
  Load
  Clear
```

메뉴 관리 코드를 작성하기 전에, 메뉴 선택권을 표시해야 합니다. 이 역할을 CreateMenu_CC 마이 블록이 합니다. 그림 16-11에 있는 CreateMenu_CCBuilder 프로그램에서 마이 블록을 만들 수 있습니다. 각각의 디스플레이 블록은 메뉴 옵션 하나를 각각 다른 줄에 행 번호 0부터(화면 맨 위부터) 표시합니다. 각각의 블록에서 열 번호는 2로 설정되어 선택 표시(>)와 빈칸을 위한 공간을 남겨 둡니다. 화면 지우기 파라미터는 첫 번째 블록에서는 참으로 설정하여 메뉴를 표시하기 전에 화면을 지우도록 하고, 나머지 블록들에서는 거짓으로 설정합니다.

이 마이 블록을 만들기 위한 단계로 다음과 같은 절차를 제안합니다.

1. CreateMenu_CCBuilder라는 프로그램을 만들고, 그림 16-11의 블록들을 복사합니다.
2. CreateMenu_CCBuilder 프로그램을 실행하면 EV3 화면은 다음과 같습니다.

```
Count
Save
Load
Clear
```

메뉴가 제대로 표시되는 것을 확인한 후에, 아래의 절차를 따라갑니다.

3. 네 개의 모든 디스플레이 블록을 선택합니다. 도구 - 마이 블록 빌더 메뉴를 선택하여 마이 블록 만들기를 시작합니다.
4. 이름을 CreateMenu_CC로 설정하고 설명은 'Color Count 프로그램의 메뉴 생성'이라고 적습니다.
5. 아이콘은 디스플레이 블록이 사용하는 아이콘(⊙)과 비슷한 것으로 택합니다.
6. '종료' 버튼을 클릭하여 마이 블록을 만듭니다.
7. Ctrl+Z를 눌러 CreateMenu_CCBuilder 프로그램을 원래 상태로 되돌립니다(빌더 프로그램을 이렇게 되돌려 두면, 나중에 변경할 일이 생겼을 때 마이 블록을 다시 만들기 쉽습니다).

이렇게 하고 나면, 메뉴 선택권을 표시하는 마이 블록이 준비되며, 이 마이 블록은 ColorCount 프로그램의 시작

그림 16-11 CreateMenu_CCBuilder 프로그램

부분에서 사용됩니다. 또한 이 마이 블록은 메뉴를 관리하는 SelectOption 마이 블록을 만드는 데도 사용됩니다.

SelectOption(옵션 선택) 마이 블록

SelectOption 마이 블록은 사용자가 메뉴 선택권 중에서 하나를 택하도록 합니다. EV3의 위아래 버튼을 사용하여 이동하고, 가운데 버튼은 선택을 확정하는 데 사용합니다. 흐름은 다음과 같습니다.

- CreateMenu_CC 마이 블록을 실행하면, 다음과 같은 화면이 보여야 합니다.

> Count
  Save
  Load
  Clear

- SO_Selection 변수는 현재의 선택을 저장합니다. 0부터 시작하며, 사용자가 위아래 버튼을 누름에 따라 바뀝니다.
- 아래 버튼을 누르면 선택 표시(>)는 아래로 이동합니다. 아래 버튼이 눌리기 전의 옵션이 마지막 것(Clear)이었으면, 선택 표시(>)는 맨 처음(Count)으로 되돌아갑니다.
- 위 버튼을 누르면 선택 표시(>)는 위로 이동합니다. 위 버튼이 눌리기 전의 옵션이 맨 처음 것(Count)이었으면, 선택 표시(>)는 맨 마지막(Clear)으로 갑니다.
- 선택이 바뀔 때마다 '>'를 지우고 새 선택의 왼쪽에 다시 표시합니다.
- 사용자가 가운데 버튼을 누르면, 화면을 지우고 마이 블록은 선택된 옵션을 나타내는 파라미터를 출력합니다. 옵션을 나타내는 숫자는 0부터 시작합니다.

SelectOption 마이 블록은 두 개의 파라미터를 가집니다. 하나는 메뉴 옵션의 개수를 설정하기 위한 입력 파라미터고, 다른 하나는 사용자의 선택 결과를 알려 주는 출력 파라미터입니다. CreateMenu_CC 블록이 이미 옵션 표시 역할을 담당하기 때문에, SelectOption 마이 블록은 메뉴 옵션이 무엇인지 알 필요는 없지만, 몇 개의 옵션이 있는지는 알아야 합니다. 그래야 메뉴 시작이나 끝에서 선택 표시를 순환시킬 수 있습니다.

SelectOption 마이 블록을 만들기 위해서, SelectOption Builder 프로그램을 작성하고 제대로 테스트해 보겠습니다. 이 프로그램은 메뉴를 보여 주기 위해 CreateMenu_CC 블록을 이용하고, 옵션 개수를 설정하기 위해 상수 블록을 사용합니다. 프로그램 끝부분에서, 디스플레이 블록은 선택된 옵션의 번호를 보여 줍니다. 그 사이에, 프로그램의 핵심 부분을 작성할 것이고 이 부분을 나중에 마이 블록으로 전환시킬 것입니다. 이 블록들은 사용자가 위, 아래, 가운데 브릭 버튼을 이용하여 옵션을 선택할 수 있게 해 줍니다.

메뉴 옵션 선택하기

프로그램은 SO_Selection이라는 변수 하나를 가지며, 이 변수는 현재 선택된 옵션의 숫자를 값으로 가집니다. 프로그램이 시작될 때는 SO_Selection을 0, 즉 첫 번째 옵션으로 초기화하고 0번째 열에 '>'를 표시합니다.

그림 16-12는 프로그램의 초기화 부분과 가운데 버튼을 처리하는 코드를 보여 줍니다. 그림의 위쪽에 있는 블록들은 메뉴 옵션을 표시하고, 옵션 개수를 데이터 와이어에 연결하며, SO_Selection 변수를 초기화하고 선택 표시를 보여 줍니다. 그 뒤에 이어지는 아래쪽 블록들은 루프에 들어가면서 사용자가 위, 아래, 가운데 버튼을 누르기를 기다립니다.

사용자가 버튼을 누르고 나면, 변수 블록이 기존의 선택 옵션 숫자를 읽고 디스플레이 블록이 이 값을 이용하여 기존에 '>'가 있던 자리에 공백을 덮어씀으로써 기호를 지웁니다. 눌러진 버튼의 숫자는 스위치 블록에 전달되며, 각각의 버튼 ID(4는 위, 5는 아래, 2는 가운데)에 해

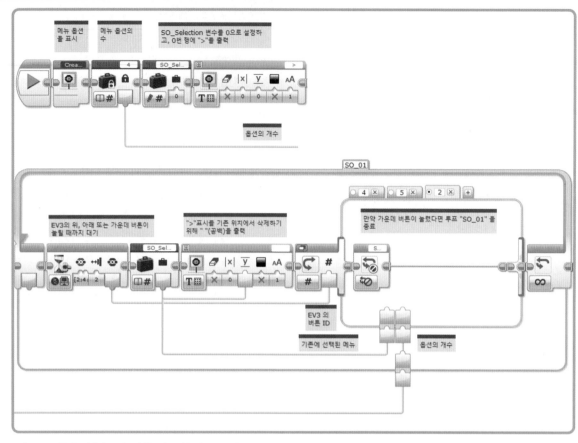

그림 16-12 버튼을 기다리고, 가운데 버튼이 눌렸을 때 루프 끝내기

당하는 케이스들이 있습니다. 그림 16-12는 가운데 버튼에 해당하는 케이스를 보여 주며, 이 케이스에서는 SO_02라고 이름 지어진 루프 인터럽트 블록이 루프를 끝냅니다.

NOTE 루프 인터럽트 블록으로 끝나는 마이 블록을 만들 때는, 메인 프로그램에서 절대 사용하지 않을 이름을 사용함으로써 버그를 피하도록 합니다. 예를 들어, FileMenu 마이 블록의 루프를 02라고 이름 짓고 이 마이 블록을 메인 프로그램의 02라는 이름의 루프 안에 넣으면, 루프 인터럽트 블록은 마이 블록뿐만 아니라 메인 프로그램의 루프도 종료시키게 됩니다!

아래 버튼이 눌리면 아래 버튼에 해당하는 코드(그림 16-13)를 실행하게 되는데, 다음 선택으로 이동하기 위하여

현재의 SO_Selection 값에 1을 더해 줍니다. 현재의 선택 숫자가 a이고 메뉴 옵션 전체 개수를 b라고 하면, 수학 블록은 고급 모드를 이용하여 SO_Selection의 새로운 값을 $(a+1)\%b$로 계산합니다. 모듈로 연산자는 옵션 목록의 끝에 도달했을 때 선택 숫자가 0으로 되돌아가도록 보장해 줍니다. 수학 블록이 새로 선택한 번호를 계산하고 나면, 디스플레이 블록이 적절한 행에 '>'를 표시하고, 값은 SO_Selection 변수에 저장됩니다.

위 버튼에 해당하는 코드에서도 모듈로 연산자를 쓰지만, 음수를 다뤄야 하므로 계산법은 다릅니다. 위 버튼은 목록에서 움직이는 방향이 아래 버튼의 경우와 반대로, 선택 숫자가 감소하며 목록의 처음을 지나칠 때 순환하게 됩니다. 이 예제에서, 기존의 선택이 0이었다면 새로운 선

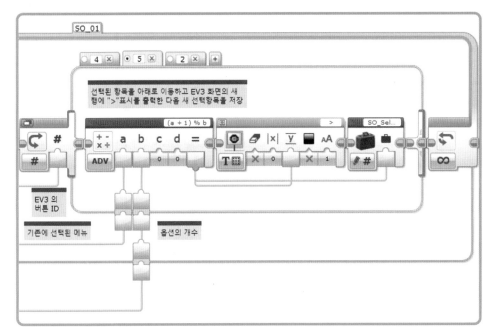

그림 16-13 아래 버튼에 대한 처리

택은 3이 됩니다.

하지만 단순히 뺄셈으로 바꾼다고 되지 않는 이유는, 선택이 0일 때 다음 선택이 3이 되어야 하는데 $(a-1)$%b 수식은 이 결과를 내지 않기 때문입니다. a가 0일 때, $(a-1)$은 −1이 되고, −1 모듈로 4는 3이 아니라 −1이 됩니다.

뒤로 가는 게 아니라 앞쪽으로 가는 것으로 해결할 수 있습니다. 옵션 전체 개수에서 하나 모자란 만큼 앞으로 이동하는 것은 뒤로 하나 이동하는 것과 정확히 같습니다. 따라서 이 네 가지 옵션 예제에서는, 한 칸 뒤로 가기 위해 1을 빼는 대신, $(a+b-1)$%b 식을 이용해 3을 더한 다음 모듈로 연산자를 적용합니다. 이렇게 하면 선택값을 정확하게 순환하게 됩니다.

목록에서 선택을 위로 이동하는 수학 블록의 수식을 알았으므로, 코드를 작성할 수 있습니다(그림 16-14 참조). 아래 버튼과의 차이는 수학 블록에서 사용하는 수식뿐입니다.

선택된 옵션 돌려주기

선택 표시(>)를 원하는 선택으로 이동한 후에 사용자가 가운데 버튼을 누르면 루프를 끝냅니다. 그러면 마이 블록이 화면을 지우고(블록이 끝날 때 스스로 지우도록 하는 것이 좋은 습관입니다) 선택된 옵션을 출력 파라미터로 돌려 줍니다. 선택된 옵션은 SO_Selection 변수에 저장되며, 이 값을 읽기 위한 변수 블록이 필요합니다. 빌더 프로그램에서 SO_Selection의 값을 EV3 화면에 보여 줌으로써, 마이 블록 빌더를 시작하기 전에 프로그램을 테스트하기 쉬운 방법을 제공합니다. 그림 16-15는 프로그램의 마지막 네 개의 블록을 보여 줍니다.

프로그램을 실행하면, 화면에 메뉴를 표시한 다음 여러분이 위, 아래 버튼을 누를 때마다 선택 표시를 적절히 움직일 것입니다. 가운데 버튼을 누르면 프로그램은 선택된 옵션의 숫자를 표시합니다.

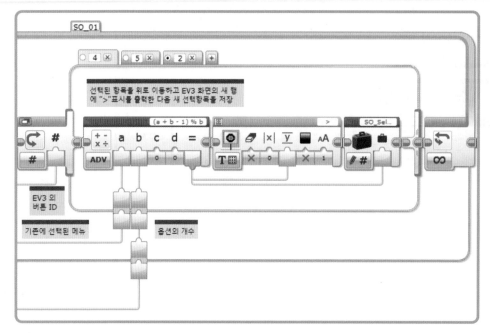

그림 16-14 위 버튼에 대한 처리

그림 16-15 선택된 옵션을 읽고 표시하기

마이 블록 만들기

SelectOptionBuilder 프로그램이 제대로 동작한다고 확신하면, 그로부터 SelectOption 마이 블록을 만들 수 있습니다. 그 절차는 다음과 같습니다.

1. 전체 프로그램을 볼 수 있을 때까지 프로그래밍 캔버스 툴바 오른쪽의 '축소' 버튼(🔍)을 클릭합니다.

2. 시작 부분의 CreateMenu_CC와 상수 블록, 그리고 끝부분의 디스플레이 블록과 대기 블록을 제외한 전체 블록들을 직사각형으로 선택합니다.

3. Tools > My Block Builder를 선택합니다. 블록들을 제대로 택했다면, 숫자 입력 파라미터 하나와 숫자 출력 파라미터 하나가 있어야 합니다.

4. 마이 블록의 이름을 'SelectOption'으로 설정하고, 브릭 버튼 아이콘(🎛)을 클릭합니다.

5. 첫 번째 파라미터의 이름을 'Number of Options'로 설정하고 숫자 표시 아이콘(#)을 클릭합니다.

6. 두 번째 파라미터의 이름을 'Selection'으로 설정하고 숫자 아이콘(n)을 클릭합니다.

7. '종료' 버튼을 클릭합니다.

8. Ctrl + Z를 이용하여 SelectOptionBuilder 프로그램을 원상 복구합니다.

이제 프로그램의 메뉴 옵션들을 생성하는 마이 블록 (CreateMenu_CC)과 메뉴를 표시하고 사용자가 옵션 하나를 선택하도록 해 주는 마이 블록이 준비되었습니다. 다음으로, 기본적인 프로그램 구조를 만들고, 메뉴의 각 옵션을 수행하는 방법을 세세하게 채울 것입니다.

새로운 ColorCount 프로그램의 구조

메뉴가 있는 프로그램은 대체로 다음과 같은 구조를 가지며, 새로운 ColorCount(그림 16-16)도 예외가 아닙니다.

1. 프로그램 데이터를 초기화합니다. ColorCount 프로그램의 경우, ColorCounts 변수를 0 값이 8개인 배열로 설정하는 것입니다.

2. 루프 안에서, 메뉴를 표시하고 SelectOption 마이 블록을 이용하여 사용자가 옵션을 고르도록 합니다.

3. 스위치 블록을 이용하여 선택된 옵션을 수행합니다 (필자는 코드가 다루기 힘들어지지 않도록, 각각의 옵션을 마이 블록으로 구현하는 것을 선호합니다).

앞으로 만들 ColorCount 프로그램의 완성된 모습은 세 개의 마이 블록을 사용하며, 물체를 세고, 전체 개수를 파일에 쓰고 파일로부터 읽어 들입니다. 전체 개수를 지우는

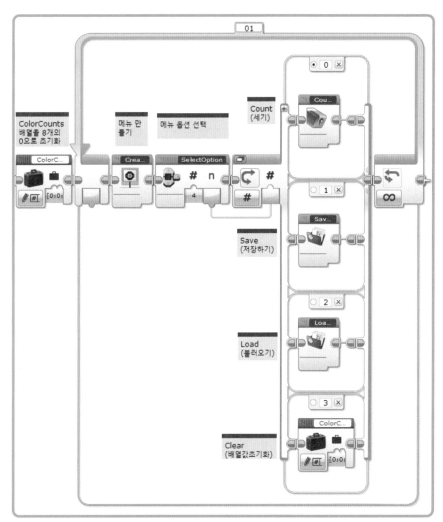

그림 16-16 새로운 ColorCount 프로그램

것은 변수 블록 하나만으로 충분하므로 그 옵션은 직접 구현합니다.[1]

아직 만들지 않은 마이 블록은 보류한 채로 새로운 ColorCount 프로그램을 만들고, 메뉴 표시와 선택하는 코드가 잘 작동하는지 테스트합니다. 각각의 옵션에 해당하는 마이 블록을 만들 때마다 테스트하면 좋습니다.

물체 세기

15장에서의 ColorCount 프로그램에 개수를 세는 논리가 이미 있으므로, 그것을 이용하여 Count_CC 마이 블록을 만드는 시작점으로 삼겠습니다. 이 장에서 새로운 ColorCount 프로그램을 만들었더라도, 15장 프로젝트에 있는 원래의 ColorCount 프로그램을 복사해서 16장 프로젝트에 넣고 이름을 Count_CCBuilder로 변경합니다.

Count_CCBuilder는 두 부분으로 나뉩니다. 첫 부분은 각각의 색깔 이름 뒤에 0을 표시하고 두 번째 부분은 개수 세기를 합니다. 하지만 새로운 프로그램에서는, 색깔별 개수의 합이 개수 세기를 시작할 때마다 0이 아닐 수도 있습니다. 따라서 첫 부분에서 0을 표시하는 대신, 변수 블록과 배열 연산 블록을 이용하여 ColorCounts 배열의 색깔별 값들을 읽고 표시해야 합니다. 수정해야 할 부분이 모두 반영된 Count_CCBuilder 프로그램 전체가 그림 16-17에 있습니다.

두 번째 부분은 이미 각각의 색깔을 제대로 판단하여 개수의 합을 ColorCounts 배열에 저장하고 있지만, 원래의 루프는 여러분이 종료할 때까지 계속 돌게 됩니다. 루프를 종료하고 메뉴로 돌아갈 방법을 추가해야 합니다. 대기 블록은 가운데 또는 왼쪽 버튼이 눌리기를 기다립니다. 가운데 버튼이 눌리면 프로그램은 색깔을 판단하여 개수의 합을 갱신합니다. 왼쪽 버튼이 눌리면, 스위치 블록 안의 루프 인터럽트 블록이 루프를 끝내며, 메인 프로

그램은 메뉴로 되돌아갑니다.

루프의 이름도 02에서 CC_02로 변경하여 루프 인터럽트 블록이 우연히 다른 루프를 종료하지 않도록 했습니다. ColorCount 프로그램에는 02라는 이름의 루프가 없지만, 언젠가는 이 마이 블록을 재사용하게 될 수 있으므로, 나중에 잠재적인 이름 충돌을 피하려면 지금 이름을 변경해 두는 것이 좋습니다.

프로그램이 색깔을 제대로 세고 개수 합을 표시하는지 테스트하고, 그림 16-17의 모든 블록(맨 처음의 변수 블록 제외)을 이용해서 Count_CC 마이 블록을 만들어 줍니다(맨 처음 변수 블록을 제외하는 이유는, 마이 블록을 실행할 때마다 배열이 0들로 재설정되지 않도록 하기 위함입니다!). 그리고 나서 ColorCount 프로그램에 새 블록을 추가합니다. 이제 여러분이 프로그램을 실행하고 메뉴에서 **Count**를 선택하면, 프로그램은 색상과 개수 합을 표시하고 개수 세기를 시작합니다.

몇몇 물체를 테스트하고, 개수 합이 변하는 것을 지켜본 후, 왼쪽 버튼을 누릅니다. 프로그램은 메뉴로 되돌아가야 합니다. Count 옵션을 다시 택하면, 이전 테스트에서 얻었던 개수 합을 볼 수 있어야 합니다.

이 시점에서 Clear 옵션도 테스트할 수 있습니다. 우선 Count 옵션을 택하고 몇몇 물체를 테스트합니다. Clear 옵션을 택한 후에 다시 Count 옵션을 택하면, 개수 합이 모두 0으로 되돌려진 것을 보게 됩니다.

> 😊 **도전과제 16-2**
>
> ColorCount 프로그램을 종료하려면 EV3 브릭의 '뒤로 가기' 버튼을 눌러야(또는 EV3 소프트웨어에서 프로그램을 정지시켜야) 하는데, 이렇게 되면 프로그램을 종료하기 전에 데이터를 저장하는 것을 잊어버리기 쉽습니다. Save & Exit 옵션을 메뉴에 추가하여 데이터를 저장하고 프로그램의 메인 루프를 끝내도록 해 보세요.

---

1 (옮긴이) 간단한 기능이므로 굳이 마이 블록을 사용하지 않는다는 뜻입니다.

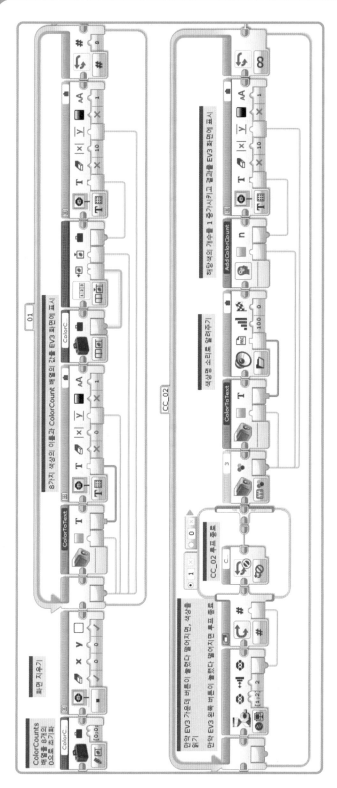

그림 16-17 Count_CCBuilder 프로그램

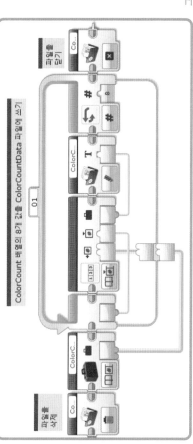

그림 16-18 Save_CC 마이 블록

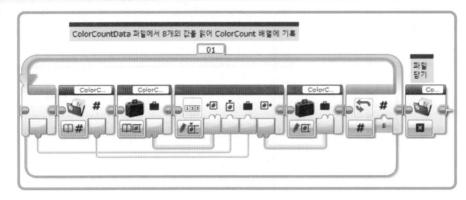

ColorCountData 파일에서 8개의 값을 읽어 ColorCount 배열에 기록

개수 데이터 저장하기와 불러오기

다음으로 두 개의 마이 블록을 추가하여 데이터 저장과 불러오기를 하게 되며, ColorCountData라는 이름의 파일을 사용합니다. Save_CC 마이 블록(그림 16-18)이 파일을 삭제하고, ColorCounts 배열로부터 여덟 개의 값을 기록하며, 파일을 닫습니다.

Load_CC 마이 블록(그림 16-19)도 비슷한 구조를 이용하여 ColorCountData 파일로부터 여덟 개의 값을 읽고, ColorCounts 배열에 넣습니다. Load 옵션을 테스트하기 전에 적어도 한 번은 Save 옵션을 꼭 사용해 보세요! ColorCountData 파일이 기존에 없는 상황에서 이 마이 블록을 실행하면, 파일 접속 블록이 첫 값을 읽으려고 시도할 때 에러를 내면서 프로그램이 종료합니다.

테스트

Save_CC와 Load_CC 마이 블록을 그림 16-16과 같이 프로그램에 추가하고, Clear 옵션을 아직 추가하지 않았다면 추가합니다. 네 가지 옵션을 모두 테스트하여 예상대로 동작하는지 확인합니다. 프로그램을 종료한 후에 다시 실행하고, Load 옵션을 사용해서 직전 실행에서의 데이터를 불러오는지 확인합니다.

메모리 관리

EV3의 모든 파일(프로그램, 소리, 이미지, 데이터 파일)은 EV3의 메모리를 차지합니다. 이 절에서, 메모리 브라우저 도구를 이용하여 여러분이 메모리를 얼마만큼 사용했는지 알아보고, 메모리 확보를 위해 파일을 삭제하고, 프로젝트 간의 파일 전달 또는 EV3와 컴퓨터 사이의 파일을 전달하는 방법을 알아보겠습니다.

메모리 브라우저를 열기 위해, 메뉴에서 **Tools - Memory Browser**를 선택하거나 스마트 브릭 정보 페이지(그림 16-20)의 오른쪽 아래 코너의 버튼을 클릭합니다.

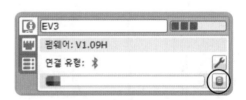

메모리 브라우저의 왼쪽에서 메모리 공간이 얼마나 남았는지 보여 줍니다(그림 16-21 참조). 그림에서 보듯이, 필자의 EV3 메모리는 대부분이 아직 비어 있고 사용할 수 있습니다.

메모리 브라우저의 오른쪽에서는 EV3의 폴더와 파일 목록을 보여 줍니다. EV3의 파일들에 대한 작업은 컴퓨터에서 하는 것과 유사합니다. 폴더를 더블클릭하면, 폴더가 열리고 그 안의 파일들을 볼 수 있습니다. 예를 들어, 그림 16-22는 Chapter16 폴더의 파일들을 보여 줍니다. 이 폴더에는 Chapter16 프로젝트의 프로그램에서 사용되

그림 16-21 메모리 브라우저

그림 16-22 Chapter16 프로젝트의 몇몇 파일들

는 모든 파일, 즉 각각의 프로그램 파일과 마이 블록, 사운드 블록이 사용하는 소리 파일, 디스플레이 블록이 사용하는 이미지 파일, 파일 접속 블록이 생성한 데이터 파일이 들어 있습니다. 각각의 파일 확장자(파일 이름에서 마침표 뒤의 세 글자)는 파일의 타입을 나타냅니다. 예를 들어, 프로그램과 마이 블록의 확장자는 .rbf이고, 소리 파일의 경우에는 .rsf입니다. 파일 접속 블록이 생성한 데이터 파일은 확장자가 .rtf입니다.

폴더와 파일 목록 아래에는 다섯 개의 버튼이 있습니다.

• **'삭제' 버튼** 선택된 파일이나 폴더를 삭제합니다.
• **'복사'와 '붙여넣기' 버튼** 한 프로젝트에서 다른 프로젝트로 파일들을 복사할 수 있게 해 줍니다. 복사할 파일을 선택하고, '복사' 버튼을 클릭합니다. 복사해 넣으려는 프로젝트를 선택한 후에 '붙여넣기' 버튼을 클릭합니다.

• **'업로드' 버튼** 선택된 파일이나 폴더를 EV3로부터 컴퓨터로 복사할 때 사용합니다. '업로드' 버튼을 클릭하면, 파일 대화상자가 열리고 여러분이 파일을 복사해 넣을 곳을 선택할 수 있습니다(원하면 파일 이름도 변경할 수 있습니다). 파일 접속 블록이 생성한 데이터 파일을 복사할 때는, 텍스트 편집기로 열어보기 전에 파일 확장자를 .rtf에서 .txt로 바꿉니다.
• **'다운로드' 버튼** 컴퓨터에서 EV3로 파일을 복사합니다. 이 버튼을 클릭하면, 파일 대화상자가 열리고 다운로드할 파일을 선택할 수 있습니다. 파일은 메모리 브라우저가 현재 선택한 프로젝트에 복사됩니다.

각각의 프로젝트는 파일 목록을 따로 가지므로, 어떤 프로젝트의 프로그램이 만든 파일을 다른 프로젝트의 프로그램이 읽을 수 없습니다. FileReader 프로그램을 이용해서 EV3 파일에 대한 이 중요한 사실을 테스트할 수 있습니다.

1. 파일 이름을 'FileTestData'로 설정하고 FileReader를 실행하여 잘 동작하는지 확인합니다.
2. Chapter16Test라는 새로운 프로젝트를 만들고 Chapter16 프로젝트의 FileReader 프로그램을 복사하여 새 프로젝트에 넣습니다.
3. 새 프로젝트에서 FileReader 프로그램을 실행합니다.

Chapter16Test 프로젝트에는 FileTestData라는 이름의 파일이 없으므로 프로그램은 실패하고 화면에 "File Read Error"를 표시할 것입니다. 다른 프로젝트의 프로그램이 동일한 파일을 우연히 덮어쓰는 것을 방지할 수 있으므로 이것은 좋은 기능입니다. 다른 프로젝트 안에 있는 파일을 사용하고 싶으면, '복사'와 '붙여넣기' 버튼을 이용해서 파일을 복사해서 사용하세요.

EV3의 메모리를 꽉 채우게 되면, 메모리 브라우저를 이용해서 오래된 프로젝트를 삭제하고 싶어질 것입니다. EV3를 데이터 기록용으로 사용한다면, 메모리 브라우저를 이용해서 데이터 파일들을 컴퓨터로 복사할 수도 있습니다. 이에 대해서는 다음 장에서 자세히 알아볼 것입니다.

WARNING 새로운 펌웨어를 EV3 브릭에 다운로드하게 되면 여러분이 만든 모든 프로그램과 파일은 삭제됩니다. EV3 펌웨어를 업데이트하기 전에 메모리 브라우저를 이용해서 여러분이 지키고 싶은 데이터 파일들을 컴퓨터에 업로드해 놓으세요.

EV3 텍스트 파일과 윈도우

EV3는 리눅스 운영체제에서 돌아가므로, 여러분의 파일이 생성한 파일을 포함한 텍스트 파일들은 리눅스 텍스트 포맷으로 쓰입니다. 불행히도 윈도우의 텍스트 파일은 포맷이 다릅니다. 리눅스 텍스트 파일은 각 줄의 끝에서 줄넘김(line feed)이라는 특수문자 하나를 사용합니다. 반면, 윈도우는 각각의 줄 끝을 표시하기 위해 줄넘김 + 캐리지 리턴(carriage return)이라는 문자 쌍을 이용합니다(OS X는 리눅스와 동일한 텍스트 포맷을 이용하므로 이런 논란이 없습니다).

이 차이로 인해, EV3 파일을 윈도우에서 보거나 편집할 때 문제가 발생합니다. 워드패드 같은 일부 윈도우 프로그램은 이 차이점을 감안하여 EV3 텍스트 파일을 화면에 잘 표시합니다. 노트패드 같은 프로그램들은 파일 내용 전체를 한 줄에 표시합니다. 파일 내용을 보기만 한다면 문제가 되지 않으므로 노트패드 대신 워드패드를 사용하세요.

EV3로 다운로드하여 사용할 파일을 편집하는 것은 좀더 복잡합니다. 윈도우의 표준 프로그램들은 리눅스 포맷으로 파일을 작성하지 않습니다. 워드패드로 파일을 저장하면, 줄 끝마다 두 개의 특수문자 쌍으로 끝날 것이고, 이것은 EV3가 예상하는 것보다 한 개 더 많습니다. 파일이 숫자만 가진다면, EV3는 결국은 추가된 문자를 무시하고 숫자들을 제대로 읽을 것입니다. 하지만 파일이 텍스트 값을 가진다면, EV3가 캐리지 리턴을 공백문자로 변환하므로 처음 값을 제외한 모든 값은 앞에 공백문자가 추가된 형태가 될 것입니다.

컴퓨터에서 파일을 작성하여 EV3로 다운로드하고 EV3 프로그램이 그 내용을 사용하게 하려면, 다운로드하기 전에 캐리지 리턴을 삭제하여 EV3가 파일을 제대로 읽을 수 있게 해야 합니다. 이런 기능을 하는 프로그램으로, 필자는 파일을 윈도우 포맷에서 리눅스 포맷으로 변환해 주는 Tofrodos 프로그램(*https://www.thefreecountry.com/tofrodos/index.shtml*)을 추천합니다.

또한 파일 편집을 마무리할 때까지 텍스트 포맷(Rich Text Format이 아님)으로 저장하는 것을 명심하세요. 많은 프로그램이 파일의 확장자를 보고 어떤 포맷을 사용할지 결정하는데, .rtf 확장자로 저장하면 프로그램들이 여러분의 .txt 파일을 .rtf 파일로 취급할 것입니다. 따라서 명령어들의 파일을 만든다고 할 경우, commands.txt라고 저장하고 시작하는 게 좋습니다. 그러고 나서 EV3에 파일을 다운로드하기 전에 파일의 확장자를 EV3가 예상하는 .rtf로 변경합니다. 즉, commands.txt 파일을 commands.rtf로 변경합니다.

추가적인 탐구

파일에 대해 더 연습하기 위해 두 가지를 시도해 봅시다.

1. Save_CC와 Load_CC 마이 블록은 ColorCount 프로그램에 특화되어 있습니다. 숫자 배열을 파일에 저장하고 파일에서 가져오는 좀더 일반적인 용도의 마이 블록을 만들어 보세요. 저장하는 마이 블록은 파일 이름과 배열을 입력으로 받아야 하고, 가져오는 마이 블록은 파일 이름을 입력으로 받고 배열을 출력으로 내보내야 합니다. 값들을 파일에 저장할 때 원소 개수를 맨 처음에 기록함으로써, 읽어 들일 때 몇 개를 읽어야 할지 알 수 있도록 합니다.

    입력받은 배열이 텅 비었을 경우, 저장하는 마이 블록은 배열의 길이(0)를 기록한 후 아무것도 하지 않습니다. 읽어 들이는 마이 블록은 길이를 읽은 후에, (스위치 블록으로) 길이를 확인하여 길이가 0보다 클 때만 값을 읽어 들이는 루프로 들어갑니다. 루프 횟수는 루프 몸체가 일단 한번 실행된 후에 확인되므로, 루프 횟수를 0으로 설정하는 방식은 제대로 동작하지 않습니다.

2. 저장, 읽어오기, 만들기, 화면 표시, 실행 옵션을 포함하는 메뉴를 ButtonCommand 프로그램에 추가합니다. 화면표시 옵션은, 버튼을 이용하는 프로그램을 만들 때뿐만 아니라 프로그램 실행 후에도 명령들을 보여 주므로 유용합니다.

마무리

파일을 이용하면 여러분의 프로그램이 데이터를 EV3에 저장할 수 있습니다. 이렇게 저장한 데이터를, 같은 프로그램이 다음번에 실행할 때 사용하거나 다른 프로그램이 사용할 수도 있습니다. 파일 접속 블록은 파일을 생성하고 기록하거나 읽어오기, 또는 파일을 삭제하는 데 필요한 기능을 가지고 있습니다.

이 장의 초반에 있는 테스트 프로그램에서는 파일 접속 블록의 기본적인 동작을 보여 주었고, 이렇게 배운 것을 MemoryGame 프로그램이 최고 점수를 유지하는 데 이용했습니다. ColorCount 프로그램의 변경은 조금 더 복잡했습니다. 마이 블록이 메뉴를 제공하고 프로그램 데이터를 저장하도록 하였습니다. 이 프로그램을 위해 만든 SelectOption 마이 블록을, 메뉴가 있으면 좋을 만한 다른 프로그램에서도 사용할 수 있습니다.

메모리 브라우저 도구는 EV3의 파일들(프로그램 또는 데이터 파일)을 관리할 수 있게 해 줍니다. 이 도구를 이용하여 파일을 삭제함으로써 다른 프로그램들을 위한 공간을 만들 수도 있고, 프로젝트 간 또는 EV3와 컴퓨터 간에 파일 전송을 할 수도 있습니다.

17

데이터 로깅

이번 장에서는 여러분이 이제까지 배운 EV3 기능들을 이용해서 모터와 센서 데이터를 수집하여 파일에 저장하는, 즉 EV3를 데이터 수집기로 사용하는 방법을 보여드리겠습니다. 데이터 수집(data logging)은 데이터를 얻고 기록하는 과정입니다.

우선 모터 회전 블록의 현재 파워값이 무엇을 의미하는지 판단하는 실험을 해 보겠습니다. 그런 다음, 조향모드 주행 블록의 조향값이 어떻게 행동하는지 살펴보겠습니다. 마지막으로, 컬러 센서를 이용하여 트라이봇이 빛 방향을 향하도록 하는 11장의 LightPointer 프로그램의 신뢰성을 테스트하는 것으로 마무리하겠습니다.

필자는 EV3 일반 세트와 교구 세트의 공통 기능만 사용했지만, 교구 세트는 실험에서 데이터를 수집하고 보여주는 다양한 방식을 가지고 있어서 교실에서 사용하기에 아주 좋은 도구입니다. 여러분이 교구 세트를 갖고 있다면, 이런 기능들을 조사하는 시간을 갖는 것도 좋습니다.

데이터 수집과 EV3

어떤 실험에서든 데이터 수집은 중요한데, 손으로 기록하는 것은 지루할 뿐만 아니라 오류가 발생할 수도 있습니다. 대부분의 사람은 정확한 간격으로 또는 긴 시간 동안 측정치를 빠르게 기록하는 걸 그리 잘하지 못합니다. 다행히 컴퓨터는 이런 종류의 일에서 월등합니다. EV3 브릭

컴퓨터와 센서의 조합 덕분에 EV3는 데이터 수집에 이상적입니다.

프로그램을 설계할 때, 프로그램이 겪을 상황들에서 센서나 모터가 어떻게 반응하는지 몇몇 테스트를 통해 미리 알아두면 좋습니다. 모터, 센서, 프로그래밍 블록들에 대해 알면 알수록 제대로 작동하는 프로그램을 작성하는 게 쉬워지므로 이제 실험에 들어가 봅시다!

현재 파워값 조사하기

모터 회전 블록의 측정 - 현재 모터 파워 모드는, 현재의 모터 파워 레벨을 알려 줍니다. 주행 블록의 파워 파라미터는 이 모드에 연관되며, 이어지는 절들에서는 이러한 연관을 알아보기 위해 간단한 데이터 수집 프로그램을 만들어 보겠습니다.

CurrentPowerTest(현재 파워 측정) 프로그램

첫 실험으로, 그림 17-1과 같은 CurrentPowerTest 프로그램을 작성하여 라지 모터 블록의 파워 파라미터를 조절할 때 모터 B의 현재 파워값을 기록해 보도록 하겠습니다. 프로그램은 모터가 100퍼센트 파워로 돌기 시작한 다음, 루프 안에서는 라지 모터 블록의 파워 파라미터가 100에서 1까지 단계별로 줄어듭니다. 각 단계마다 현재 파워값을 기록하고, 루프를 한 바퀴 돌 때마다 파워 파라미터와 현

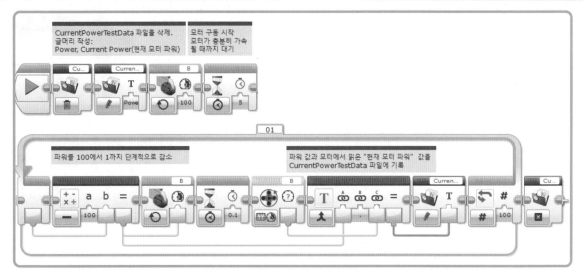

그림 17-1 CurrentPowerTest 프로그램

재 파워값을 CurrentPowerTestData 파일에 기록합니다.

파일 접속 블록이 파워 파라미터와 현재 파워값을 따로 기록하지 않고, 프로그램이 만든 데이터 파일은 한 줄에 측정 한 번을 기록합니다. 각 줄에는 두 개의 정보가 쉼표로 구분되어 있으며, 이런 포맷을 쉼표로 구분된 값(CSV)이라고 부릅니다. 이런 포맷의 파일은 흔히 확장자가 .csv입니다. 스프레드시트 프로그램은 이 포맷의 데이터 파일을 다루는 방법을 알고 있으며, 따라서 데이터를 이렇게 정리하면 나중에 분석하기 편리합니다.

NOTE 미국에서는 쉼표로 구분된 파일에서 값들을 쉼표로 구분하지만, 어떤 나라에서는 세미콜론(:)을 사용합니다. 여러분의 스프레드시트가 세미콜론으로 구분한다면, 세미콜론을 사용하도록 이 장의 프로그램을 수정하세요.

이 데이터 수집 프로그램의 각각의 블록의 목적을 살펴봅시다.

1. 첫 번째 파일 접속 블록은 파일을 삭제함으로써 프로그램을 실행할 때마다 새 파일을 생성하여 새로운 데이터들로 작업할 수 있게 합니다.

2. 두 번째 파일 접속 블록은 "파워, 현재 파워값"을 파

일에 기록하여 데이터의 제목 역할을 하게 합니다.

3. 라지 모터 블록은 켜짐 모드로 하고 모터 B를 100퍼센트 파워로 구동합니다.

4. 대기 블록은 프로그램을 5초 동안 정지시켜서 모터가 최대 파워로 가속할 시간을 줍니다.

5. 루프 블록은 100회 반복하면서, 파라미터를 100부터 1까지 한 칸씩 단계적으로 낮춥니다.

6. 수학 블록은 100에서 루프 인덱스를 뺄셈하여 파워 파라미터를 계산합니다. 루프의 첫 바퀴에서는 값이 100이고, 다음번엔 99, 등등입니다. 마지막 루프를 실행할 때 루프 인덱스는 99이고, 파워 파라미터는 1이 됩니다.

7. 수학 블록의 결과는 라지 모터 블록으로 전달되어 파워 파라미터를 변경합니다.

8. 대기 블록이 프로그램을 잠시 정지시켜 모터가 새로운 파워 파라미터에 맞춰 감속하도록 합니다.

9. 모터 회전 블록의 측정 - 현재 모터 파워 모드를 이용하여 현재 파워값을 읽고, 데이터 와이어에 전달합니다.

10. 텍스트 블록은 라지 모터 블록의 파워 파라미터와 모

터 회전 블록이 읽은 값을 조합하면서, 두 값을 쉼표
(,)로 구분합니다.

11. 파일 접속 블록은 텍스트 블록으로부터 받은 값을
CurrentPowerTestData 파일에 기록합니다.

12. 마지막 블록은 CurrentPowerTestData 파일을 닫습
니다.

프로그램을 실행하면, 모터 B는 최고 속도로 동작합니다.
5초 후부터 서서히 감속이 시작되고, 약 10초간 감속되어
시작 후 15초 정도에서 정지하며 프로그램도 종료됩니다.
그러고 나면, EV3에는 이 실험으로부터 얻은 데이터를 담
은 CurrentPowerTestData.rbt라는 파일이 있어야 합니다.

메모리 브라우저(Tools - Memory Browser 메뉴)를 이
용하여 파일을 EV3에서 컴퓨터로 업로드합니다. 파일을
저장하기 전에, 확장자를 .csv로 변경하여 텍스트 편집기
또는 스프레드시트가 포맷을 알아볼 수 있도록 합니다.
파일 이름 끝에 숫자를 추가해서, 프로그램을 실행할 때
마다 생성되는 각각의 데이터를 보존하는 것도 좋은 아이
디어입니다(그림 17-2).

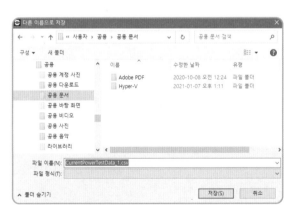

그림 17-2 데이터 파일 저장

파일은 텍스트 편집기, 워드 프로세서, 스프레드시트 프
로그램 등에서 열 수 있습니다. 필자는 데이터 분석용으
로 (OpenOffice.org Calc 또는 마이크로소프트 엑셀과 같
은) 스프레드시트를 선호합니다. 숫자 데이터 자체를 볼

수도 있고, 손쉽게 그래프를 그릴 수도 있기 때문입니다.
표 17-1은 스프레드시트 프로그램에서 두 개의 제목과 앞
부분 10개의 측정치가 어떻게 보이는지 보여 줍니다(측정
번호는 스프레드시트의 행 번호에 해당합니다). 파워 파
라미터는 예상했던 대로 100에서 시작하여 1씩 감소합니
다. 현재 파워값은 76에서 시작하여 초반 10개 측정에서
는 대체로 일정하게 유지됩니다.

측정 번호	파워	현재 파워값
1	100	76
2	99	77
3	98	76
4	97	74
5	96	75
6	95	76
7	94	77
8	93	75
9	92	75
10	91	76

표 17-1 처음 10개의 파워 파라미터에 대한 현재 파워값

표 17-2에서 보듯이, 파일을 스크롤다운해서 파워 파라미
터가 50인 곳까지 가보면, 현재 파워값이 파워 파라미터
와 더욱 가깝게 일치하는 것을 볼 수 있습니다.

전체 데이터의 그래프를 보면(그림 17-3), 파워 파라미
터와 현재 파워값이 어떻게 연관되어 있는지 더 감각적으
로 알 수 있습니다.

측정 번호	파워	현재 파워값
49	53	54
50	52	53
51	51	52
52	50	52
53	49	49
54	48	47
55	47	47
56	46	47
57	45	46
58	44	45

표 17-2 파워 파라미터 53부터 44까지의 현재 파워값

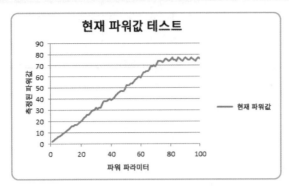

그림 17-3 파워 파라미터와 현재 파워값의 그래프

이 그래프로부터 파워 파라미터가 70 아래일 때는 현재 파워값이 파워 파라미터와 거의 일치하는 것을 알 수 있습니다. 두 값이 항상 정확히 일치하는 것은 아니며, 따라서 그래프는 직선이 아니고 작은 흔들림을 보여 주기는 하지만, 두 값의 차가 1을 넘지는 않습니다.

현재 파워값은 파워 파라미터가 75 정도인 곳에서 최고치에 도달하고, 그보다 큰 파워 파라미터 값에 대해서는 별 변화 없이 제자리입니다. 최고치가 75라는 것은 특정 모터의 경우입니다. 필자가 모터 C를 사용해 보니, 최고치는 78이었습니다. 다른 모터도 또 약간씩 다른 값을 가지지만, 거의 비슷한 범위이긴 합니다.

회전 센서를 이용해서 각각 다른 파워 설정에 모터가 얼마나 빠르게 회전하는지를 측정하여 현재 파워값과 연관시킴으로써 파워 파라미터와 현재 파워값의 관계를 더욱 탐구해 보겠습니다. 이 작업을 좀더 쉽게 하기 위하여, 여러 값을 쉼표 구분 목록으로 조합하여 파일에 기록하는 LogData 마이 블록을 만들어 보겠습니다.

LogData(데이터 기록) 마이 블록

CurrentPowerTest 프로그램(그림 17-1 참조)은 텍스트 블록을 이용하여 파워 파라미터와 현재 파워값을 쉼표 구분 형태로 연결합니다. 세 개의 값을 조합하면서 쉼표로 구분하려면 두 개의 텍스트 블록이 필요하고, 값이 하나 추가될 때마다 텍스트 블록 하나가 더 필요합니다. 데이터 포맷을 맞추기 위한 이런 코드는 금세 커질 것이고, 프로그램의 논리 구조를 알아보기 힘들어집니다. LogData 마이 블록을 만들면, 메인 프로그램을 어지럽히는 것을 방지할 수 있습니다.

이 블록은 포맷된 데이터를 파일에 기록할 때, 타이머 블록을 이용한 타임스탬프도 값에 추가함으로써 측정이 이루어진 때를 알려 줍니다. 시간이 중요한 요소인 실험에서 타임스탬프는 유용하며, 또한 데이터에 타임스탬프를 달아 두면 프로그램의 비정상적인 정지나 또 다른 타이밍 문제를 찾아내는 데 도움이 됩니다.

그림 17-4에 있는 LogData 마이 블록은 타임스탬프와 함께 텍스트 값을 네 개까지 조합합니다. 대부분의 값은 숫자지만, 필자는 이 블록이 글머리도 함께 처리할 수 있도록 텍스트 파라미터를 이용했습니다. 이 마이 블록이 동작하는 방식은 다음과 같습니다.

1. 사용할 타이머 번호는 데이터 와이어를 통해 전달받습니다. 타이머 블록은 해당 타이머를 읽은 값을 첫 번째 텍스트 블록에 전달합니다.

2. 첫 번째 텍스트 블록은 타이머 블록의 타임스탬프와 하나의 입력 파라미터를 쉼표 구분 방식으로 조합합니다.

3. 이어지는 세 개의 텍스트 블록은 각각 직전 텍스트 블록으로부터 값 하나를 받고, 쉼표를 추가한 후 입력 파라미터의 값도 추가합니다.

4. 마지막 블록은 포맷된 데이터를 파일에 기록하며, 파일 이름은 마이 블록에 입력 파라미터로 전달받았던 것입니다.

마이 블록을 만드는 창에서는 어느 파라미터가 어느 블록에 연결되는지 보이지 않지만, 단순히 왼쪽부터 오른쪽으로 각각의 파라미터의 이름과 아이콘을 설정하고, 숫자 파라미터도 필요에 따라 왼쪽이나 오른쪽으로 이동하면 됩니다(순서는 상관없습니다). 마이 블록을 만들고 난 후에, 데이터 와이어를 이동하여 각각의 입력 파라미터가

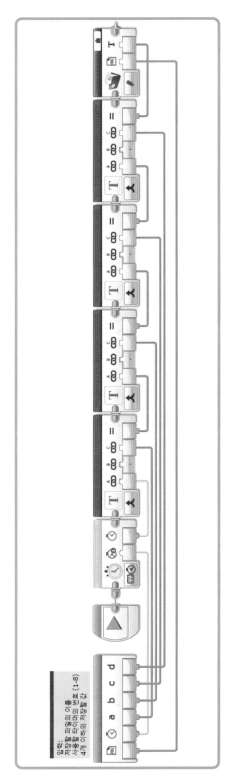

그림 17-4 LogData 마이 블록

정확한 블록에 연결되도록 할 수 있습니다.

CurrentPowerTest2 프로그램

그림 17-5에 보이는 CurrentPowerTest2 프로그램은 CurrentPowerTest 프로그램을 기본으로 하면서 새로운 측정을 추가합니다. 루프를 돌 때마다, 파워 파라미터를 변경한 후에 프로그램은 회전 센서를 읽고, 1초 대기한 다음에 회전 센서를 다시 읽습니다. 두 값의 차는 모터가 1초 대기 동안 얼마나 움직였는지를 알려 주며, 평균 회전 속도를 초당 각도로 알려 줍니다. 모터의 현재 파워값도 역시 기록되므로, 모든 데이터가 수집되고 나면 현재 파워값과 모터의 실제 속도와의 관계를 알아볼 수 있게 됩니다.

프로그램 시작부에 있는 LogData 마이 블록은 글머리를 CurrentPowerTestData 파일에 기록하고, 루프 블록 안에 있는 LogData 마이 블록은 파워 파라미터, 현재 파워값, 그리고 계산된 속도를 기록합니다.

이 프로그램은 두 번 회전 센서값을 읽는 사이에 1초씩 대기가 있으므로 실행하는 데 100초 정도 더 걸립니다. 프로그램이 종료된 후에, CurrentPowerTestData 파일을 컴퓨터로 복사하고 데이터를 살펴보세요.

표 17-3은 필자의 테스트 데이터에서 파워 파라미터가 100 근처일 때와 50 근처일 때를 보여 줍니다. 속도는 현재 파워값의 10배 정도인데, 그 이유는 현재 파워값이 사실은 모터의 속도를 1/10초 동안 돌아간 각을 재는 것이기 때문입니다!

NOTE 표 17-3의 현재 파워값과 속도값이 정확히 10배가 되지 않는 이유는, 회전 센서가 두 번 읽는 간격이 실제로는 1초보다 아주 약간 길어 계산된 속도가 아주 약간 크게 나오기 때문입니다. 또한 EV3는 모터가 정확한 속도로 움직이도록 모터를 꾸준히 제어합니다. 시간차를 더 정확히 측정하려면, 회전 센서값을 읽기 직전마다 타이머 블록을 이용하여 시간을 기록하고, 기록된 두 번의 시간을 뺄셈하여 측정 사이의 시간차를 계산할 수도 있습니다. 이 프로그램의 목적을 위해서는 단순한 접근으로도 충분합니다.

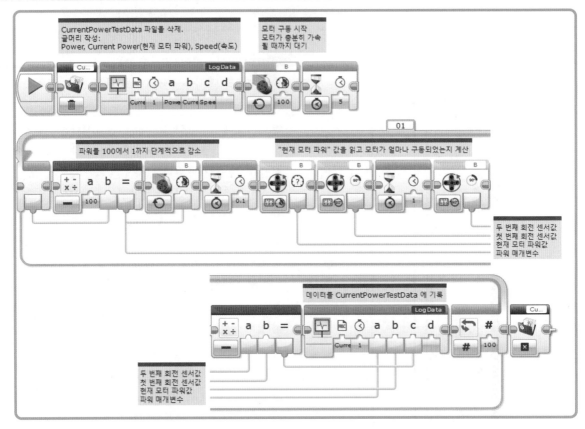

그림 17-5 CurrentPowerTest2 프로그램

이 데이터로부터 알 수 있는 것은, 라지 모터 블록의 파워 파라미터를 10으로 설정하면 모터는 초당 100도의 속도로 회전할 것이고 50으로 설정하면 초당 500도의 속도로 회전할 것입니다. 이 관계는 파워 파라미터가 75 정도까지는 유지되지만, 그보다 높은 파워값에서는 모터가 더 빠르게 돌지는 않습니다. 포화(saturation)라고 부르는 조건입니다. 따라서 실제 상황에서 파워 파라미터를 80이나 100으로 설정해도 달라지지 않습니다. 두 설정 모두 모터는 초당 750도 정도로 움직입니다.

그렇다면 왜 모터는 여러분이 명령한 속도 그대로 움직이지 않는 걸까요? EV3는 실제로 그렇게 행동하도록 설계되었으며, 필자는 좋은 판단이라고 생각합니다. 예를 들어 EV3가 사용하는 모터와 배터리 예상 전력에서, 레고 엔지니어들은 모든 모터가 초당 700도로 회전하도록 보장할 수도 있을 것입니다. 파워 파라미터 100을 초당 700도의 속도로 환산함으로써, 파워 파라미터와 속도의 관계를 10배가 아닌 7배로 할 수도 있을 것입니다.

이렇게 하면 파워 파라미터가 갖는 값의 범위 전체에서 파워 파라미터와 모터 속도 사이에 관계를 일정하게 할 수 있지만, 몇몇 모터는 가능한 최대 속도를 내지 못할 것입니다. 최고 속도를 초당 700도라고 표시하더라도, 우리는 모터가 실제로는 조금 더 빠르게 회전할 수 있다는 것을 압니다. 시스템의 실제 설계는, 모터가 낼 수 있는 모든 속도를 가능하게 하는 대신 높은 파워 파라미터 대역에서 모터 속도와의 비례 관계가 상실되는 것을 감수하는 것입니다.

파워	현재 파워값	속도값
100	79	803
99	80	801
98	79	803
97	79	801
96	79	803
95	79	799
94	78	802
93	79	800
92	78	802
…	…	…
50	51	510
49	48	498
48	48	490
47	47	481
46	48	470
45	44	460
44	43	450
43	43	438
42	42	430
41	41	420
40	40	408
39	39	400

표 17-3 CurrentPowerTest2 프로그램 데이터

😊 도전과제 17-1

미디엄 모터를 이용하여 CurrentPowerTest2 프로그램을 실
행하고 파워 파라미터, 현재 파워값, 실제 모터 속도가 어떻게
연관되는지 살펴봅시다. 프로그램의 라지 모터 블록을 미디엄
모터 블록으로 교체하고, 모터 회전 블록의 포트 설정도 미디
엄 모터에 맞춰서 변경합니다. 4장에서 사용했던 리프트 암으
로부터 미디엄 모터를 분리하여 사용합니다.

조향모드 주행 블록에서 현재 파워 테스트하기

CurrentPowerTest 프로그램에서는 라지 모터 블록을 이
용하여 파워 파라미터와 현재 파워값의 관계를 살펴보았
고, 파워 파라미터와 모터의 실제 속도가 어떻게 연관되
는지 알 수 있었습니다. 하지만 대부분의 프로그램에서

실제로는 조향모드 주행 블록을 사용합니다. 조향모드 주
행 블록의 경우에도 같은 관계가 성립할까요?

이것을 테스트하려면, 단지 두 개의 라지 모터 블록을
조향모드 주행 블록으로 대체하여 프로그램을 다시 실행
하면 됩니다. 그림 17-6에서 필자가 테스트한 데이터의
그래프를 볼 수 있습니다. 파워값 70 아래에서는, 그래프
가 라지 모터 블록을 사용했을 때와 같은 관계를 보여 줍
니다. 70 위에서는, 이전 테스트들이 보여 주었던 것보다
좀더 큰 변화를 보여 줍니다. 이런 현상이 생기는 이유는,
EV3가 두 모터를 동일한 속도로 유지하려고 노력하지만
그것이 모터의 최고 속도에서는 어렵기 때문입니다.

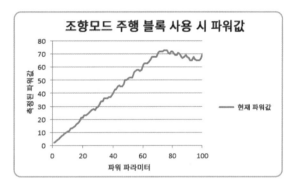

그림 17-6 조향모드 주행 블록을 사용했을 때 파워 파라미터 대비 현재 파워값

SteeringTest(조향 테스트) 프로그램

다음 프로그램인 SteeringTest(그림 17-7)는, 조향모드 주
행 블록의 조향 파라미터와 두 모터의 속도 사이의 관계를
살펴보는 프로그램입니다. SteeringTest는 우선 Steering
TestData 파일을 삭제하고 다시 생성한 후, 첫 줄에 글머
리(column heading)를 'Steering(조향), 모터 B, 모터 C'라
고 기록합니다. 프로그램은 조향 파라미터 값을 0으로 하
고서 모터를 출발시킵니다. 루프 블록 안에서, 조향 파라
미터는 0부터 100까지 단계적으로 올리면서 (양 끝의 값
까지 포함하여) 총 101 단계를 실행합니다. 각 단계마다,
LogData 마이 블록은 조향값과 두 모터의 현재 파워값을
기록합니다. 조향모드 주행 블록의 파워 파라미터는 50으

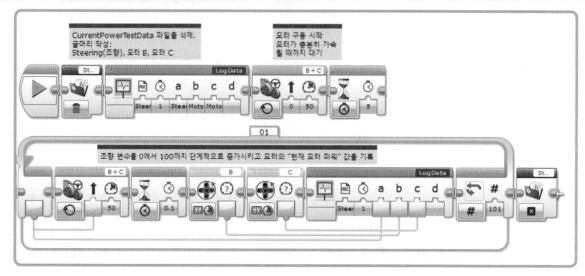

그림 17-7 SteeringTest 프로그램

로 설정하여 파워 파라미터가 현재 파워값에 그대로 반영되는 범위에 있도록 합니다.

프로그램을 실행하면, 양쪽 모터는 약 15초 동안 회전할 것입니다. 프로그램을 종료하면, SteeringTestData 파일을 EV3에서 컴퓨터로 업로드할 수 있습니다.

그림 17-8은 데이터의 그래프입니다. 모터 B의 현재 파워값은 50 근처에 머무릅니다(측정치는 49에서 51 사이입니다). 조향 파라미터가 0에서 100까지 증가함에 따라 모터 C의 현재 파워값은 50에서 시작하여 −50까지 감소합니다.

조향 파라미터가 0일 때 양쪽 모터는 모두 현재 파워

값이 50이며, 이 조향값은 로봇이 직선으로 움직이도록 하기 위한 것입니다. 조향 파라미터가 증가하면 모터 C가 느려지며, 로봇이 회전하게 됩니다.

조향 파라미터가 50이면, 모터 C의 현재 파워값은 0이 되어 전혀 움직이지 않습니다. 이 조향값에서 모터 C는 정지하지만 모터 B는 전진을 계속하므로 로봇은 모터 C의 바퀴를 중심으로 회전하게 됩니다. 조향 파라미터가 100이면, 모터 C는 −50의 현재 파워값을 가지게 되고 모터 B만큼의 속도로, 하지만 반대 방향으로 움직입니다. 이때는 두 바퀴의 가운데 점을 중심으로 하여 회전합니다. 조향 파라미터가 50에서 100 사이일 때는 로봇이 회전합니다. 달라지는 것은 회전의 중심점입니다.

회전하면서 전진하도록 하려면, 조향값은 50보다 작아야 합니다. 한쪽의 조향 파라미터 범위는 0에서 100까지지만, 전진할 때 유용한 범위는 0에서 약 40 정도까지입니다. 반대 방향이면 0에서 −40 사이의 값을 사용하세요. 40보다 큰(또는 −40보다 작은) 값은 로봇이 제자리회전을 하거나 아주 작은 원을 그릴 것입니다.

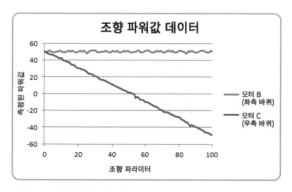

그림 17-8 조향 파라미터 대비 현재 파워값

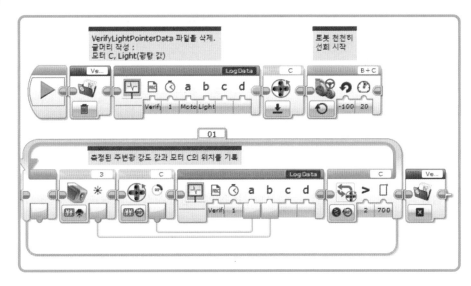

VerifyLightPointer(광원 가리키기 검증) 프로그램

11장에서 제시한 LightPointer 프로그램은 컬러 센서를 사용하여 트라이봇이 광원을 향하도록 합니다. 트라이봇은 제자리에서 회전하며 가장 밝은 빛을 감지했던 위치를 기억합니다. 한 바퀴를 다 돌고 나면, 트라이봇은 저장된 위치로 되돌아가고, 그렇게 해서 광원을 향하게 됩니다.

LightPointer 프로그램은 트라이봇이 회전하면서 가장 밝은 빛을 감지할 수 있다고 가정합니다. 이 가정이 틀리다면 프로그램은 제대로 작동하지 않습니다. 예를 들어 로봇이 너무 빨리 회전하여 빛의 밝기를 정확하게 읽을 수 없거나, 주변광이 강해서 로봇이 광원의 방향을 감지하기 어려울 경우 프로그램은 실패합니다. 실험을 통해 센서의 데이터를 수집하고 분석해 봄으로써 이 가정을 검증할 수 있습니다. 그림 17-9의 VerifyLightPointer 프로그램이 데이터를 수집합니다.

이 프로그램은 LightPointer 프로그램과 데이터 수집 프로그램의 조합입니다. 우선 VerifyLightPointerData 파일이 삭제된 후에, .csv 파일의 열 제목으로 사용할 'Motor C'와 'Light'를 LogData 블록을 사용하여 기록합니다. 모터

C의 회전 센서가 초기화되고, 트라이봇은 천천히 회전합니다. 루프 안에서, 컬러 센서의 주변광 값과 모터 C의 위치가 파일에 기록됩니다. 모터 C가 900도 위치에 도달할 때까지 루프는 계속됩니다(교구 세트에서는 이 값을 700도로 설정하세요). 마지막 블록은 VerifyLightPointerData 파일을 닫습니다.

트라이봇과 광원을 그림 17-10과 같이, 광원이 트라이봇의 왼쪽 90도에 있도록 배치하고, 프로그램을 실행합니다. 트라이봇은 천천히 한 바퀴 돌고 멈춥니다. 프로그램이 종료된 후에, VerifyLightPointerData 파일을 컴퓨터에 업로드하여 컬러 센서와 회전 센서값을 살펴볼 수 있습니다.

그림 17-11은 필자가 실행한 테스트에서의 측정 그래프입니다. 로봇이 플래시 쪽으로 회전함에 따라 광값은 상

그림 **17-10** VerifyLightPointer 프로그램을 위한 시작 배치

당히 증가하면서 커다란 피크 한 개를 만들어 냅니다. 수치 데이터(표 17-4)를 보면 각각의 컬러 센서값 사이에 모터 C는 약 1도씩만 움직입니다. 원 한 바퀴를 완전히 도는 데 모터는 약 840도를 움직여야 하므로 각각의 측정 사이에 트라이봇은 실제로 아주 조금씩만 회전하게 되고, 따라서 센서가 빛을 보지 못하고 지나칠 확률은 아주 작습니다.

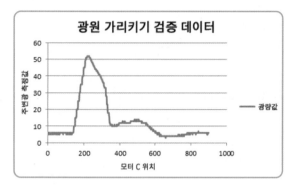

그림 17-11 모터 C 위치에서 감지된 주변광

모터 C	빛
2	6
3	6
3	4
4	6
5	6
5	5
6	5
7	5
7	5
9	6
9	6
10	6

표 17-4 회전 센서값

이 자료에 따르면, LightPointer 프로그램은 광원의 방향을 제대로 판단할 수 있을 것으로 보입니다. 로봇이 움직이는 동안 데이터가 작은 변화만 보여 줬거나 여러 개의 피크를 보였다면, LightPointer 프로그램이 제대로 동작한다는 확신이 들지 않았을 것입니다.

데이터의 양 조절

VerifyLightPointer 프로그램은 가능한 한 빠르게 데이터를 수집하고 기록하므로 짧은 시간에 커다란 데이터 파일이 생성됩니다. 만약 데이터 수집 프로그램에서 데이터를 얼마나 자주 기록할 것인지 조절하는 기능이 있다면 좀 더 유용할 것입니다

많은 데이터 수집 프로그램은 VerifyLightPointer 프로그램과 같은 구조로 되어 있을 것입니다. 몇몇 블록이 초기 설정을 한 후에, 루프 블록 안에는 데이터를 모으고 파일에 기록하는 코드가 있을 것입니다. 루프 블록 몸통의 끝부분에 대기 블록을 추가함으로써 얼마나 자주 데이터를 기록할지를 조절할 수 있습니다.

대기 블록은 얼마 동안 정지해야 할까요? 실험이 얼마나 길게 걸릴지, 그리고 모으는 데이터가 얼마나 자주 변하는지에 따라 다릅니다. 중요한 변화를 놓치지 않을 정도로 자주 기록해야 하지만, 파일이 너무 거대해지거나 메모리 부족이 될 정도로 자주 하면 안 됩니다. 적절한 균형을 찾으려면 약간의 시행착오를 겪게 되는 것이 보통이므로, 적절한 값을 얻기 위해 설정을 몇 번 변경하게 되더라도 놀라지 마세요.

예를 들어, VerifyLightPointer 프로그램이 초당 20번 측정하도록 여러분이 변경하기로 결정했다고 합시다. 이렇게 하려면, 루프 블록의 끝에 1/20초, 즉 0.05초 대기하도록 합니다. 그림 17-12는 프로그램의 메인 루프에 대기 블록이 추가된 것을 보여 줍니다.

이제 프로그램은 루프를 실행할 때마다 0.05초씩 대기하게 되므로 초당 약 20회의 데이터를 읽고 기록하게 됩니다. 모터를 컨트롤하고, 센서값을 모으고, 데이터를 쓰고 하는 시간도 필요하므로 초당 정확히 20회는 아닐 수 있습니다.[1]

---

1 (옮긴이) 루프 한 바퀴의 시간이 대기 시간 0.05초보다 약간 더 길어지므로 초당 20회보다 작아질 수 있습니다.

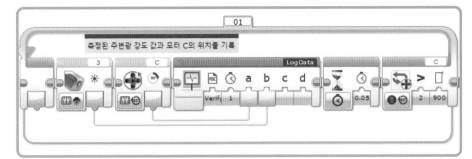

그림 17-12 0.05초 대기

> 😊 **도전과제 17-2**
>
> 트라이봇이 꽤 천천히 회전하기 때문에, 그래프에서 큰 피크가 보여 주듯이 VerifyLightPointer는 빛의 방향을 판단하기에 충분한 데이터를 수집합니다. 조향모드 주행 블록의 파워 파라미터를 20에서 40으로 변경하고, 테스트를 다시 실행하여 어느 정도의 변화가 있는지 봅시다. 그래프의 피크를 분별할 수 있도록 하면서 트라이봇을 얼마나 빨리 회전하도록 할 수 있나요?

추가적인 탐구

다음은 데이터 수집과 관련된 몇 가지 추가 활동입니다.

1. 트라이봇이 물체로부터 멀어질 때, 적외선 센서의 근접값(일반 세트의 경우) 또는 초음파 센서의 거리값(교구 제품의 경우)이 어떻게 변하는지 보여 주는 실험을 만들어 보세요. 물체로부터의 실제 거리를 재기 위해 모터 하나의 위치를 사용합니다. 매우 가까운 곳에서 출발하고, 트라이봇이 천천히 후진하도록 합니다. 물체를 여러 가지 색깔과 재질(예를 들어, 단단한 벽과 걸어놓은 수건은 아마 다른 결과를 낼 것입니다)로 바꾸어 가면서 시도해 보세요.

   초음파 센서의 값은 거리에 대한 실제 측정이므로 물체를 측정하지 못하는 거리가 되기까지는 모터 회전과 비례 관계가 아주 잘 유지될 것입니다.

2. 교구 제품의 경우, 트라이봇과 리모컨의 각이 변함에 따라 초음파 리모컨의 비콘 방향 측정값이 어떻게 변하는지 알아보는 프로그램을 만들어 보세요. 리모컨을 로봇 정면에 두고 시작하며, 로봇이 한 바퀴 회전하면서 비콘 방향을 기록합니다(VerifyLightPointer 프로그램과 유사합니다).

3. 초당 회전각을 측정하는 자이로 센서의 측정 - 각속도 모드[2]를 이용하여, 조향모드 주행 블록의 파워 파라미터와 트라이봇의 회전속도가 어떻게 연관되는지 판단하는 데 도움이 되는 프로그램을 만들어 보세요(조향값은 100으로 둡니다). 우선 느린 속도에서 데이터를 수집합니다. 그 다음에 속도를 올려가면서 둘의 관계가 유지되는지 그리고 트라이봇이 너무 빠르게 움직여 자이로 센서에서 신뢰할 수 있는 데이터를 가져올 수 없는 지점이 있는지 알아봅니다.

마무리

EV3는 다양한 센서의 데이터를 모으고, 편집하고, 기록할 수 있으므로 훌륭한 데이터 수집기가 될 수 있습니다. 이 장에서 제시한 예제들은 전형적인 데이터 수집 프로그램에 필요한 단계들을 모두 가지고 있습니다. 이 단계들에는 데이터 파일을 생성하고, 센서 데이터를 모으고, 타임스탬프를 포함한 데이터를 파일에 기록하며, 데이터를 모

---

2 (옮긴이) EV3 소프트웨어에는 Measure Rate mode가 '샘플링 속도'라고 표시되어 있으나, 역자들의 생각에는 '각속도 모드'가 옳은 번역이라 생각하여 이 책에서는 '각속도 모드'라고 번역하였습니다.

으는 속도를 조절하는 것도 포함됩니다.

데이터 수집은 여러분이 EV3 모터와 센서에 대해 더 알 수 있게 도와줍니다. 예를 들어, CurrentPowerTest 프로그램은 모터 회전 블록의 현재 파워값에 대한 비밀을 파헤침으로써 주행 블록의 파워 파라미터가 실제로 어떤 것을 하는지 아는 데 도움이 되었습니다. 밀접한 관련이 있는 SteeringTest 프로그램이 모은 데이터는, 조향 파라미터가 로봇의 움직임에 어떤 영향을 미치는지 보여주고 어떤 영역의 값이 가장 유용한지 알게 되었습니다. VerifyLightPointer 프로그램이 수집한 실험 데이터에 기반해서 LightPointer 프로그램이 예상대로 동작할 것이라는 것을 알 수 있습니다.

EV3 센서들을 로보틱스와 상관없이 집에서나 과학 실험에서도 사용할 수 있습니다! 컬러 센서를 이용하여 여러 브랜드의 전구의 밝기를 비교할 수도 있고, 회전 센서를 이용하여 넓이나 부피를 측정할 수도 있습니다.

온도 센서를 LEGO Education(*http://www.legoeducation.com/*)에서 구입하거나, 여러 가지 EV3 호환 센서들을 Hi-Technic(*http://www.hitechnic.com/*), Mindsensors(*http://www.mindsensors.com/*), Vernier(*http://www.vernier.com/*)에서 구입하면, 훨씬 더 많은 실험이 가능합니다.[3]

---

3 (옮긴이) 제품에 포함되지 않은 다른 센서를 추가로 활용하고 싶다면, 레고 에듀케이션 공식 파트너 사이트(*https://education.lego.com/ko-kr/shop/find-distributor*)에 소개된 파트너 업체나, 해외의 마인드스톰용 센서 제작 업체를 통해 구입하기 바랍니다.

18
멀티태스킹(다중작업)

이번 장에서는 여러 시퀀스를 병렬로 실행함으로써 로봇이 동시에 여러 임무를 수행하도록 하는 **멀티태스킹**(multitasking)에 대해 알아보겠습니다. 예를 들어 프로그램의 한 부분에서는 로봇의 움직임을 통제하고, 또 다른 부분에서는 센서 데이터를 수집하는 프로그램입니다.

AroundTheBlock 프로그램에 이동거리를 측정하는 간단한 주행거리계를 추가하는 것으로 시작하고, Door Chime 프로그램에도 플래시 라이트를 추가해 보겠습니다. 병렬 시퀀스를 사용할 때 프로그램 흐름의 원칙에 대해서도 설명하고, 시퀀스 사이의 동작을 동기화하는 방법도 보여드리겠습니다.

여러 개의 시작 블록

EV3 프로그램에서, 함수 블록들이 연결된 것을 **시퀀스**(sequence)라고 부릅니다. 이제까지 작성한 모든 프로그램은 하나의 시퀀스를 가졌으며, 시퀀스는 새로운 프로그램을 생성할 때 자동으로 나타나는 시작 블록으로 시작합니다. 멀티태스킹은 하나의 프로그램에 여러 개의 시퀀스를 함께 넣는 것입니다.

프로그램에 여러 개의 시퀀스를 사용하는 한 가지 방법은, 시작 블록을 하나 더 추가하는 것입니다. 예를 들어, 그림 18-1은 (4장에서 도입한) AroundTheBlock 프로그램의 새로운 버전으로, 두 개의 시퀀스를 사용합니다.

이 병렬 시퀀스는 동시에 시작합니다. 그림의 상단에 있는 시퀀스는 트라이봇을 정사각형 둘레로 움직이도록 하고, 하단에 있는 시퀀스는 모터 위치를 지속적으로 표시합니다. 프로그램이 정지하면, 모터 B가 이동한 거리가 표시됩니다. LineFollower나 WallFollower 프로그램에서도 이동 거리를 측정하는 데 동일한 기법을 사용할 수 있습니다.

아래의 단계를 따라서 프로그램을 만들어 봅시다.

1. Chapter18이라는 이름의 새 프로젝트를 만듭니다.
2. Chapter4 프로젝트를 열고 AroundTheBlock 프로그램을 복사해서 Chapter18 프로젝트에 넣습니다.
3. 흐름제어 팔레트의 시작 블록을 꺼내서 프로그래밍 캔버스에 놓습니다.
4. 그림 18-1의 아래쪽에 있는 블록들을 추가합니다. DisplayNumber 블록의 단위 파라미터는 **각도**로 설정합니다.

이 프로그램을 실행하면, EV3 브릭은 두 개의 루프 블록을 모두 시작하고, 각각의 시퀀스 안에 있는 코드를 빠르게 스위칭하며 실행합니다. EV3 안에 내장된 컴퓨터는 실제로는 한 시점에 하나 이상을 할 수 없지만, 두 임무 사이를 이거 조금 한 다음에 저거 조금 하고 하는 방식으로 빠르게 스위칭할 수 있습니다. 이 스위칭은 매우 빠르게

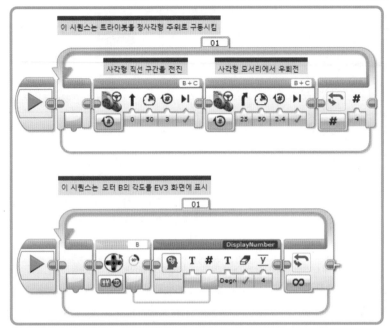

그림 18-1 정사각형 둘레를 움직이면서 모터 위치
표시하기

일어나기 때문에, 여러분은 차이를 절대 알 수 없습니다.

프로그램을 실행하면, 트라이봇은 정사각형 둘레를 움직이면서 화면에는 로봇이 그동안 이동한 거리를 표시합니다. 트라이봇이 정사각형의 네 변을 모두 움직인 후에도, 프로그램은 모터 B의 위치를 계속 표시합니다. 로봇을 집어 들고 모터를 돌려보면, 위치가 화면에 갱신되는 것을 볼 수 있습니다.

원래의 AroundTheBlock 프로그램은 루프 블록이 네 번 실행을 끝낸 후에 더 이상 실행할 블록이 없으므로, 로봇이 정사각형 둘레를 움직인 후에 프로그램은 멈춥니다. 프로그램이 여러 개의 시퀀스를 가지면, 모든 시퀀스가 종료될 때까지 프로그램은 계속 실행됩니다. 모터 위치를 표시하는 루프 블록은 무한정 실행되도록 설정되었으므로, 여러분이 정지시킬 때까지 프로그램은 계속 실행됩니다.

프로그램 중지 블록

로봇을 집어 들고 '뒤로 가기' 버튼을 눌러서 프로그램을 멈추는 것이 대단히 성가신 것은 아니지만, 더 좋은 방법

이 있습니다. 고급 팔레트에서 찾을 수 있는 프로그램 중지 블록(그림 18-2)은 실행 중인 모든 시퀀스를 중지시키고 프로그램을 종료합니다. 수정된 AroundTheBlock 프로그램의 위쪽 시퀀스에 그림 18-3처럼 프로그램 중지 블록을 두어, 트라이봇이

그림 18-2 프로그램 중지 블록

정사각형 둘레를 다 돌고 나면 프로그램이 종료되도록 합니다.

이 예제에서, 프로그램 중지 블록은 시퀀스의 끝에 놓입니다. 특정 상황에서 프로그램을 종료시키고 싶다면, 이 블록을 스위치 블록 안에 둘 수도 있습니다.

바쁜 루프 예방하기

LineFollower 프로그램처럼 센서값에 대한 빠른 반응에 의존하는 프로그램은, 두 번째 임무[1]를 추가하면 좋지 않은 영향을 받을 수 있습니다. 그림 18-4는 13장의 Line

---

1 (옮긴이) 병렬로 실행되는 다른 시퀀스를 의미합니다.

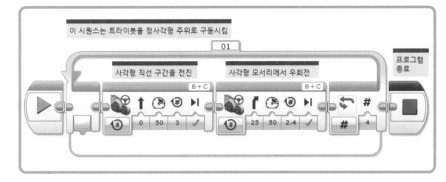

그림 18-3 정사각형 둘레를 돌고 난 후 프로그램 멈추기

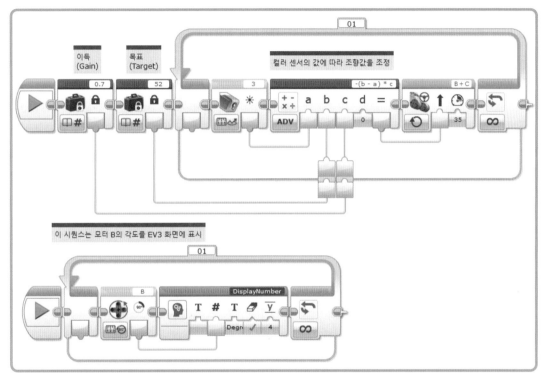

그림 18-4 LineFollower 프로그램에 주행거리계 추가

Follower 프로그램에 주행거리계를 추가한 모습입니다.

두 번째 임무를 추가하기 전에는, 조향모드 주행 블록의 파워 파라미터를 50으로 설정해도 프로그램은 아주 잘 동작했습니다. 필자가 주행거리계를 추가한 후에는, 안정성을 유지하면서 설정할 수 있는 최고 파워값은 35였습니다.

모터 위치를 화면에 표시하는 코드는, 가능한 한 빠르게 반복하고 지속적으로 EV3의 연산능력의 많은 부분을 사용하는 '바쁜 루프'의 예입니다. 이것은 선 따라가기 코드가 좀더 느리게 실행되는 이유가 되며, 따라서 로봇은 곡선에서 빠르게 반응하지 못합니다. 화면 표시 루프를 느리게 만들고, EV3가 로봇이 선을 잘 따라가도록 하는데 더 많은 시간을 할애하도록 함으로써 이 문제를 해결할 수 있습니다. 화면 표시를 최대한 빠르게 하는 대신 루

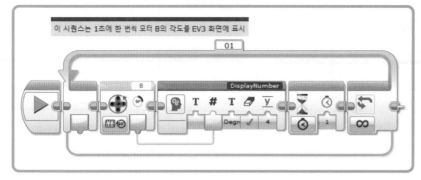

이 시퀀스는 1초에 한 번씩 모터 B의 각도를 EV3 화면에 표시

프 블록에 1초 대기를 추가하여(그림 18-5) 1초마다 표시 하도록 하면, 파워 파라미터를 다시 50으로 설정할 수 있 습니다. 표시되는 모터 위치는 약간의 지연은 있지만 사 용하기에 충분히 정확합니다.

😊 도전과제 18-1

간단하게 만들기 위해서, AroundTheBlock의 주행거리계는 인치나 센티미터가 아니라 모터의 회전각을 측정합니다. 각도 를 인치나 센티미터로 바꾸기 위한 환산 계수를 정하고, 읽은 값을 좀더 실용적인 측정값으로 바꾸기 위해 수학 블록을 추가 해 보세요.

(HINT) 각도를 인치나 센티미터로 변환하는 방법을 잘 모르겠 다면, 4장의 ThereAndBack 프로그램에서의 논의를 찾아보 세요.

DoorChime 프로그램에 표시등 추가하기

새로운 AroundTheBlock 프로그램은 두 개의 시작 블록 을 사용함으로써 두 개의 독립적인 임무를 실행합니다. 이 절에서는, 여러 개의 시퀀스를 프로그램 중간에 넣어 보겠습니다. 이 접근법은, 프로그램이 실행되는 전체 시 간이 아니라 특정 지점에서 두 개의 임무를 실행하고 싶 을 때 유용합니다.

12장의 DoorChime 프로그램(그림 18-6)을 수정하여, chime을 연주하는 동안 브릭 상태 표시등이 켜지도록 하 겠습니다. chime이 연주될 때만 빛이 켜져야 하므로, 시 작 블록을 이용하여 전체 시퀀스를 새로 만드는 것이 아 니라 chime이 연주되는 지점에 두 번째 시퀀스를 추가해 야 합니다.

그림 18-7과 같이 변경하면, 프로그램은 우선 브릭 상 태 표시등을 끈 후에 루프에 들어가며, 사람이 지나가기 를 기다립니다. 이 지점에서 Chime 마이 블록이 실행을 시작하며, 다른 시퀀스의 블록들도 실행을 시작합니다.

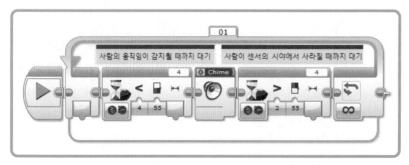

사람의 움직임이 감지될 때까지 대기　　사람이 센서의 시야에서 사라질 때까지 대기

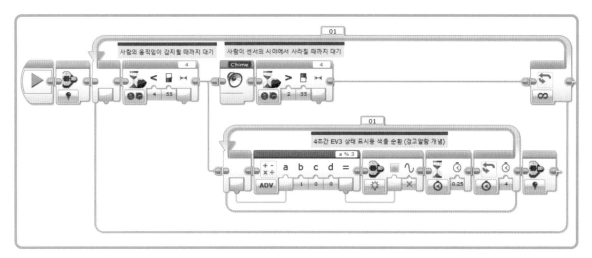

그림 18-7 chime을 연주하면서 브릭 상태 표시등 켜기

두 번째 시퀀스의 블록들은 브릭 상태 표시등을 켜고 세 가지 색을 1/4초 간격으로 돌아가며 반복합니다. 루프 인덱스를 3으로 나눈 나머지 값으로 브릭 상태 표시등 블록의 색깔을 설정하므로, 그 값은 0, 1, 2를 순환합니다. Chime 블록은 음을 모두 연주하는 데 4초가 걸리므로, 같은 시간 동안 브릭 상태 표시등이 켜지도록 하려면 루프 블록이 4초 동안 반복되도록 설정합니다. 루프가 끝나면, 브릭 상태 표시등을 끕니다.

프로그램의 블록들을 연결하는 얇은 회색 와이어를 시퀀스 와이어(sequence wire)라고 부릅니다. 이것은 그림 18-8에서와 같이, 한 블록의 오른쪽에 있는 시퀀스 플러그

출구를 다른 블록의 왼쪽에 있는 시퀀스 플러그 입구에 연결해 줍니다.

새로운 시퀀스를 추가하려면, 한 블록의 시퀀스 플러그 출구로부터 새로운 시퀀스 와이어를 잡아끌어서 다른 블록의 시퀀스 플러그 입구에 연결만 하면 됩니다. 다음의 단계를 따라서 새로운 DoorChime 프로그램을 만듭시다.

1. 12장의 DoorChime 프로그램을 복사해서 18장 프로젝트에 넣습니다.

2. 루프 블록을 선택하고, 아래쪽 가장자리 가운데의 핸들을 잡아끌어서 다른 시퀀스를 추가할 공간을 만듭니다(그림 18-9).

3. 새로운 루프 블록을 꺼내어 기존의 루프 안의 아래쪽에 넣으면서, Chime 마이 블록보다 약간 오른쪽에 둡니다(그림 18-10). 새로운 블록은 프로그램에 아직 연결되지 않았으므로 흐릿하게 보입니다.

4. 적외선 센서 블록의 오른쪽 시퀀스 플러그 출구를 클릭하고 잡아끌어서 새로운 시퀀스 와이어를 만듭니다(그림 18-11 참조).

5. 시퀀스 와이어를 새 루프 블록의 왼쪽 시퀀스 플러그 입구에 연결합니다. 루프 블록은 이제 흐릿하지 않습

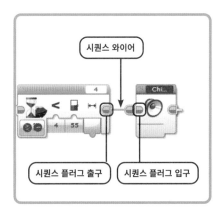

그림 18-8 시퀀스 와이어와 플러그

니다(그림 18-12).

6. 루프 블록이 자리를 잡았고 프로그램에도 연결되었으므로, 나머지 블록들과 데이터 와이어들을 그림 18-7과 같이 추가합니다.

이제 프로그램을 실행합니다. 누군가가 트라이봇 옆으로 걸어가면, chime이 연주되는 동안 브릭 상태 표시등이 세 가지 색깔로 번갈아가며 켜지는 것을 볼 수 있습니다.

프로그램 흐름의 규칙 이해하기

여러 개의 시퀀스를 사용하면 프로그램 흐름이 여러 가지로 복잡해집니다. 예를 들어, 모든 시퀀스가 끝에 도달하거나 프로그램 중지 블록으로 종료될 때까지 프로그램은 끝나지 않는다는 것을 이미 보았습니다. 이 절에서는 여러 개의 시퀀스를 사용함으로써 영향을 받는 프로그램 흐름 몇 개에 대해 논의해 보고, 이런 효과를 보여 주는 간단

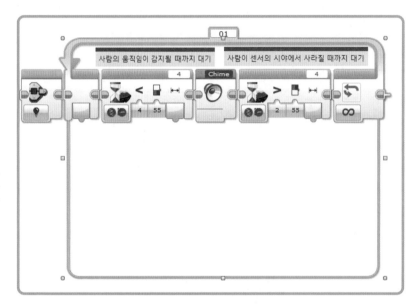

그림 18-9 두 번째 시퀀스를 위한 공간 만들기

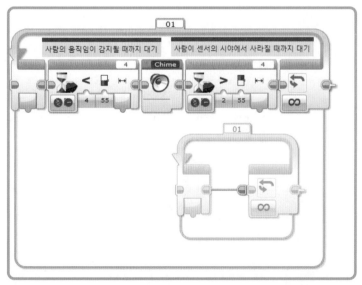

그림 18-10 새로운 루프 블록 추가하기

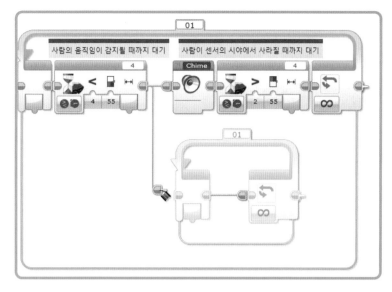

그림 18-11 시퀀스 와이어 잡아끌기

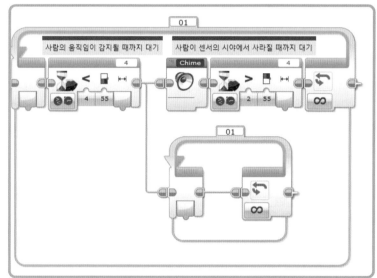

그림 18-12 새 루프 블록 연결하기

한 프로그램을 제시하겠습니다.

시작 블록과 데이터 와이어

BlockStartTest(블록 시작 테스트) 프로그램(그림 18-13)에 나타낸 것처럼, 블록에 연결된 모든 데이터 와이어에 값이 있어야 실행을 시작합니다. 상단 시퀀스의 디스플레이 블록은 1을 표시하고, 상수 블록은 하단에 있는 디스플레이 블록에 연결된 데이터 와이어에 2를 씁니다. 하단 시

퀀스의 디스플레이 블록은 상수 블록이 데이터 와이어에 2를 쓰기 전까지는 실행을 시작하지 않습니다. 프로그램을 실행하면 화면은 '1'을 표시하고, 1초 대기 후에 '2'가 추가로 표시됩니다.

블록들과 데이터 와이어에서 통상적인 흐름은 왼쪽에서 오른쪽이지만, 서로 다른 시퀀스에 있는 블록들 사이에는 '왼쪽에서 오른쪽으로'라는 정해진 순서가 없습니다. 그림 18-13에서 아래쪽 시퀀스의 디스플레이 블록은 위쪽

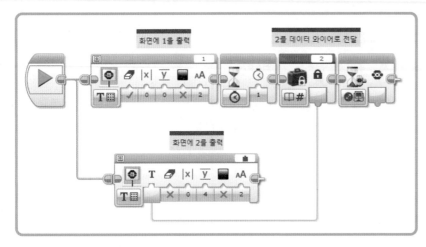

그림 18-13 BlockStartTest 프로그램

시퀀스의 상수 블록보다 왼쪽에 있지만, 상수 블록이 실행할 때까지 기다립니다. 디스플레이 블록을 오른쪽으로 옮기면 프로그램의 작동이 훨씬 직관적이 되긴 하지만, 프로그램 흐름을 조절하는 것은 데이터 와이어이지 블록의 위치가 아니라는 것을 명심하세요. 여러분의 프로그램에서 프로그램의 동작을 반영하도록 블록과 시퀀스를 배치하는 것은 언제나 좋은 아이디어입니다.

LoopStartTest(루프 시작 테스트) 프로그램(그림 18-14 참조)에 나타낸 것처럼, 루프 블록과 스위치 블록도 같은 규칙을 따릅니다. 루프 블록은 상수 블록이 데이터 와이어에 값을 넣기 전까지 시작할 수 없으며, 이 값이 루프 블록의 두 번째 디스플레이 블록 이전에는 사용되지 않음에도 불구하고 마찬가지입니다. 프로그램을 실행하면, 화면에 '1'을 표시하고(상단 시퀀스의 디스플레이 블록) 1초 대기합니다. 상수 블록이 데이터 와이어에 값을 넣고 나면, 루프 블록이 시작됩니다. 프로그램은 '2'를 표시하고 한

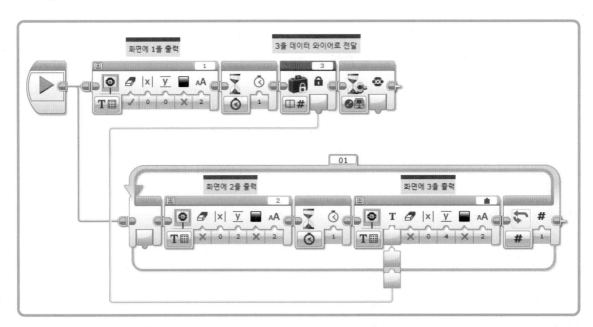

그림 18-14 LoopStartTest 프로그램

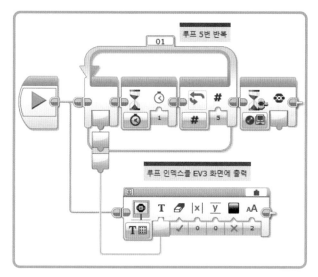

그림 18-15 LoopCountTest 프로그램

번 더 1초 동안 기다린 후 '3'을 표시합니다.

　BlockStartTest와 LoopStartTest 프로그램은, (로봇이 무언가 의미 있는 것을 하도록 만들기보다는) 데이터 와이어가 블록들의 실행 순서에 어떤 영향을 미치는지 분명히 보여 주도록 의도적으로 설계했습니다. 시퀀스들 사이에 값을 전달하기 위해 데이터 와이어를 사용하는 것이 유용하지만, 그로 인한 의존성을 매우 조심해야 합니다. 여러 개의 시퀀스는, 각각의 임무가 독립적으로 수행될 때 가장 적절합니다.

루프 블록이나 스위치 블록으로부터의 값 사용하기

루프 블록 안에서 시작하고 루프 바깥의 블록으로 연결되는 데이터 와이어는, 루프 블록이 완료되어야 값을 가집니다. 그림 18-15의 LoopCountTest(루프 횟수 테스트) 프로그램은 이 규칙이 작동하는 것을 보여 줍니다. 루프 블록은 다섯 번 반복하면서, 총 5초의 대기 시간이 있습니다. 하단 시퀀스의 디스플레이 블록은, 상단에 있는 루프 블록의 루프 인덱스 플러그로부터 연결된 데이터 와이어의 값을 보여 줍니다. 디스플레이 블록이 루프 블록의 바깥에 있으므로, 데이터 와이어에는 루프 블록이 종료된 이후에 마지막 값(4)만 전달됩니다. 이 프로그램을 실행하면, 5초를 대기한 후 '4'를 표시합니다. 이 규칙은 스위치 블록에도 적용되어, 스위치 블록을 떠나는 데이터 와이어는 스위치 블록이 종료될 때만 값을 가집니다.

마이 블록 사용하기

어떤 마이 블록을 여러 개 사용하더라도, 특정 시점에 그 중 하나만 실행하는데, DisplayCount(카운트 출력) 마이 블록(그림 18-16)에서 설명하겠습니다. 이 블록은 1초 간격으로 0, 1, 2, 3을 표시하며, 입력 파라미터로 행을 설정합니다.

　MyBlockTest(마이 블록 테스트, 그림 18-17)는 Display Count 마이 블록을 두 개 사용합니다. 이 프로그램을 실

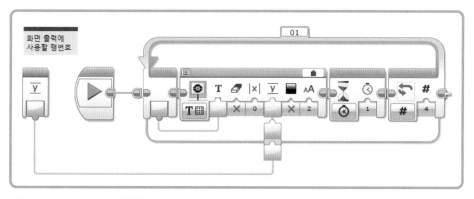

그림 18-16 DisplayCount 마이 블록

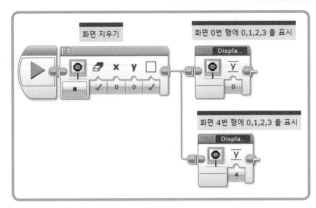

화면 지우기   화면 0번 행에 0,1,2,3 을 표시

화면 4번 행에 0,1,2,3 을 표시

그림 18-17 MyBlockTest 프로그램

행하면, 0, 1, 2, 3을 1초 간격으로 표시하는데, 4행 또는 0행에 표시합니다. 그런 후에, 네 개의 숫자를 다른 줄에 (처음에 4행이었으면 0행에, 처음에 0행이었으면 4행에) 표시합니다. 필자의 테스트에서 숫자들은 항상 4행에 먼저 보였지만, 우연일 수도 있습니다. 어떤 경우에도, 두 개의 마이 블록 중 하나가 실행을 종료해야만 다른 하나가 시작됩니다.

이 규칙은 마이 블록에만 적용되므로, 디스플레이 블록을 내부에 가진 루프 블록으로 두 개의 DisplayCount 블록을 대체하면 두 그룹의 숫자가 동시에 표시됩니다. 이 규칙은 동일한 마이 블록 두 개에 대해서만 적용됩니다. 두 개의 DisplayCount 블록은 동시에 실행할 수 없지만, DisplayCount 블록 하나와 DisplayNumber 블록 하나는 가능합니다.

NOTE 같은 마이 블록 두 개를 정말로 병행 실행하기를 원한다면, 마이 블록을 복제한 후에 첫 번째 마이 블록과 다른 이름으로 만듭니다. 원본 마이 블록과 이름을 바꾼 마이 블록을 동시에 실행할 수 있어야 합니다.

이러한 행동 특성은 마이 블록이 무언가 일어나기를 기다릴 때만 뚜렷이 드러나게 됩니다.[2] 대부분의 마이 블

록은 충분히 빠르게 시작하고 끝나기 때문에 이 규칙의 효과를 관찰하기 어렵습니다. 예를 들어, 두 개의 DisplayNumber 블록이 동시에 실행되지 않는다는 것을 알아차리지 못합니다.

두 개의 시퀀스 동기화

시퀀스 와이어를 어디에서 그리느냐에 따라, 두 번째 시퀀스가 시작하는 시점을 조절할 수 있습니다. 또한, 시퀀스 A의 변수값을 시퀀스 B에서 읽게 함으로써, 시퀀스 A의 임무가 끝날 때까지 시퀀스 B를 일시 정지시킬 수도 있습니다.

DoorChime 프로그램을 예로 들면, 차임과 브릭 상태 표시등을 켜는 루프는 모두 4초 동안입니다. 하지만 실제로, 이 시간은 Chime 블록 안에서 Sound 블록이 어떻게 구성되는지에 달렸습니다. Sound 블록을 더 추가하거나 각각의 톤을 재생하는 시간을 변경한다면, 두 임무는 동시에 끝나지 않을 수 있습니다.

그림 18-18은 Done이라는 이름의 논리 변수를 사용함으로써 이 문제에 대한 해결책을 보여 줍니다. 루프가 시작될 때, 변수는 거짓으로 설정됩니다. 센서가 사람이 지나가는 것을 감지한 후에, Chime 블록과 하단 시퀀스의 루프가 시작됩니다. 루프는 Chime 블록이 끝나고 이어지는 변수 블록이 Done 변수를 참으로 설정할 때까지 실행합니다. 이렇게 되면, 다음번에 변수를 읽을 때 루프가 끝납니다. 변수가 설정되자마자 루프를 벗어나는 것이 아니고, 변수 블록이 값을 읽고 루프 블록에 전달한 후에 벗어난다는 것을 아는 것도 중요합니다.

이 프로그램이 동작하도록 하는 또 다른 방법은, 그림 18-19에서처럼 상단 시퀀스에 루프 인터럽트 블록을 사용해서 하단 시퀀스의 루프를 끝내는 것입니다. 하단 시퀀스의 루프 이름을 바꿔야 한다는 것을 명심해야 합니다. 그렇지 않으면 루프 인터럽트 블록은 메인 루프를 끝낼 것입니다.

2 (옮긴이) 마이 블록의 실행 시간이 길 때만 알아차릴 수 있다는 뜻입니다.

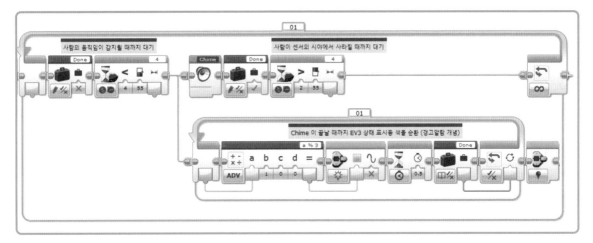

그림 18-18 DoorChime 프로그램에서 시퀀스 동기화

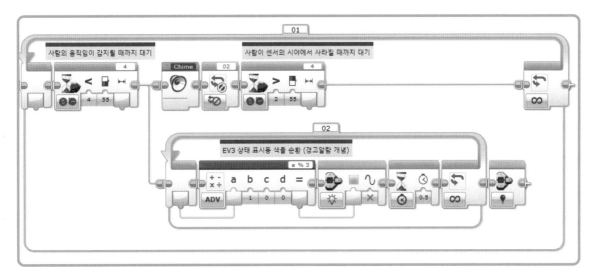

그림 18-19 루프 인터럽트 블록을 이용해서 시퀀스 동기화하기

문제 상황 예방하기

여러 개의 시퀀스를 사용하는 것은 변수, 데이터 와이어, 마이 블록, 프로그램 흐름 등의 EV3 프로그래밍의 거의 모든 면에 영향을 미칩니다. 두 번째 시퀀스를 추가하면 굉장한 프로그램을 작성할 수 있지만, 뭔가 잘못될 수 있는 방법의 수도 늘어납니다. 다음은 가장 일반적인 문제를 방지하는 데 도움이 되는 몇 가지 팁입니다.

- 두 번째 시퀀스는 정말로 필요할 때만 사용한다. 가능하다면, 문제 해결을 위해 시퀀스 하나만 사용하는 해법을 찾으세요. 필요 이상으로 프로그램을 복잡하게 만들지 마세요!
- **프로그램을 천천히 수정한다.** 여러 개의 시퀀스로 된 프로그램을 수정할 때, 특히 데이터 와이어를 그릴 때, EV3 소프트웨어가 쉽게 혼동하는 경향이 있습니다.
- **여러 개의 시퀀스에서 동일한 모터나 센서를 컨트롤하**

려고 하지 않는다. 어떤 자원(모터, 센서, 타이머 등)이든, 여러 시퀀스에서 사용하는 것은 위험천만이고 제대로 사용하기가 아주 어렵습니다. 센서값에 따라 로봇이 다른 행동을 하게 하려면, 시퀀스 여러 개를 사용하는 것보다는 중첩된 스위치 블록을 사용하는 것을 고려하세요.

- 시퀀스 사이에 정보를 전달할 때 데이터 와이어보다는 변수를 사용한다. 이렇게 하면 프로그램을 더 쉽게 이해할 수 있습니다.

- 루프 블록이나 스위치 블록 안으로 또는 밖으로 통과하는 데이터 와이어에 특히 조심한다. 무엇을 조심해야 할지 자신이 없으면, 276쪽의 "프로그램 흐름의 규칙 이해하기"를 다시 읽어보세요.

추가적인 탐구

병렬 시퀀스 사용에 대해 더 알아보기 위해 다음의 활동을 해 봅시다.

1. 루프 인터럽트 블록은 루프의 이름만 맞으면 다른 시퀀스에 있는 루프더라도 어느 것이든 종료시킵니다. 이것을 확인하는 테스트 프로그램을 작성해 보세요. 루프가 조향모드 주행 블록을 실행하는 중이었다면 어떤 일이 발생할까요?

2. 10장의 SpiralLineFinder 프로그램을 재배치하여 두 개의 시퀀스를 갖도록 해 보세요. 하나는 트라이봇을 나선형으로 구동하고 다른 하나는 선을 감지하도록 합니다.

3. BumperBot 프로그램에 적외선 리모컨을 이용하여 원격으로 속도 조절 기능을 추가해 보세요. 우선, 트라이봇을 전진시키는 조향모드 주행 블록의 파워 파라미터를 갖는 변수를 사용하세요. 그리고 나서 리모컨의 버튼으로 변수의 값을 조절하는 두 번째 시퀀스를 추가합니다.

4. MemoryGame 프로그램에서 사용자의 반응을 받고

확인하는 부분에 새 시퀀스를 추가하고, 여기에 카운트다운 타이머를 추가합니다. 사용자가 응답을 하는 동안 남은 시간이 표시되어야 하고, 시간이 0이 되면 게임은 종료됩니다. 사용자가 정답을 내기 위한 제한 시간은 리스트의 아이템 개수에 따라 다르게(예를 들어 한 개당 1초로) 합니다.

마무리

여러 개의 시퀀스를 사용하면 프로그램이 여러 개의 임무를 동시에 수행할 수 있게 해 주며, 이것은 멀티태스킹의 한 형태입니다. 이 장에서 AroundTheBlock과 Door Chime 프로그램을 변경한 사례는, 두 번째 시퀀스를 추가함으로써 프로그램을 향상시키는 두 가지 간단한 방법을 보여 주는 예입니다.

멀티태스킹은 매우 유용한 프로그래밍 기법이지만, 여러분이 익숙한 프로그램 흐름의 규칙에 복잡성을 더합니다. 이런 이유로, 멀티태스킹은 작고 독립적인 작업에서 가장 잘 작동합니다.

19

PID 제어를 이용한 LineFollower 프로그램

로봇이 선을 따라가도록 프로그래밍하는 것은 재미있는 도전입니다. 꽤 단순한 해결법부터 아주 복잡한 것에 이르기까지 매우 다양한 해결법이 있기 때문입니다. 완만한 곡선에서 느린 속도로 잘 작동하는 3상 제어기도 살펴보았고, 더 빠르게 움직이거나 좀더 급격한 회전을 가능하게 해 주는 좀더 복잡한 비례 제어기도 살펴보았습니다. 이번 장에서는, 비례-적분-미분(proportional-integral-derivative, PID) 제어 알고리즘을 완전히 적용하여 프로그램을 개선합니다. (비례 제어기에서처럼) 트라이봇이 선으로부터 떨어진 거리에 따라 조향을 조정하는 것 외에도, 이 프로그램은 최근 측정값을 비교함으로써 로봇이 선을 잘 따라가고 있는지를 알려 주는 미분값과, 로봇이 긴 시간 동안 이상적인 경로에서 벗어난 정도를 알려 주는 적분값을 계산합니다.

이 장에서의 프로그램을 위해, 그림 19-1과 같이 트라이봇의 앞부분에 컬러 센서를 장착합니다.

이번 장에서는 13장의 LineFollower 프로그램이 어떻게(그리고 왜) 작동하는지를 깊이 있게 이해하는 데 도움이 되는 선 따라가기와 비례 제어 알고리즘에 대한 논의로 시작합니다. 그런 후에, 센서의 한계를 측정하고 저장하기 위한 파일과 설정 프로그램을 사용한다든가, 프로그램 설정의 조정을 쉽게 해 주는 변수를 사용한다든가 하는 방식으로 차차 개선해 나갑니다. 그리고 나서, 선 따라

그림 19-1 선 따라가기를 위한 컬러 센서 장착

가기를 위한 상당히 고급 전략인 PID 제어를 사용하는 방법을 보여드리겠습니다. 이 장을 마칠 때쯤이면, 매우 안정적인 LineFollower 프로그램을 얻게 될 것입니다. 그리고 정교한 PID 제어 알고리즘의 원리를 이해하게 될 것이며, 이 알고리즘은 로보틱스에서 모든 종류의 임무와 도전에 이용될 수 있습니다.

PID 제어기

비례-적분-미분(PID) 제어기는 로봇을 포함한 모든 유형의

기계를 제어하는 매우 보편적이고 유용한 방법입니다. PID 제어기의 기본 아이디어는 약 100년이나 되었고, 항법장치, 프린터, 악기에 이르기까지 다양한 종류의 기기를 제어하는 데 사용됩니다.

13장에서 소개된 비례 제어기처럼, PID 제어기도 센서값을 입력 변수로 읽어 들여서 제어 변수를 조절하는 데 사용됩니다. 우리가 만드는 선 따라가기 로봇에서, 입력 변수는 컬러 센서값이고, 제어 변수는 조향모드 주행 블록의 조향값입니다. 제어기는 입력값을 목표값과 비교하여 오차값을 계산합니다. 그리고 이 오차값은 제어 변수를 어떻게 바꿀지 결정하는 데 사용됩니다.

비례 제어기는 조향값을 오차값(컬러 센서값과 목표값의 차이)에 비례하게 잡습니다. 트라이봇이 선의 경계에 가까울 때는 조향값이 작고, 선의 경계에서 멀리 있을 때는 조향값이 커집니다. 비례 제어기는 로봇이 선을 얼마나 잘 따라가고 있는지에 대해 3상 제어기보다 더 많은 정보를 사용하므로 9장에서의 프로그램에 비해 상당히 개선된 것입니다. 3상 제어기는 컬러 센서를 읽은 후에 세 가지 조향값(좌회전, 우회전, 직진) 중에 선택합니다. 비례 제어기는 오차값의 크기를 이용하여 넓은 범위의 조향값으로 대응하고, 그럼으로써 트라이봇은 선 따라가기 임무를 더 잘할 수 있게 됩니다. 이렇게 비례 제어기는 3상 제어기에 비하면 개선된 것이긴 하지만, 이것도 역시 몇 가지 중요한 한계를 가지고 있습니다.

비례 제어기는 그 순간에 센서가 선의 경계에서 얼마나 떨어져 있는지에 반응하지만, 긴 시간에 걸쳐 선이 어떻게 변화하는지, 로봇이 한 방향으로 서서히 흘러가고 있는지 하는 것들은 알아채지 못합니다. 과거의 오차값에 대한 기억은 없이 그 순간의 오차값에만 반응하기 때문에, 선의 급격한 변화에 대한 대응이라든가 모종의 일정한 오차를 처리하는 데 있어서 문제가 있을 수 있습니다. PID 제어기는 이런 요인들을 다루기 위해 조향값 계산식에 적분항과 미분항이라는 두 개의 항을 추가합니다. 앞으로 보시겠지만, 이 두 항은 과거의 오차값들을 이용해

서 LineFollower가 더 빠르게 움직이고, 급격한 회전도 하며, 직선을 보다 부드럽게 따라갈 수 있게 해 줍니다.

PID가 자동시스템 제어에서 그렇게 널리 알려지게 된 이유 중 한 가지는, 당면한 특정 과제에 쉽게 조절하여 적용할 수 있는 일반적인 해법이라는 점 때문입니다. 이 장에서 우리는 PID 제어기를 선 따라가기 프로그램에 사용하지만, 프로그램의 제어부는 넓은 범위의 임무에 적용할 수 있습니다. 예를 들어, 적외선이나 초음파 센서를 이용해서 트라이봇이 여러분을 일정 거리에서 따라가게 할 수도 있고, 자이로 센서를 이용해서 로봇이 두 바퀴로 균형을 잡게 할 수도 있습니다. PID 제어기가 어떻게 동작하는지, 그리고 특정 적용사례를 위해 어떻게 튜닝하는지 이해하게 되면, 여러분은 제어 코드를 계속해서 사용할 수 있을 것입니다.

비례 제어

선 따라가기 프로그램에 PID 제어를 추가하기 전에, 로봇이 선에 다가가고 또 선을 넘어감에 따라 센서값이 어떻게 변화하는지 자세히 들여다 보고, 기존의 비례 제어 프로그램이 그런 변화에 어떻게 반응하는지 생각해 봅시다.

그림 19-2의 LightTest(광량 측정) 프로그램은 17장에서 소개한 데이터 로깅을 사용하여 트라이봇이 선을 건너갈 때의 반사광 값을 수집합니다. 이것은 선으로부터의 거리에 따른 센서값을 기록하는 간단한 방법이며, 나중에 선 따라가기 로봇이 센서값의 최솟값과 최댓값을 감지하고 기록하도록 할 때도 비슷한 프로그램을 사용하게 됩니다.

데이터는 LightTestData라는 파일에 저장됩니다. 루프 블록은 모터 B의 회전 센서값이 한 바퀴보다 커질 때까지 동작하도록 구성되어 있고, 이 정도면 필요한 데이터를 모으는 데 충분할 정도로 트라이봇이 움직이게 됩니다.

그림 19-3에서처럼, 컬러 센서가 선에서 5cm 정도 떨어지도록 트라이봇을 선 앞에 놓고 시작합니다. 프로그램을 구동시키면, 로봇이 천천히 전진하여 컬러 센서가 선

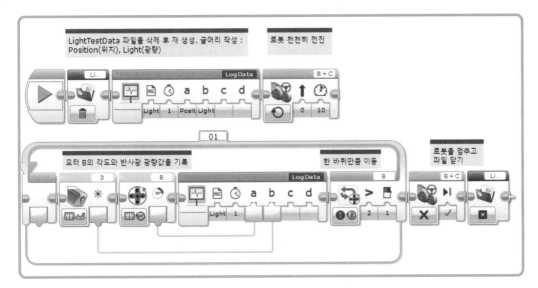

그림 19-2 LightTest 프로그램

을 완전히 넘은 후에 정지하도록 합니다. 이상적으로는, 컬러 센서의 출발 지점과 도착 지점의 가운데쯤에 선이 있어야 합니다.

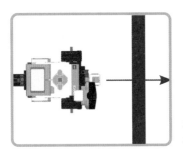

그림 19-3 LightTest 프로그램의 시작 위치

원시 데이터

프로그램을 구동하고 LightTestData 파일을 컴퓨터에 업로드한 후에, 스프레드시트 프로그램을 이용하여 그래프를 만들었습니다(그림 19-4 참조). 의미가 뚜렷하도록, 선의 위치도 겹쳐서 그렸습니다. 프로그램이 시작할 때, 센서값은 62 정도이고 로봇이 선에 다가가는 동안 60 근처를 유지합니다. 로봇이 선에 도달하기 직전에 센서값이 감소하기 시작하고, 센서가 선을 완전히 넘을 때까지 계속해서 직선 형태로 감소하여 약 5의 값에 도달합니다. 센

서가 선의 다른 쪽 경계에 도달할 때까지, 약간의 거리 동안은 그 값 근처를 유지합니다. 센서값이 다시 직선 형태로 증가하고, 센서가 선의 다른 쪽 경계를 넘어서면 센서값은 60 근처에 머무릅니다. 그래프의 마지막 부분에서 센서값은 65로 약간 올랐습니다.

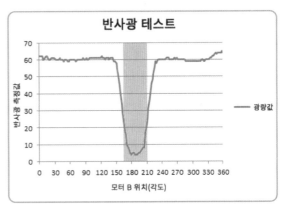

그림 19-4 트라이봇이 선을 넘는 동안 반사광의 값

NOTE 여기서 보인 값은 앞선 장들에서 사용된 값들과 다릅니다. 테스트 선의 배경이 좀 더 어두운 색이기 때문입니다. 배경이 약간 다르다는 점을 제외하면 테스트 선은 6장에서 사용한 선(흰색 판에 검은색 전기테이프로 만든 타원형)과 같습니다.

이 그래프로부터 트라이봇이 선에 가깝지 않을 때는 센서값이 60 근처이고 선 바로 위에 있을 때는 5 근처라고 결론지을 수 있습니다. 센서가 선의 경계 근처에 있을 때는, 값이 60과 5 사이가 될 것이고, 그 값으로부터 센서가 경계에서 얼마나 떨어져 있는지를 판단할 수 있습니다. 값이 60에서 5까지 변하는 모습이 직선 형태라는 것을 보면, 센서값이 경계로부터의 거리에 비례한다는 것을 알 수 있고, 이 성질 때문에 비례적인 LineFollower의 믿을 만한 근거로서 센서값을 사용할 수 있는 것입니다.

그래프가 대칭적인데, 이것은 왼쪽과 오른쪽의 절반이 거울대칭이라는 것을 의미합니다. 로봇이 선의 가운데를 따라가도록 만들지 않는 이유가 바로 이 대칭성 때문입니다. 값이 5에 가까우면 센서가 선의 가운데에(또는 가운데에 가까이) 있다고 판단할 수 있습니다. 하지만 값이 5에 가깝지 않으면, 로봇이 선에 가까워지도록 하기 위해 어느 쪽으로 움직여야 할지 알 수 없습니다. 예를 들어 센서값이 20이면, 센서가 왼쪽 경계와 오른쪽 경계 중 어디를 벗어난 것인지 판단할 수가 없습니다.

좋은 영역과 나쁜 영역

이제 선에 가까울 때 센서값을 잘 들여다 보면서 Line Follower 프로그램이 어떻게 동작하는지 보도록 합시다. 13장에서 목표값을 정할 때, 선에서 벗어났을 때의 값과 선의 가운데에 있을 때의 값의 중간값으로 정했습니다. 여기서도 같은 방식으로 시작할 수 있습니다. LightTestData 파일의 최댓값과 최솟값인 65와 5를 각각 사용하는 것입니다. 그러면 35라는 중간값이 나옵니다. 그림 19-5에는 센서값 35에 해당하는 수평선이 추가되었습니다. 이후의 논의를 간단하게 하기 위하여, x축은 평행이동 후 적당히 늘려서 센서값이 35인 곳으로부터의 거리를 cm 단위로 나타내도록 하였습니다.[1]

---

1 (옮긴이) 반사광 값이 중간값인 곳을 위치 0cm가 되도록 했다는 뜻입니다.

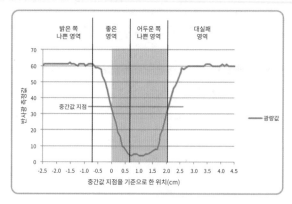

그림 19-5 선의 경계 근처에서 센서값

그래프는 이제 센서가 중간 위치로부터 어디에 있느냐에 따라 네 개의 영역으로 나뉩니다. 프로그램이 선을 얼마나 잘 따라가는지는, 어느 영역에 센서가 들어 있는지에 따라 다릅니다.

좋은 영역

중간값을 목표로 프로그램은 센서를 그래프의 위치 0에 유지하려고 합니다. 이때 로봇은 센서값이 거리에 대략 비례하게 되는 '좋은 영역'의 정중앙에 있게 됩니다. 선의 경계에서 약 0.7cm 이내에 머무르는 한, 센서값은 로봇이 목표 지점에서 얼마나 떨어져 있는지 잘 알려 주게 되고, 비례 제어기는 센서값을 이용하여 로봇이 선의 경계 쪽을 향하도록 조향할 수 있습니다.

밝은 쪽 나쁜 영역

그래프의 왼쪽에는 '밝은 쪽 나쁜 영역'이 있는데, 중앙 지점으로부터 0.7cm보다 멀리 그리고 선에서 멀어지는 쪽에 해당합니다. 로봇이 이 영역에 있을 때, 센서값은 로봇이 왼쪽으로 너무 멀리 떨어져 있다는 것을 알려 주지만, 얼마만큼 멀리 떨어졌는지는 알 수 없습니다. 경계로부터 1이나 2cm 떨어져 있더라도 센서값은 거의 같습니다.

로봇이 이 영역에 들어가는 방법은 세 가지가 있습니다. 그림 19-6에서, 빨간색 원은 센서를 나타내고, 파란색 선은 로봇의 진행 경로를 나타냅니다.

- (그림 19-6a) 선이 왼쪽으로 휠 때, 센서는 선을 가로지르기 시작합니다. 프로그램이 지나친 조향값 사용으로 과한 보상을 하게 되면, 로봇은 왼쪽으로 너무 많이 움직일 수 있습니다.
- (그림 19-6b) 선이 오른쪽으로 휠 때, 센서값은 증가합니다. 프로그램의 반응이 너무 느려서 너무 작은 조향값을 사용하게 되면, 회복하기도 전에 왼쪽으로 너무 멀리 가게 됩니다.
- (그림 19-6c) 마지막으로, 로봇이 직선을 따라가지만 이득이 너무 클 경우, 좌우로 너무 큰 움직임, 즉 진동을 하게 됩니다. 이 경우에도 로봇은 선에서 너무 멀리 떨어질 수 있습니다.

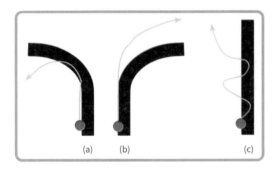

그림 19-6 밝은 쪽 나쁜 영역으로 들어가는 모습

'좋은 영역'에서 잘 동작하는 비례 제어기는 로봇이 이 '나쁜 영역'에 있을 때 꽤 큰 조향값을 사용하는 경향이 있고, 종종 로봇이 원형으로 회전하게 되기도 합니다. 로봇이 선에('좋은 영역'에) 다시 접근하게 되면, 상황을 회복해서 선을 계속 따라갈 수도 있습니다. 반면에, 너무 멀리 가버리면(예를 들어, 선이 오른쪽으로 급격한 U턴을 하면) 로봇은 무한회전을 하게 될 것입니다.

어두운 쪽 나쁜 영역

'좋은 영역'의 오른쪽에 '어두운 쪽 나쁜 영역'이 있는데, 선의 경계를 많이 지나친 지점입니다. 이 영역에는 두 부분이 있습니다. 중심 위치에서 0.7~1.2cm 떨어진 곳에서는 센서값이 거의 일정합니다. 이때는, '밝은 쪽 나쁜 영역'에 있을 때와 같은 문제를 일으킵니다. 로봇이 선의 경계로부터 얼마나 멀리 떨어져 있는지 알 수 없고, 따라서 프로그램이 사용하는 조향값은 로봇이 회전하도록 만드는 경향이 있습니다.

거리가 1.2cm를 넘어가면 센서값이 증가하기 시작하므로 상황은 더 악화됩니다. 이때 로봇이 경계에 가까워지는 것처럼 프로그램이 동작하게 되지만, 실제로는 더 멀어지고 있는 것입니다.

그림 19-7은 로봇이 이 영역에 들어가는 상황을 보여줍니다. 선이 오른쪽으로 휘는데 프로그램이 과보상할 수도 있고(그림 19-7a) 또는 선이 왼쪽으로 휘는데 조정이 충분하지 않을 수도 있습니다(그림 19-7b). 직선을 따라가는 상황에서 로봇의 진동이 크면 역시 이 영역에 들어갈 수 있습니다(그림 19-7c).

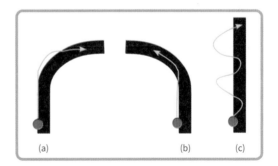

그림 19-7 어두운 쪽 나쁜 영역으로 들어가는 모습

로봇이 이 영역에 있으면, 프로그램은 아주 빠르게는 아닐지라도 경계 쪽으로 조향을 되돌리려고 합니다. 프로그램이 로봇을 왼쪽의 '좋은 영역'으로 보낼 수 있다면, 로봇은 상황을 회복하고 선을 계속 따라가게 됩니다. 로봇이 오른쪽으로 너무 멀리 가버리면, '대실패 영역'으로 들어갑니다.

대실패 영역

대실패 영역의 시작 지점은, 선의 반대편 경계에서[2] 센서값이 중앙값보다 커지는 곳입니다. 로봇이 이 지점에 도달하면, 프로그램은 센서값이 낮아지도록 하기 위하여 오른쪽으로 조향하지만, 이것은 잘못된 조향 방향입니다. 이 지점에서는 로봇이 복구하지 못합니다. 로봇은 회전하거나, 또는 선의 잘못된 경계를 찾고 반대 방향으로 진행하기도 합니다(구경하면 웃깁니다!).

이 네 가지 영역과 영역들이 프로그램에 미치는 영향은, 다분히 LineFollower 프로그램에 국한된 것입니다. PID 제어를 하는 어떤 프로그램이라도, 센서값이 제어되는 값에 비례하는 '좋은 영역'을 갖습니다. 하지만 이 영역을 벗어나면 어떤 일이 일어나는지는 해당 프로그램에 따라 다릅니다. 예를 들어, 여러분을 따라다니도록 만든 로봇의 프로그램은 거리가 0이 되면 멈추고 너무 뒤처지면 최대 속도로 움직이도록 프로그램될 수 있습니다. 이때 이 프로그램은 단지 '좋은 영역' 하나와 '나쁜 영역'(멀리 떨어져 있지만 얼마나 먼지는 알 수 없을 때) 하나만 가집니다. 한편, 균형을 잡는 로봇은 '좋은 영역' 하나와 양쪽으로 하나씩 두 개의 '대실패 영역'을 가집니다. 왜냐하면 앞으로든 뒤로든 너무 많이 기울어지면 로봇이 넘어질 테니까요.

목표값 선택하기

제어기가 어떻게 동작하는지 자세히 알아봤는데, 이것이 목표값 선택에는 어떤 영향을 미칠까요? 센서값의 최댓값과 최솟값 중간이 합리적인 이유는, 이렇게 설정하면 프로그램은 로봇을 '좋은 영역'의 가운데에 유지하려고 노력할 것이기 때문입니다. 그런데 어쩌면 더 잘 할 수 있을지도 모릅니다.

목표값을 약간 증가시키면 프로그램을 좀더 안정적으로(덜 자주 실패하도록) 만들 수 있습니다. 예를 들어 35

대신 40을 사용하면, 로봇은 '좋은 영역'의 가운데에서 약간(약 0.2cm, 그림 19-5) 왼쪽에서 진행합니다. 이렇게 하면 로봇이 왼쪽으로 멀리 가는 경향은 조금 커지고 오른쪽으로 멀리 가는 경향은 조금 작아집니다. '어두운 쪽 나쁜 영역'이나 '대실패 영역'에서보다 '밝은 쪽 나쁜 영역'에서 로봇이 회복할 확률이 크기 때문에 개선되는 것입니다. 왼쪽으로 너무 멀리 가는 것도 나쁘지만, 오른쪽으로 너무 멀리 가는 것은 더 나쁩니다. 따라서 프로그램을 약간 왼쪽으로 편향시키는 것은 의미가 있습니다.

최적의 목표값은 테스트 경로에 따라 달라집니다. 로봇이 왼쪽 회전과 오른쪽 회전을 모두 해야 한다면, '좋은 영역'에서 약간 왼쪽으로 목표값을 잡으면 잘 동작합니다. 하지만 경로가 타원형이고 로봇이 한쪽 방향으로만 회전한다면, 그 방향으로의 회전이 좀더 안정적이도록 목표를 조정할 수 있습니다.

필자가 한 것처럼 로봇이 타원의 안쪽에서 움직이게 한다면, 로봇은 항상 왼쪽 회전만 하게 되고, 프로그램이 실패하면 로봇이 선을 가로질러 가기 때문입니다. 이 경우에, 로봇이 좀더 왼쪽으로 향하도록 목표값을 잡는 것이 더 효과적일 것입니다.

반면에, 로봇이 타원의 바깥쪽에서 움직인다면, 가장 흔한 실패는 로봇이 충분히 빠르게 회전하지 않아서 선으로부터 멀어지기 때문에 일어납니다. 이 경우에, 목표값을 '좋은 영역'의 가운데나 조금 오른쪽으로 설정하면 가장 잘 동작할 것입니다.

센서값의 최솟값과 최댓값 수집

선, 센서, 로봇 설계, 조명이 달라짐에 따라 프로그램의 목표값도 달라질 것이므로 LineFollowerCal(길 따라가기 조정)이라는 조정용 프로그램을 만들어서 컬러 센서의 최솟값과 최댓값을 읽은 후에 파일에 저장하려고 합니다. 그리고 LineFollower 프로그램도 이 파일의 값을 읽어서 목표값 계산에 사용하도록 변경할 것입니다.

---

2 (옮긴이) 선의 왼쪽을 따라가기로 설계했다면, 선의 오른쪽을 의미합니다.

LightTest 프로그램에서처럼, LineFollowerCal 프로그램도 트라이봇이 선을 가로지르면서 컬러 센서의 반사광 값을 조사합니다. 모든 측정값을 기록하기보다, 이 프로그램은 단지 최댓값과 최솟값만을 추적합니다. 로봇이 움직임을 멈추면, 프로그램은 두 값을 화면에 표시하고 여러분이 그 값들을 택하거나 버릴 기회를 줍니다. 이렇게 하면 LineFollower 프로그램이 사용하게 될 한계를 여러분에게 알려 주기도 하고, 또한 조정시행이 잘못되었을 경우 발생하는 문제를 피할 수 있게 해 줍니다(예를 들어, 센서를 엉뚱한 포트에 꽂았다거나, 로봇을 선에서 너무 가까이 또는 너무 멀리서 출발시켰다거나 하는 경우입니다).

그림 19-8의 프로그램은, 길기는 하지만 아주 복잡하진 않습니다. 시작할 때 최솟값과 최댓값 변수를 각각 100과 0으로 초기화합니다. 그런 다음에, 바퀴가 천천히 움직여 전진하고, 프로그램은 루프에 들어가며 컬러 센서의 반사광 측정 모드를 이용하여 읽기 시작합니다. 새로운 값이 현재의 최댓값보다 크거나 최솟값보다 작으면, 해당 변수를 갱신합니다. 루프를 처음 돌 때, 측정값은 (거의 항상) 100보다 작고 0보다 크기 때문에, 두 변수 모두 갱신됩니다.

트라이봇이 한 바퀴 전진하면, 루프를 빠져나가고 모터는 정지합니다. 두 개의 DisplayNumber 블록을 사용하여 새로운 최솟값과 최댓값을 표시하고 프로그램은 여러분이 버튼을 누르도록 기다립니다. 값들이 적당해 보이면, 가운데 버튼을 눌러서 기존의 LineFollowerCal 파일을 삭제하고 두 값을 새 파일에 기록합니다. 수치들이 잘못된 것 같을 때(예를 들어, 로봇을 선에 충분히 가까이 두지 않은 경우) 왼쪽 버튼을 누르면 프로그램은 값들을 저장하지 않고 종료합니다. (스위치 블록의 왼쪽 버튼 케이스에는 실행할 블록이 없습니다.)

프로그램을 실행해 봅시다. 모든 게 잘 동작하면, 화면에 컬러 센서의 최솟값과 최댓값이 보이게 됩니다. 가운데 버튼을 눌러서 값들을 파일에 저장합니다. 메모리 브라우저를 이용하여 파일이 있는지 확인할 수도 있고, 16장에서의 FileReader 프로그램을 구동하여 화면에서 본 두 값이 파일에 실제로 잘 기록됐는지 확인할 수도 있습니다.

센서값과 목표값의 정규화

LineFollower 프로그램이 목표값을 계산할 수 있도록 LineFollowerCal 프로그램이 컬러 센서의 최솟값과 최댓값을 수집합니다. 이렇게 함으로써 LineFollower 프로그램이 다양한 테스트 선에 적응하게 됩니다. 아울러 프로그램의 적응력을 향상시킬 수 있는 방법 하나를 추가합니다.

이런 문제를 생각해 봅시다. 필자가 프로그램을 테스트 선에서 구동하여 최솟값과 최댓값으로 5와 65를 얻었다고 합시다. 그리고 여러분은 여러분의 테스트 선에서 구동하여 15와 55의 값을 얻었다고 합시다. 두 경우에 중간값은 35로 동일하지만, 값의 범위가 다르기 때문에 프로그램은 각각의 선에 따라 다르게 반응해야 합니다. 필자의 선에서 55라는 센서값은 로봇이 선의 왼쪽에 있기는 해도 아직은 가까이 있다는 것을 의미하지만, 여러분의 선에서 55라는 센서값은 로봇이 선을 완전히 벗어난 것을 의미합니다. 로봇을 제자리에 되돌려놓기 위해 사용할 조향값은 여러분의 선과 필자의 선에서 달라야 합니다.

이 문제를 해결하기 위하여, 데이터를 변환하여 같은 영역만을 취급하도록 하는 '데이터 정규화'라는 과정을 사용합니다. 필자의 선에서 5와 65 사이 또는 여러분의 선에서 15와 55 사이의 값을 갖는 센서값을 그대로 사용하기보다는, 측정값을 예상 범위에서의 퍼센트로 변환합니다(다른 말로 하면, 센서값이 0에서 100 사이의 값이 되도록 변환합니다). 원시값 및 최솟값, 최댓값으로부터 정규화된 센서값을 계산하는 공식은 다음과 같습니다.

$$\text{Normalized reading} = \frac{100 \times (\text{Sensor reading} - \text{Min})}{(\text{Max} - \text{Min})}$$

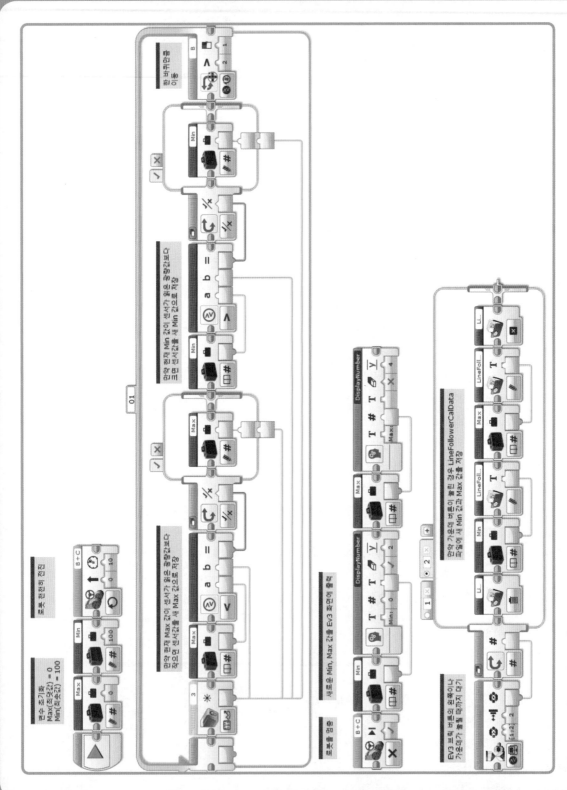

그림 19-8 LineFollowerCal 프로그램

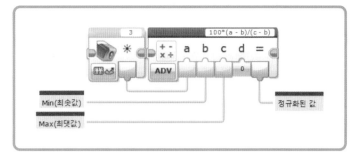

그림 19-9 컬러 센서값의 정규화

그림 19-9는 컬러 센서 블록과 수학 블록을 이용하여 센서 값을 정규화하는 것을 보여 줍니다. 수학 블록의 결과는 0과 100 사이의 값이 되며, 이것은 센서값의 예상 범위 안에서 상대적으로 얼마나 많은 빛이 반사되는지를 나타냅니다. 필자나 여러분의 테스트 선 모두 35라는 센서값은 50으로 정규화됩니다. 하지만 55라는 센서값은 필자의 테스트 선에서는 83으로 정규화되는 반면, 15~55의 범위를 갖는 여러분의 테스트 선에서는 100이라는 값으로 변환됩니다. 이렇게 정규화함으로써 LineFollower 프로그램은 센서값의 예상 범위에 기반하여 적절히 반응하게 되고, 필자의 선에서보다 여러분의 선에서 더 예민하게 회전하게 됩니다.

LineFollower 프로그램을 작성할 때, 센서값을 정규화하기 위하여 그림 19-9의 블록들을 사용하게 되고, 그 말은 목표값 역시 0에서 100의 범위 안에서 지정하면 된다는 것을 뜻합니다. 목표값 50은 최솟값과 최댓값의 중간에 해당하는 것입니다. 288쪽 "목표값 선택하기"에서 논의한 것처럼, 약간 큰 값을 원할 수도 있습니다. 센서값 40은, 필자의 최솟값과 최댓값 5와 65를 이용하면, 정규화된 값으로는 약 60에 해당합니다. 따라서 LineFollower 프로그램에서, 필자는 60의 목표값을 사용합니다.

비례 제어 LineFollower 개선하기

모든 준비 작업이 완료되었으니 비례 제어 LineFollower 프로그램(13장 버전)에 코드를 추가하여, LineFollower

CalData 파일로부터의 값을 사용하여 센서값과 목표값을 정규화하도록 할 수 있습니다.

필자는 프로그램을 더 쉽게 이해할 수 있도록 몇 가지 변화를 주었습니다. 프로그램 시작에 4개의 변수를 두어 제어 프로그램을 더 쉽게 보정할 수 있게 하였습니다.

- Power 변수는 로봇의 속도를 조절하는 데 사용됩니다.
- Target 변수는 정규화된 목표값을 가집니다.
- K_p는 비례 이득입니다.
- Direction은 계산된 조향값의 부호를 바꿀 필요가 있는지 여부에 따라 1 또는 −1로 설정됩니다. 선의 왼쪽을 따라가려면, 이 값은 −1로 설정됩니다. 이 값을 변수로 뽑아내면, 제어부 코드의 재사용성이 커집니다.[3]

13장의 프로그램에서, 비례 이득을 저장한 변수 이름은 Gain이었습니다. 필자는 이 프로그램에서 그 이름을 K_p로 변경하였는데, 앞으로는 비례항(proportional), 적분항(integral), 미분항(derivative)에 대하여 각각의 이득을 사용하기 때문입니다. 이 경우처럼 공식에서 상수를 나타낼 때 문자 K가 흔히 쓰이며, 비례 이득을 나타내기 위해 문자 p(proportional gain의 약자)를 씁니다.

프로그램의 첫 부분에서 변수를 초기화하고, 최소/최

---

3 (옮긴이) 선의 오른쪽을 따라가려면 부호를 바꿀 필요가 없고 왼쪽을 따라가려면 부호를 바꾸어야 합니다. Direction 변수로 따로 뽑아내면, 선의 왼쪽/오른쪽 상황에 따라 부호를 바꿀지 여부를 재설정하기가 쉬워집니다.

컬러 센서는 센서값의 정규화를 위한 기능을 내장하고 있는데, 컬러 센서 블록의 보정 모드를 사용합니다(그림 19-10). 보정 - 반사광 강도 - 최소 모드를 사용하여 예상되는 최솟값을 설정하고 보정 - 반사광 강도 - 최대 모드를 사용하여 예상되는 최댓값을 설정하면, 센서값은 설정된 범위에서 정규화됩니다. 보정 - 반사광 강도 - 초기화 모드는 컬러 센서를 기본 설정으로 되돌려 줍니다.

보정 모드를 이용해서 센서의 최솟값과 최댓값을 설정해 두면, EV3는 이 설정값을 다른 프로그램에서도 그대로 적용합니다. 이 설정은 EV3를 재부팅해도 유지됩니다. 이 설정값들을 초기화하기 위해서는, 컬러 센서 블록의 보정 - 반사광 강도 - 초기화 모드를 이용해야 합니다. 따라서, 여러분이 프로그램 어디든서 이 기능을 사용한 후에 컬러 센서가 제대로 작동하지 않는 것처럼 보인다면, 초기화 모드를 사용하여 문제가 해결되는지 확인해 보세요.

그림 19-10 컬러 센서 블록의 보정 모드

필자는 보정 모드를 사용하는 대신 LineFollower 프로그램에서 정규화 단계를 수행하는 것을 택했습니다. 그렇게 하기 위해 프로그램에서 수학 블록을 추가로 하나 더 사용해야 하지만, 다른 프로그램에서의 센서 보정이 있었더라도 그에 영향받지 않고 센서가 항상 동일하게 동작하는 것을 선호하기 때문입니다. 한 가지 더, 보정 모드가 없는 다른 센서를 사용하는 프로그램에서는 이 정규화 단계를 명시적으로 수행해야 합니다.

댓값이 저장된 조정용 파일[4]을 읽고, 로봇이 프로그램을 시작하고, 기본적인 비례 제어값을 설정하는 내용이 그림 19-11에 있습니다.

그림 19-12의 메인 루프에서는 센서값을 읽고 조향값을 조정합니다.

NOTE 값을 직접 수학 블록에 전달할 수도 있지만, 프로그램의 가독성을 위해서 오차값을 변수에 저장하고 읽어 들이는 방식을 채택했습니다. 이런 방식은 뒤에 나오는 복잡하고 큰 프로그램일수록 큰 차이를 보여 줄 것입니다. 같은 이유로, Direction 값의 적용도 별도의 수학 블록을 이용했습니다.

13장에서 했던 것처럼, 프로그램을 구동하고 튜닝하여 적당한 이득값과 파워값을 찾습니다. 필자는 이득값 0.7과 파워값 40에서 적절한 성능을 얻었습니다. LineFollowerCal

프로그램과의 조합 덕분에, 새 프로그램은 다양한 선과 조명 상황에서 더 쉽게 적용합니다. 하지만 제어 알고리즘을 변경하지는 않았으므로 프로그램은 기존 버전과 동일하게 동작해야 합니다.

PID 제어 적용하기

프로그램의 신뢰성을 높이기 위하여, 조향값을 계산하는 공식에 두 개의 항을 추가함으로써 비례 제어기를 완전한 PID 제어기로 바꾸려고 합니다. 미분항을 추가하면, 방향이 급격히 바뀌는 선에 LineFollower가 대응하는 데 도움이 됩니다. 그리고 적분항을 추가하면, 일정한 오차를 처리할 수 있게 됩니다. 완성하고 나면, 선 따라가기에서 멋지게 작동할 뿐만 아니라 센서를 이용하여 모터를 조절하는 다른 프로그램들에도 쉽게 응용할 수 있는 안정적인 제어기를 가지게 됩니다.

---

4 (옮긴이) 정규화에 필요합니다.

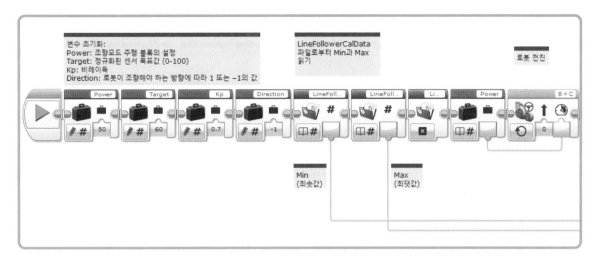

그림 19-11 비례 제어 LineFollower 프로그램, 전반부

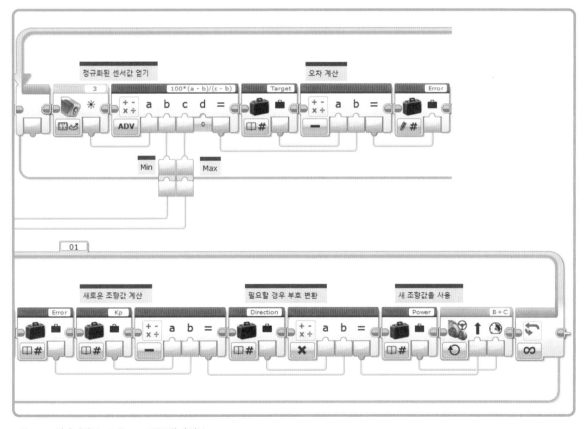

그림 19-12 비례 제어 LineFollower 프로그램, 후반부

미분항 추가하기

선이 직선 형태일 경우 비례 제어기는 잘 동작하지만, 로봇이 빠르게 움직이거나 급격하게 회전할 때는 회전하는 데 힘들어할 수 있습니다. 제어기가 사용하는 비례 이득은 오차값을 기초로 하여 조향값을 얼마나 많이 변경할지 결정합니다. 문제는, 직선에서는 잘 동작하는 이득값이 급격한 선회를 처리하기에는 너무 작고, 선회를 잘 처리할 수 있는 큰 이득값은 직선에서 큰 진동의 원인이 된다는 것입니다.

개념적으로, 선이 거의 직선일 때는 작은 변화만 주고 선이 선회할 때는 큰 변화를 주는 프로그램이 필요합니다. 이것을 달성하기 위하여, 조향값을 계산하는 수식에 미분항이라는 것을 추가할 필요가 있습니다. 미분값은 오차값의 변화를 측정합니다.[5] 선이 직선일 때는, 센서값이 많이 변하지 않기 때문에 미분값이 작을 것입니다. 로봇이 회전을 하게 되면, 로봇이 선으로부터 멀어지거나 선을 건너가면서 센서값은 갑자기 크게 변화하기 시작합니다.

미분값을 근사적으로 구하는 간단지만 효과적인 방법은 현재 오차값으로부터 직전 오차값을 빼는 것입니다. 새로운 조향값을 계산하기 위해서, 비례항(K_p 이득 곱하기 오차값)에 미분값과 또 다른 이득을 곱한 값을 더합니다. 이 이득을 미분이득이라고 부르며, 흔히 K_d라고 표기합니다. 조향값을 위한 공식은 이제 다음과 같이 됩니다.

$$\text{Derivative} = \text{Error} - \text{LastError}$$

$$\text{Steering} = K_p \times \text{Error} + K_d \times \text{Derivative}$$

로봇이 직선을 따라갈 때는, 오차값에 큰 변화가 없을 것이고 미분값도 아주 작거나 0이 돼서 미분항은 로봇의 움직임에 영향을 주지 않습니다. 로봇이 회전 구간에 진입할 때는, 오차값의 변화가 커질 것이고 미분항은 조향값에 작지 않은 차이를 만듭니다. 이것은 로봇이 회전하게 될 때 제대로 된 방향으로 더 크게 밀어주는 효과를 가집니다. 얼마나 크게 밀어주느냐는 미분이득에 따라 다릅니다.

미분항을 프로그램에 도입하기 위하여, 두 변수가 필요합니다. K_d는 미분이득을 보관하고, LastError는 직전 오차값을 보관합니다. 프로그램의 시작 부분에서, K_d는 여러분이 몇 번의 실험을 거쳐 결정한 특정값으로 설정되고, LastError는 0으로 초기화될 것입니다.

그림 19-13은 미분값을 계산하고 LastError 값을 저장하는 코드를 보여 줍니다. 그림 19-14는 새로운 조향값의 계산에 미분항이 추가된 것을 보여 줍니다. 이 코드 조각들을 최종 프로그램에서 사용할 것이지만, 그러기 전에 PID 제어기의 세 번째 항인 적분항을 소개하려고 합니다.

적분항 추가하기

지금까지 만든 공식은 한 가지 약점이 있습니다. 오차값

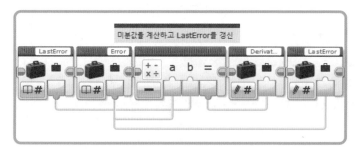

그림 19-13 미분값 계산하기

---

5 (옮긴이) '미분값'과 '미분항'의 용어는 구분됩니다. 미분값은 오차값의 변화를 나타내고, 뒤에서 언급할 미분이득을 미분값에 곱한 값이 미분항이 됩니다.

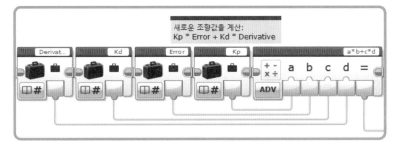

새로운 조향값을 계산:
Kp * Error + Kd * Derivative

그림 19-14 조향 계산에 미분항 추가하기

이 0이면, 조향값도 0이라고 가정한다는 점입니다. 오차값 0은 트라이봇이 정확한 위치에 있다는 것을 뜻하고, 따라서 조향모드 주행 블록에게 곧바로 진행하라고 하는 것이 타당합니다. 하지만 조향값을 0으로 하더라도 실제로는 로봇이 완벽하게 직진하지 못하게 하는 여러 요소가 있을 수 있고(예를 들어, 로봇의 균형이 깨져 있거나, 바퀴 지름에 약간의 차이가 있거나, 미끄러짐이 발생한다거나 하는 경우), 이런 경우에는 조정이 필요한 일정한 오차가 발생하게 됩니다.

예를 들어, 로봇이 약간 경사 있는 면을 달리고 있어서 조금 왼쪽으로 밀리고 있다고 하면, 실제로는 직진하기 위하여 조향값을 2에 맞춰야 할 수 있습니다. 로봇이 직선을 따라가고 있으면서도, 서서히 왼쪽으로 치우칠 것이고 오차가 증가할 것입니다. 오차의 변화는 작아서 미분항은 이 상황을 수정하지 않을 것입니다. 비례항은 조향을 바꿀 것이고 로봇은 서서히 선의 경계 쪽으로 되돌아갈 것입니다. 하지만 로봇은 다시 왼쪽으로 치우칠 것이고 다시 서서히 되돌아올 것입니다. 이것이 계속 반복되고, 결과적으로 그림 19-15에서처럼 선의 한쪽에서 작은 진동을

그림 19-15 일정한 오차에 의해 발생하는 작은 진동

보이게 됩니다.[6]

이것을 보정하기 위하여, 적분항이라고 하는 세 번째 항을 계산식에 추가합니다. 적분값은 프로그램이 지금까지 본 모든 오차값을 더합니다.[7] 모든 것이 균형을 이룬다면, 어떤 것은 양의 값이고 어떤 것은 음의 값이 돼서 오차값의 총합은 0이 될 것입니다. 조금 전에 언급한 예에서처럼 로봇이 한쪽으로 밀린다면, 적분값은 로봇이 얼마나 밀리는지의 척도가 될 것이며, 이 오차를 수정하기 위해 적분값을 이용할 수 있습니다.

적분값을 계산하는 한 방법은 모든 오차값을 단순히 더하는 것입니다. 이 접근법의 문제점은, 오래전의 오차값을 최근의 오차값과 동등하게 취급한다는 점입니다. 예를 들어, 로봇이 급격하게 코너를 회전할 때 많은 오차값이 누적되므로 적분값은 커질 수 있습니다. 프로그램이 반대 방향으로 같은 양의 오차를 경험하지 않는다면, 오차값이 0 근처로 유지되는 직선 구간에 들어가더라도 적분값이 큰 상태를 유지합니다.

이 문제점에 대한 해법은, 루프에서 매번 새로운 오차값을 추가하기 직전에 적분값을 축소시키는 것입니다. 이것은 시간이 지남에 따라 오래된 오차값을 제거하는 효과가 있습니다. LineFollower 프로그램에서, 직전 적분값과 오차값으로부터 새로운 적분값을 계산하기 위해 다음의

---

6 (옮긴이) 약간 오른쪽으로
7 (옮긴이) '미분값'과 '미분항'이 구분되듯이, '적분값'과 '적분항'도 구분됩니다.

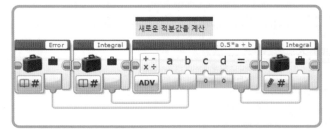

그림 19-16 적분값 계산

계산식을 사용하게 됩니다.[8]

$$\text{New integral} = 0.5 \times \text{Integral} + \text{Error}$$

오차값이 클 때는 적분값이 빠르게 증가하겠지만, 오차값이 꾸준히 0 근처에 있을 때는 적분값이 결국은 매우 작아지게 됩니다. 그림 19-16은 새 적분값을 계산하고 저장하는 코드입니다.

프로그램에 세 번째 이득값도 추가하고(적분이득 K_i) 조향 계산식을 다음과 같이 수정합니다.

$$\text{Steering} = K_p \times \text{Error} + K_d \times \text{Derivative}$$
$$+ K_i \times \text{Integral}$$

그림 19-17과 그림 19-18은 EV3 프로그램입니다. 수학 블록과 데이터 와이어의 배치는 위의 수식을 그대로 따릅니다. EV3를 USB로 연결하면, 로봇이 선을 따라가는 동안 데이터 와이어의 값들이 어떻게 변하는지 관찰할 수 있고, 프로그램을 만들면서 실수가 있었다면 발견할 수도 있습니다. 프로그램이 잘 동작하면, 수학 블록 몇 개를 묶어 마이 블록으로 전환하거나 수학 블록의 고급 모드 기능을 활용해 수식을 입력해서 간단하게 바꿀 수도 있습니다.

제어기 튜닝하기

PID 제어기가 다양한 문제에 매력적인 해법이 되는 이유는, 다양한 조건과 적용 분야에도 불구하고 알고리즘과 코드를 변경할 필요가 없기 때문입니다. 코드가 여러분의

특정 문제에서 작동하도록 조정하기 위해서는 제어기를 튜닝하는 것, 즉 K_p, K_d, K_i라는 세 이득값을 선택하기만 하면 됩니다. 목표는 프로그램이 '좋은 영역'에 머물도록 이득값들을 설정하는 것입니다. 미분항과 적분항이 '좋은 영역'의 바깥을 해결하는 데는 실질적인 도움이 되지 않을 수도 있지만, '좋은 영역'을 벗어나지 않도록 하는 데는 도움이 될 수 있습니다.

PID 제어 선 따라가기를 튜닝하기 위한 단계는 다음과 같습니다.

1. Power를 50에 맞춥니다.
2. K_d와 K_i는 0으로, K_p는 1로 시작합니다. 목표값을 60으로 잡을 때, 조향값은 −60에서 40 사이로 변화하게 되고 정규화된 센서값은 0에서 100 사이의 값을 가집니다.
3. 단순한 직선으로 테스트를 시작합니다. K_p 값 1은 다소 클 것이며, 눈에 띌 정도의 진동을 일으킬 것입니다. K_p 값을 0.05씩 단계적으로 줄여가면서 로봇이 좌우로 진동하는 움직임이 없거나 한쪽으로만 약간의 움직임을 보일 때까지 조정합니다.
4. K_i 값을 0.01씩 단계적으로 늘리면서 로봇이 직선의 경계를 진동 없이 따라갈 때까지 조정합니다. 로봇이 한쪽으로 꾸준히 밀리지 않는다면, K_i 값을 0으로 둬도 됩니다. K_i 값을 너무 크게(0.05보다 크게) 설정하면 진동이 점점 커질 수 있다는 점에 유의하세요.
5. 이제 곡선이 있는 선에서 테스트합니다. 회전을 하지 못할 때까지 Power 변수의 값을 늘립니다.
6. 로봇이 전체 궤도를 완주할 때까지 K_d 값을 1씩 단계

8 (옮긴이) 이 내용에 대한 자세한 내용은 부록 C에서 다룹니다.

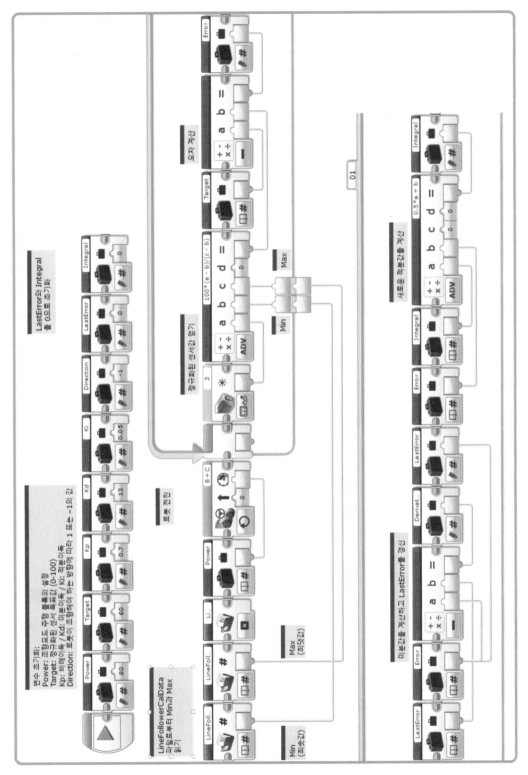

그림 19-17 PID 제어기를 적용한 LineFollower 프로그램, 전반부

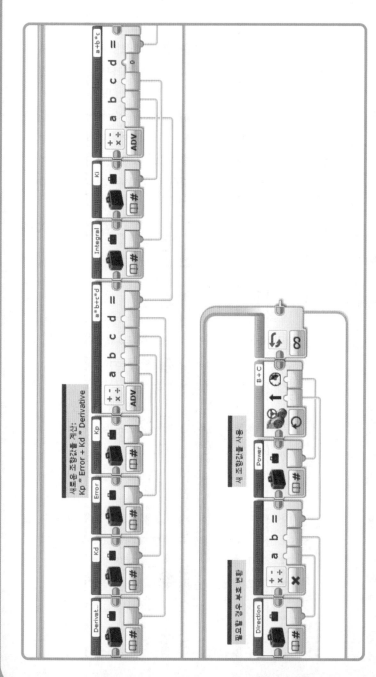

그림 19-18 PID 제어기를 적용한 LineFollower 프로그램, 후반부

적으로 증가시킵니다.

필자는 테스트 선에서 $K_p = 0.7$, $K_d = 12$, $K_i = 0.05$의 값일 때 파워값 80을 설정할 수 있었습니다. 여러분의 테스트 설정에서는 약간 다른 값들이 필요할 수 있습니다.

다른 프로그램에서는, 이득값을 정하는 데 있어서 센서값과 제어되는 값(통상적으로 '조향'이나 '파워') 사이의 관계에 따라 많이 달라질 수 있습니다. 세 이득값의 관계는 오차값이 변하는 양상에 따라 다릅니다. 우리의 선 따라가기 로봇에 있어서, 직선을 따라갈 때는 작은 오차값이 예상되고 따라서 작은 K_p 값을 얻습니다. 한쪽으로 많이 밀리지 않는 로봇의 경우에, 꾸준한 오차 발생은 거의 없고, 따라서 K_i는 아주 작거나 0입니다. 회전할 때는 오차값에 크고 빠른 변화가 생기므로 프로그램이 트랙을 따라가도록 하기 위해서는 상대적으로 큰 K_d 값이 필요합니다.

추가적인 탐구

선 따라가기와 PID 제어기에 대해 더 알고 싶다면 다음과 같은 활동들을 해 보세요.

1. LineFollower 프로그램을 튜닝하여 다양한 선을 따라가거나 하나의 선을 다른 방향으로(예를 들어, 타원 궤도에서 시계 방향과 반시계 방향으로) 가도록 해 보세요. 일반적으로 잘 작동하는 설정을 찾을 수 있는지 보시고, 각각의 상황에 맞춰 개선하기 위해 설정을 약간씩 변경해 보세요.

2. PID 제어기를 구성하는 블록들로부터 마이 블록을 하나 만들어 보세요. 목표값, 정규화된 센서값, K_p, K_d, K_i, Direction 값을 받아들이는 입력 파라미터들을 사용하고 결괏값을 위한 출력 파라미터를 사용하세요.

3. WallFollower 프로그램에서 2상 제어기 대신에 PID 제어기의 마이 블록을 사용해 보세요.

4. 트라이봇이 적외선 리모컨을 따라다니도록 하는 RemoteFollower(리모컨 따라가기) 프로그램을 만들어 보세요. 방향을 이용해 조향을 제어하고 거리를 이용해 속도를 제어하세요. (힌트: 두 개의 PID 제어기가 필요합니다.)

마무리

선 따라가기 프로그램을 만드는 것은 고전적인 로보틱스 연습이며 여러분의 EV3 기술을 모두 사용하도록 하는 도전과제입니다. LineFollowerCal 프로그램과 그에 맞춰 13장의 LineFollower 프로그램에 준 변화는, 파일을 사용하여 프로그램의 설정을 저장하는 방법을 보여 줍니다. 이 것은 여러분이 값을 코드에 직접 심는 것을 피하고 프로그램이 훨씬 유연해지게 합니다. 이 기법은 센서의 목표값이나 설정이 바뀔 필요가 있는 어떤 프로그램에서도 사용할 수 있습니다.

LineFollower 프로그램의 최종 버전은 PID 제어 알고리즘을 사용함으로써, 선의 방향 변화에 대한 트라이봇의 응답성을 개선합니다. 로봇이 얼마나 많이 회전할지 결정하는 데 컬러 센서값과 복잡한 개념을 사용함으로써, 로봇이 더 빠르게 움직이면서도 선에 더 가까이 머물도록 합니다. 센서값을 이용해서 로봇의 모터를 제어하는 것은 많은 프로그램의 기본입니다. 또한 다양한 제어 알고리즘으로 실험하는 것은 여러분의 로보틱스 지식을 확장시키고 프로그래밍 능력을 연마하는 아주 좋은 방법입니다.

NXT와 EV3의 호환성

레고사는 EV3 브릭과 소프트웨어가 기존의 NXT 하드웨어에서도 잘 작동하도록 보장하는 훌륭한 작업을 해냈습니다. 실제로, NXT 모터와 센서들은 EV3 세트와 아주 잘 작동합니다. 그러므로 여러분이 NXT 세트를 가지고 있다면, 그 부품들을 EV3 세트와 함께 사용함으로써 여러분이 만들 수 있는 로봇의 영역을 확장할 수 있습니다. 학교나 FLL 팀에게 이러한 하위 호환성은, EV3 제품으로 옮겨 가더라도 기존에 NXT 제품에 투자했던 것이 사라지는 것이 아니라는 것을 의미합니다.

NXT 모터와 센서를 EV3 브릭 및 소프트웨어와 사용하는 것은 쉽습니다. 모든 것이 여러분 예상대로 작동합니다. 하지만 대부분의 경우에 그 반대로 적용되지는 않습니다. EV3 센서들은 NXT 브릭과는 동작하지 않을 것이며(EV3 모터는 괜찮습니다), NXT 소프트웨어로는 EV3 브릭을 프로그래밍할 수 없습니다. EV3 소프트웨어로는 NXT 브릭을 프로그래밍할 수 있지만, 약간의 제약은 있습니다.

모터

NXT 모터와 EV3 라지 모터는 매우 비슷하며, 어떤 모터든 EV3 또는 NXT 브릭 및 소프트웨어에서 사용할 수 있습니다. EV3 미디엄 모터도 NXT 브릭 및 소프트웨어에서 잘 작동합니다.

센서

NXT 센서는 EV3 브릭 및 소프트웨어에서 잘 작동합니다. EV3 프로그래밍 블록은 두 시스템의 센서 모두에 사용할 수 있습니다. 예를 들어, 컬러 센서 블록은 NXT 또는 EV3 컬러 센서와 잘 작동합니다.

EV3 Home Edition 소프트웨어는 기본적으로 초음파 센서나 사운드 센서를 지원하지 않습니다. 이런 센서를 사용하고 싶으면 *http://www.lego.com/en-us/mindstorms/downloads/*에서 해당 블록을 다운로드할 수 있습니다. 블록을 다운로드한 후에, **Tools - My Block Import** 메뉴를 선택하여 블록 가져오기/내보내기 창을 엽니다(그림 A-1). '찾아보기' 버튼을 이용하여 여러분이 블록을 다운로드한

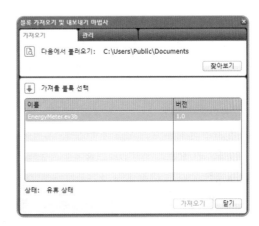

그림 A-1 블록 가져오기/내보내기 창

폴더를 택합니다. 그리고 목록에서 블록을 선택한 다음 '가져오기' 버튼을 클릭합니다. 센서 팔레트에 새로운 센서들이 나타나게 되고, 대기, 루프, 스위치 블록들도 해당 센서 옵션을 포함하게 됩니다.

NXT 라이트 센서는 컬러 센서 블록의 반사광 모드 및 주변광 모드에서 동작합니다(대기, 루프, 스위치의 해당 센서 모드에서도 마찬가지입니다). 하지만 라이트 센서에 대해서 컬러 모드를 선택하면, 주변광 값이 사용되게 되고 여러분의 프로그램은 기대한 대로 동작하지 않습니다.

EV3에서 NXT 센서를 사용하는 데 있어서의 문제점은, NXT 1.0 세트의 몇몇 오래된 터치 센서들의 신호체계가 EV3와 호환성이 없어 EV3에서 사용할 수 없다는 것입니다. 센서를 EV3에 연결하고 포트 보기를 사용해서 여러분의 터치 센서가 정상 동작하는지 확인할 수 있습니다. EV3가 컴퓨터에 연결된 것을 소프트웨어에서 확인하고 센서를 연결합니다. 센서가 포트 보기에 나타나면 정상 동작하는 것입니다. 만약 센서가 포트 보기에 나타나지 않으면, 아쉽게도 그 센서는 EV3 브릭과 함께 사용할 수 없습니다.

앞서 언급한 것처럼, EV3 센서를 NXT 브릭에 연결할 경우에는 정상적으로 사용할 수 없습니다.

소프트웨어

NXT 소프트웨어로는 EV3 브릭을 프로그래밍할 수 없고 EV3 소프트웨어로는 NXT 브릭을 프로그래밍할 수 있는데, 몇 가지 명심할 사항이 있습니다. NXT 브릭을 프로그래밍할 때, 대부분 EV3 소프트웨어보다는 NXT 소프트웨어를 사용하는 것이 낫다고 생각하지만, NXT와 EV3 세트가 모두 사용되는 교실과 같은 환경에서는 예외입니다. 이 경우에는, 모두가 같은 버전의 소프트웨어를 사용하는 것이 더 쉬울 것입니다. 다음은 EV3 소프트웨어를 NXT 브릭과 함께 사용하는 방법입니다.

• NXT 브릭을 컴퓨터에 연결할 때, USB 케이블을 사용

해야 합니다. 블루투스 연결은 동작하지 않습니다.

• NXT 화면(100×64)은 EV3 화면(178×128)보다 더 작아서, 아래쪽과 오른쪽이 잘려 이미지가 제대로 표시되지 않는 경우가 많습니다. NXT 브릭이 소프트웨어에 연결되어 있으면, 디스플레이 블록의 미리보기는 잘린 이미지를 보여 줄 것입니다(그림 A-2).

그림 A-2 NXT 브릭을 사용할 때 Big smile 이미지 파일이 잘리는 모습

• EV3 브릭에서는, 그림 A-3에서 보듯이 디스플레이 블록이 픽셀의 번호를 왼쪽 위 구석에서 시작합니다. NXT 브릭에서는, 그림 A-4에서 보듯이 왼쪽 아래 구석에서 시작합니다. 그러므로 NXT 브릭을 위해서는 그림을 그리는 코드가 수정되어야 합니다.

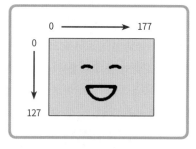

그림 A-3 EV3 픽셀 번호 순서

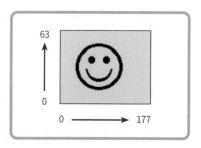

그림 A-4 NXT 픽셀 번호 순서

- 디스플레이 블록이 글꼴이나 색상 설정을 지원하지 않습니다.
- 브릭 상태등, 배열 연산, 모터 반전, 미디엄 모터 블록은 지원되지 않습니다. 이 블록 중에 하나를 사용하는 소프트웨어에 NXT 브릭을 연결하면, 그림 A-5와 같은 경고 메시지가 출력됩니다.

그림 A-5 NXT 브릭에서는 브릭 상태등이 지원되지 않는다.

- 수학 블록의 고급 모드와 지수 모드는 지원되지 않습니다.
- '블루투스 연결'과 '메시징/통신 모드' 블록은 지원되지 않습니다.
- NXT 라이트 센서는 컬러 센서 블록이나 모드와 작동하지 않습니다. 여기에는 편법이 있긴 합니다. 사운드 센서 블록에서, dB 모드를 선택하고 반사광을 측정하거나 dBa 모드를 선택하고 주변광을 측정할 수 있습니다.

B

EV3 웹사이트

다음 목록은 EV3 프로그래밍과 관련된 유용한 정보들이 있는 웹사이트 목록입니다. 목록 중에 EV3 로봇 조립설명서나 더 일반적인 로보틱 주제와 같은, 여러분이 관심을 가질 만한 내용들에 관한 링크도 있습니다.

레고사의 공식 홈페이지는 한글을 지원합니다. 해외 소규모 블로거들의 경우 영문만 지원하며, 메뉴상에서 한글을 지원하는 사이트는 URL 옆에 '(한글 지원)' 표시를 추가하였습니다.

- *https://www.lego.com/ko-kr/themes/mindstorms/ev3*(한글 지원)
  레고사의 공식 마인드스톰 사이트이며, 최근의 공식 EV3 소식이나 지원 정보가 있습니다. 사용자들의 다양한 아이디어 프로젝트의 정보도 볼 수 있습니다.

- *https://education.lego.com/ko-kr/shop*(한글 지원)
  레고사의 에듀케이션 부문 공식 마인드스톰 사이트이며, EV3를 포함한 STEAM 창의교육 관련 컨텐츠 외 교구들, 로봇대회 정보 등을 볼 수 있습니다.

- *https://www.firstlegoleague.org/*(한글 지원)
  이 사이트는 FIRST LEGO LEAGUE 대회 참가자들을 위한 포럼을 주관합니다. 프로그래밍 포럼은 여러분이 로봇 대회 참가자라면 꼭 봐야 할 내용들로 채워져 있으며, 대회 참가자가 아니더라도 많은 것을 배울 수 있

는 다양한 아이디어와 자료들로 채워져 있습니다.

- *http://www.thenxtstep.com/*(영문)
  NXT STEP 블로그는 EV3 로보틱스 및 다양한 레고 기반 로봇 관련 솔루션과 기타 로봇 관련 이벤트 및 관련 소식을 다룹니다.

- *http://www.legoengineering.com/*(영문)
  이 사이트는 터프츠대학교의 엔지니어링 교육 및 지원 센터(Center for Engineering Education and Outreach, CEEO)와 레고 에듀케이션 간의 파트너십을 통해 지원 받습니다. 터프츠대학교는 레고 마인드스톰의 시작 단계에서부터 레고사와 함께 해 왔으며, 운용 목적은 학생들이 레고 마인드스톰을 활용해 STEM(Science-과학, Technology-기술, Engineering-공학, Mathematics-수학)과 보다 친숙해지는 경험을 주는 것입니다.

- *http://bricks.stackexchange.com/*(영문)
  이곳은 레고에 열성적인 사람들을 위한 사이트이며, 여러분의 프로그래밍 문제와 질문에 대한 답을 얻기에 좋은 또 하나의 옵션입니다.

이외에도 유튜브에서 '레고 마인드스톰' 또는 'LEGO MINDSTORMS'로 검색하면 다양한 프로젝트와 관련 정보들을 볼 수 있습니다.

PID 제어에 대한 수학적 고찰[1]

19장의 "제어기 튜닝하기"(296쪽)에 보면 K_p의 초깃값을 1로 두고 0.05씩 줄여간다든가 K_i의 초깃값을 0으로 두고 0.01씩 늘려가면서 최적의 값을 찾아가는 얘기가 나옵니다. 여기서 독자들은 궁금증이 생길 수 있습니다. 'K_p의 초깃값 1과 단계별로 줄여가는 0.05라는 수치는 어떻게 잡은 것일까? 혹시라도 K_p의 최적값이 3.5라든가 하면, 초깃값 1로 시작해서 0.05씩 줄여나가는 게 아니라 오히려 늘려가면서 찾아야 할 수도 있습니다. 게다가 0.05씩 늘려서는 무려 50번 이상 시도해 봐야 최적의 값을 찾을 수 있습니다. 그렇다면 '초깃값을 1로 두고 0.05씩 줄여간다는 것은 최적값이 0과 1 사이의 값이라는 결과를 미리 알고 있어야 쓸 수 있는 방법이 아닐까?'라는 의문을 가질 수 있습니다.

레고 로봇에서 구동이나 조향 같은 차량 구조의 변경뿐만 아니라 프로그램의 로직 구조나 루프의 수행 시간이 바뀌는 경우, 또는 여러분이 향후에 접할 수도 있는 마인드스톰 EV3가 아닌 다른 하드웨어 환경에서도 K_p 등의 파라미터의 최적값 범위가 본문의 경우와 비슷하다고 자신할 수 있을까요? 본문의 차량과 알고리즘에서 0.7 정도의 최적값을 갖게 되던 K_p 값이 새롭게 제작한 차량 및 알고리즘에서 1.5 정도의 최적값을 갖게 될 것이라면, 1로

부터 시작하여 0.05씩 줄여나가는 방법으로는 답을 영영 찾지 못하게 될 수도 있습니다.

또한 본문의 New integral = 0.5 × Integral + Error 식에서 보이는 0.5라는 수치는 도대체 어떤 의미를 갖는 것인지, 이 수치는 차량의 구조나 알고리즘 변화에도 바뀌지 않는 절대수치일지 궁금해질 수도 있습니다.

부록 C에서는 위와 같은 궁금증을 해소하기 위한 이론적인 바탕을 제공하고자 합니다. 완벽하게까지는 아니더라도 저 파라미터들이 갖는 의미를 설명함으로써, 차량의 구조나 프로세서, 알고리즘 등이 변경되었을 때에도 적절히 대처할 수 있는 기초를 제공하자는 의미입니다.

참고로, PID 제어 등을 설명하는 과정에서 등장하는 적분항, 미분항 등의 용어는 고등학교 수학 교육과정에서 배웁니다.

적분항을 계산하는 방법: 지수가중 합산

PID 제어에는 비례항, 적분항, 미분항이 있는데, 그중 미분항은 최근의 '변화'를 나타내고, 적분항은 과거 신호값(error 값)의 누적된 '기억'과 같은 것입니다.

적분항을 계산할 때 본문에서는 사실상[2] 지수가중 합산을 했는데, 여기서는 단순 합산과 지수가중 합산을 비

---

1 부록 C는 옮긴이들이 추가로 작성한 내용입니다.

2 지수가중 합산을 한다는 점이 겉으로 드러나지는 않습니다.

교 설명하면서 지수가중 합산의 장점을 소개하고, 지수가중 합산에서 자연스럽게 나타나는 forgetting factor라는 것에 대해서도 설명하겠습니다.

단순 합산

단순 합산은 최근 N개의 신호값을 단순하게 합산하는 방식입니다.[3]

신호값이 아래와 같이 주기적으로 측정된다고 가정할 때,

	현재 값	직전 값				
신호값	$x[n]$	$x[n-1]$	$x[n-2]$	$\cdots$	$x[n-N]$	$\cdots$

계산식

단순 합산은 가장 최근 N개의 신호값을 합하여 계산합니다.

$x[n-1]$ 신호값이 들어온 시점에서 계산되는 값은

$$y[n-1] = x[n-1] + x[n-2] + \cdots$$
$$+ x[n-N+1] + x[n-N] \quad\text{——} \quad ①$$

이고, $x[n]$ 신호값이 추가로 들어온 시점의 값은

$$y[n] = x[n] + x[n-1] + x[n-2] + \cdots + x[n-N+1] \quad ②$$

이 됩니다.

신호값	$x[n]$	$x[n-1]$	$x[n-2]$	$\cdots$	$x[n-N+1]$	$x[n-N]$	$\cdots$
		$y[n-1]$					
	$y[n]$						

위의 그림에서와 같이, 신호값 $x[n]$이 추가되면 $y[n]$이 새롭게 계산됩니다.[4]

---

[3] 단순 합산한 것을 데이터 개수 N으로 다시 나눈 것을 이동평균(moving average) 또는 이동평균필터라고 부릅니다.

[4] 계산에 사용되는 데이터의 영역이 한 칸 이동하는 모습을 '슬라이딩 윈도(sliding window)'라고 부르기도 합니다.

기본 계산과 재귀적 계산의 비교

식 ②의 기본 계산식은 신호값이 들어올 때마다 최근 N개의 신호값을 매번 합산하는 방법이며, 이해하기는 쉽지만 계산량이 많아 비효율적입니다. 이 계산량을 줄이는 방법으로 재귀적 계산법이 있습니다.

재귀적 계산법의 원리는 다음과 같습니다. 앞의 식 ①과 ②의 우변에서는 공통부분이 대부분이라는 점에 착안하여, 아래와 같은 관계식을 얻을 수 있습니다.

$$y[n] = x[n] + x[n-1] + x[n-2] + \cdots + x[n-N+1]$$
$$-\;)\;y[n-1] = \qquad x[n-1] + x[n-2] + \cdots + x[n-N+1] + x[n-N]$$
$$\overline{y[n] - y[n-1] = x[n] - x[n-N]}$$

$$y[n] = y[n-1] + (x[n] - x[n-N]) \quad\text{——}\quad ③$$

즉, 직전 합산인 $y[n-1]$ 값이 계산되어 있는 상황에서 새로운 신호값 $x[n]$이 추가될 때마다 매번 N개의 과거 신호값을 합산하는 것이 아니라 식 ③에 의해 새로운 합산 $y[n]$을 빠르게 계산할 수 있게 되는 것입니다.

메모리

새로운 신호값 $x[n]$이 들어올 때 $y[n]$ 계산에 $x[n-N]$이라는 과거 신호값이 필요하므로, 기본 계산이든 재귀적 계산이든 상관없이 N개의 과거 신호값을 유지하고 있어야 합니다. (다음에 설명하는 지수가중 합산은 이 메모리 부담을 획기적으로 줄일 수 있습니다.)

지수가중 합산

계산식

지수가중 합산은 과거의 신호값들에 가중치를 적용하여 합산합니다.

	현재 값	직전 값				
신호값	$x[n]$	$x[n-1]$	$x[n-2]$	$\cdots$	$x[n-N]$	$\cdots$
가중치	1	α	α^2	$\cdots$	α^N	$\cdots$

단순 합산에서처럼 '과거의 N개' 신호값이라고 개수가 정해지는 것도 아니며, 이론적으로는 과거의 신호값이 모두 반영됩니다. 다만, 가중치 때문에 오래된 신호값은 최근 신호값에 비해 반영되는 비율이 매우 작아집니다.

여기서 α는 0과 1 사이의 값을 가지며, 흔히 forgetting factor라고 부릅니다.

$x[n-1]$ 신호값이 들어온 시점에서 계산되는 지수가중 합산은

$$y[n-1] = x[n-1] + \alpha x[n-2] + \alpha^2 x[n-3] + \cdots \qquad ④$$

이고, $x[n]$ 신호값이 추가로 들어온 시점의 지수가중 합산은

$$y[n] = x[n] + \alpha x[n-1] + \alpha^2 x[n-2] + \cdots \qquad ⑤$$

이 됩니다.

예를 들어 $\alpha = \dfrac{1}{2}$일 경우, 다음과 같이 계산됩니다.

$$y[n] = x[n] + \frac{1}{2} x[n-1] + \frac{1}{4} x[n-2] + \cdots$$

오래된 신호값일수록 가중치가 점점 작아지는 것을 볼 수 있습니다.

이론적으로는 과거의 '모든' 신호값에 대하여 계산하게 되므로, 위와 같은 원론적인 계산식은 현실적으로 적용하기 어렵습니다. 지수가중 합산은, 다음에 설명하는 재귀적 계산에서 그 강점을 드러냅니다.

재귀적 계산식

단순 합산의 경우에 식 ①과 ②로부터 식 ③을 얻었던 것처럼 지수가중 합산에서도 식 ④와 ⑤로부터 재귀적 계산식을 얻을 수 있습니다.

식 ④에 α를 곱하고, 그것을 식 ⑤로부터 빼는 것입니다.

$$
\begin{array}{rl}
y[n] = & x[n] + \alpha x[n-1] + \alpha^2 x[n-2] + \cdots \qquad ⑤ \\
- \;) \quad \alpha y[n-1] = & \qquad\quad\; \alpha x[n-1] + \alpha^2 x[n-2] + \alpha^3 x[n-3] + \cdots \qquad ⑥ \\
\hline
y[n] - \alpha y[n-1] = & x[n]
\end{array}
$$

이로부터 다음의 재귀적 계산식을 얻을 수 있습니다.

$$y[n] = \alpha y[n-1] + x[n] \qquad ⑦$$

이 식의 의미는, 새로운 신호값 $x[n]$이 들어왔을 때 새로운 $y[n]$을 계산하기 위해서 필요한 것은 직전의 y값인 $y[n-1]$과 새로운 신호값 $x[n]$뿐이라는 것입니다.

과거의 신호값들에 대한 메모리는 필요하지 않으며, 단지 직전 지수가중 합산 $y[n-1]$에 α를 곱하고 거기에 새로운 신호값 $x[n]$을 더하여 새로운 지수가중 합산 $y[n]$을 만들게 되는 것입니다.

그리고 이 부분을 표현한 것이 본문 296쪽의 New integral $= 0.5 \times$ Integral $+$ Error입니다. 즉, 본문에서는 적분항 계산에 지수가중 합산을 사용하고 있는 것이며, $\alpha = \dfrac{1}{2}$을 적용하고 있다는 것을 알 수 있습니다.

메모리

식 ⑦의 설명에서 언급했듯이, 지수가중 합산의 재귀적 계산법에서는 직전의 합산 $y[n-1]$만 저장해 두면 새로운 신호값 $x[n]$과 조합하여 새로운 합산 $y[n]$을 계산할 수 있습니다. 단순 합산에 비해 크게 향상되는 부분이며, 단순 합산 대신 지수가중 합산을 사용하는 큰 이득이자 목적 중에 하나입니다.[5]

적분항(합산)의 또 다른 의미

책 본문에서 언급된 적분항의 역할 외에, 적분(합산)은 신호값에 섞여 있는 노이즈를 걸러 주는 의미도 가지고 있습니다. 이는 랜덤 노이즈 또는 짧은 주기(고주파)의 노이

---

5 296쪽에서는 단순합산 대신 지수가중 합산을 사용하는 이유로, 오래된 에러값과 최근의 에러값의 중요도 차이를 언급하고 있습니다. 부록에서 설명한 것은 지수가중 합산을 사용하는 또 다른 이유입니다.

즈를 걸러 주는 역할이며, 다음과 같은 그래프를 보여 주게 됩니다. 다만, 적분항은 신호값의 합산이기 때문에 원래의 신호값보다 커지게 됩니다. 그래프에서는 신호값과의 비교를 위하여 '합산'이 아닌 '평균'을 표시하였습니다.[6]

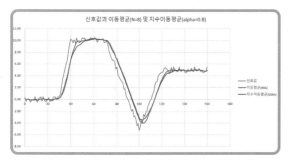

그림 C-1 이동평균과 지수이동평균

위 그래프에서 보듯이, 단순 합산(이동평균)과 지수가중 합산(지수이동평균)은 파라미터를 잘 조정하면 약간의 차이는 있지만 거의 같은 결과를 보입니다. 그러면서도 메모리 측면에서는 지수가중 합산이 훨씬 유리하기 때문에 실제 적분항을 계산할 때 단순 합산보다는 지수가중 합산을 권장하는 것입니다.

Δt에 대한 이야기

이론적으로, PID 제어에서 다루는 항들은 다음과 같습니다.

$$u(t) = K_p e(t) + K_i \int_0^t e(\tau)d\tau + K_d \frac{de}{dt} \quad ⑧$$

여기서 세 번째 항에 등장하는 미분값 $\frac{de}{dt}$는 신호값(error 값)의 시간변화율인데, 실제 시스템에서 신호값 $e(t_n)$은[7] 연속적으로 측정되는 게 아니라 일정한 시간 간격 Δt마다 측정됩니다. 이 Δt는 본문 그림 19-18의 루프 한 바퀴

가 돌아가는 시간이며, 이때

$$\frac{de}{dt} = \frac{\{e(t_n) - e(t_{n-1})\}}{\Delta t} \quad ⑨$$

로 계산하게 되는 것이 자연스럽다고 볼 수 있습니다.

하지만 본문 296쪽을 보면 Derivative = Error − Last Error로 계산하는 것을 볼 수 있습니다. 식 ⑨에서와 같이 Δt로 나누지 않고 $e(t_n) - e(t_{n-1})$만으로 계산하는 것이지요. 여기에서 우리는 '왜 그렇게 한 것일까? 그래도 되는 것일까? 그게 다른 문제를 일으키지는 않을까?'라는 의문을 가질 수 있습니다. 이번 절에서는 이에 대한 설명을 하고자 합니다.

왜 그렇게 한 것일까?

가장 큰 이유는, Δt의 값은 프로그램의 루프가 한 바퀴 돌아가는 데 걸리는 시간이므로 로봇과 프로그램을 완성하여 실제 구동을 해보기 전에는 그 값을 미리 알 수가 없고, 따라서 Δt가 연관된 계산을 프로그램 구성 시에 미리 넣기가 어렵다는 점 때문입니다.

그래도 되는 것일까? 다른 문제를 일으키지는 않을까?

실제 Δt의 값이 0.01이라고 할 경우, 식 ⑧에서의 이론적인 $\frac{de}{dt}$값에 비해 실전에서의 $e(t_n) - e(t_{n-1})$ 값은 (0.01로 나누지 않았으므로) $\frac{1}{100}$배가 됩니다.

이것은, 이론식인 식 ⑧에서의 K_d 값보다 100배인 값을 실전에서의 K_d 값으로 사용하면 되므로 실전에서 문제를 일으키지는 않습니다. 식으로 정리하면 다음과 같습니다.

이론: $K_d \times \dfrac{\{e(t_n) - e(t_{n-1})\}}{\Delta t} = 0.12 \times \dfrac{3}{0.01} = 36$

실전: $K_d \times \{e(t_n) - e(t_{n-1})\} = 12 \times 3 = 36$

하지만 Δt에 변화가 있을 때는 문제가 될 수 있습니다. Δt가 바뀌는 상황은 어떤 상황일까요?

작업자가 순찰을 돌면서 장비의 센서값을 측정하고, 그 값에 따라 통제실에서 장비를 조정하는 공장이 있다

6　단순 합산 대신에 이동평균(Moving Average, MA)을, 그리고 지수가중 합산 대신에 지수이동평균(Exponential Moving Average, EMA)을 표시하였습니다.

7　$e(t_n)$은 시간 t_n일 때의 신호값(error 값)이며, 부록 전반부에서 $x[n]$이라고 표기했던 것입니다.

고 가정해 보겠습니다. 그림 C-2는 1개의 센서를 작업자가 도보로 점검하고 오는 구조입니다. 여기에서 그림 C-3처럼 점검할 센서가 2개로 늘어난다면 순찰 경로가 길어지고, 결과적으로 Δt가 늘어날 것입니다(측정 조건이나 알고리즘의 복잡도로 인한 수행시간 증가 상황). 반대로, 그림 C-4처럼 도보가 아닌 자전거로 점검을 한다면, Δt는 줄어들 것입니다(알고리즘 개선이나 프로세서 성능 향상으로 인한 수행시간 감소 상황).

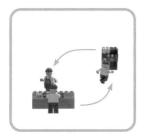

그림 C-2 도보로 점검

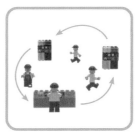

그림 C-3 점검할 곳 증가

그림 C-4 자전거로 점검

위에 언급한 공장의 사례처럼, 우리가 만드는 마인드스톰 로봇에서도 센서 개수가 바뀌거나, 또는 알고리즘의 개선 및 프로그램의 복잡도 변화로 인해 Δt가 커지거나 작아질 수 있습니다. 그렇게 되면 식 ⑧에서의 이론적인 K_d 값은 같더라도 실전에서는 $\frac{de}{dt}$ 대신 $e(t_n) - e(t_{n-1})$를 사용했기 때문에(Δt로 나누지 않았기 때문에) 실전의 K_d의 값은 달라져야 할 수도 있습니다.

사실, 적분항 계산에서도 Δt에 대해서 고려할 부분이 있습니다. 개념적으로 적분항이 '과거 일정시간 정도'를 반영하고자 할 때, 신호값 측정주기인 Δt가 짧으면

forgetting factor α를 좀 더 크게(1에 가깝게) 잡아 줘야 하며, 반대로 Δt가 길면 α를 좀 더 작게 잡아 줘야 합니다. 이 내용은 지수가중 합산에서 가중치(weighting)를 지수함수 형태로 준다는 것에서 나오는 이야기인데, 이 부분을 짚어보는 것은 이 책에서 다루는 기본적인 제어의 범위를 벗어나므로 자세한 설명은 생략하겠습니다.

마무리

본문(19장)에서는 이미 제작된 로봇과 알고리즘이 변경되지 않는다는 가정하에 K_p, K_i, K_d 값을 튜닝하고 있습니다. 하지만 로봇의 구조가 바뀌거나 알고리즘에 변화를 준다면 K_p, K_i, K_d 값의 대략적인 범위가 바뀔 수 있음을 부록에서 알아보았습니다. 또한 본문의 New integral = $0.5 \times$ Integral + Error 식에 등장하는 0.5라는 값도 고정된 상수가 아니고 로봇이나 알고리즘 변화에 따라 달라질 수 있는 수치라는 것도 함께 살펴보았습니다.

여러분이 이 책을 통해 PID 제어의 기초를 다진 후에 자신만의 로봇과 새로운 알고리즘을 구성하고자 할 때, PID 제어 이론 및 수학적인 내용에 대해 이해함으로써 다양한 상황에 잘 대처하고 조금 더 효과적으로 소프트웨어를 설계 및 구현하는 공학적 마인드를 가질 수 있기 바랍니다.

찾아보기